工业机器人虚实一体化编程技术
（ABB）

主　编　张晓芳　秦　婧
副主编　程瑞龙　叶　晖
参　编　周占怀　程　伟　韩　锐　李红斌

北京理工大学出版社
BEIJING INSTITUTE OF TECHNOLOGY PRESS

版权专有　侵权必究

图书在版编目（CIP）数据

工业机器人虚实一体化编程技术：ABB／张晓芳，秦婧主编．－－北京：北京理工大学出版社，2022.9
　ISBN 978-7-5763-1720-6

Ⅰ．①工⋯　Ⅱ．①张⋯　②秦⋯　Ⅲ．①工业机器人-程序设计-高等职业教育-教材　Ⅳ．①TP242.2

中国版本图书馆 CIP 数据核字（2022）第 171184 号

出版发行／	北京理工大学出版社有限责任公司
社　　址／	北京市海淀区中关村南大街 5 号
邮　　编／	100081
电　　话／	（010）68914775（总编室）
	（010）82562903（教材售后服务热线）
	（010）68944723（其他图书服务热线）
网　　址／	http://www.bitpress.com.cn
经　　销／	全国各地新华书店
印　　刷／	涿州市新华印刷有限公司
开　　本／	787 毫米×1092 毫米　1/16
印　　张／	19.75
字　　数／	455 千字
版　　次／	2022 年 9 月第 1 版　2022 年 9 月第 1 次印刷
定　　价／	85.00 元

责任编辑／钟　博
文案编辑／毛慧佳
责任校对／刘亚男
责任印制／施胜娟

图书出现印装质量问题，请拨打售后服务热线，本社负责调换

前言

党的二十大报告指出,坚持把发展经济的着力点放在实体经济上,推进新型工业化,加快建设制造强国、质量强国、航天强国、交通强国、网络强国、数字中国,推动制造业高端化、智能化、绿色化发展。工业机器人是"智能制造"的关键执行环节,为掌握工业机器人应用能力,亟需建设一批工业机器人应用系列教材,满足产业转型升级需求。本书针对高职院校学生特点,融入1+X工业机器人应用编程初、中级标准,结合ABB公司案例,以"工作过程导向,课岗标准融通,项目任务引领",开发基础绘图、搬运、码垛、涂胶、压铸等五个典型的工业机器人工作站,以项目为载体,将工业机器人应用编程的知识和技能融合各个项目中,逐步提升学生工业机器人应用编程能力。本书显性、隐形思政全程贯通;讲好中国古老文明,结合二十大绿色智造新使命,激发学生勇担历史使命;以PDCA注重质量管理,培养工程素养。同时本书首次将离线编程和现场编程进行了有效融合,构建了真实工作站的数字孪生工作站资源,便于学生泛在学习,有了基础后再动手操作实际设备,培养学生解决实际问题的能力。本书具有以下优势:

(1) 虚实结合,提升教学效率

教材首次提出了基于ABB工业机器人真实工作站和数字孪生工作站的应用编程理念。学校普遍难以购置足够数量的工业机器人实训设备,学生可通过仿真工作站完成程序设计,在虚拟工作站中学习相关逻辑及编程技巧,每个学生都有学习机会;再将离线程序导入真实工业机器人中,只需完成精准示教即可实现功能,提升教学效率。

(2) 双重属性,引导自主学习

本书兼具"工作活页"和"教材"的双重属性,以够用实用原则编写完成任务的知识点和技能点,以工作任务为引领完成仿真工作站编程任务和真实工作站编程任务。学生根据学习链接中知识链接和技能链接进行模仿学习,并在工作页任务引导下,先制定规划,并举一反三,进行知识和技能迁移并拓展,实现自主学习。

(3) 双线五者，贯穿课程思政

显性、隐性双线思政全程贯穿。显性思政方面，突出历史共性和时代特性，每个项目开篇引入中国古老传统技艺，树立科技自信，做好传承者，结合历史特性，结尾反思绿色智造技能提升策略，做好科技报国的践行者。隐性思政方面，在任务实施过程中，按照相关标准进行训练，成为守正者；以问题为导向，团队协作，成为问题解决的创新者；注重质量管理，以管理学通用模型PDCA来进行工作任务实施，不断持续优化，成为精益求精的匠心者。

在本书的编写过程中，参阅了国内外文献，在此向资料的原作者表示感谢。因编者水平有限，书中不妥之处请各位专家和广大读者批评指正，我们将不断完善。

目录

项目一　工业机器人绘图工作站仿真与操作 ……………………………… 1
【工作站简介】 …………………………………………………………………… 1
【学习地图】 ……………………………………………………………………… 2
任务一　基础工作站布局与安装 ………………………………………………… 3
【学习情境】 ……………………………………………………………………… 3
　一、学习目标 …………………………………………………………………… 3
　二、所需工具设备 ……………………………………………………………… 3
【学习链接】 ……………………………………………………………………… 3
　一、工作站仿真系统配置 ……………………………………………………… 3
　二、示教器结构 ………………………………………………………………… 11
　三、手动操作工业机器人单轴运动 …………………………………………… 13
【任务实施】 ……………………………………………………………………… 15
　一、计划 ………………………………………………………………………… 15
　二、实施 ………………………………………………………………………… 16
　三、检查 ………………………………………………………………………… 17
　四、反思 ………………………………………………………………………… 18
任务二　工业机器人运动控制 …………………………………………………… 19
【学习情境】 ……………………………………………………………………… 19
　一、学习目标 …………………………………………………………………… 19
　二、所需工具设备 ……………………………………………………………… 19
【学习链接】 ……………………………………………………………………… 19
　一、常用的机器人运动指令 …………………………………………………… 19
　二、创建程序模块及例行程序 ………………………………………………… 21
　三、MoveAbsJ 指令的使用 …………………………………………………… 25
　四、MoveL/MoveJ 运动指令的使用 ………………………………………… 29
【任务实施】 ……………………………………………………………………… 31

一、计划 ……………………………………………………………………………… 31
　　　二、实施 ……………………………………………………………………………… 33
　　　三、检查 ……………………………………………………………………………… 34
　　　四、反思 ……………………………………………………………………………… 35
　任务三　轨迹绘制的编程与调试 …………………………………………………………… 36
　【学习情境】 ………………………………………………………………………………… 36
　　　一、学习目标 ………………………………………………………………………… 36
　　　二、所需工具设备 …………………………………………………………………… 36
　【学习链接】 ………………………………………………………………………………… 36
　　　一、坐标系 …………………………………………………………………………… 36
　　　二、工具坐标系 ……………………………………………………………………… 38
　　　三、工件坐标系 ……………………………………………………………………… 45
　　　四、MoveC 运动指令和 Offs 函数 …………………………………………………… 53
　【任务实施】 ………………………………………………………………………………… 58
　　　一、计划 ……………………………………………………………………………… 58
　　　二、实施 ……………………………………………………………………………… 59
　　　三、检查 ……………………………………………………………………………… 63
　　　四、反思 ……………………………………………………………………………… 64
　习　　题 ……………………………………………………………………………………… 65

项目二　工业机器人搬运工作站仿真与实现 …………………………………………… 67
　【工作站简介】 ……………………………………………………………………………… 67
　【学习地图】 ………………………………………………………………………………… 68
　任务一　搬运工作站布局与安装 …………………………………………………………… 69
　【学习情境】 ………………………………………………………………………………… 69
　　　一、学习目标 ………………………………………………………………………… 69
　　　二、所需工具设备 …………………………………………………………………… 69
　【学习链接】 ………………………………………………………………………………… 69
　　　一、工业机器人的 I/O 通信设置 …………………………………………………… 69
　　　二、虚拟工作站规划步骤 …………………………………………………………… 73
　　　三、创建虚拟搬运工作站布局 ……………………………………………………… 73
　　　四、修改工具坐标系 ………………………………………………………………… 79
　　　五、示教四个目标点 ………………………………………………………………… 82
　　　六、搬运路径的规划与实现 ………………………………………………………… 86
　【任务实施】 ………………………………………………………………………………… 91
　　　一、计划 ……………………………………………………………………………… 92
　　　二、实施 ……………………………………………………………………………… 93
　　　三、检查 ……………………………………………………………………………… 94
　　　四、反思 ……………………………………………………………………………… 96

任务二 单个工件的搬运规划与实现 ············ 97
【学习情境】 ············ 97
一、学习目标 ············ 97
二、所需工具设备 ············ 97
【学习链接】 ············ 97
一、工业机器人的 I/O 信号 ············ 97
二、单个工件搬运的仿真总体设计 ············ 102
三、创建 Smart 组件并配置参数 ············ 102
四、Smart 组件关联操作 ············ 106
五、配置 RAPID 与工作站逻辑 ············ 108
六、编程与仿真 ············ 110
【任务实施】 ············ 113
一、计划 ············ 113
二、实施 ············ 115
三、检查 ············ 116
四、反思 ············ 118

任务三 16 个工件的搬运规划与实现 ············ 119
【学习情境】 ············ 119
一、学习目标 ············ 119
二、所需工具设备 ············ 119
【学习链接】 ············ 119
一、RAPID 编程基础 ············ 119
二、吸盘夹具 ············ 123
三、16 个工件的总体搬运规划 ············ 124
四、实现 16 个工件搬运的虚拟仿真效果 ············ 124
五、与实物机器人关联，完成 16 个工件的搬运 ············ 127
【任务实施】 ············ 137
一、计划 ············ 138
二、实施 ············ 139
三、检查 ············ 140
四、反思 ············ 141

习 题 ············ 142

项目三 工业机器人码垛工作站仿真与实现 ············ 144
【工作站简介】 ············ 144
【学习地图】 ············ 145
任务一 码垛工作站布局与安装 ············ 146
【学习情境】 ············ 146
一、学习目标 ············ 146

二、所需工具设备 ·· 146
　【学习链接】 ··· 146
　　一、码垛工作站布局 ·· 146
　　二、Smart 组件创建 ·· 147
　　三、单个工件的码垛放置 ·· 152
　【任务实施】 ··· 159
　　一、计划 ··· 159
　　二、实施 ··· 160
　　三、检查 ··· 162
　　四、反思 ··· 164
　任务二　8 个工件的单层码垛规划与实现 ··· 165
　【学习情境】 ··· 165
　　一、学习目标 ·· 165
　　二、所需工具设备 ·· 165
　【学习链接】 ··· 165
　　一、数组 ··· 165
　　二、工具位置及姿态偏移函数 RelTool ··· 168
　　三、利用 RelTool 与数组确定工件抓取和放置位置 ····························· 170
　【任务实施】 ··· 172
　　一、计划 ··· 172
　　二、实施 ··· 174
　　三、检查 ··· 177
　　四、反思 ··· 178
　任务三　16 个工件的双层码垛规划及实现 ··· 179
　【学习情境】 ··· 179
　　一、学习目标 ·· 179
　　二、所需工具设备 ·· 179
　【学习链接】 ··· 179
　　一、码垛算法 ·· 179
　　二、例行程序（PROC） ··· 181
　　三、功能程序（FUNC） ··· 186
　　四、中断程序（TRAP） ··· 191
　【任务实施】 ··· 197
　　一、任务计划 ·· 197
　　二、实施 ··· 199
　　三、检查 ··· 201
　　四、反思 ··· 202
　习　　题 ··· 202

项目四　工业机器人涂胶工作站仿真与实现 205
【工作站简介】 205
【学习地图】 206
任务一　涂胶工作站布局与安装 207
【学习情境】 207
一、学习目标 207
二、所需工具设备 207
【学习链接】 207
一、涂胶工作站布局 207
二、涂胶 Smart 组件创建 212
三、工业机器人涂胶程序设计 213
四、真实工作站工业机器人信号与 PLC 连接 214
【任务实施】 215
一、计划 215
二、实施 216
三、检查 219
四、反思 220
任务二　涂胶工作站自动生成路径 222
【学习情境】 222
一、学习目标 222
二、所需工具设备 222
【学习链接】 222
一、创建轨迹曲线和路径 222
二、调整目标点 227
三、轴配置 227
四、同步到 RAPID 232
【任务实施】 233
一、计划 233
二、实施 235
三、检查 237
四、反思 239
习　题 240

项目五　工业机器人压铸工作站仿真与实现 242
【工作站简介】 242
【学习地图】 243
任务一　压铸工作站布局与安装 244
【学习情境】 244
一、学习目标 244

二、所需工具设备 ……………………………………………………………… 244
【学习链接】 ……………………………………………………………………… 244
　　一、压铸工作站布局 …………………………………………………………… 244
　　二、压铸Smart组件创建 ……………………………………………………… 245
　　三、虚拟工作站工业机器人压铸与搬运逻辑设定 …………………………… 255
【任务实施】 ……………………………………………………………………… 256
　　一、计划 ………………………………………………………………………… 256
　　二、实施 ………………………………………………………………………… 258
　　三、检查 ………………………………………………………………………… 261
　　四、反思 ………………………………………………………………………… 262

任务二　通过Profinet实现多个工件的压铸和搬运 ………………………… 263
【学习情境】 ……………………………………………………………………… 263
　　一、学习目标 …………………………………………………………………… 263
　　二、所需工具设备 ……………………………………………………………… 263
【学习链接】 ……………………………………………………………………… 263
　　一、Profinet通信下PLC端设置 ……………………………………………… 263
　　二、Profinet通信下工业机器人端设置 ……………………………………… 266
　　三、工业机器人与PLC信号连接 …………………………………………… 272
【任务实施】 ……………………………………………………………………… 275
　　一、计划 ………………………………………………………………………… 275
　　二、实施 ………………………………………………………………………… 276
　　三、检查 ………………………………………………………………………… 280
　　四、反思 ………………………………………………………………………… 281

任务三　通过Socket实现多个工件的压铸和搬运 …………………………… 283
【学习情境】 ……………………………………………………………………… 283
　　一、学习目标 …………………………………………………………………… 283
　　二、所需工具设备 ……………………………………………………………… 283
【学习链接】 ……………………………………………………………………… 283
　　一、Socket通信下PLC端设置 ………………………………………………… 283
　　二、Socket通信下工业机器人端设置 ………………………………………… 286
　　三、工业机器人与PLC信号连接 …………………………………………… 291
【任务实施】 ……………………………………………………………………… 294
　　一、计划 ………………………………………………………………………… 295
　　二、实施 ………………………………………………………………………… 296
　　三、检查 ………………………………………………………………………… 298
　　四、反思 ………………………………………………………………………… 300
习　　题 …………………………………………………………………………… 301

参考文献 ………………………………………………………………………… 303

项目一

工业机器人绘图工作站仿真与操作

"中国结"（图 1-0-1）代表美好的祝福，也寓意连接和联通。它起源于旧石器时代的缝衣打结，后推展至汉朝的礼仪记事，再演变成今日的装饰手艺。"中国结"是中国特有的民间手工编结艺术，体现了中国人民的智慧和深厚的文化底蕴，深受各国朋友的喜爱。小小"中国结"把中国人民和世界人民连在了一起，我们是"人类命运共同体"。

"以机器之手，绘中华文明。"让我们用所学的机器人技术绘制一个中国结，用最单纯的二维线条绘出飘逸雅致的中国韵味。

图 1-0-1 中国结

【工作站简介】

轨迹绘制工作站（图 1-0-2）采用斜面安装方式。本项目旨在指导学生由简入难地学习机器人的基础轨迹、TCP 坐标及工件坐标的建立，并在此基础上实现程序数据创建、目标点示教、程序编写及调试，最终完成整个工作站的轨迹编制过程。通过本项目的学习，掌握工业机器人工作站轨迹程序的编写技巧。

(a)　　　　　　　　　　　　　(b)

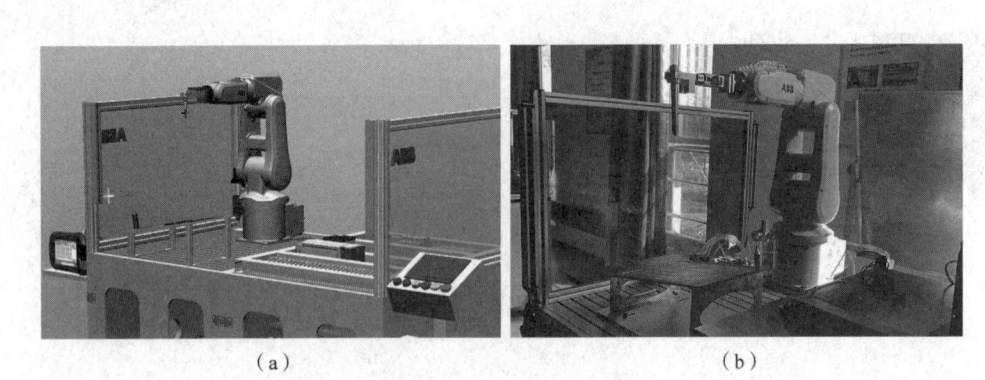

图 1-0-2　轨迹绘制工作站

【学习地图】

轨迹绘制工作站学习地图如图 1-0-3 所示。

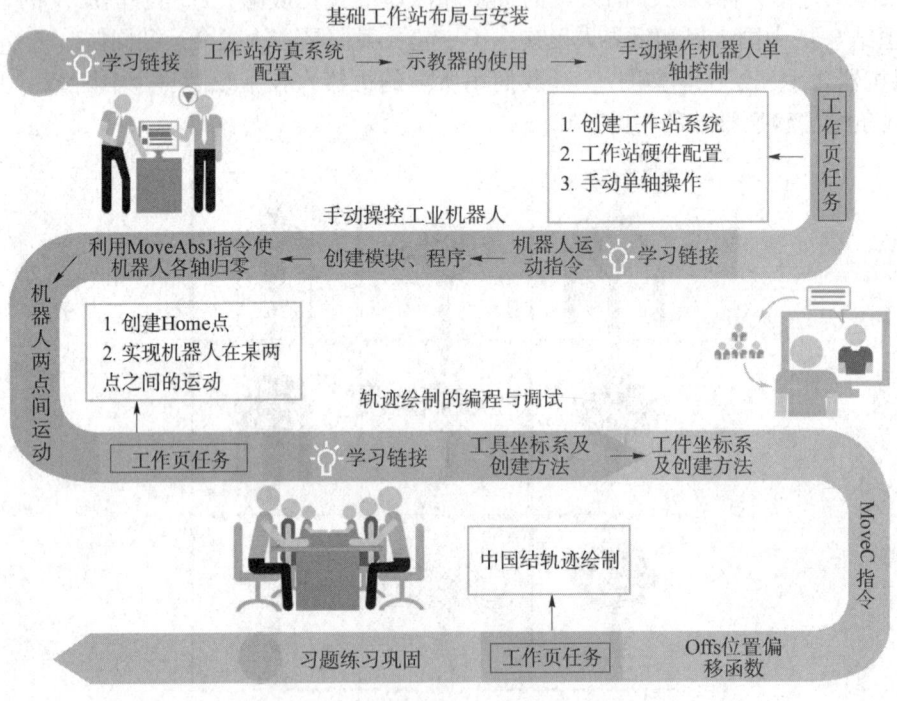

图 1-0-3　轨迹绘制工作站学习地图

任务一　基础工作站布局与安装

【学习情境】

本任务主要在 RobotStudio 软件中完成基础工作站布局（图 1-1-1），并在真实工作站中完成机器人工具的安装。在此基础上，实现机器人的单轴运动。

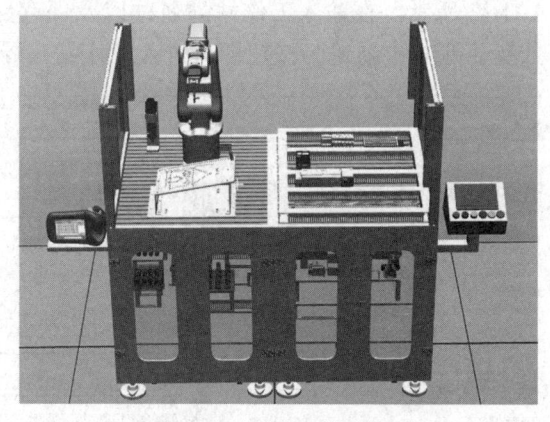

图 1-1-1　基础工作站布局

一、学习目标

（1）会在 RobotStudio 软件中进行基础工作站布局；
（2）能够按要求更换装机器人工具；
（3）掌握示教器的使用（示教器语言设定，使能按钮、急停按钮、快捷键的使用等）；
（4）熟练掌握机器人手动单轴、手动线性操作。

二、所需工具设备

（1）ABB 工业机器人 1 台、基础工作站模块 1 套。
（2）装有 RobotStudio 软件的计算机 1 台、基础工作站相关库文件 1 套。
（3）内六角螺丝刀、活动扳手、十字螺丝刀、万用表、尖嘴钳等电工工具各 1 套。

【学习链接】

一、工作站仿真系统配置

【技能链接】
1. 新建工作站

打开 RobotStudio 软件，新建工作站。新建工作站有三种方法：空工作站解决方案、工作站和机器人控制器解决方案、空工作站。

（1）空工作站解决方案：创建一个包含空工作站的解决方案文件结构，需要设定工作站的名称。

（2）工作站和机器人控制器解决方案：创建一个包含工作站和机器人控制器的解决方案，在需要同时创建机器人和机器人控制器时使用该方法。

（3）空工作站：创建空工作站。

下面以空工作站方法为例，介绍如何新建工作站。

若打开软件为英文模式，可通过"文件"→"选项"→"外观"→"选择语言"命令设定为中文模式，如图1-1-2所示。在输入工作站的名称以及保存路径时，注意一定不能出现中文字符，否则会出错。单击"创建"按钮即可进入工作站布局界面。

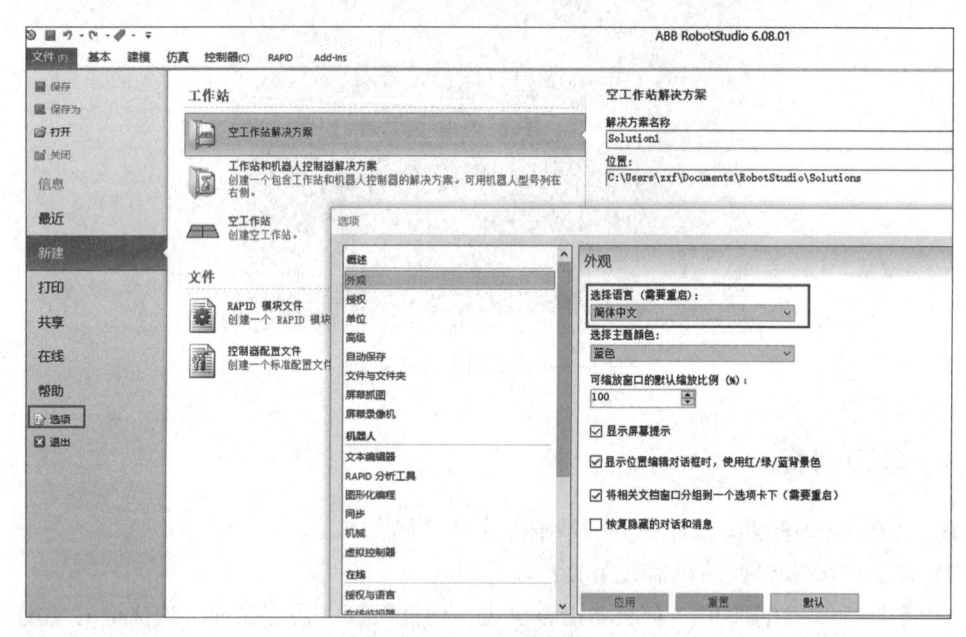

图 1-1-2 语言设定

在ABB模型库下有各种与实物高度匹配的机器人，如图1-1-3所示，选择工业机器人IRB 120。其中，IRB120_3_58_G_01指的是机器人荷重为3 kg，工作范围为0.58 m。

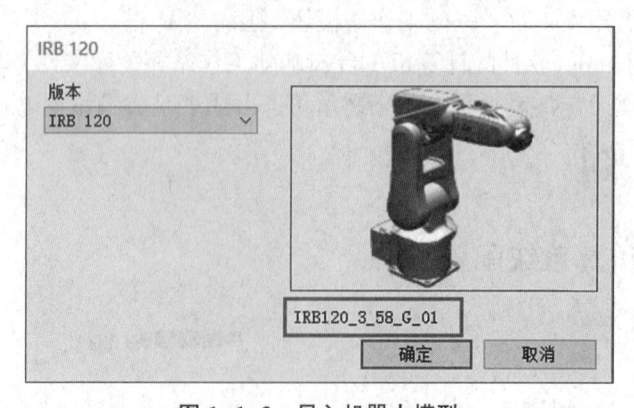

图 1-1-3 导入机器人模型

2. 导入外围设备与调整位置

（1）通过手动移动、放置方法实现布局。

RobotStudio 软件自带建模工具，但有些模型的结构比较复杂，需要通过专门的软件（如 SolidWorks）完成模型创建，再把模型加载到工作站中。详细操作请扫描右侧二维码观看。

创建工作站

通过手动移动、放置方法实现布局的具体操作方法如下。

步骤	操作内容	示意图
1	选择"导入模型库"→"浏览库文件"选项，选择存放外围设备的路径，依次添加工作台、基础模块、工具等设备	
2	库文件添加完成	
	注意：添加外围设备后，会发现机器人不见了，机器人并不是丢失了，而是被遮挡了，接下来需要对机器人布局进行调整	
3	对机器人布局进行调整： ①单击选中机器人。 ②选择"移动"选项则显示机器人三维坐标系，沿 Z 轴方向向上拖曳机器人至方便操作的位置	
	按住键盘上的 Ctrl 键，同时按住鼠标左键移动，即可实现三维显示界面平移的效果；按组合键"Ctrl+Shift"，同时按住鼠标左键，可实现三维界面旋转效果，即俯视、仰视、左视、右视、前视、后视等效果。还可通过滚动鼠标滚轮，实现放大或缩小效果	

续表

步骤	操作内容	示意图
4	选择"IRB120_3_58_01"→"位置"→"放置"→"一个点"选项	
5	将机器人较为精准地安装到工作台上： ①选择圆心捕捉工具，以便于抓取机器人底座的中心位置； ②单击"主点-从"位置，连带工具进行位置选择； ③单击机器人底座圆心，若操作正确则将看到"主点-从"位置数据发生变化，此坐标位置代表的是机器人圆心位置	
6		

续表

步骤	操作内容	示意图
6	"主点-到"位置选择与"主点-从"位置选择方法一致： ①选择捕捉边缘工具； ②单击"主点-到"位置，连带工具进行位置选择； ③单击操作台相应位置，若操作正确则将看到"主点-到"位置数据发生变化	
7	完成后单击"应用"按钮，机器人位置发生改变	

（2）通过数字输入完成布局。

选中机器人，单击鼠标右键，选择"位置"→"设定位置"选项，如图1-1-4所示。弹出设定位置界面，如图1-1-5所示，在参考下拉框中选择"大地坐标"选项，在"位置X、Y、Z（mm）"和"方向（deg）"对应框内输入要调节的数值，单击"应用"按钮，即可完成位置布局。用同样的数值设定方法可对工作站、基础模块等进行布局。

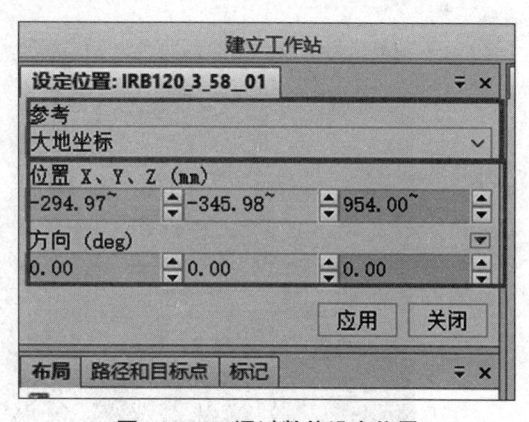

图1-1-4 选择设定位置　　　　图1-1-5 通过数值设定位置

3. 安装机器人工具

单击选中工具"MyNewTool"，直接拖曳至机器人"IRB120_3_58_01"处后松手，弹出"更新位置"对话框，单击"是"按钮，工具即安装到机器人端，如图1-1-6和图1-1-7所示。布局完成后如图1-1-8所示。

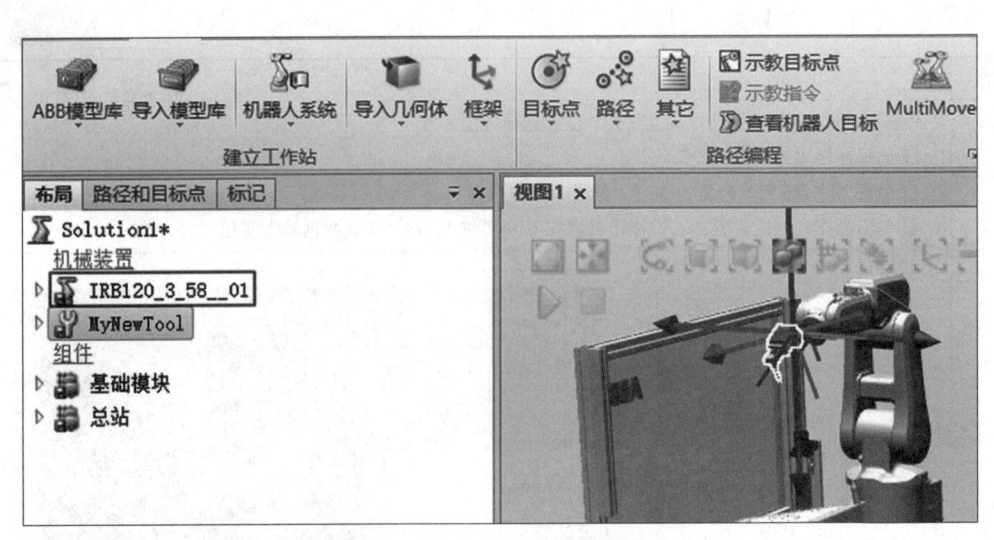

图 1-1-6 选择工具并拖曳至机器人处

图 1-1-7 "更新位置"对话框

图 1-1-8 工作站布局图

4. 检查机器人工作范围

工作站创建完成后,需要查看机器人的工作范围,特别是工作台是否在机器人工作范围内,具体方法如下。选中机器人,单击鼠标右键,在弹出的快捷菜单中选择"显示机器人工作区域"选项，如图 1-1-9 所示；在机器人工作区域界面，单击"当前工具"单选按钮勾选"3D 体积"复选框，即可看到机器人工作区域，工作台在机器人工作范围内，如图 1-1-10 所示。若要取消"显示机器人工作区域"，则按照上述方法取消显示即可。

如果工作台不在机器人工作范围内，可通过输入数字或者拖曳方式改变机器人或者工作台布局进行调整。

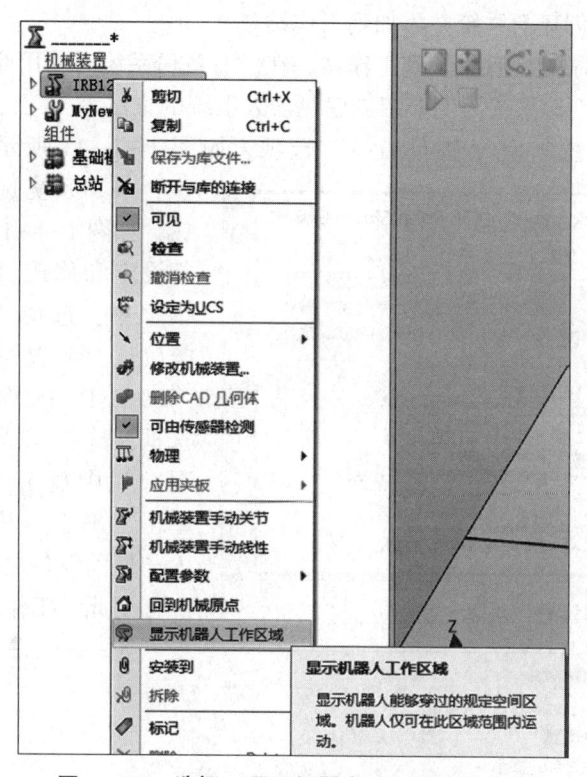

图 1-1-9 选择"显示机器人工作区域"选项

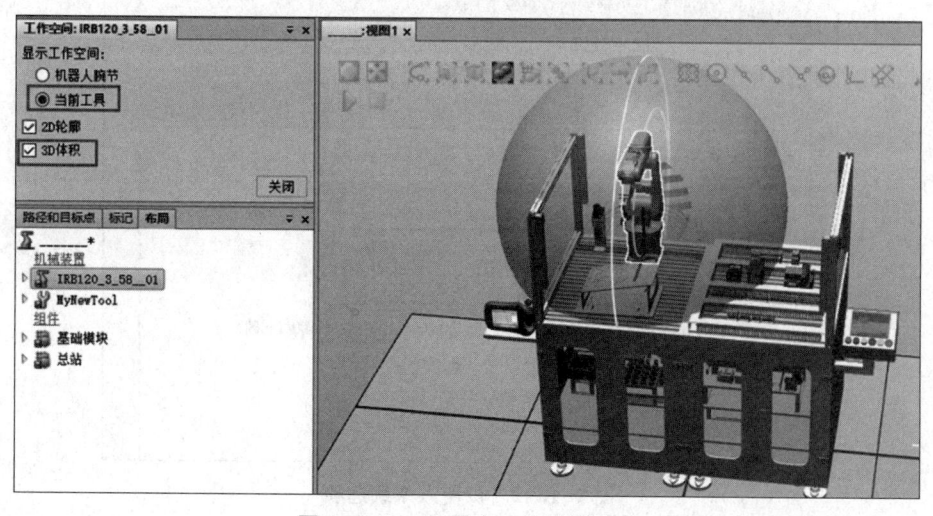

图 1-1-10 机器人工作区域显示

5. 创建机器人系统

要使机器人具有电气特性，能够完成仿真运行，必须创建工业机器人系统。创建机器人系统有从布局创建系统、新建系统和已有系统三种方法。

（1）从布局创建系统：根据已有布局创建系统，但系统加载后若要修改则不能再使用此选项。

（2）新建系统：创建新系统并添加到工作站。

（3）已有系统：添加现有系统到工作站，在已有备份系统时使用此选项。

本任务以从布局创建系统为例介绍创建机器人系统的方法。

选择"机器人系统"→"从布局…"选项，如图 1-1-11 所示。依次单击"下一步"→"系统选项"→"选项"按钮，如图 1-1-12 所示，可对系统进行设定和修改。在"更改选项"对话框中，选择"Industrial Networks"类别，勾选"选项"栏中的"709-1 DeviceNet Master/Slave"复选框，选择完成后此选项会在"概况"栏中显示，如图 1-1-13 所示，单击"确定"按钮，完成添加机器人与外围设备之间的通信方法。

至此，工作站模型创建完成。

图 1-1-11 机器人系统

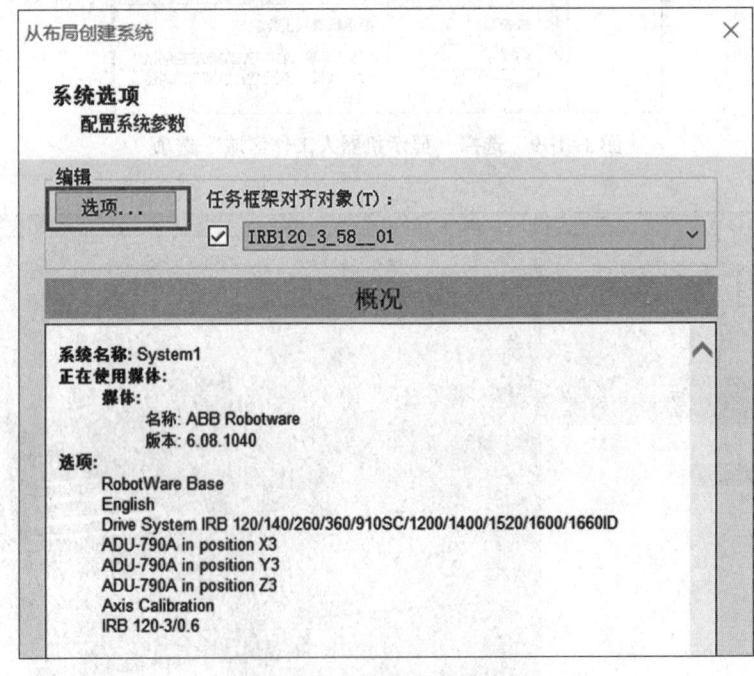

图 1-1-12 机器人系统选项

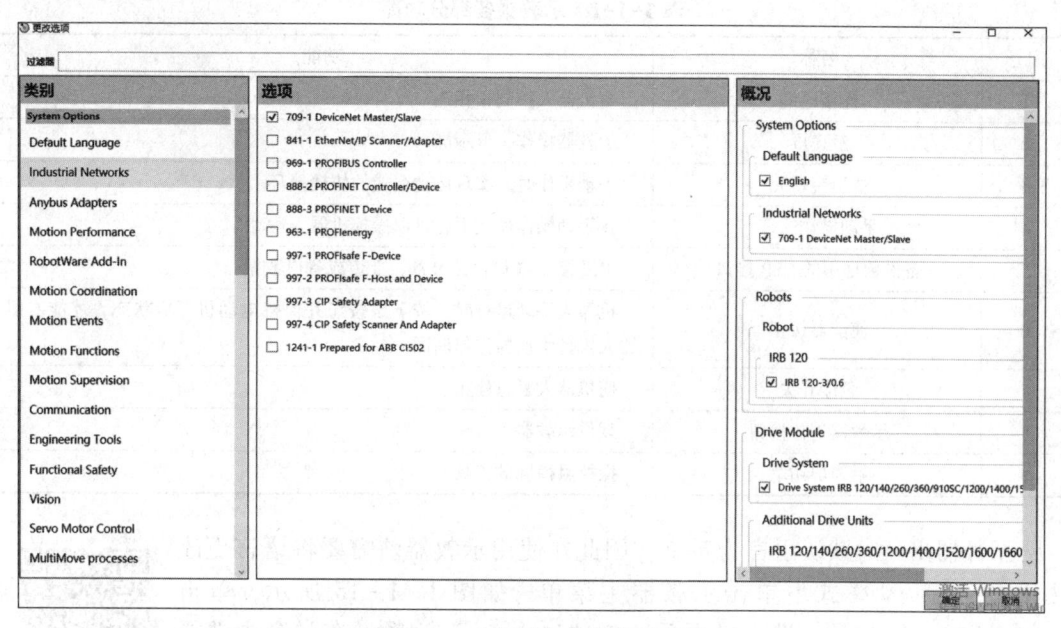

图 1-1-13　机器人系统选项设定

二、示教器结构

【知识链接】

示教器是用户与机器人之间进行交流的工具，操作人员通过示教器对机器人进行现场编程。ABB 公司提供的示教器结构如图 1-1-14 所示。示教器各部分功能见表 1-1-1。

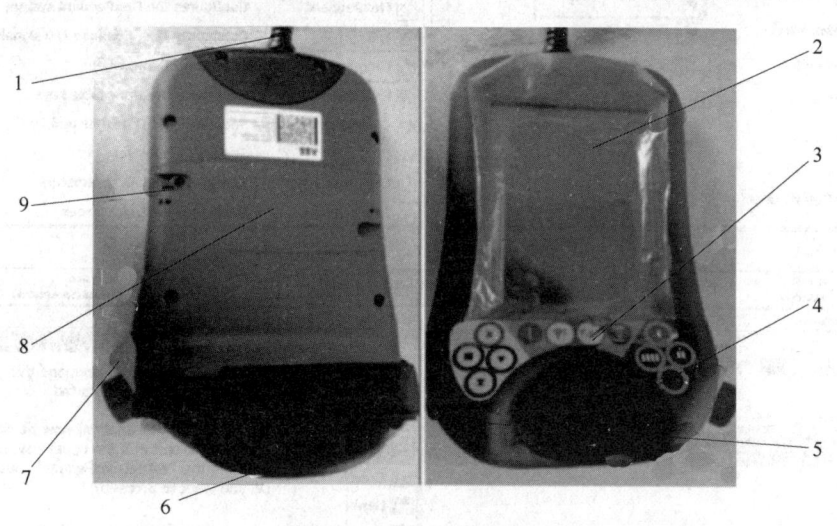

图 1-1-14　示教器结构

1—连接电缆；2—触摸屏；3—快捷键单元；4—手动操作摇杆；5—备份数据用 USB 接口；
6—使能器按钮；7—急停开关；8—示教器复位按钮；9—触摸屏用笔。

表 1-1-1　示教器各部分功能

序号	名称	功能
1	连接电缆	与机器人控制柜相连
2	触摸屏	示教器操作、显示屏
3	快捷键单元	手动操作时，实现运动模式的快捷接环
4	手动操作遥杆	在手动操作模式下，可以操控机器人运动
5	备份数据用的 USB 接口	可外接 U 盘等存储设备，上传或备份数据
6	使能器按钮	机器人手动运行时，按下该按钮并保持电动机开启状态，才能对机器人机型手动操作与调试
7	急停开关	使机器人紧急停止
8	示教器复位按钮	复位示教器
9	触摸屏用笔	操控触摸屏的工具

示教器出厂时默认语言为英文，因此在使用示教器前需要将语言更改为中文。在手动模式下单击示教器主菜单，如图 1-1-15 所示，单击"Control Panel"选项，进入界面后选择"Language"选项，在弹窗中选择"Chinese"选项，单击"OK"按钮。在弹出的提示框中单击"Yes"按钮重启示教器，重启后的界面即显示为中文，详细操作请扫描右侧二维码观看。**示教器修改语言**

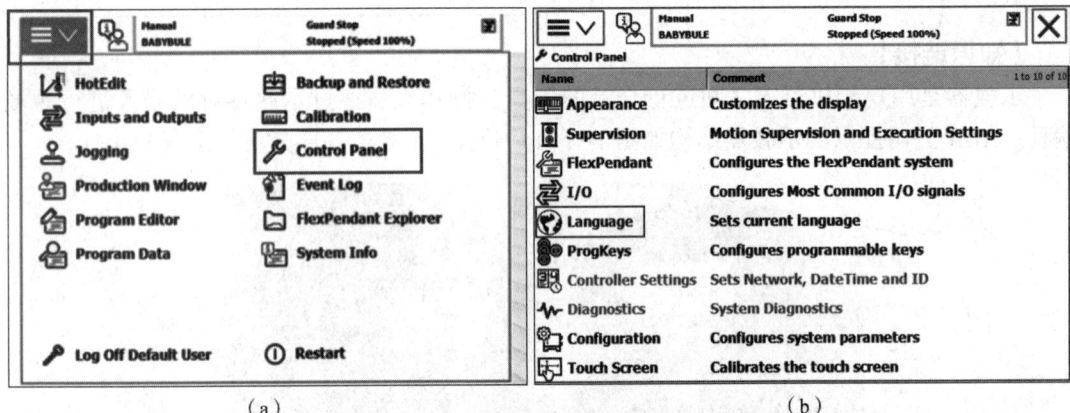

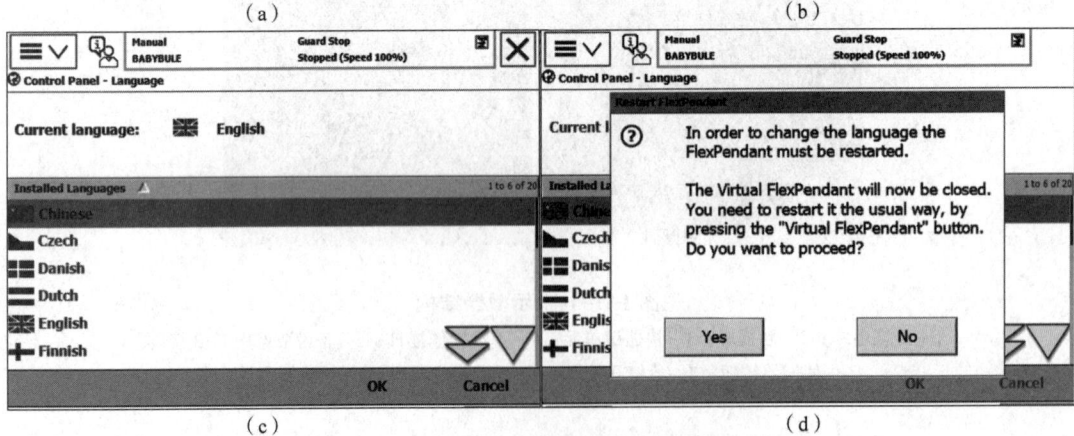

图 1-1-15　在使用示教器前更改语言为中文步骤

创建好机器人系统以后，可以在 RobotStudio 软件中利用示教器对机器人进行操作，让机器人动起来，如图 1-1-16 所示，选择"控制器"→"示教器"→"虚拟示教器"选项即可（注：虚拟示教器和真实示教器操作一致，本书演示以虚拟示教器为主）。

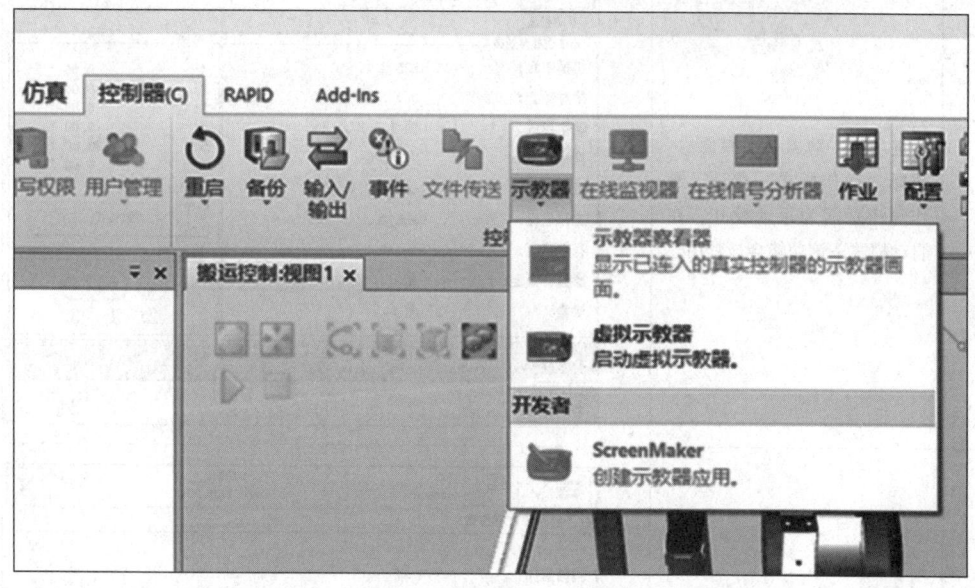

图 1-1-16 RobotStudio 软件中虚拟示教器位置

三、手动操作工业机器人单轴运动

【技能链接】

下面以对工业机器人 1 轴进行操作为例进行介绍，详细操作请扫描右侧二维码观看。

手动单轴操作

手动操作工业机器人单轴运动具体操作方法如下。

步骤	操作内容	示意图
1	单击示教器的主菜单。在主界面，选择"手动操纵"选项	

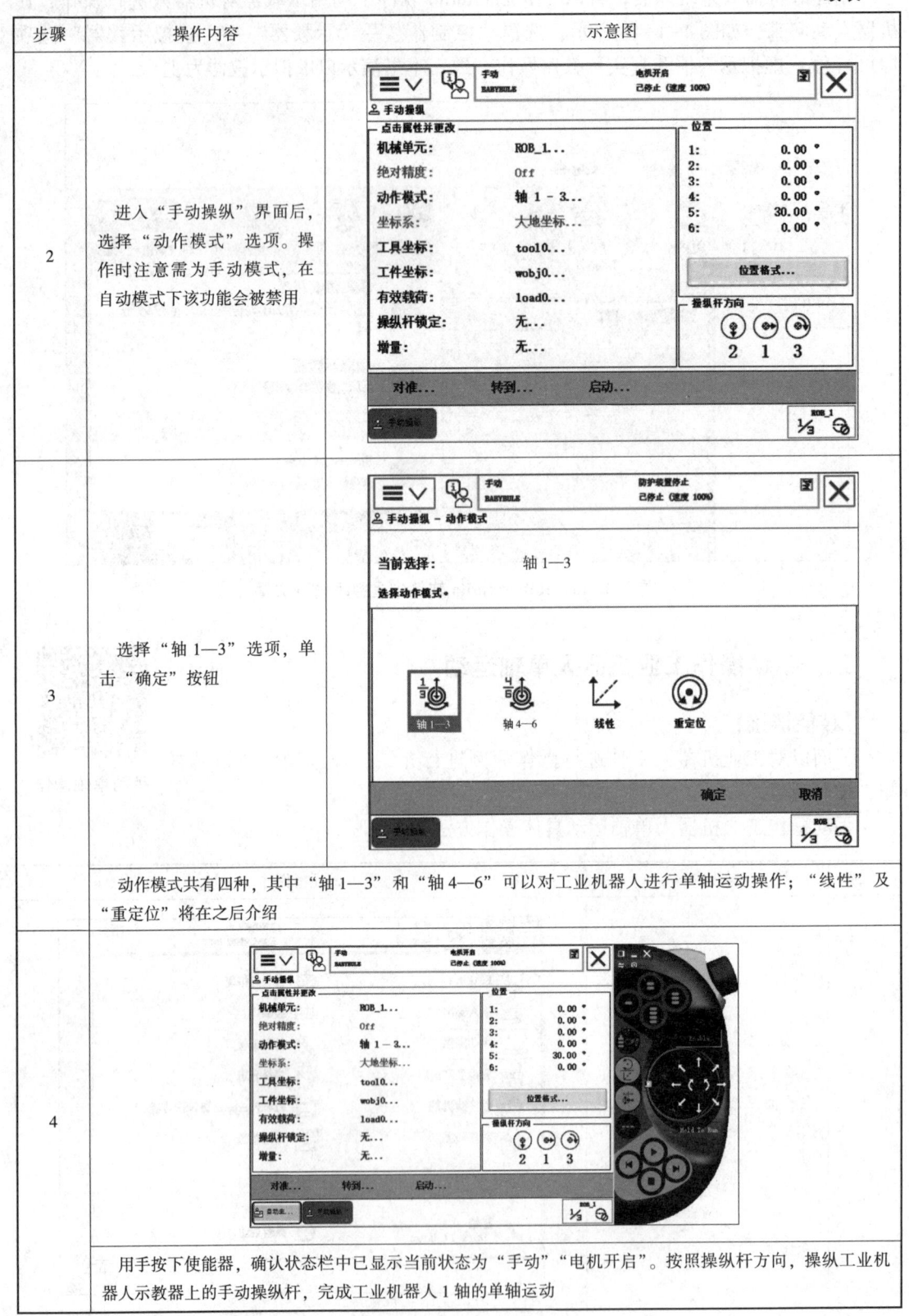

续表

步骤	操作内容	示意图
2	进入"手动操纵"界面后，选择"动作模式"选项。操作时注意需为手动模式，在自动模式下该功能会被禁用	
3	选择"轴1—3"选项，单击"确定"按钮	
	动作模式共有四种，其中"轴1—3"和"轴4—6"可以对工业机器人进行单轴运动操作；"线性"及"重定位"将在之后介绍	
4	用手按下使能器，确认状态栏中已显示当前状态为"手动""电机开启"。按照操纵杆方向，操纵工业机器人示教器上的手动操纵杆，完成工业机器人1轴的单轴运动	

如图 1-1-17 所示，在示教器①位置显示工业机器人当前运动模式。当操作熟练后，可以使用②位置的快捷键进行"轴 1—3"和"轴 4—6"之间的切换；使用③位置的快捷键可进行"线性"和"重定位"之间的切换。

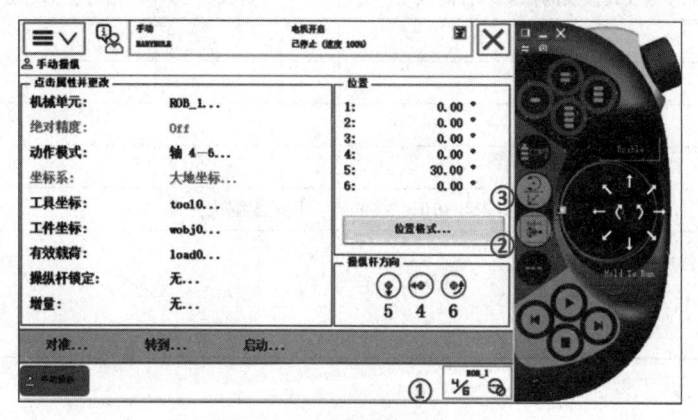

图 1-1-17　运动模式快捷键

【任务实施】

❖ 任务描述

（1）创建基础工作站仿真系统，在仿真系统中手动操控工业机器人进行单轴运动。
（2）在真实工业机器人系统中，安装基础工作站夹具。
（3）在真实工业机器人上进行手动单轴操作。

一、计划

1. 知识点回顾

工作站仿真系统创建流程是什么？

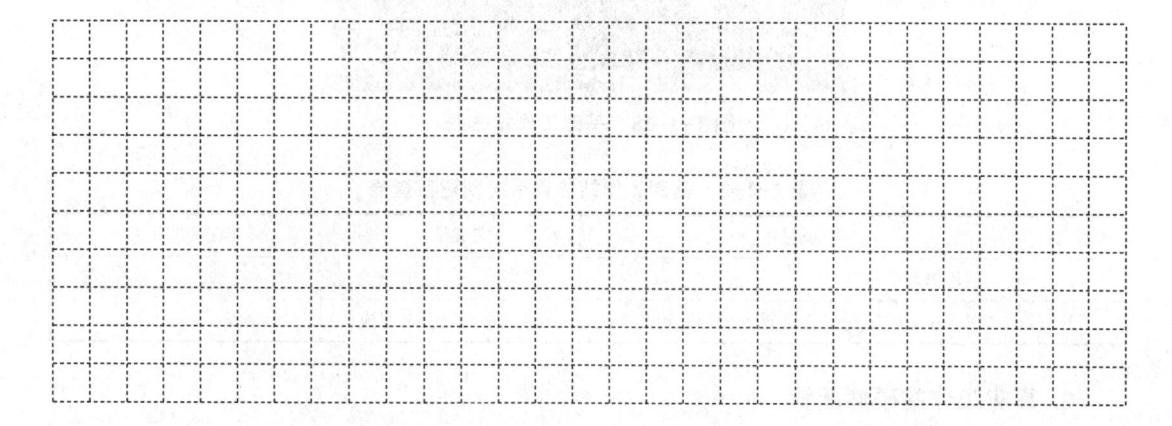

2. 计划

以小组为单位，对任务进行讨论并制订工作计划，分解任务，认领子任务，分析仿真中遇到的问题并提供解决方案（表 1-1-2），制订实施计划并按照实施步骤进行自查，发挥团队协作作用，养成主动学习、全员参与、精益求精的职业素养。

表 1-1-2　工作计划分解

序号	子任务及其涉及的知识、技能点	负责人	是否已知已会	备注
1				
2				
3				
4				
	分析未知知识、技能点，并提出解决方案			

二、实施

1. 创建基础工作站仿真系统

下载库文件，按照图 1-1-18 所示布局要求完成基础工作站仿真系统配置，并在仿真工作站中实现工业机器人的单轴操控，完成表 1-1-3 的填写。

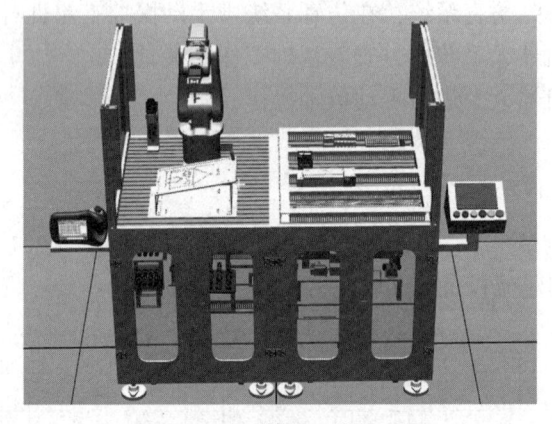

图 1-1-18　基础工作站布局

表 1-1-3　基础工作站仿真系统创建自查表

序号	项目	完成情况	存在问题汇总
1	创建仿真工作站	□完成　□未完成	
2	在工作站中实现工业机器人单轴运动	□完成　□未完成	

2. 真实工作站硬件配置

（1）安装工作站套件准备。
①打开工作站柜门，将基础控制套件拿出，并安装到工作站桌面；
②在夹具库内选择笔型夹具与平形手抓夹具。

（2）安装工作站。

①选择合适的螺丝，把基础控制套件安装至机器人工作站桌面的合理位置（要求与仿真工作中套件安装方向一致）；

②夹具安装：先把夹具与工业机器人的连接法兰安装至机器人 6 轴法兰盘上，再把夹具安装至连接法兰上。扫描右侧二维码观看安装过程。

（3）工艺要求。

①在进行描图轨迹示教时，笔型夹具姿态尽量垂直于工件表面；

②工业机器人运行轨迹要求平缓流畅；

③笔尖与图案边缘距离为 0.5~1 mm，尽量靠近工件图案边缘，且不能与 A4 纸接触，以防止刮伤纸张表面。

夹具安装视频

3. 手动进行真实工业机器人单轴操作

完成手动进行真实工业机器人单轴操作自查表，见表 1-1-4。

表 1-1-4 手动进行真实工业机器人单轴操作自查表

序号	项目	真实工业机器人系统	存在问题汇总
1	正确开关工业机器人	完成□ 未完成□	
2	正确使用示教器	完成□ 未完成□	
3	实现工业机器人单轴运动操作	完成□ 未完成□	

三、检查

配合教师完成检查表，见表 1-1-5。

表 1-1-5 检查表

序号	考核要点	考核要求	配分	评分标准	得分	得分小计
1	仿真工作站系统配置（45 分）	新建工作站	5	熟练使用 Robot Studio 软件创建新工作站得 5 分		
		导入外围设备	10	正确添加库文件得 10 分		
		IRB 120 定位	10	将 IRB 120 放置在总站的合适位置得 10 分		
		安装工具	5	正确将工具装载到 IRB 120 上得 5 分		
		按要求进行布局	10	布局正确得 6 分；会检查机器人工作区域得 4 分		
		保存工作站并打包	5	保存工作站得 2 分；打包得 3 分		
2	真实工作站安装（25 分）	正确开关工业机器人	6	正确开机得 3 分；正确关机得 3 分；有错误不得分		
		正确使用示教器	4	正确使用示教器得 4 分；有错误不得分		
		安装夹具	15	按规定安装夹具得 15 分；出现问题一次扣 5 分		

续表

序号	考核要点	考核要求	配分	评分标准	得分	得分小计
3	手动进行工业机器人单轴操作（20分）	在仿真工作站中手动进行工业机器人单轴运动	10	熟练手动进行工业机器人1~6轴单轴运动得8分；会使用快捷键进行运动模式切换得2分		
		在真实工作站中手动进行工业机器人单轴操作	10	熟练使用示教器得6分；熟练实现手动1~6轴单轴运动得4分		
4	职业素养（10分）	遵守场室纪律，无安全事故	2	纪律和安全方面各占1分		
		工位保持清洁，物品整齐	2	工位和物品方面各占1分		
		着装规范整洁，佩戴安全帽	2	着装和安全帽方面各占1分		
		操作规范，爱护设备	2	操作规范和爱护设备各得1分		
		对工位进行5S管理	2	5S管理执行到位得2分		
5	违规扣分	操作中发生安全问题		扣50分		
		明显操作不当		扣10分		
	总分					

四、反思

在操作机器人的时候，时刻要把安全放在首位。请下载工业机器人安全操作的相关标准并认真学习，列举相关要点。

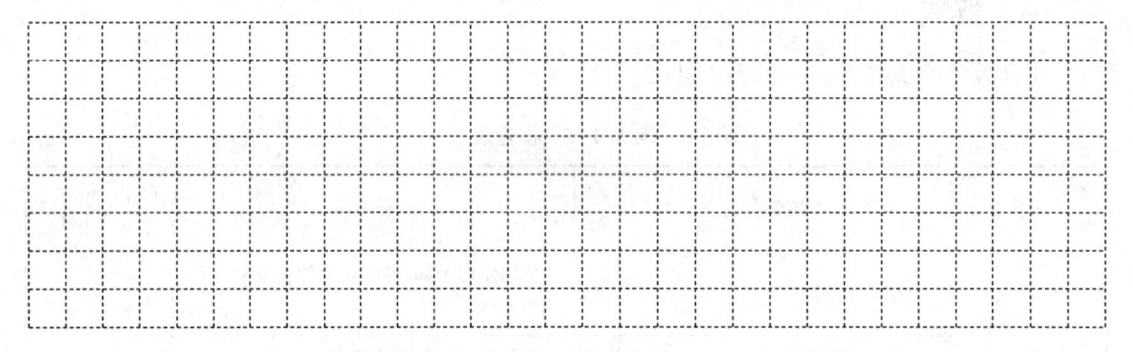

通过本任务的学习，将自己的总结向别的同学介绍，描述收获、问题和改进措施。在一些工作完成不尽意的地方，记录别人给自己的意见，帮助下面的工作。

任务二　工业机器人运动控制

【学习情境】

本任务通过虚拟工作站的仿真和真实工作站功能的实现来完成机器人在空间中某两点之间的往返运动。基础工作站布局如图 1-2-1 所示。

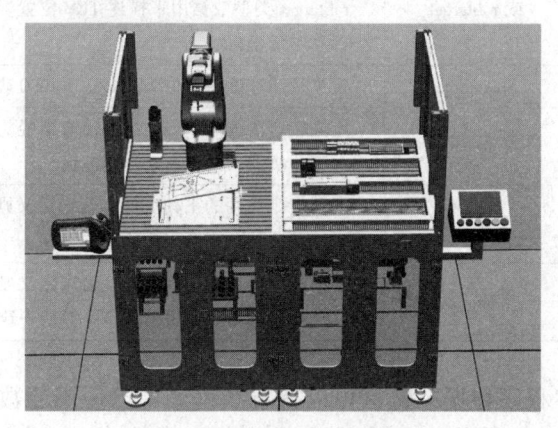

图 1-2-1　基础工作站布局

一、学习目标

（1）了解 TCP 点、robtarget 数据的概念；
（2）掌握 MoveAbsJ、MoveJ、MoveL 指令的使用；
（3）了解 MoveJ 和 MoveAbsJ 指令的区别；
（4）会创建工业机器人目标点 robtarget 数据；
（5）能够实现工业机器人 TCP 在 Home 点与某点之间往返。

二、所需工具设备

（1）ABB 工业机器人 1 台、基础工作站模块 1 套。
（2）装有 RobotStudio 软件的计算机 1 台、基础工作站相关库文件 1 套。
（3）内六角螺丝刀、活动扳手、十字螺丝刀、万用表、尖嘴钳等电工工具各 1 套。

【学习链接】

一、常用的机器人运动指令

【知识链接】

常用机器人运动指令格式如下：

指令名称 目标点位置数据，运动速度数据，转弯区数据，工具坐标数据\工件坐标数据

例如：MoveJ p20，v1000，z50，tool1 \ Wobj：=wobj1；

运动指令参数释义见表1-2-1。

表1-2-1 运动指令参数释义

参数	数据类型	释义
目标点位置数据	jointtarget 或 robtarget	jointtarget类型数据用来描述工业机器人的绝对位置。绝对位置以各轴绝对原点为基准，与工业机器人坐标系等无关。robtarget类型数据用来描述TCP位置。TCP位置是指TCP在指定坐标系中的坐标
运动速度数据	Speeddata	定义运动速度，单位为mm/s，v1000表示运动速度为1 000 mm/s
转弯区数据	Zonedata	定义转弯区大小，z50表示转弯半径为50 mm。转弯半径数值越大，工业机器人的转弯动作越流畅
工具坐标数据	Tooldata	当前指令使用的工具坐标，若未定义则默认为tool0，即以工业机器人六轴法兰盘中性点为原点的坐标
工件坐标数据	Wobjdata	当前指令使用的工件坐标，若未定义则默认为Wobj：=wobj1，即默认工件坐标与工业机器人基座保持一致

在主界面中单击"程序数据"链接可以查看在程序中已使用的数据类型，如图1-2-2所示。选中某一类型数据，单击"显示数据"按钮即显示程序中该类型的所有数据，选中某一数据，单击"编辑"按钮可以对该数据进行相关修改。

（a）

（b）

（c）

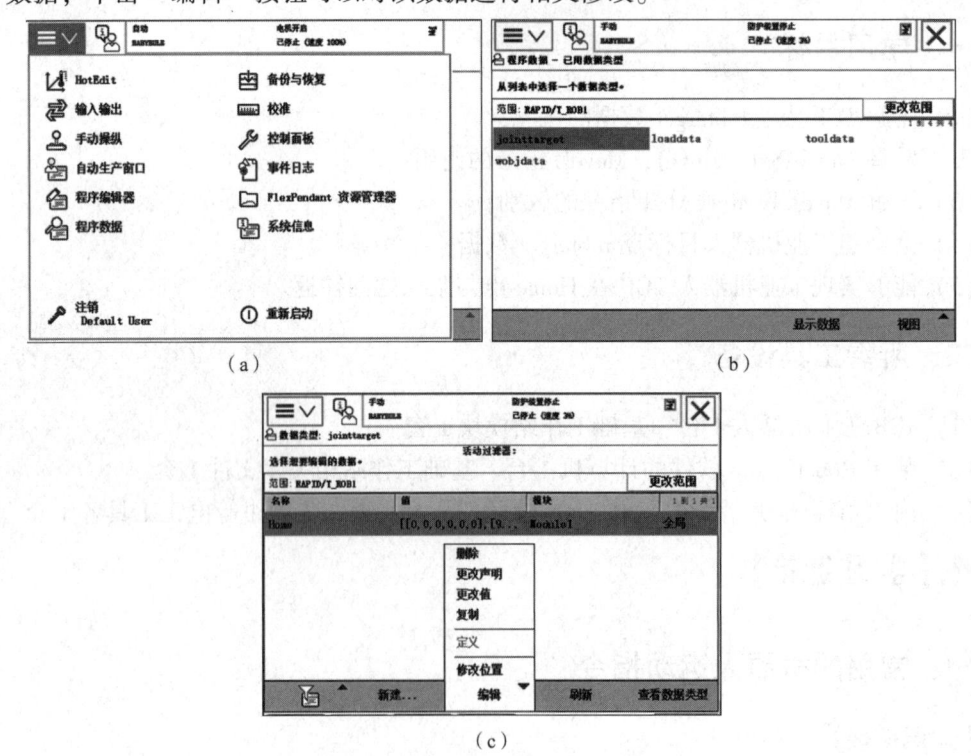

图1-2-2 修改程序数据方法

注意，ABB 工业机器人编程所用的 RAPID 语言的程序数据类型众多，除了书中涉及的数据类型外，其他数据类型可以通过查阅《技术参数手册——RAPID 指令、函数和数据类型》来学习。

提示：在编写程序时，选中相应参数即可对参数进行修改。后续内容会详细讲解工具坐标及工件坐标的定义方法。

1. MoveAbsJ 绝对位置运动指令

MoveAbsJ 指令主要用于工业机器人回到机械零点位置或 Home 点。Home 点也称为工作原点，是工业机器人不工作时示教的点，Home 点是绝对安全点，不会干涉任何工装及其他工业机器人的任何状态，工业机器人在工作开始前和工作完成后都处于该位置。该指令中目标点位置数据类型为 jointtarget。

例如：MoveAbsJ home，v1000，z50，tool1\WObj：=wobj0；

2. MoveL：线性运动指令

MoveL 指令可以使工业机器人 TCP 沿直线运动至给定目标点。

例如：MoveL p20，v1000，z10，tool1 \ Wobj：=wobj1；

如图 1-2-3 所示，工业机器人 TCP 从当前位置 p10 处运动至 p20 处，运动轨迹为直线。

提示：TCP（Tool Central Point）是"工具中心点"的简写。当让工业机器人去接近空间中的某一点时，其本质是让 TCP 去接近该点。因此，可以说工业机器人的轨迹运动，就是 TCP 的运动。图 1-2-3 中的工业机器人工具末端定义为 TCP。TCP 在建立工具坐标时设定，一般为建立的工具坐标原点。ABB 工业机器人在出厂时有一个默认的工具数据 tool0，tool0 定义的 TCP 在工业机器人第六轴法兰盘的中心处。

3. MoveJ：关节运动指令

MoveJ 指令将工业机器人 TCP 快速移动至给定目标点，运行轨迹不一定是直线。

例如：MoveJ p20，v1000，z50，tool1 \ Wobj：=wobj1；

如图 1-2-4 所示，工业机器人 TCP 从当前位置 p10 处运动至 p20 处，运动轨迹不一定为直线。注意：由于关节运动指令的运动轨迹不一定为直线，所以用该指令实现两点间的运动时，要确保周围无障碍物。

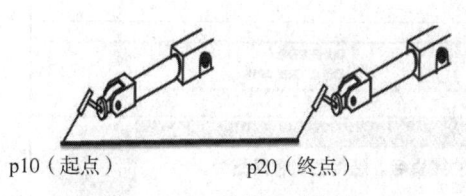

图 1-2-3　线性运动指令　　　　图 1-2-4　关节运动指令

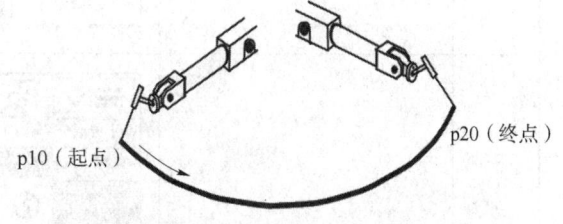

二、创建程序模块及例行程序

【技能链接】

指令必须包含在例行程序中，在写任何指令之前需要在工业机器人系统中创建程序模块及例行程序。详细操作请扫描右侧二维码观看。

创建程序模块及例行程序的具体操作方法如下：

创建模块及例行程序

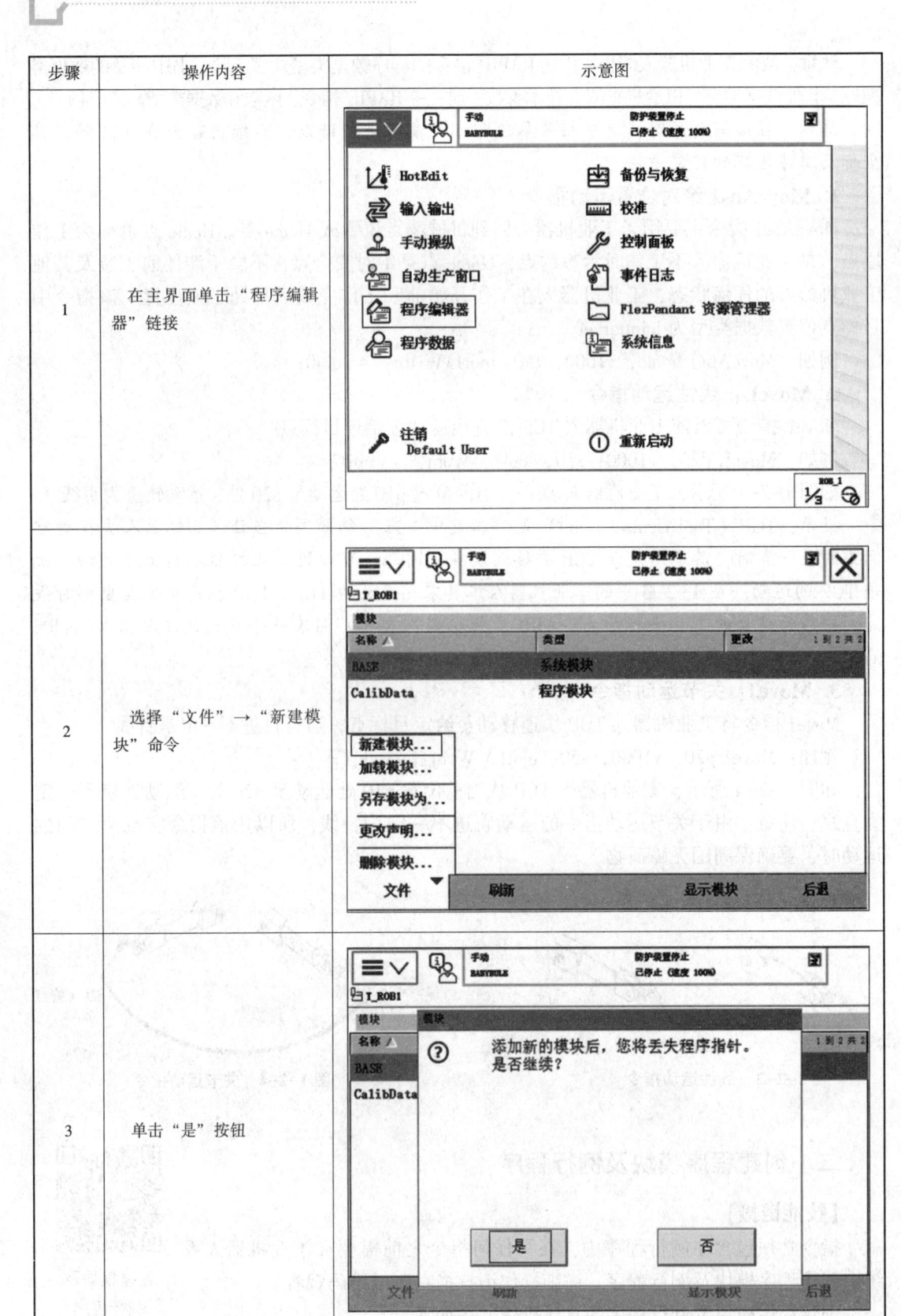

步骤	操作内容	示意图
1	在主界面单击"程序编辑器"链接	
2	选择"文件"→"新建模块"命令	
3	单击"是"按钮	

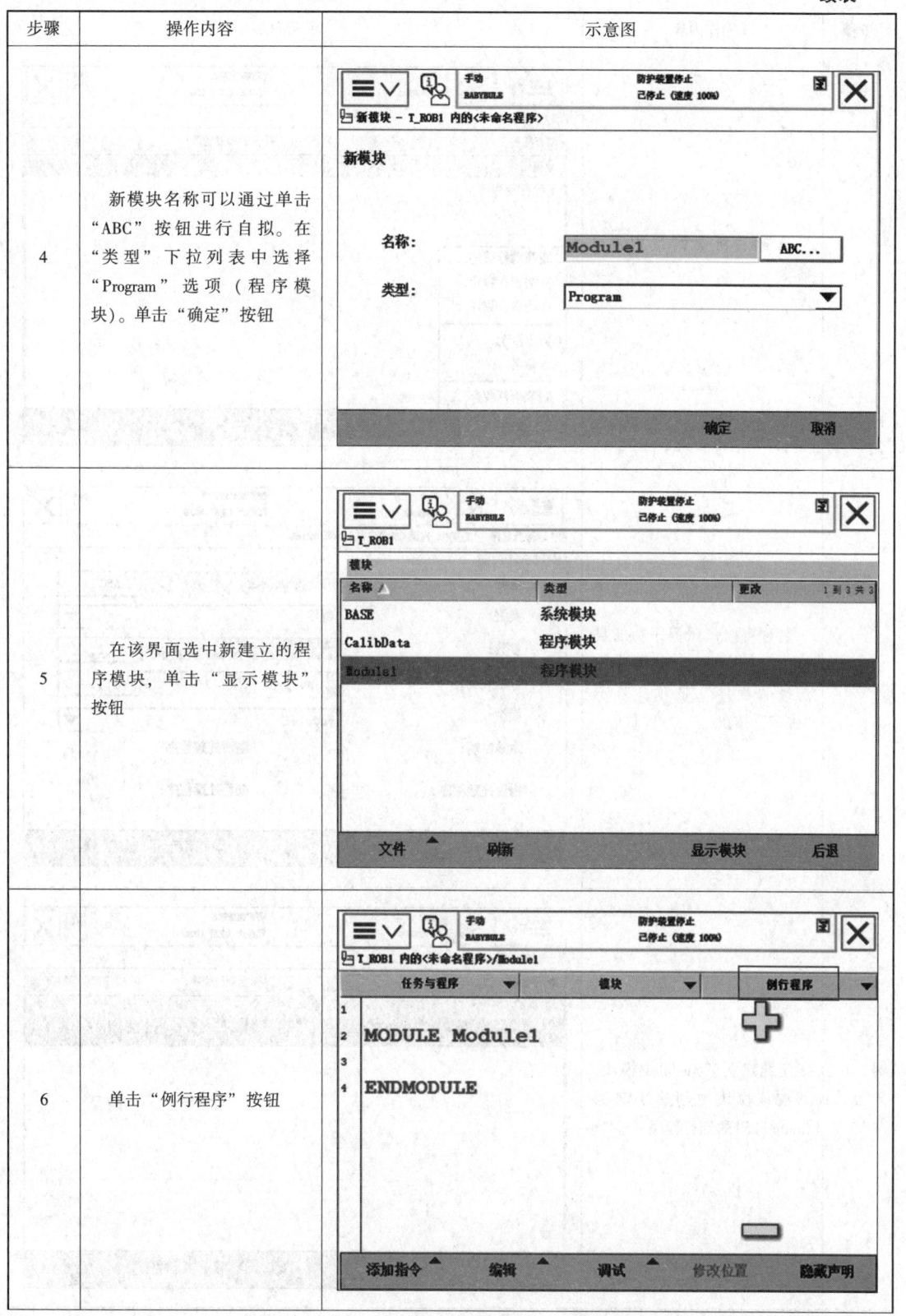

续表

步骤	操作内容	示意图
4	新模块名称可以通过单击"ABC"按钮进行自拟。在"类型"下拉列表中选择"Program"选项（程序模块）。单击"确定"按钮	
5	在该界面选中新建立的程序模块，单击"显示模块"按钮	
6	单击"例行程序"按钮	

续表

步骤	操作内容	示意图
7	选择"新建例行程序"命令	
8	名称可以依照程序功能自拟;在"类型"下拉列表中选择"程序"选项;单击"确定"按钮	
9	至此建立了Module1模块,并在该模块中创建了名为Routine1()的例行程序	

三、MoveAbsJ 指令的使用

【技能链接】

下面以利用 MoveAbsJ 指令使工业机器人各轴归零为例，说明 MoveAbsJ 指令的使用。具体操作请扫描下方二维码观看。工业机器人各轴归零状态及零点位置参数数值如图 1-2-5 所示。

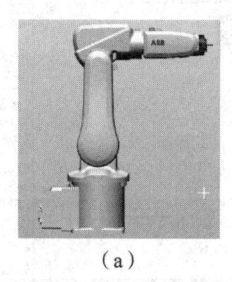

参数	参数值
rax_1…rax_6	0
exa_a…exa_f	9E+09

（a） （b）

图 1-2-5 工业机器人各轴归零状态及零点位置参数数值

MoveAbsJ 指令

利用 MoveAbsJ 指令使工业机器人各轴归零的具体操作步骤如下。

步骤	操作内容	示意图
1	单击"显示例行程序"按钮	
2	这个界面中可以显示 Routine1( ) 程序的全部指令。当前，该程序中还未添加指令。选中"<SMT>"，如右图所示	

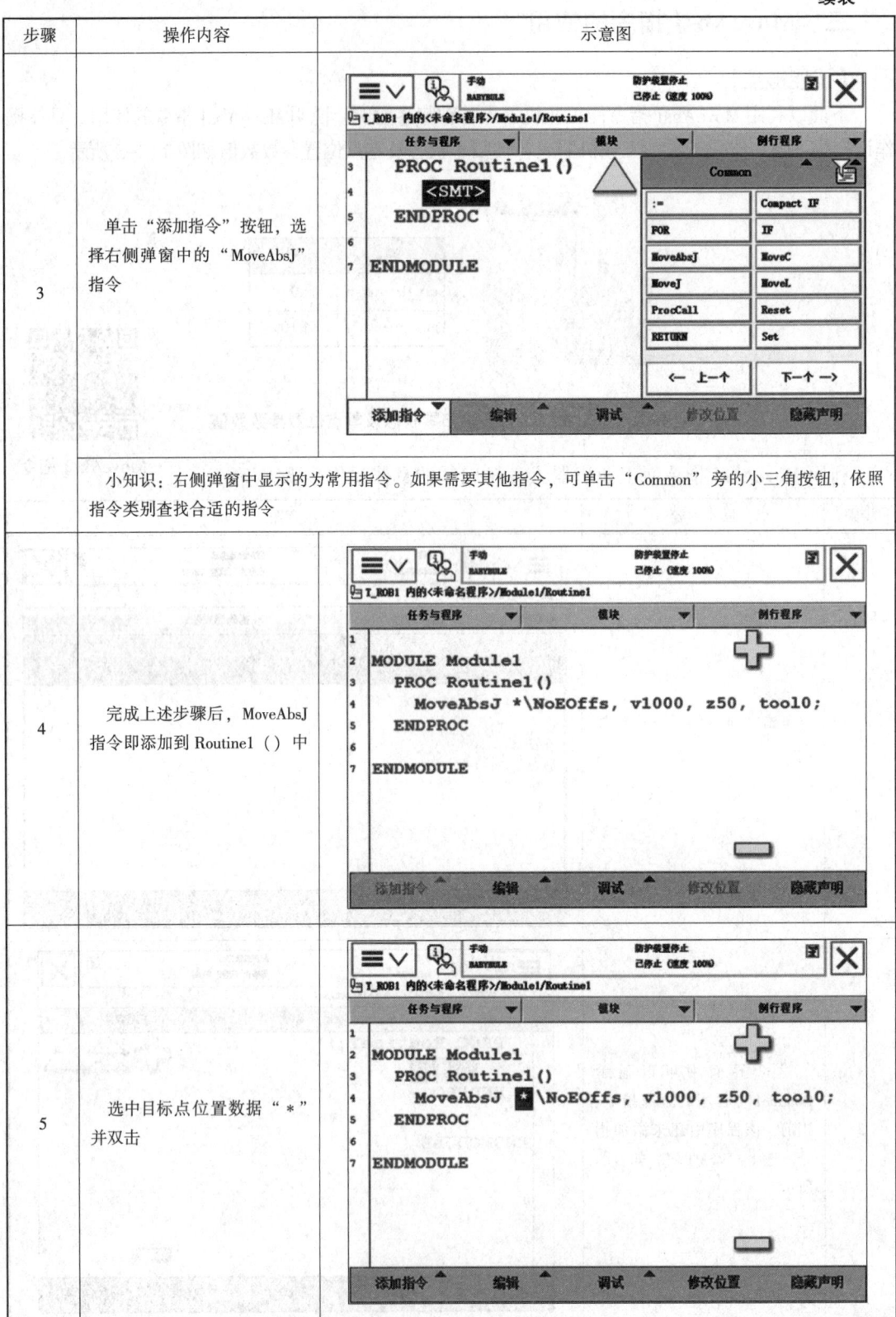

续表

步骤	操作内容	示意图
3	单击"添加指令"按钮,选择右侧弹窗中的"MoveAbsJ"指令	
	小知识:右侧弹窗中显示的为常用指令。如果需要其他指令,可单击"Common"旁的小三角按钮,依照指令类别查找合适的指令	
4	完成上述步骤后,MoveAbsJ指令即添加到Routine1()中	
5	选中目标点位置数据"*"并双击	

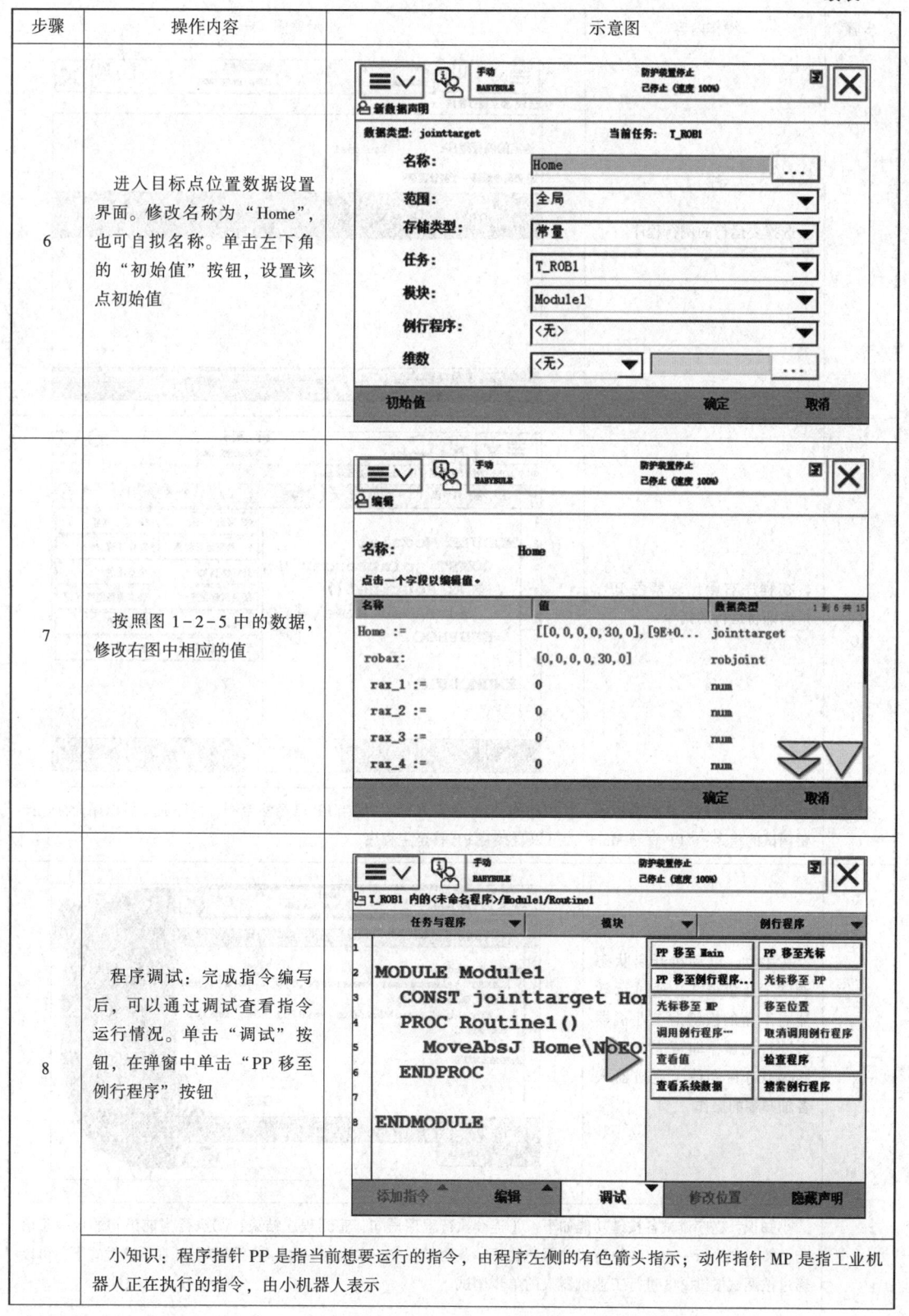

续表

步骤	操作内容	示意图
6	进入目标点位置数据设置界面。修改名称为"Home"，也可自拟名称。单击左下角的"初始值"按钮，设置该点初始值	
7	按照图1-2-5中的数据，修改右图中相应的值	
8	程序调试：完成指令编写后，可以通过调试查看指令运行情况。单击"调试"按钮，在弹窗中单击"PP 移至例行程序"按钮	
	小知识：程序指针 PP 是指当前想要运行的指令，由程序左侧的有色箭头指示；动作指针 MP 是指工业机器人正在执行的指令，由小机器人表示	

27

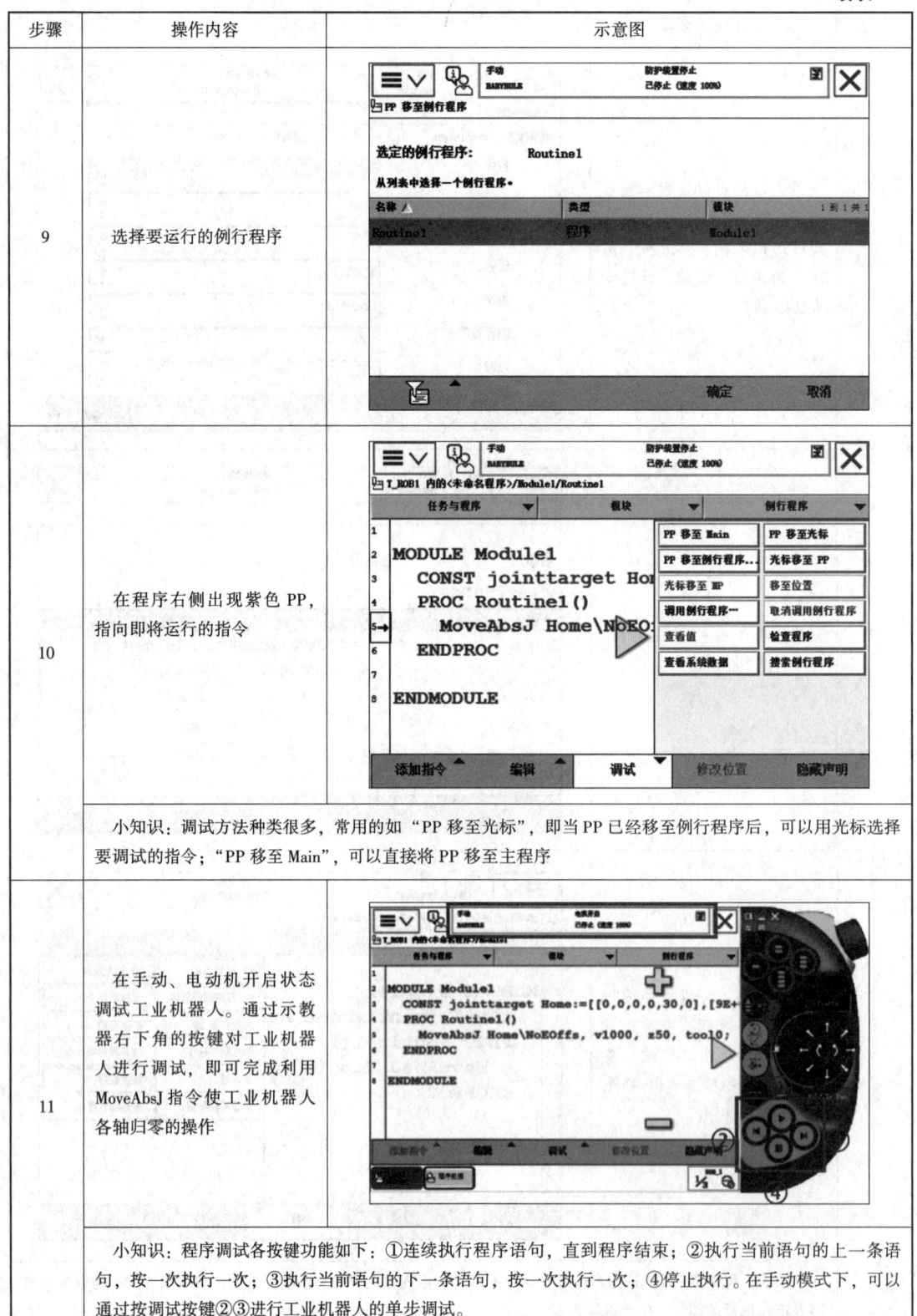

续表

步骤	操作内容	示意图
9	选择要运行的例行程序	
10	在程序右侧出现紫色PP，指向即将运行的指令	
	小知识：调试方法种类很多，常用的如"PP移至光标"，即当PP已经移至例行程序后，可以用光标选择要调试的指令；"PP移至Main"，可以直接将PP移至主程序	
11	在手动、电动机开启状态调试工业机器人。通过示教器右下角的按键对工业机器人进行调试，即可完成利用MoveAbsJ指令使工业机器人各轴归零的操作	
	小知识：程序调试各按键功能如下：①连续执行程序语句，直到程序结束；②执行当前语句的上一条语句，按一次执行一次；③执行当前语句的下一条语句，按一次执行一次；④停止执行。在手动模式下，可以通过按调试按键②③进行工业机器人的单步调试。	

四、MoveL/MoveJ 运动指令的使用

【技能链接】

下面以利用 MoveL/MoveJ 运动指令使工业机器人在两点之间运动为例进行介绍，具体操作请扫描右侧二维码观看。

MoveL/MoveJ 运动指令

MoveL/MoveJ 运动指令使用的具体操作如下。

步骤	操作内容	示意图
1	在手动模式下，拨动手动操作杆使工业机器人运动到空间中某一点。可参考"【技能链接】手动操作工业机器人单轴运动"	
2	单击"添加指令"按钮，单击 MoveL 或 MoveJ 指令。右图示以 MoveJ 指令为例	
3	在弹窗中选择指令插入位置，单击"下方"按钮	

续表

步骤	操作内容	示意图
4	单击"*"以添加目标位置数据	手动 BABYBULE 电机开启 己停止(速度 3%) T_ROB1 内的<未命名程序>/Module1/Routine1 任务与程序 ▼ 模块 ▼ 例行程序 ▼ 1 MODULE Module1 2 CONST jointtarget Home:=[[0,0,0,0,0,0],[9E+0 3 PROC Routine1() 4 MoveAbsJ Home\NoEOffs, v1000, z50, tool0; 5 MoveJ *, v1000, z50, tool0; 6 ENDPROC 7→ 8 9 ENDMODULE 添加指令 编辑 调试 修改位置 隐藏声明
5	单击"新建"按钮建立目标点	手动 BABYBULE 防护装置停止 己停止(速度 100%) 更改选择 当前变量： ToPoint 选择自变量值。 活动过滤器： MoveJ *, v1000 , z50 , tool0; 数据　　　　　　　　功能 　　　　　　　　　　　　　　　1到2共2 新建　　　　　　　　* 123...　表达式...　编辑　确定　取消
6	可以单击名称右侧的"..."按钮修改目标点名称。单击"确定"按钮	手动 BABYBULE 防护装置停止 己停止(速度 100%) 新数据声明 数据类型：robtarget 当前任务：T_ROB1 名称： p10 ... 范围： 全局 ▼ 存储类型： 常量 ▼ 任务： T_ROB1 ▼ 模块： Module1 ▼ 例行程序： <无> ▼ 维数： <无> ▼ ... 初始值　　　　　　　　　　　　　确定　取消

续表

步骤	操作内容	示意图
7	至此,创建了名为 p10 的目标点,该点记录了工业机器人当前状态	
8	重复步骤 1~6,创建 p20 点	
9	重复本任务中【技能链接】利用 MoveAbsJ 指令使工业机器人各轴归零的操作步骤 8~11,对上述指令进行调试,观察工业机器人的运动路径	

【任务实施】

❖ 任务描述

(1) 创建 Home 点。

(2) 实现工业机器人在某两点之间的运动。

一、计划

1. 知识点回顾

(1) TCP 是什么?

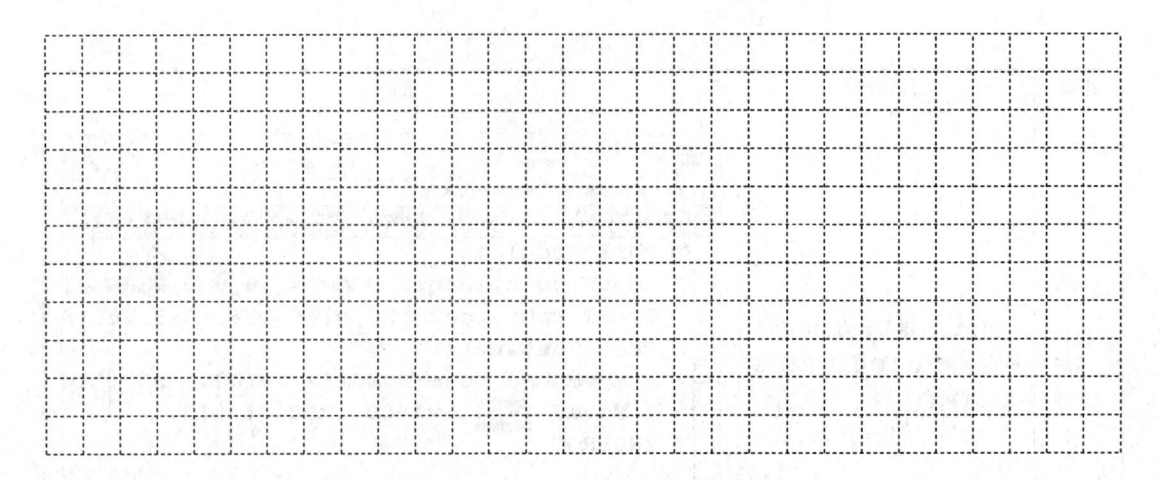

（2）MoveJ 和 MoveAbsJ 的区别是什么？目标点的数据类型相同吗？

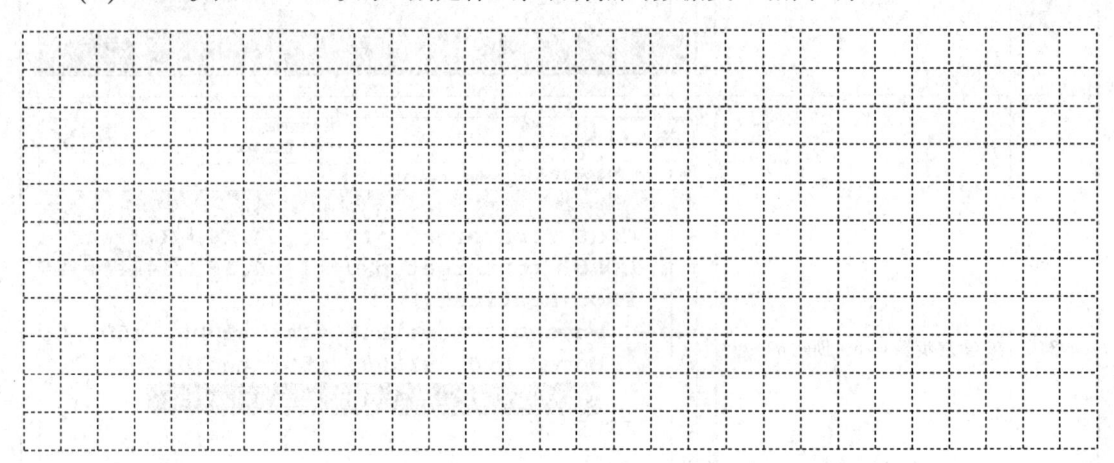

（3）用示教器编写程序流程。

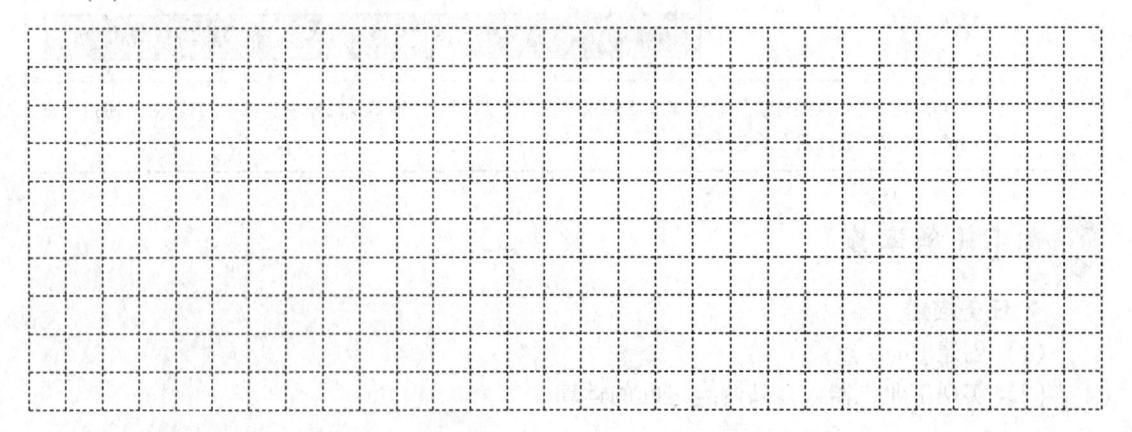

2. 计划

以小组为单位，对任务进行讨论并制订工作计划，分解任务，认领子任务，分析仿真中遇到的问题并提供解决方案（表1-2-2），制订实施计划并按照实施步骤进行自查，发挥团队协作作用，养成主动学习、全员参与、精益求精的职业素养。

表 1-2-2　工作计划分解

序号	子任务及其涉及的知识、技能点	负责人	是否已知已会	备注
1				
2				
3				
4				
分析未知知识、技能点，并提出解决方案					

二、实施

1. 安装工作站套件准备

下载库文件，按照图 1-2-6 所示布局要求完成基础工作站仿真系统配置，并在仿真工作站中实现工业机器人的单轴操控，完成表 1-2-3。

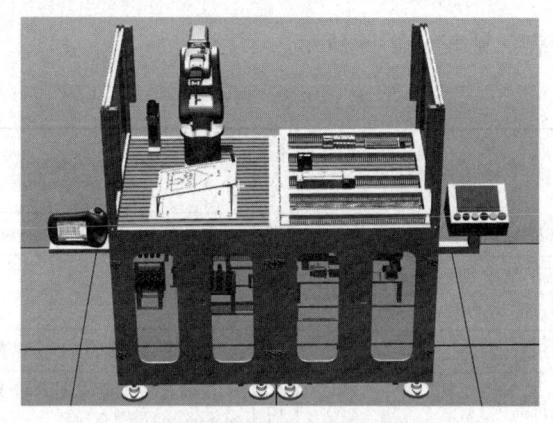

图 1-2-6　基础工作站布局

完成基础工作站仿真系统创建自查表，见表 1-2-3。

表 1-2-3　基础工作站仿真系统创建自查表

序号	项目	完成情况	存在问题汇总
1	创建仿真工作站	□完成　□未完成	
2	在工作站中实现工业机器人单轴运动	□完成　□未完成	

2. 手动进行真实工业机器人单轴操作

完成手动进行真实工业机器人单轴操作自查表，见表 1-2-4。

表 1-2-4　手动进行真实工业机器人单轴操作自查表

序号	项目	真实工业机器人系统	存在问题汇总
1	正确开关工业机器人	完成□　未完成□	
2	正确使用示教器	完成□　未完成□	
3	实现工业机器人单轴运动操作	完成□　未完成□	

3. 创建 Home 点并完成工业机器人在 Home 点和空间某点之间的运动

完成手动进行真实工业机器人单轴操作自查表，见表 1-2-5。

表 1-2-5　手动进行真实工业机器人单轴操作自查表

序号	项目	真实机器人系统	存在问题汇总
1	创建 Home 点	完成□　未完成□	
2	正确示教空间中某点	完成□　未完成□	
3	利用 MoveL 和 MoveJ 指令实现工业机器人在两点之间的运动	完成□　未完成□	
4	调试	完成□　未完成□	

三、检查

配合教师完成检查表，见表 1-2-6 所示。

表 1-2-6　检查表

序号	考核要点	考核要求	配分	评分标准	得分	得分小计
1	仿真工作站（30分）	RobotStudio 软件使用	10	熟练使用 RobotStudio 软件		
		在仿真工作站中创建 Home 点，完成机器人两点间运动编程并调试	20	正确完成		
2	真实工作站（60分）	熟练使用示教器	15	正确使用示教器得15分；有错误不得分		
		正确开关机器人	15	正确开关工业机器人得15分；错一处扣5分		
		创建 Home 点	10	正确创建 Home 点		
		完成机器人两点间运动调试	20	轨迹平缓流畅，实现效果好		
3	职业素养（10分）	遵守场室纪律，无安全事故	2	纪律和安全方面各占1分		
		工位保持清洁，物品整齐	2	工位和物品方面各占1分		
		着装规范整洁，佩戴安全帽	2	着装和安全帽方面各占1分		
		操作规范，爱护设备	2	操作规范和爱护设备各得1分		
		对工位进行 5S 管理	2	5S 管理执行到位		
4	违规扣分	操作中发生安全问题		扣50分		
		明显操作不当		扣10分		
		总分				

四、反思

二十大指出,要把发展经济的着力点放在实体经济上,推动制造业高端化、智能化、绿色化发展。在示教过程中要做到精准,谈谈如何做到精准示教的。

自己提出明确的意见,并记录别人给自己提出的意见,以便更好地完成后面的工作。

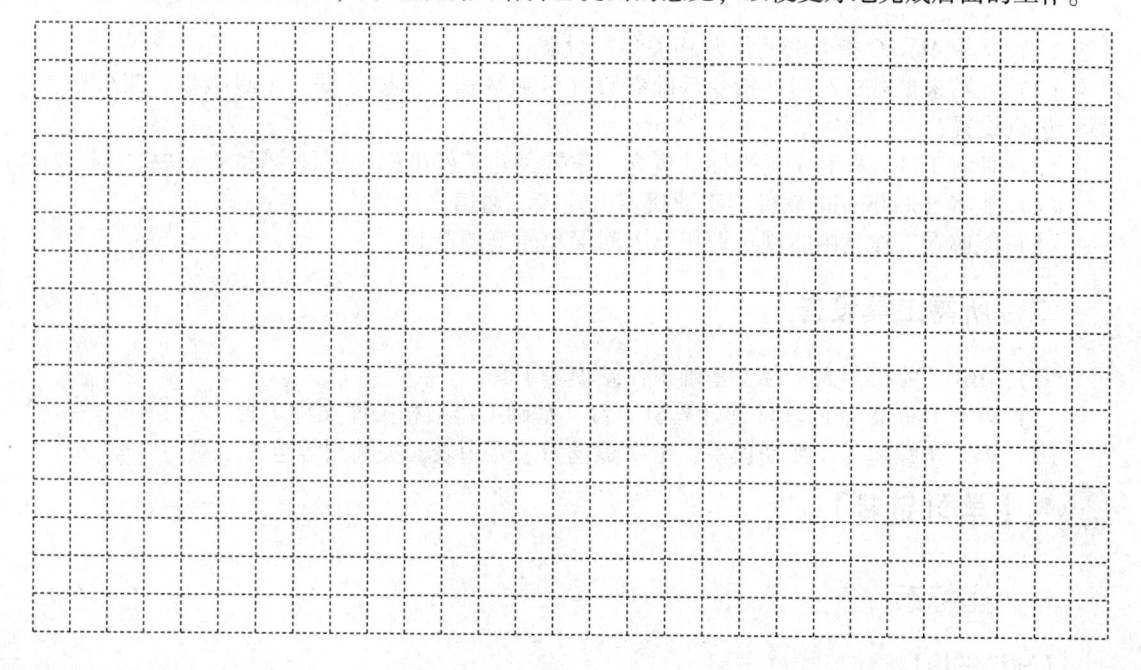

任务三　轨迹绘制的编程与调试

【学习情境】

本任务需完成中国结（图1-3-1）的绘制，包括虚拟工作站仿真和真实工作站功能的实现。要求在绘制过程中调用创建的斜面工件坐标系和绘图笔工具坐标系，且绘图笔需垂直于绘图斜面进行绘图，不得超出黄色实线边界。

图1-3-1　中国结

一、学习目标

（1）掌握 MoveC 指令的使用及相关参数设置；
（2）能够根据需求对运动指令基础参数（区域数据、速度数据、工具数据、工件数据等）进行设置；
（3）理解工件坐标和工具坐标的概念，掌握创建工件坐标、工具坐标的方法；
（4）能将 RobotStudio 软件与工业机器人连接、通信；
（5）能够在工作站中实现工业机器人对简单轨迹的绘制。

二、所需工具设备

（1）ABB 工业机器人1台、基础工作站模块1套。
（2）装有 RobotStudio 软件的计算机1台、基础工作站相关库文件1套。
（3）内六角螺丝刀、活动扳手、十字螺丝刀、万用表、尖嘴钳等电工工具各1套。

【学习链接】

一、坐标系

【知识链接】

工业机器人坐标用来描述工业机器人的位置和姿态。工业机器人的常用坐标系有大地坐标系（World Coordinate System）、基坐标系（Base Coordinate System）、工具坐标系（Tool Coordinate System）、工件坐标系（Work Object Coordinate System）。

1. 大地坐标系

大地坐标系是以地面为基准的三维直角坐标系，用来描述工业机器人或物体相对于地面的运动。如图1-3-2所示，在两个工业机器人协同工作的系统中，大地坐标是确定工业机器人A与安装位置（即基座坐标）的基准。

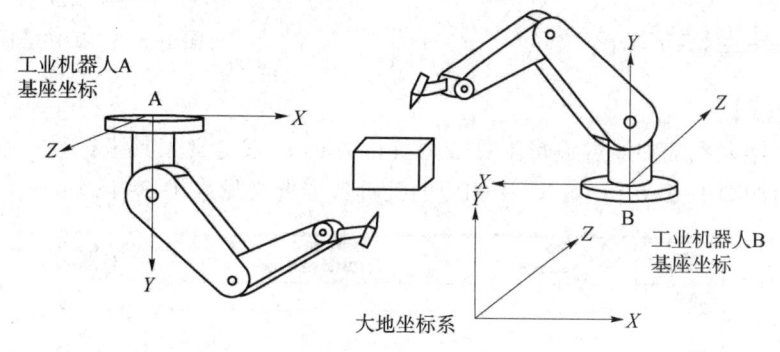

图1-3-2 大地坐标系

2. 基坐标系

基坐标系是以工业机器人基座为基准，用来描述工业机器人本体运动的坐标系。工业机器人的手动操作、程序运行等都离不开基坐标系。

3. 工具坐标系

工具坐标系安装在工业机器人末端，其原点及方向可以随末端位置与角度不断变化（图1-3-3），工具坐标系的原点即TCP。工业机器人需要依照实际需求变换不同的工具，在变换工具时需要重新创建工具坐标系。工业机器人使用的工具不同，创建的工具坐标系也不同。工具坐标系不可或缺，可通过工具数据（tooldata）定义。若用户未创建工具坐标系，系统默认工具坐标系为tool0，即以工业机器人六轴末端法兰盘中心点为原点的直角坐标系，如图1-3-4所示。

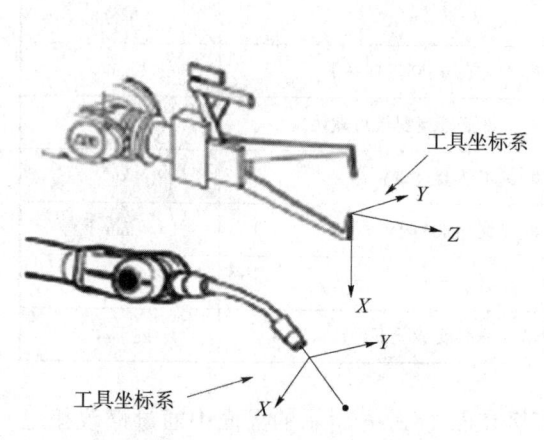

图1-3-3 工业机器人工具坐标系

图1-3-4 工业机器人工具坐标系tool0

4. 工件坐标系

工件坐标系是以工件为基准描述 TCP 运动的坐标。建立工件坐标系，可以让编程事半功倍。例如，图 1-3-5 所示工业机器人加工工件，如果工业机器人在工件 2 上走和工件 1 相同的轨迹时，只需把工件坐标系 1 修改为工作坐标系 2 即可。

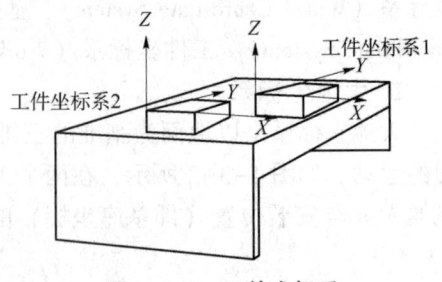

图 1-3-5　工件坐标系

二、工具坐标系

【知识链接】

在工业机器人系统中通过编辑工具数据（tooldata）来定义工具坐标系。在示教器中工具数据的界面如图 1-3-6 所示，其中相应的工具数据释义见表 1-3-1。

图 1-3-6　示教器中工具数据的界面

表 1-3-1　工具数据释义

类别	参数	释义	单位
tframe （工具坐标系相关参数）	trans	工具中心点坐标值（在 tool0 坐标系下）	mm
	rot	工具的框架定向（非必要情况下可默认）	无
tload （工具负载相关参数）	mass	工具质量（必填，不然会报错）	kg
	cog	工具中心坐标值（在 tool0 坐标系下）	mm
	aom	力矩轴的方向（非必要情况下可默认）	无
	ix, iy, iz	工具的转动惯量（非必要情况下可默认）	kg·m^2

在已知工具的相关测量值的情况下，可以直接在图 1-3-6 所示的界面中通过修改相应的参数来设定工具坐标系。除此以外，可以使用 N（$3 \leqslant N \leqslant 9$）点法、TCP 和 Z 法、TCP 和 X，Z 法。其中 N 点法是工业机器人工具的 TCP 通过 N 种不同的姿态与同一参考点接触，

自动计算出 TCP 相对于默认 TCP（法兰盘中性点）的位置，这样即可获取新工具坐标系的原点，X，Y，Z 轴方向与 tool0 方向一致；TCP 和 Z 法则是在 N 点法的基础上，增加了 Z 点，用来确认新工具坐标系的 Z 轴方向；TCP 和 X，Z 法则是在 N 点法的基础上，增加了 X 点、Z 点，用来确认新工具坐标系的 X 轴和 Z 轴方向。工业机器人设置工具坐标系的方法通常采用 TCP 和 X，Z 法。

【技能链接】

1. 创建工具坐标系

常用 TCP 和 X，Z 法建立工具坐标系，具体方法如下，可扫描右侧二维码观看详细视频。

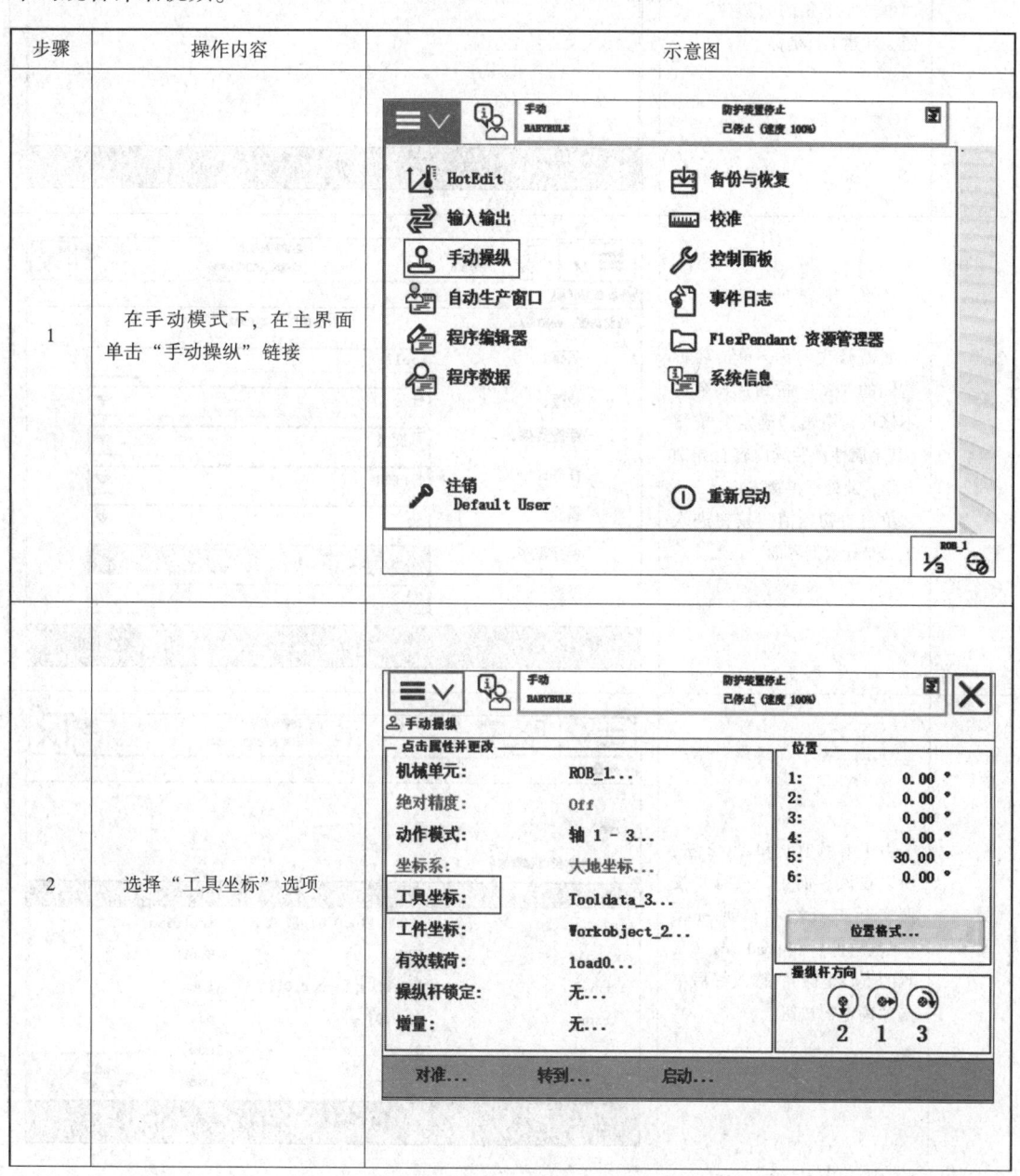

创建工具坐标

步骤	操作内容	示意图
1	在手动模式下，在主界面单击"手动操纵"链接	
2	选择"工具坐标"选项	

续表

步骤	操作内容	示意图
3	右图所示界面中显示当前工业机器人系统中已经存在的工具坐标。 单击左下角的"新建"按钮,新建工具坐标	
4	如需修改名称,单击名称右侧的"…"按钮。其余可不修改,单击"确定"按钮(其余属性,后续内容有详细介绍,此处不再赘述)。 单击"初始值"按钮进入工具坐标数据界面	
5	由于采用TCP和X,Z法,所以在该界面中,只需要按照实际工具数据修改mass(工具质量)和tload.cog(工具的重心坐标),修改好后单击"确定"按钮	

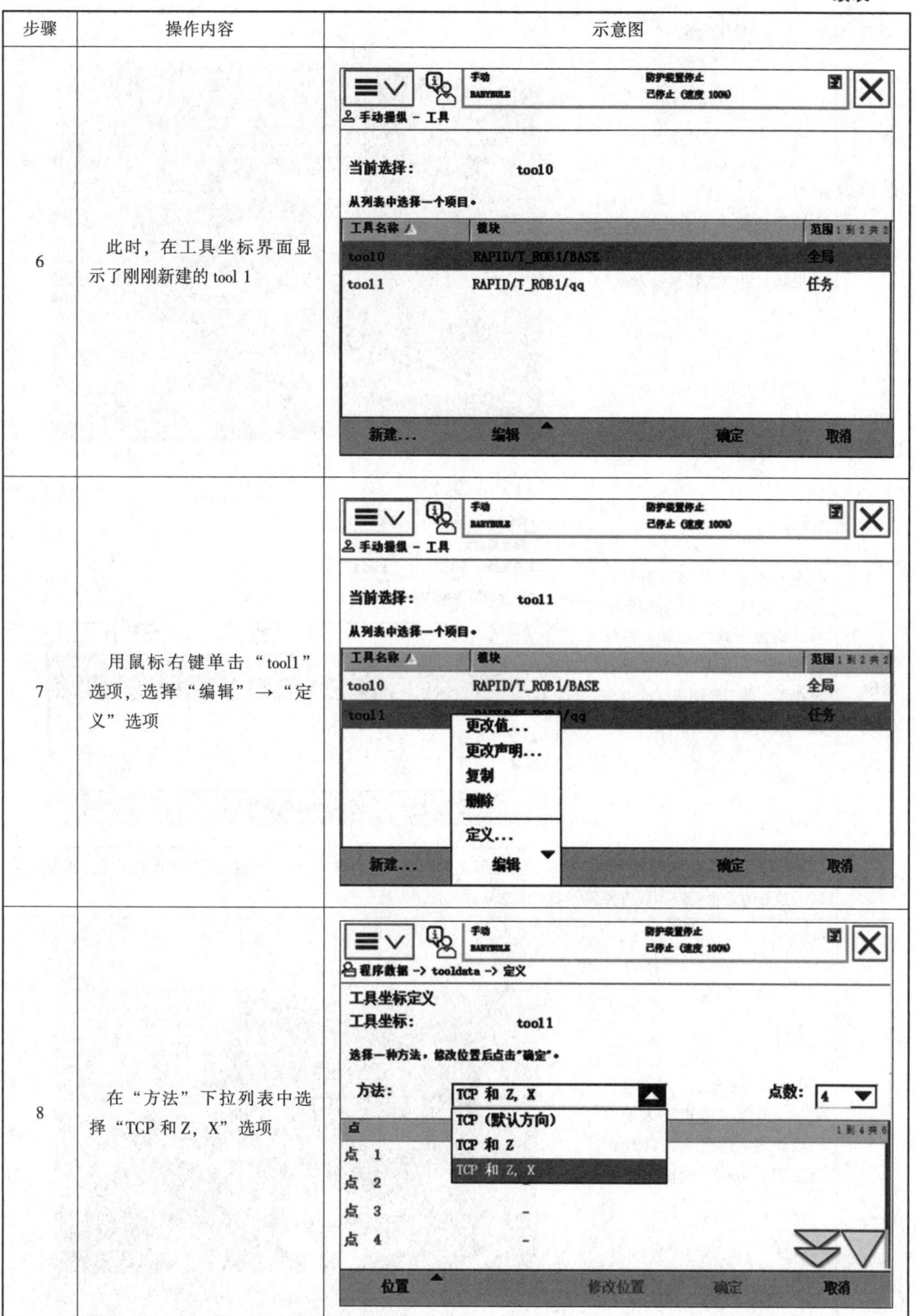

续表

步骤	操作内容	示意图
6	此时,在工具坐标界面显示了刚刚新建的 tool 1	
7	用鼠标右键单击"tool1"选项,选择"编辑"→"定义"选项	
8	在"方法"下拉列表中选择"TCP 和 Z, X"选项	

续表

步骤	操作内容	示意图
9	按下使能端,手动操控工业机器人,以任意姿态使工业机器人的 TCP 接触参考点	
10	在示教器中返回右图所示界面,选择"点1"选项,单击"修改位置"按钮,系统就将当前工业机器人状态记录在点1内。使用同样的方法修改点2、点3、点4的位置	
	小知识:在取点1、点2、点3时,三点之间工业机器人姿态差异越大,越有利于TCP的标定。在取点4时,最好为垂直姿态,以方便延伸器点的选取	
11	以点4为起始点,在线性模式下,操控工业机器人前进一段距离。前进方向即作为新建工具坐标的 X 轴正方向	

续表

步骤	操作内容	示意图
12	在示教器中返回右图所示界面,选择"延伸器点X"选项,单击"修改位置"按钮	
13	以点4为起始点,在线性模式下,操控工业机器人向上移动一段距离。该方向即作为新建工具坐标的Z轴正方向	
14	全部修改完成后单击"确定"按钮	
15	工业机器人自动计算TCP的标定误差,当平均误差在0.5 mm以内时,才可以单击"确定"按钮进入下一步,否则需要重新标定TCP	
16	至此,完成工具坐标系的设定	

在仿真软件中可以快速建立工具坐标。具体操作扫描右侧二维码观看。

2. 校验工具坐标系的方法

一般用重定位运动对工业机器人的工具坐标系进行验证。工业机器人的重定位运动是指 TCP 在空间中绕着坐标轴旋转的运动，可以理解为工业机器人绕着 TCP 做姿态调整的运动。可以利用重定位运动校验工具坐标系建立的准确性，具体方法如下，也可扫描右侧二维码观看详细视频。

仿真软件中创建工具坐标

工具坐标验证

步骤	操作方法	示意图
1	在动作模式界面，选择"重定位"选项，单击"确定"按钮	
2	在主界面选择"坐标系"选项	

44

续表

步骤	操作方法	示意图
3	在选择坐标系界面，选中"工具"选项，即选择工具坐标系，单击"确定"按钮	
4	在工具坐标界面，选择"tool1"选项即新建工具坐标系，单击"确定"按钮	
5	按下使能器，用手拨动手动操作杆，检测工业机器人是否围绕新标定的 TCP 运动。如果是，则创建成功；如果不是，需要重新进行标定	

三、工件坐标系

【技能链接】

1. 创建工件坐标系

创建工件坐标系主要采用三点法，只需要在工件对象表面位置定义三点，用以构成 XY 平面，再根据右手定则，系统自动创建坐标系。具体方法如下，也可扫描右侧二维码观看详细视频。

工件坐标的建立

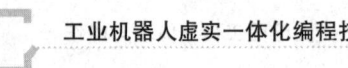

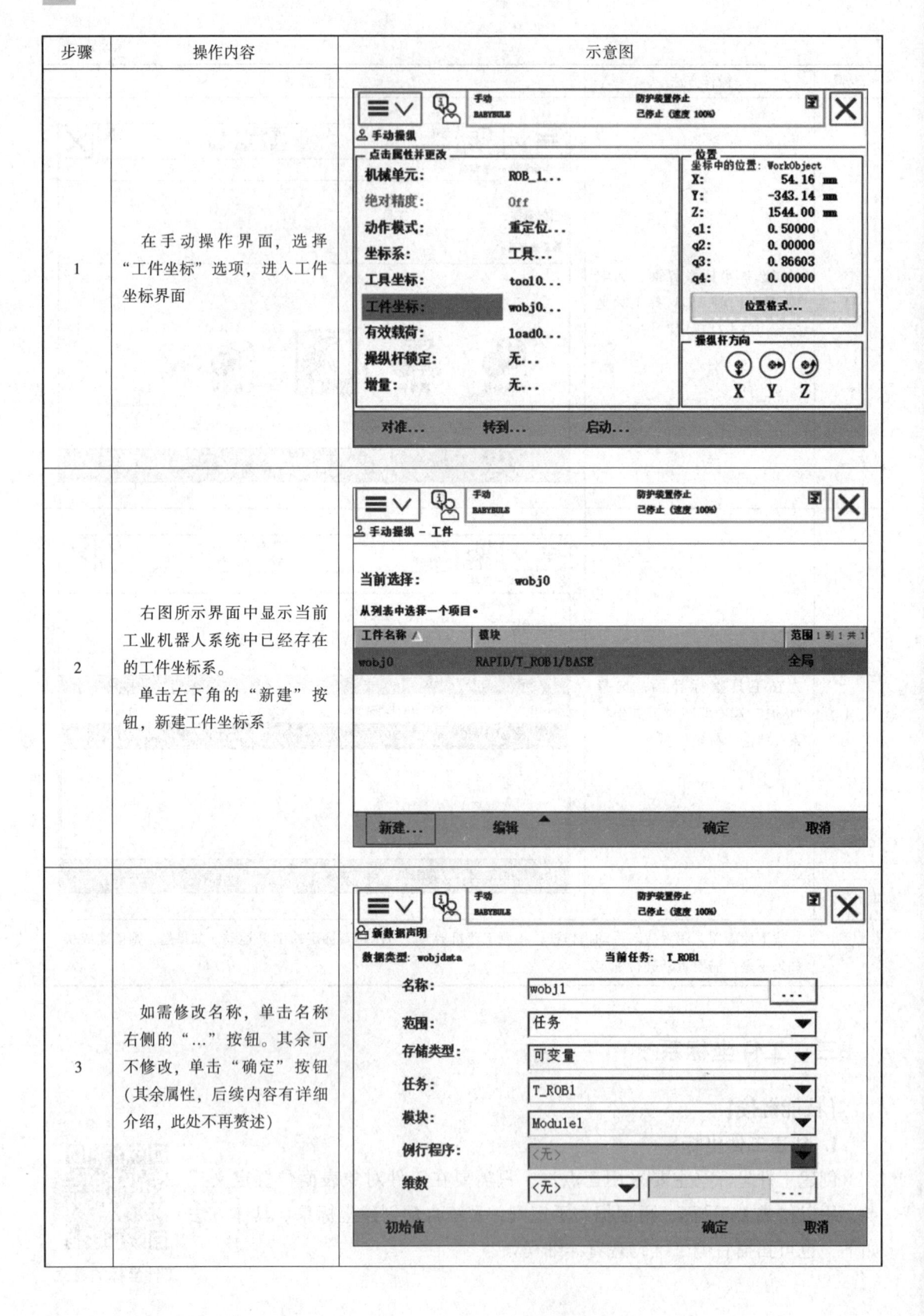

步骤	操作内容	示意图
1	在手动操作界面，选择"工件坐标"选项，进入工件坐标界面	
2	右图所示界面中显示当前工业机器人系统中已经存在的工件坐标系。 单击左下角的"新建"按钮，新建工件坐标系	
3	如需修改名称，单击名称右侧的"..."按钮。其余可不修改，单击"确定"按钮（其余属性，后续内容有详细介绍，此处不再赘述）	

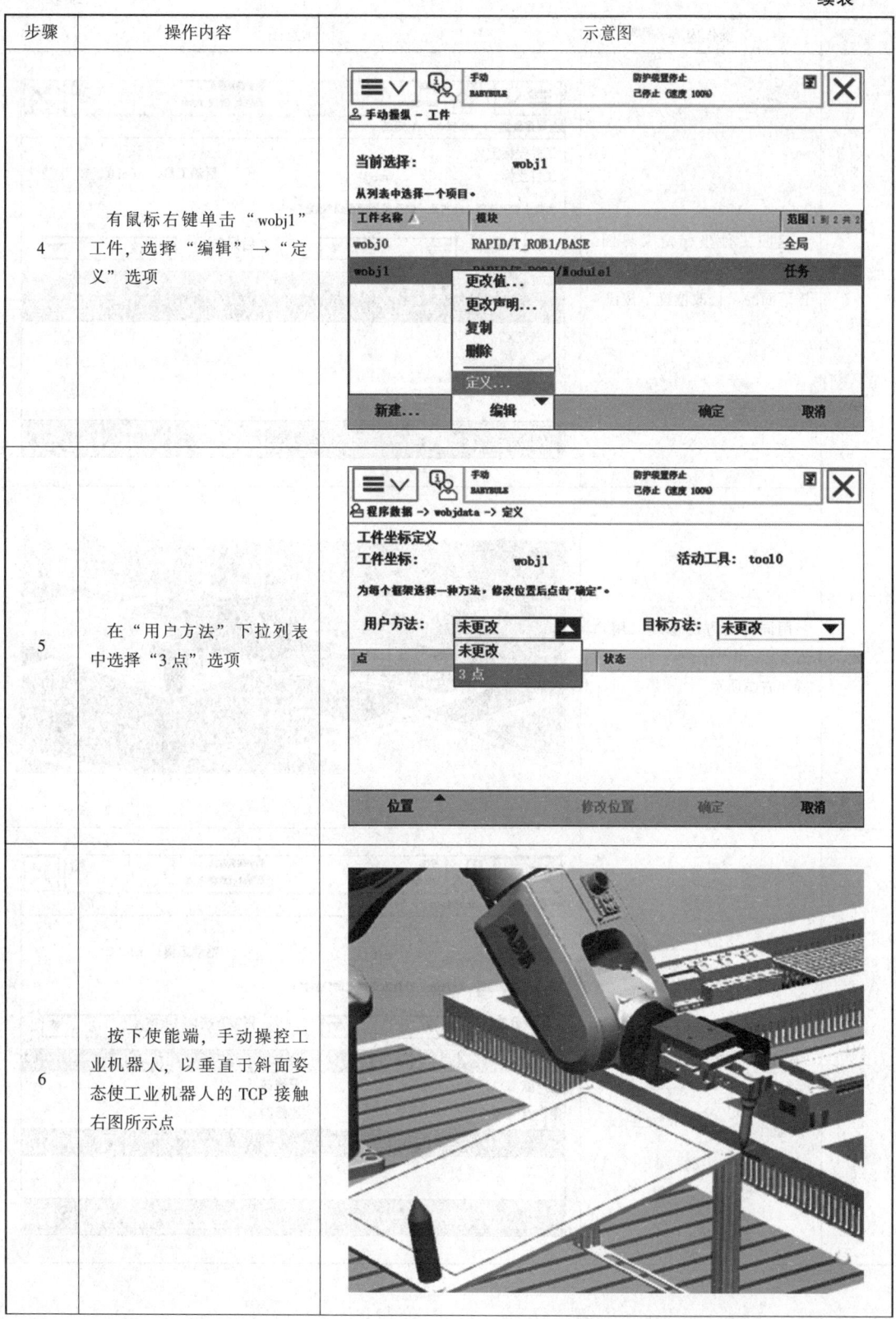

续表

步骤	操作内容	示意图
4	有鼠标右键单击"wobj1"工件,选择"编辑"→"定义"选项	
5	在"用户方法"下拉列表中选择"3点"选项	
6	按下使能端,手动操控工业机器人,以垂直于斜面姿态使工业机器人的TCP接触右图所示点	

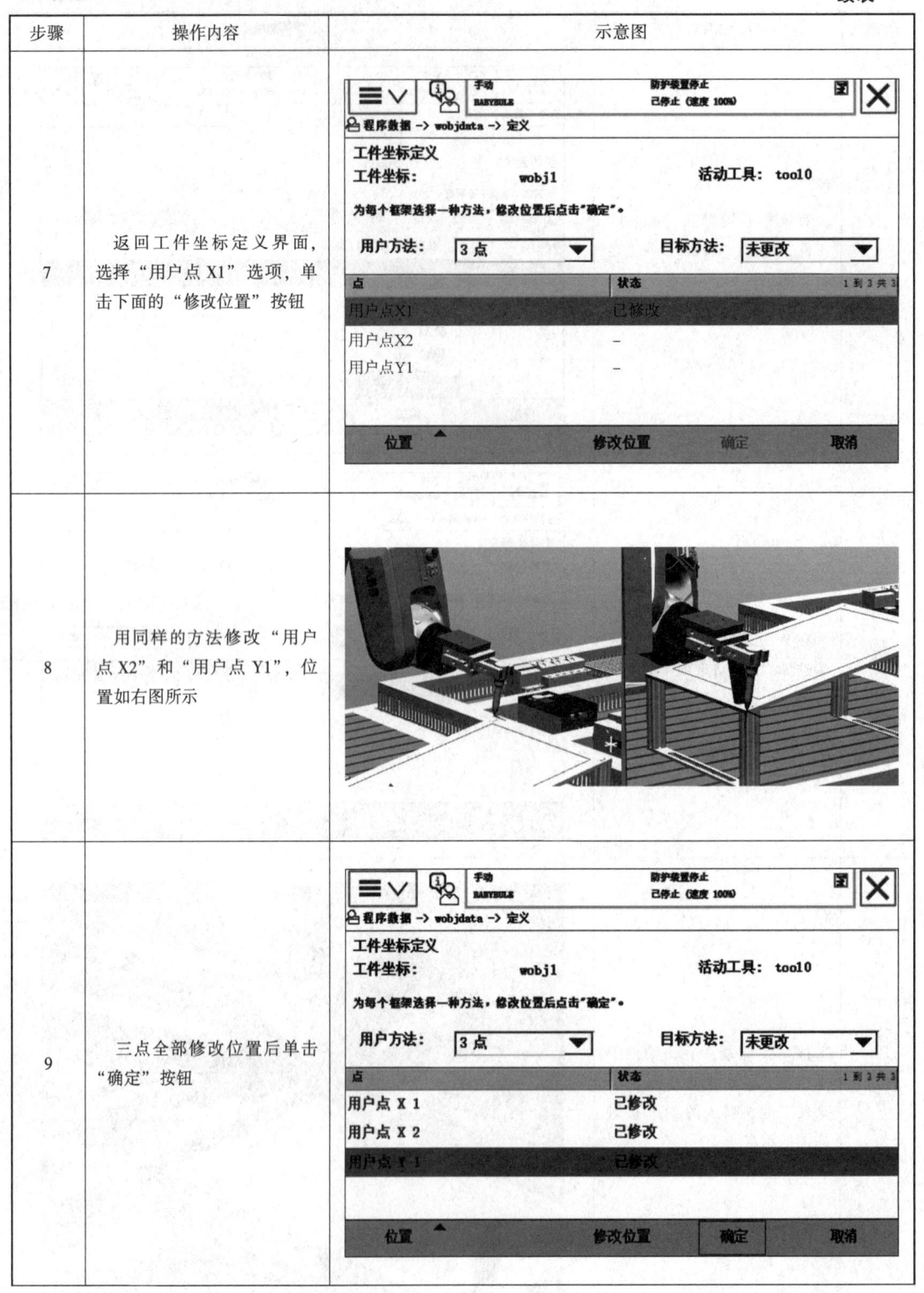

续表

步骤	操作内容	示意图
7	返回工件坐标定义界面，选择"用户点X1"选项，单击下面的"修改位置"按钮	
8	用同样的方法修改"用户点X2"和"用户点Y1"，位置如右图所示	
9	三点全部修改位置后单击"确定"按钮	

续表

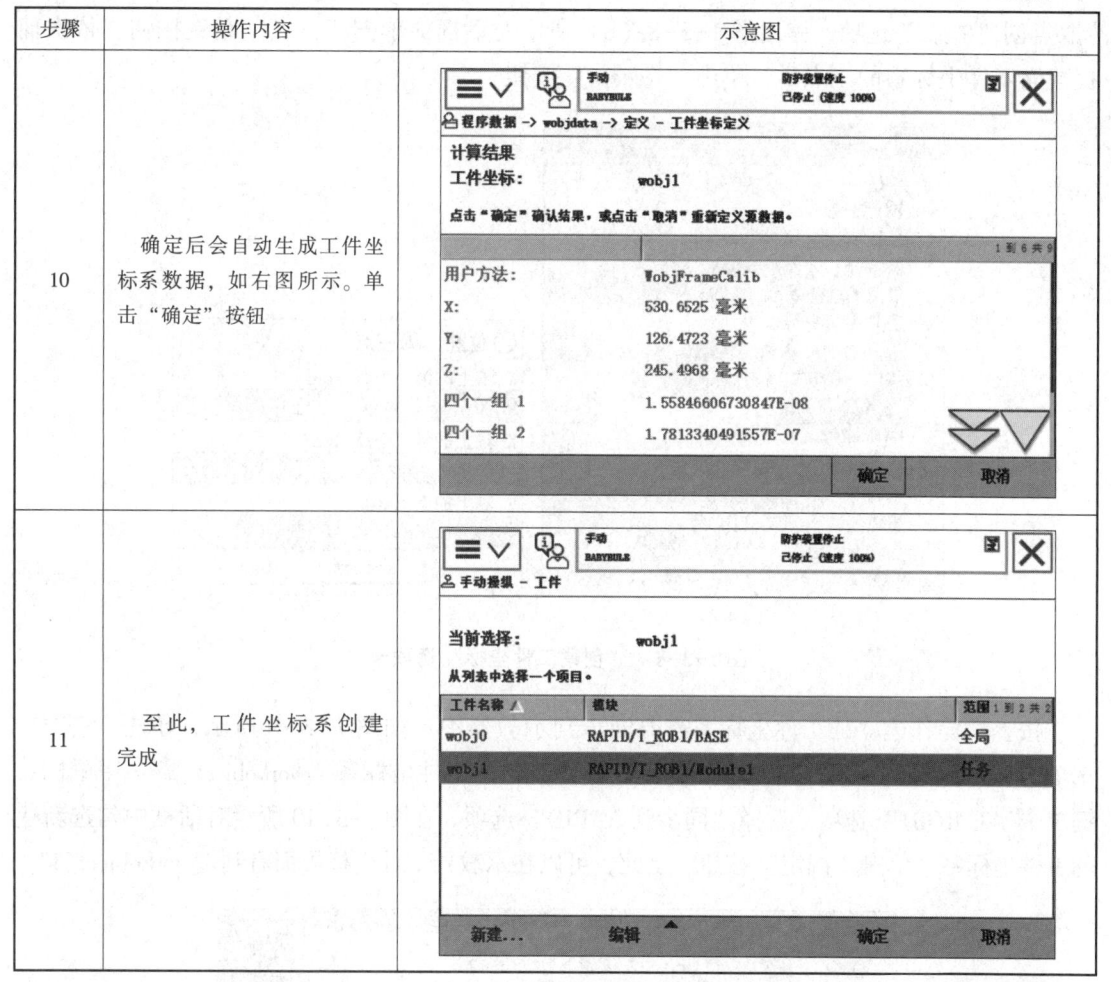

步骤	操作内容	示意图
10	确定后会自动生成工件坐标系数据，如右图所示。单击"确定"按钮	(示意图：程序数据→wobjdata→定义-工件坐标定义，计算结果，工件坐标：wobj1，用户方法：WobjFrameCalib，X：530.6525 毫米，Y：126.4723 毫米，Z：245.4968 毫米，四个一组 1：1.55846606730847E-08，四个一组 2：1.7813340491557E-07)
11	至此，工件坐标系创建完成	(示意图：手动操纵-工件，当前选择：wobj1，工件名称 模块 范围，wobj0 RAPID/T_ROB1/BASE 全局，wobj1 RAPID/T_ROB1/Module1 任务)

在 RobotStudio 仿真系统中建立工件坐标系可以减少示教步骤，快速创建工作坐标系。在"基本"选项卡中选择"其它"选项，在下拉菜单中选择"创建工件坐标"选项，如图 1-3-7 所示。详细操作请扫描右侧二维码观看。

仿真软件中创建工件坐标

图 1-3-7 选择"创建工件坐标"选项

弹出"创建工件坐标"选项卡，如图1-3-8（a）所示，在"工件坐标框架"下选择"取点创建框架"选项，弹出图1-3-8（b）所示对话框，单击"三点"单选按钮，依次捕捉建立工件坐标系的三点后，单击"Accept"按钮。

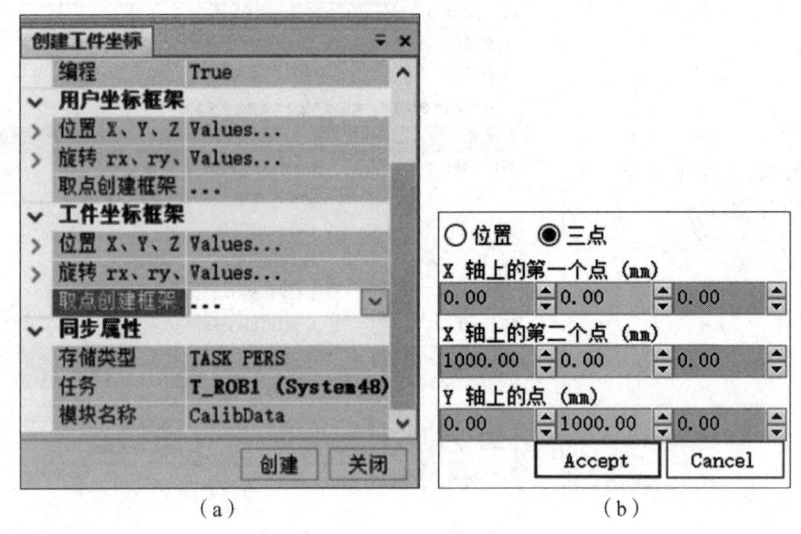

（a）　　　　　　　　　　　（b）

图1-3-8　"创建工件坐标"选项卡

按上述操作建立的工件坐标系需要同步到示教器中。如图1-3-9所示，单击"基本"选项卡→"路径和目标点"选项卡，可以查看新建的工件坐标系"workobject_3"；用鼠标右键单击"T_ROB1"选项，选择"同步到RAPID"选项。在图1-3-10所示对话框中勾选新建的工件坐标系，单击"确定"按钮。至此，可以在示教器工件坐标界面看到"workobject_3"。

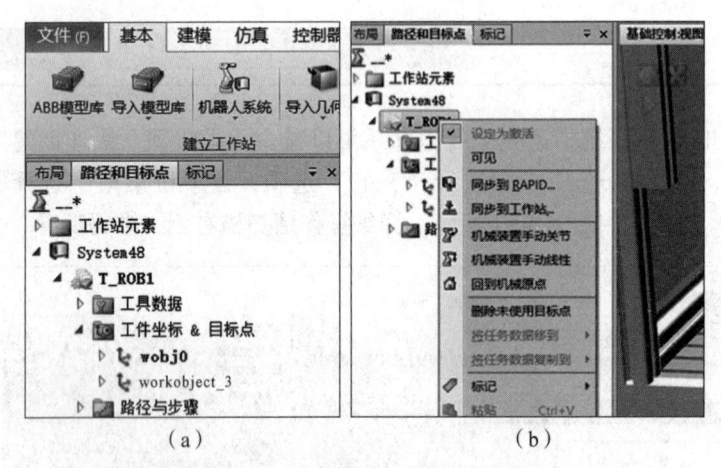

（a）　　　　　　　　　　　（b）

图1-3-9　"路径和目标点"选项卡

2. 验证工件坐标系

（1）选择工具坐标系为上述创建的"tool1"，工件坐标系为上述创建的"workobject_3"。"动作模式"选择为"线性"，"坐标系"选择为"工件坐标"，如图1-3-11所示。详细操作请扫描右侧二维码观看。

工件坐标的验证

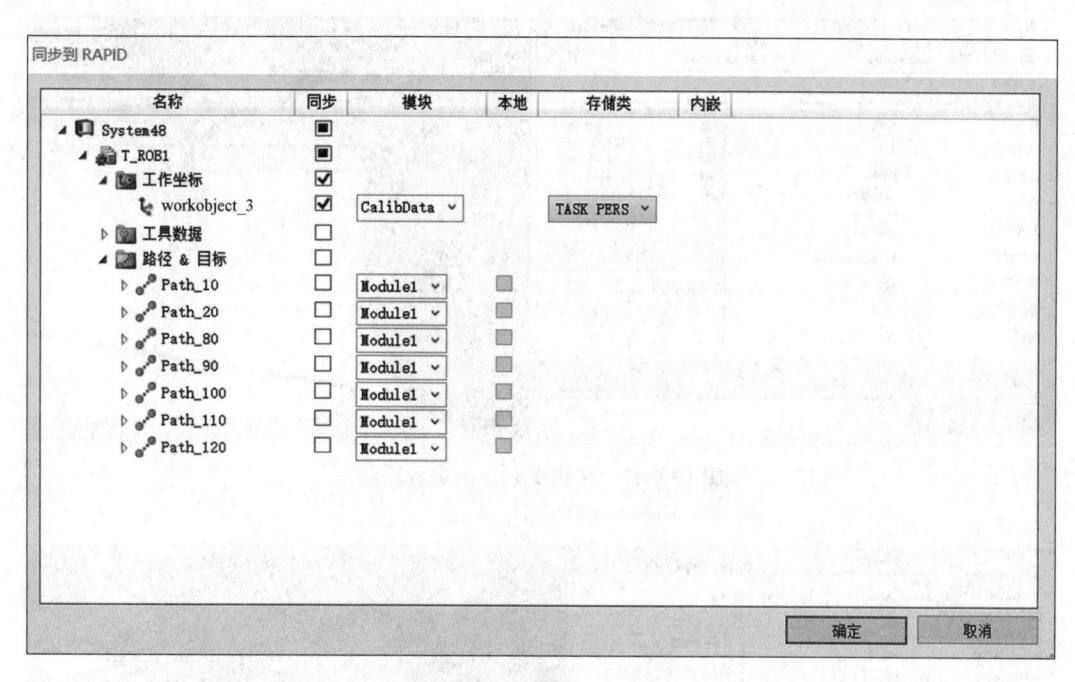

图 1-3-10 同步到 RAPID

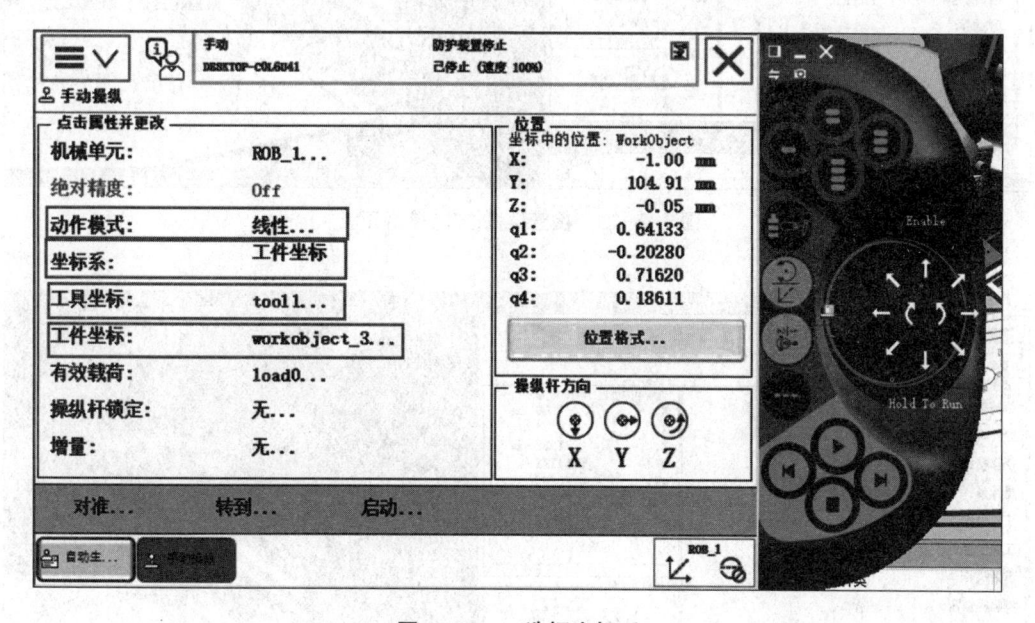

图 1-3-11 选择坐标系

（2）沿着 Y 轴方向移动，检查是否正常，如图 1-3-12 所示。
（3）沿着 X 轴方向移动，检查是否正常，如图 1-3-13 所示。
（4）沿着 Z 轴方向移动，检查是否正常，如图 1-3-14 所示。

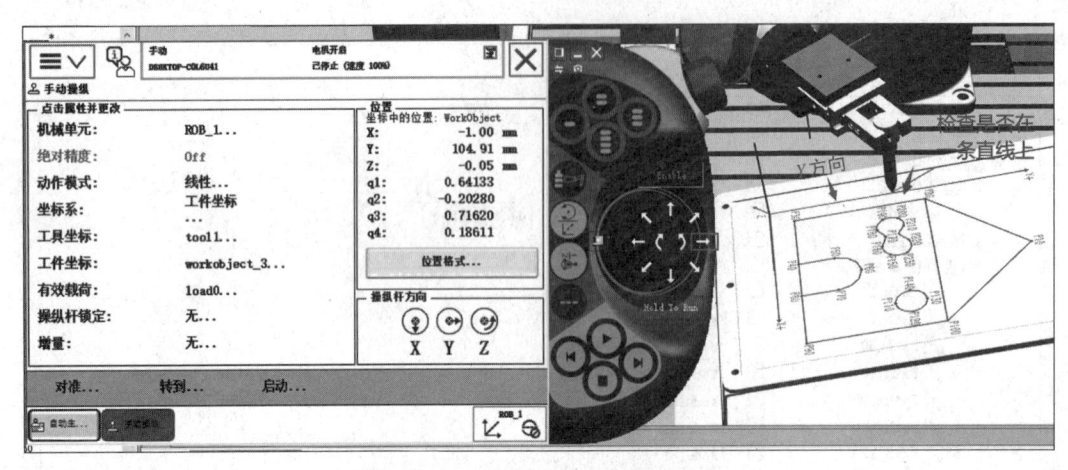

图 1-3-12　检查 Y 轴方向是否正常

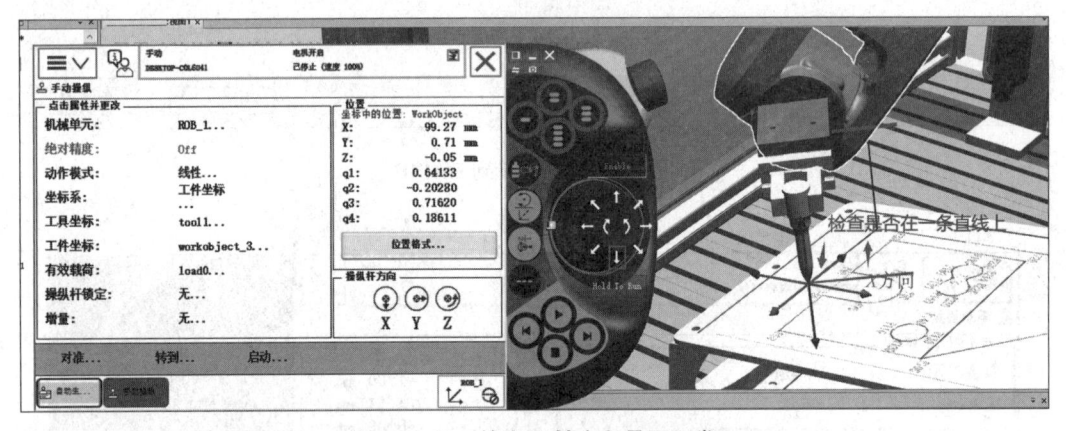

图 1-3-13　检查 X 轴方向是否正常

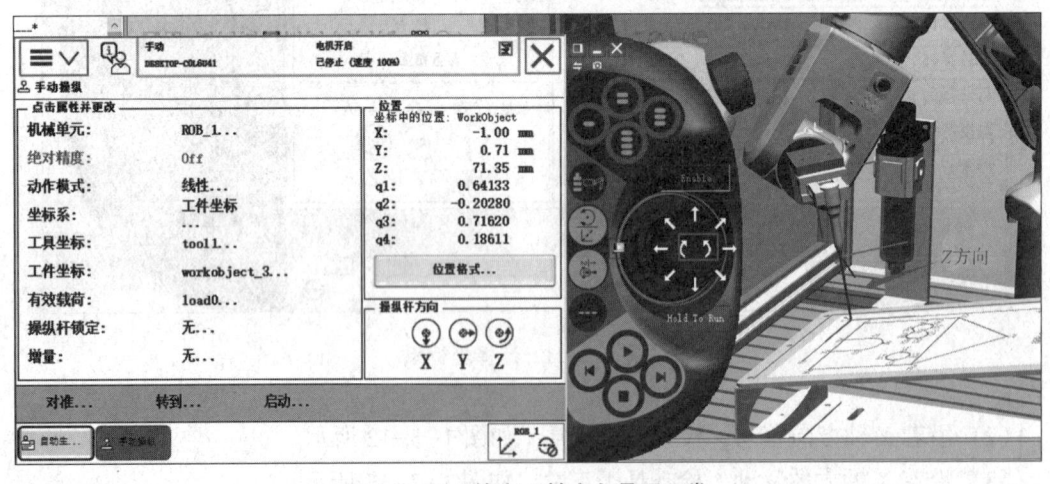

图 1-3-14　检查 Z 轴方向是否正常

四、MoveC 运动指令和 Offs 函数

【知识链接】

1. MoveC 运动指令

该指令将工业机器人 TCP 沿圆弧运动至给定目标点。

例如：MoveC p20, p30, v1000, z50, tool1 \ Wobj：=wobj1；

如图 1-3-15 所示，以上指令使工业机器人以当前位置 p10 作为圆弧的起点，p20 是圆弧上的一点，p30 作为圆弧的终点。

2. Offs 函数

该函数以选定的目标点为基准，沿着选定工件坐标系的 X, Y, Z 轴方向偏移一定的距离。例如：MoveL Offs（p10, 0, 0, 10），v1000, z50, tool0 \ Wobj：=wobj1；

以上指令将工业机器人 TCP 移动至以 p10 为基准点，沿着 wobj1 的 Z 轴正方向偏移 10 mm 的位置。

【技能链接】

MoveC 是圆弧运动指令，一个 MoveC 指令不能绘制一个圆形，需要两个 MoveC 指令。轨迹规划如图 1-3-16 所示，从初始位置移动到 p10 上方 50 mm 位置，然后依次到 p10、p20、p30、p40 点，回到 p10 上方 50 mm 位置，完成圆形的绘制。

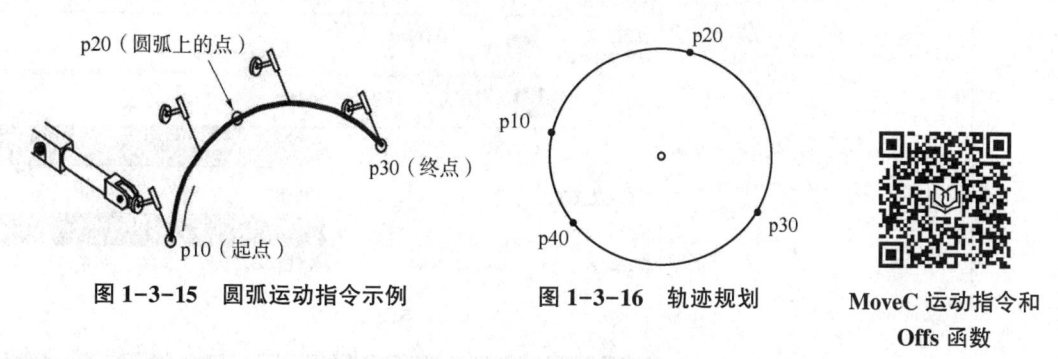

图 1-3-15　圆弧运动指令示例　　图 1-3-16　轨迹规划　　MoveC 运动指令和 Offs 函数

MoveC 运动指令和 Offs 函数的具体操作如下，可扫描右侧二维码观看详细视频。

步骤	操作内容	示意图
1	建立一个新的例行程序，名称为"Circle"，进入程序编辑界面。自行添加：①MoveAbsJ 指令，设置工业机器人状态，使其处于安全位置；②MoveJ 指令，示教 p10 点	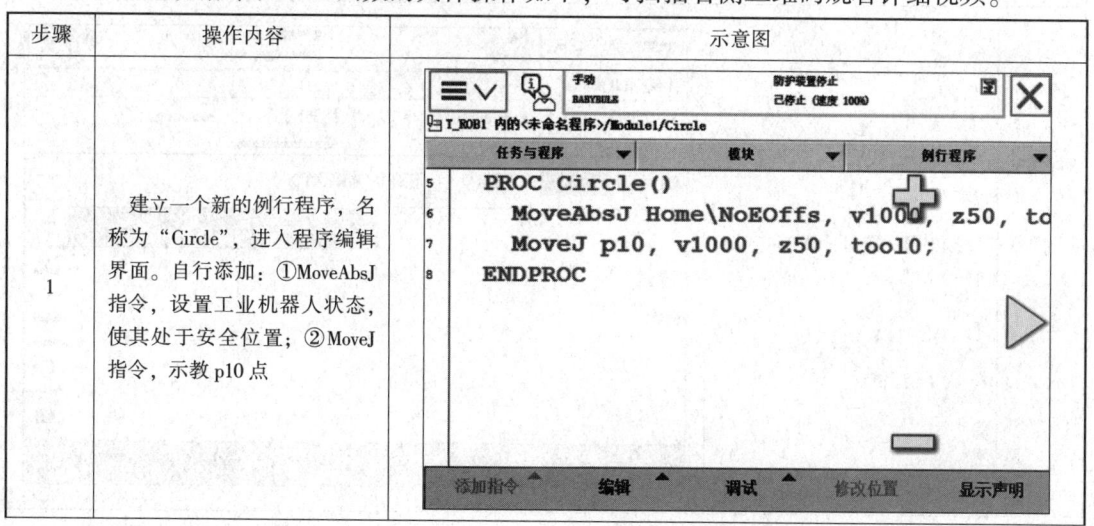 PROC Circle() 　MoveAbsJ Home\NoEOffs, v1000, z50, to 　MoveJ p10, v1000, z50, tool0; ENDPROC

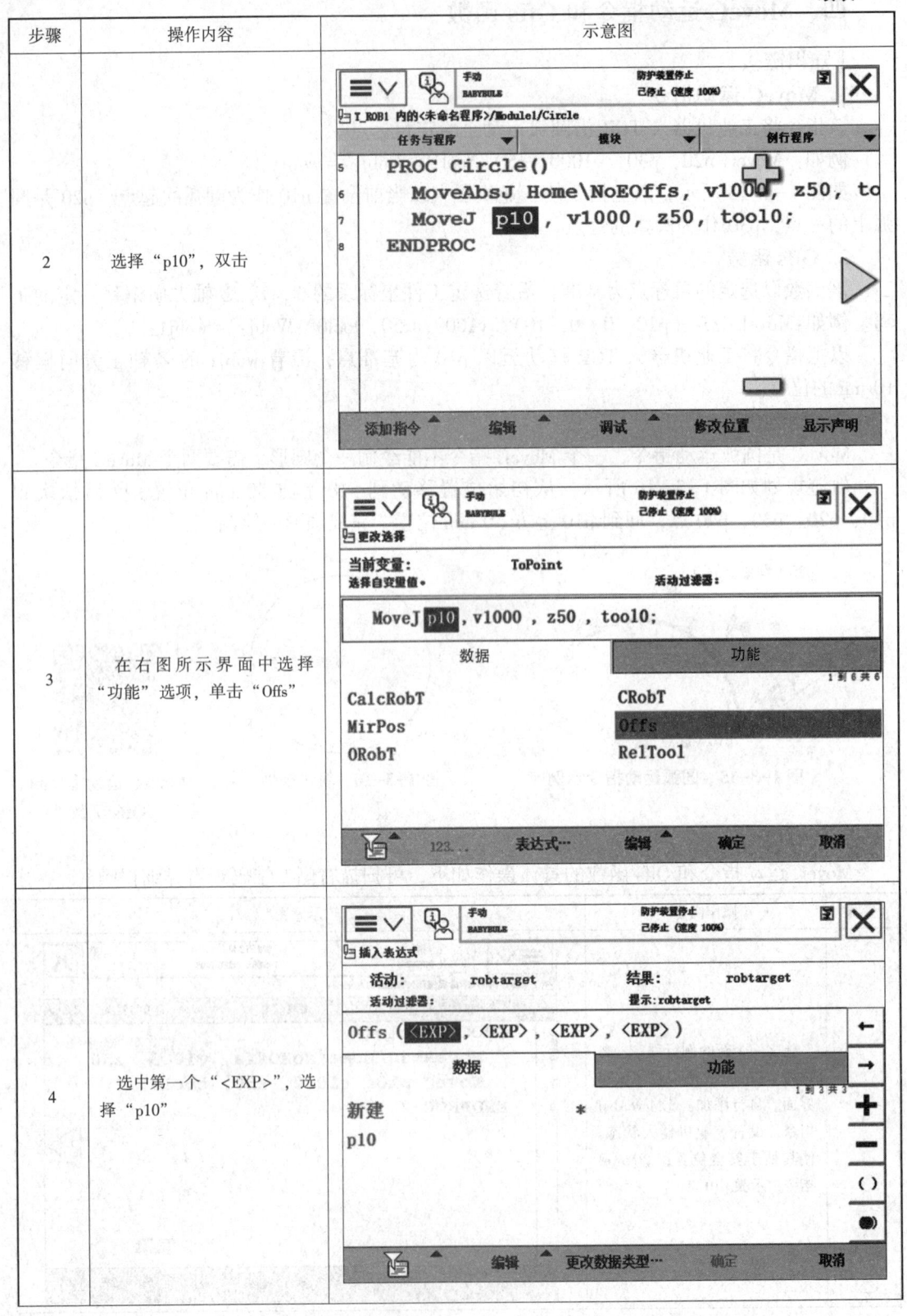

续表

步骤	操作内容	示意图
2	选择"p10",双击	
3	在右图所示界面中选择"功能"选项,单击"Offs"	
4	选中第一个"<EXP>",选择"p10"	

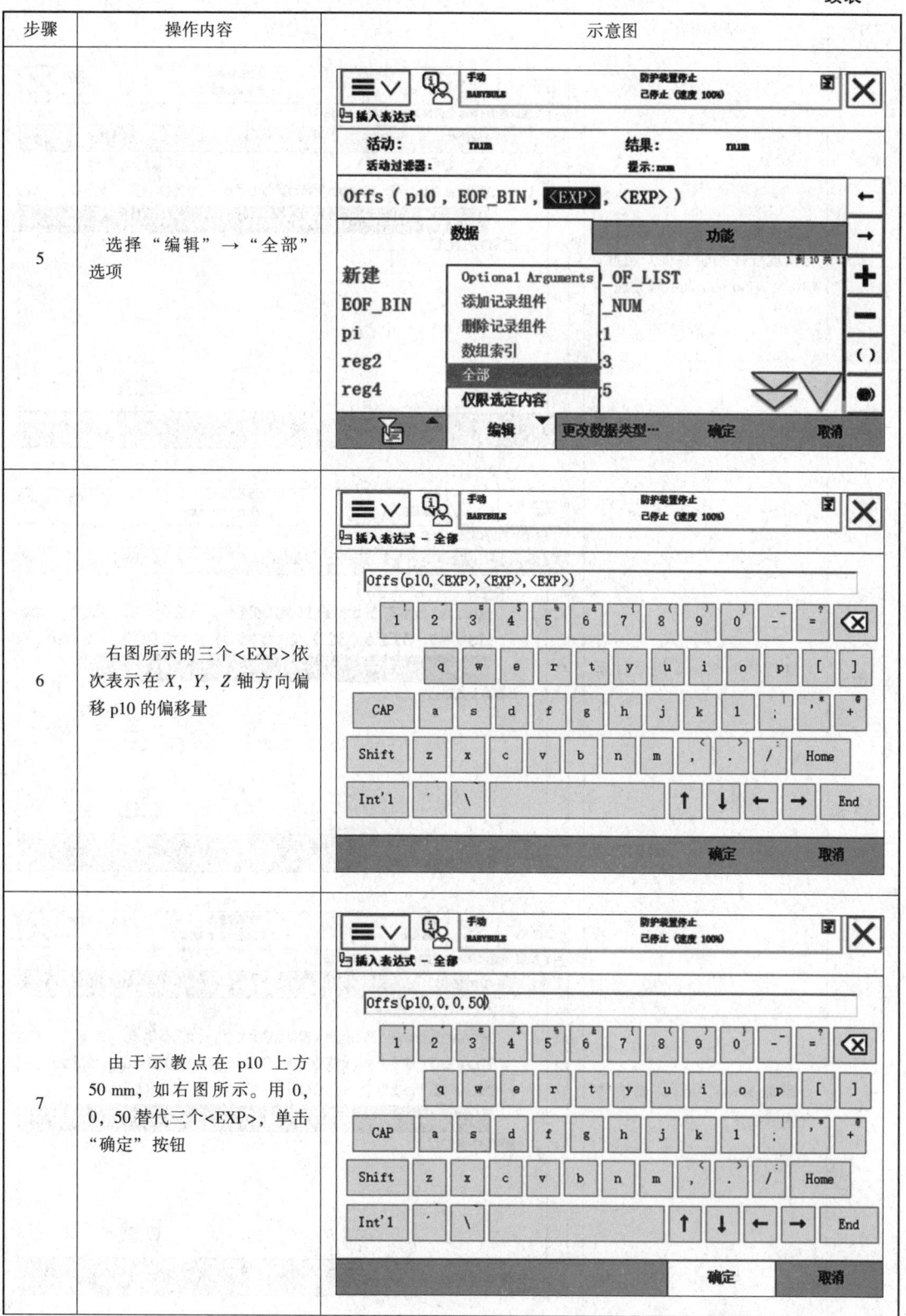

续表

步骤	操作内容	示意图
5	选择"编辑"→"全部"选项	
6	右图所示的三个<EXP>依次表示在 X, Y, Z 轴方向偏移 p10 的偏移量	
7	由于示教点在 p10 上方 50 mm，如右图所示。用 0, 0, 50 替代三个<EXP>，单击"确定"按钮	

续表

步骤	操作内容	示意图
8	依次单击"确定"按钮直至出现程序编辑界面。至此，p10 上方 50 mm 点示教完成	PROC Circle() 　MoveAbsJ Home\NoEOffs, v1000, z50, to 　MoveJ Offs(p10,0,0,50), v1000, z50, ENDPROC
9	自行添加 MoveL 指令目标点 p10	PROC Circle() 　MoveAbsJ Home\NoEOffs, v1000, z50, to 　MoveJ Offs(p10,0,0,50), v1000, fine, 　MoveL p10, v1000, fine, tool0; ENDPROC
10	添加 MoveC 指令。修改转弯区域数据为"fine"	PROC Circle() 　MoveAbsJ Home\NoEOffs, v1000, z50, to 　MoveJ Offs(p10,0,0,50), v1000, fine, 　MoveL p10, v1000, fine, tool0; 　MoveC p20, p30, v1000, fine, tool0; ENDPROC

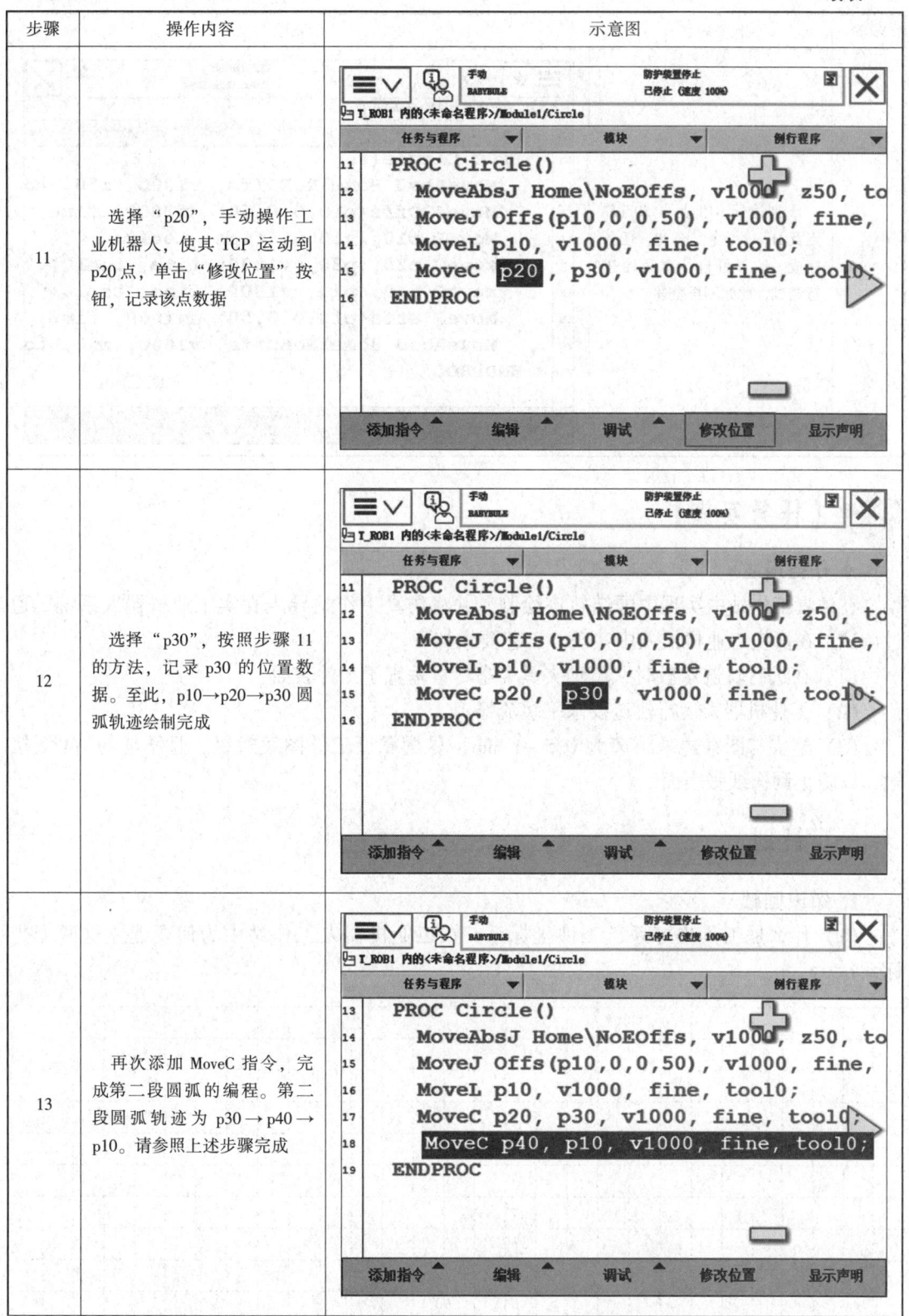

续表

步骤	操作内容	示意图
| 11 | 选择"p20",手动操作工业机器人,使其TCP运动到p20点,单击"修改位置"按钮,记录该点数据 | ```
PROC Circle()
    MoveAbsJ Home\NoEOffs, v1000, z50, to
    MoveJ Offs(p10,0,0,50), v1000, fine,
    MoveL p10, v1000, fine, tool0;
    MoveC p20 , p30, v1000, fine, tool0;
ENDPROC
``` |
| 12 | 选择"p30",按照步骤11的方法,记录p30的位置数据。至此,p10→p20→p30圆弧轨迹绘制完成 | ```
PROC Circle()
    MoveAbsJ Home\NoEOffs, v1000, z50, to
    MoveJ Offs(p10,0,0,50), v1000, fine,
    MoveL p10, v1000, fine, tool0;
    MoveC p20, p30 , v1000, fine, tool0;
ENDPROC
``` |
| 13 | 再次添加MoveC指令,完成第二段圆弧的编程。第二段圆弧轨迹为p30→p40→p10。请参照上述步骤完成 | ```
PROC Circle()
    MoveAbsJ Home\NoEOffs, v1000, z50, to
    MoveJ Offs(p10,0,0,50), v1000, fine,
    MoveL p10, v1000, fine, tool0;
    MoveC p20, p30, v1000, fine, tool0;
    MoveC p40, p10, v1000, fine, tool0;
ENDPROC
``` |
```

续表

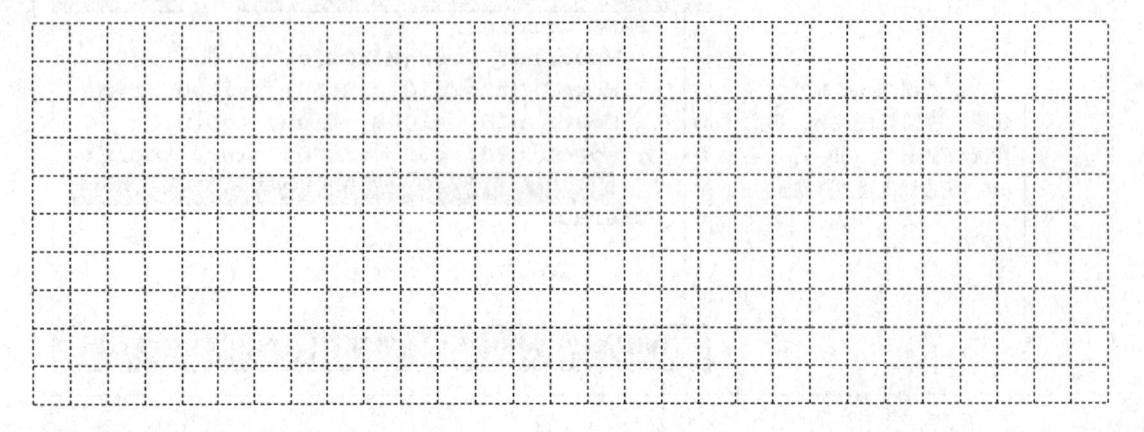

步骤	操作内容	示意图
| 14 | 添加返回 p10 上方 50 mm 点及 Home 指令。至此，任务完成。读者可自行对程序进行调试，此处不再赘述 | ```
13  PROC Circle()
14    MoveAbsJ Home\NoEOffs, v1000, z50, to
15    MoveJ Offs(p10,0,0,50), v1000, fine,
16    MoveL p10, v1000, fine, tool0;
17    MoveC p20, p30, v1000, fine, tool0;
18    MoveC p40, p10, v1000, fine, tool0;
19    MoveJ Offs(p10,0,0,50), v1000, fine,
20    MoveAbsJ Home\NoEOffs, v1000, z50, to
21  ENDPROC
``` |

【任务实施】

❖ 任务描述

在仿真工作站中实现中国结轨迹绘制，并将仿真工作站导入真实工业机器人系统，通过调试，在真实工业机器人中实现。工艺要求如下。

（1）在进行轨迹示教时，笔型夹具姿态尽量垂直于工件表面；

（2）工业机器人运行轨迹要求平缓流畅；

（3）笔尖与图案边缘距离为 0.5 ~1 mm，尽量靠近工件图案边缘，且不能与 A4 纸接触，以防止刮伤纸张表面。

一、计划

1. 知识回顾

（1）什么是工具坐标系、工件坐标系？在工业机器人工作站中为何要建立这两个坐标系？
```

2. 计划

以小组为单位，对任务进行讨论并制订工作计划，分解任务，认领子任务，分析仿真中遇到的问题并提供解决方案（表1-3-2），制订实施计划并按照实施步骤进行自查，发挥团队协作作用，养成主动学习、全员参与、精益求精的职业素养。

表1-3-2 工作计划分解

序号	子任务及其涉及的知识、技能点	负责人	是否已知已会	备注
1				
2				
3				
4				
分析未知知识、技能点，并提出解决方案					

二、实施

1. 在 RobtStudio 仿真工作站中实现工业机器人轨迹绘制

（1）小组讨论设计工业机器人的轨迹规划。

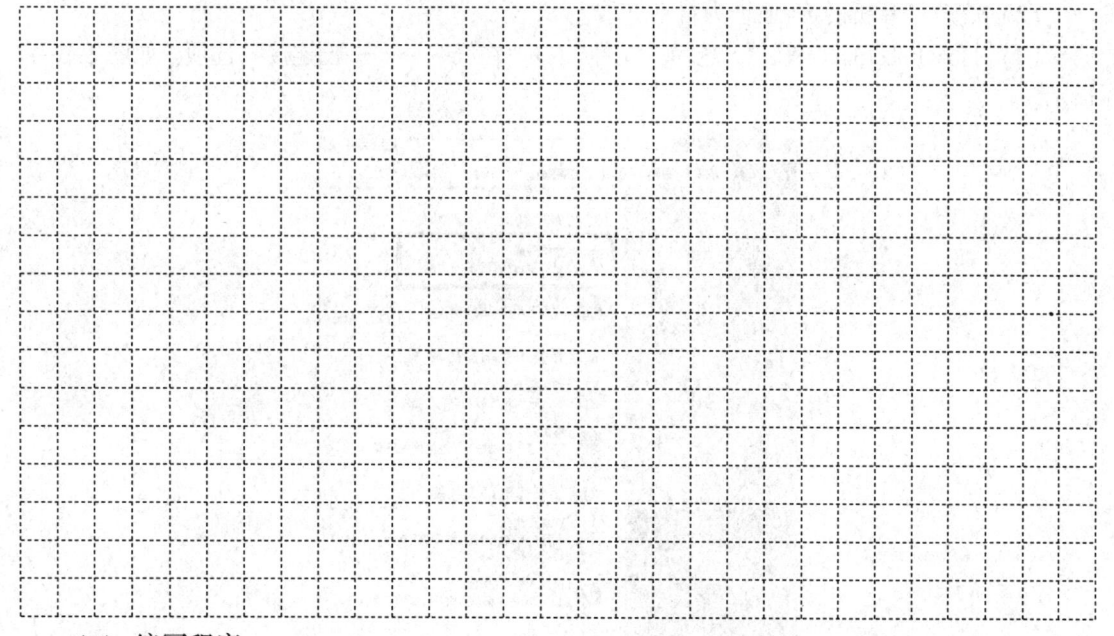

（2）编写程序。

（3）调试程序。

记录自己在设计调试过程中遇到的问题并提出解决方案，完成表1-3-3。

表1-3-3 程序调试过程中问题汇总

序号	问题	解决方案
1		
2		
3		
4		
5		

2. 搭建工作站

（1）选择工具，按照仿真工作站中的轨迹绘制台安装位置，将实际轨迹绘制套件安装至工业机器人工作桌面。

（2）在夹具库内选择笔型夹具与平行手抓夹具，安装到工业机器人上。

（3）自查，完成表1-3-4。

表1-3-4 工作站搭建自查表

序号	自查内容	完成情况	未达标的整改措施
1	按照要求搭建好工作站		
2	手动对工业机器人进行重定位运动操作，确保夹具安装到位		

3. 导入仿真系统（RobotStudio 在线功能）

（1）用网线将计算机的网络端口和工业机器人控制柜的 SERVICE 网口连接到一起。

（2）修改计算机的 IP 地址为自动获取。

（3）打开 RobotStudio 软件，选择"文件"→"在线"→"一键连接"选项，如图1-3-17所示。

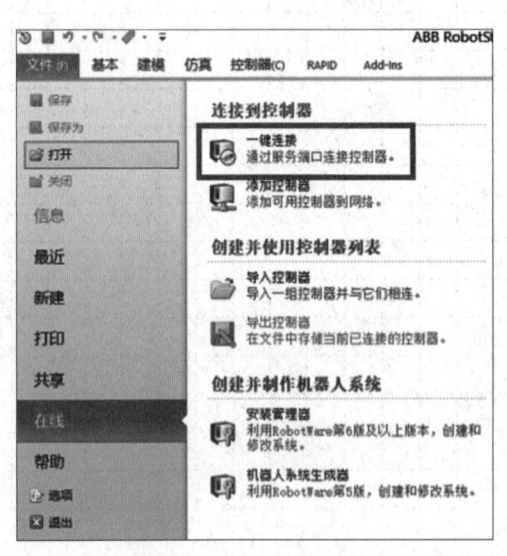

图1-3-17 一键连接

（4）若左边的控制器窗口显示已连接的工业机器人控制器，则 RobotStudio 软件和工业机器人控制器连接成功。

（5）选择"控制器"→"请求写权限"选项，如图 1-3-18 所示。弹出"RobotStudio"对话框，如图 1-3-19 所示。

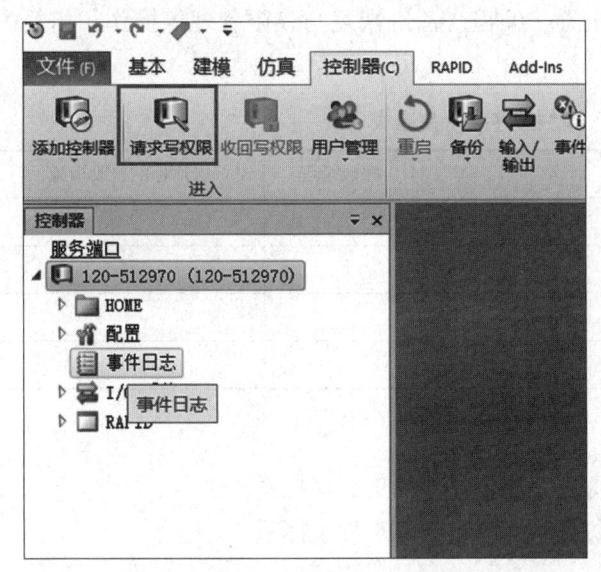

图 1-3-18　"请求写权限"选项　　　　图 1-3-19　"RobotStudio"对话框

（6）选择"控制器"→"备份"→"从备份中恢复"选项，在位置处找到仿真系统备份文件所在文件夹，在"可用备份"列表框中选择需要备份的文件，单击"确定"按钮，如图 1-3-20 所示。等待控制器恢复完成，即将仿真工作站的工业机器人系统导入真实工业机器人系统。

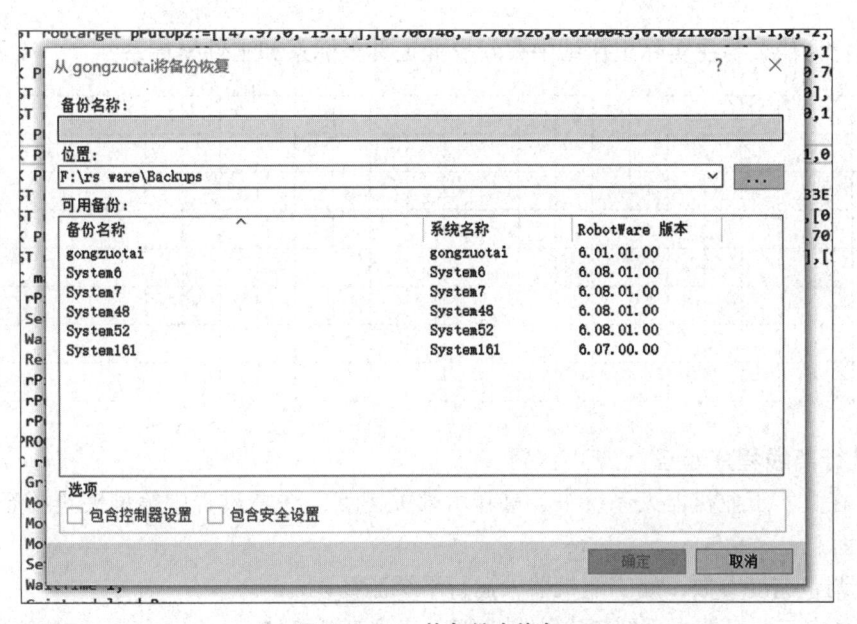

图 1-3-20　从备份中恢复

(7) 在工业机器人示教器中进行自查，完成表 1-3-5。

本任务中利用 RobotStudio 软件的在线功能实现离线程序导入，除了这种方法以外，实际工业机器人控制器可以通过 USB 接口加载仿真系统。

RobotStudio 软件的在线功能不仅可以将离线程序下载到工业机器人控制柜中，还可以通过在线功能对工业机器人进行监控、设置、编程、备份恢复与权限管理等操作，相关内容会在后续部分进行深入讲解。

表 1-3-5 离线程序导入自查表

序号	自查内容	完成情况	未达标的整改措施
1	程序是否导入		
2	工件坐标系是否导入		
3	工具坐标系是否导入		
附加可选	能否利用 U 盘实现程序的上传和下载		

4. 校准坐标系

(1) 在实际工业机器人系统中校准仿真系统中建立的工具坐标系。

(2) 在实际工业机器人系统中校准仿真系统中建立的工件坐标系。

(3) 自查，完成表 1-3-6。

表 1-3-6 校准坐标系自查表

坐标名称	验证内容	完成情况	未达标整改措施
工件坐标系	X、Y、Z 轴三个方向运行验证		
工具坐标系	利用重定位验证		

思考：为什么要在实际工作站中重新校准工具坐标系和工件坐标系？

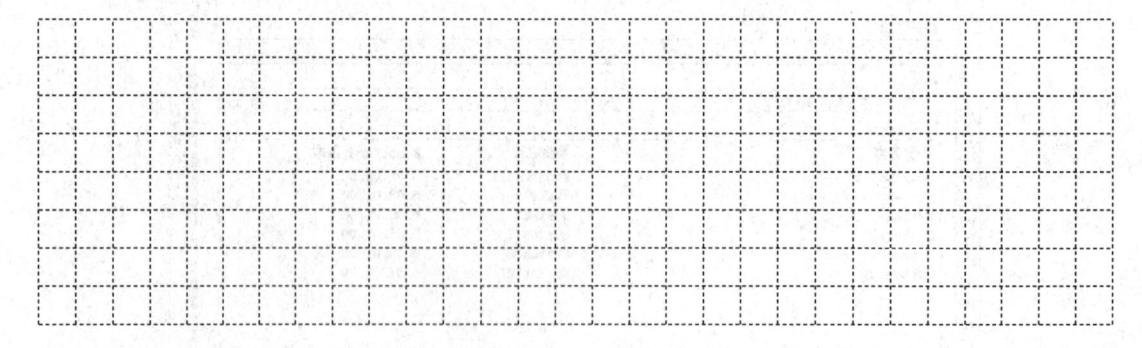

5. 进行离线程序验证

(1) 在真实工业机器人系统中，重新示教关键点，注意过程中笔型夹具姿态尽量垂直于工件表面。

(2) 调整速度参数，使工业机器人运行平缓流畅。

验证真实工业机器人系统轨迹绘制功能，完成表 1-3-7。

表 1-3-7 验证真实工业机器人系统轨迹绘制功能

序号	验证内容	自查评价	未达标整改措施
1	运行轨迹是否平缓流畅		
2	程序连续运行 3 次后是否仍然精准		
3	笔尖与图案边缘距离为 0.5~1 mm，尽量靠近工件图案边缘，且不能与 A4 纸接触，以防止刮伤纸张表面		

（3）列举在真实工业机器人工作站调试过程中遇到的问题并提出解决方案，完成表 1-3-8。

表 1-3-8 真实工业机器人运行过程中问题汇总

序号	问题	解决方案
1		
2		
3		

三、检查

配合教师完成检查表，见表 1-3-9 所示。

表 1-3-9 检查表

序号	考核要点	考核要求	配分	评分标准	得分	得分小计
1	仿真工作站（20分）	正确使用运动指令	5	依照项目要求正确使用运动指令得5分，错一处扣3分		
		示教点是否选择合理	6	示教精准得4分；合理即得2分		
		轨迹是否平缓流畅	4	教师根据学生完成情况酌情打分		
		将仿真工作站的工业机器人系统导入真实工业机器人系统	5	正确导入得5分，错误不得分		
2	工件、工具坐标系创建（20分）	校准工具坐标系	6	创建得3分；标定得3分		
		手动验证工具坐标系	3	绕 X，Y，Z 三个方向旋转各得1分		
		校准工件坐标系	6	命名得2分；标定得4分		
		手动验证工件坐标系	3	X，Y，Z 三个方向验证各得1分		
		将工业机器人切换到自动模式	2	正确切换到自动模式		
	真实工作站运行（50分）	工业机器人从工作原点开始运行	5	从工作原点开始运行得5分		
		笔尖与图案边缘距离为 0.5~1 mm，靠近工件图案边缘	10	教师根据学生完成情况酌情打分		
		笔型夹具姿态尽量垂直于工件表面	10	教师根据学生完成情况酌情打分		
		工业机器人运行轨迹平缓流畅	10	教师根据学生完成情况酌情打分		
		完成所有轨迹绘制	10	教师根据学生完成情况酌情打分		
		任务完成机器人返回工作原点	5	正确返回工作原点得5分		

续表

序号	考核要点	考核要求	配分	评分标准	得分	得分小计
3	职业素养（10分）	遵守场室纪律，无安全事故	2	纪律和安全方面各占1分		
		工位保持清洁，物品整齐	3	工位和物品方面各占1.5分		
		着装规范整洁，佩戴安全帽	2	着装和安全帽方面各占1分		
		操作规范，爱护设备	3	操作规范和爱护设备各得1.5分		
4	违规扣分项	工业机器人与周边设备碰撞		每次扣5分		
		示教位置不准		每次扣5分		
		造成损坏设备		扣20分		
		刮伤纸张表面		每次扣5分		

四、反思

将自己的总结向别的同学介绍，描述收获、问题和改进措施。在一些工作完成不尽意的地方，记录别人给自己的意见，帮助下面的工作。

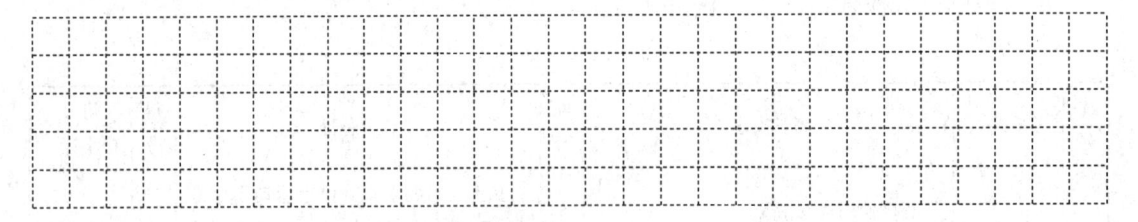

中国结代表着美好祝福，在冬奥会上又一次实力圈粉。冬奥会憨憨的冰墩墩让大家也爱不释手，让我们一起向未来，用机器人绘制一个冰墩墩吧（可跨专业协作，也可搜索网络资源）。

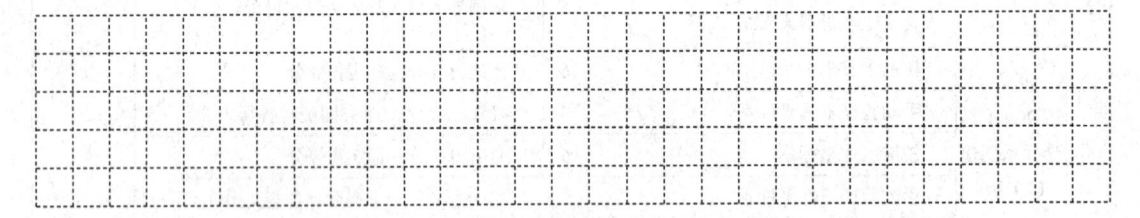

探索：你怎么理解"数字孪生"这个概念？

习　题

一、判断题

1. 工业机器人出厂时默认的工具坐标系原点位于第 1 轴中心。（　　）
2. 工业机器人的编程方式有在线编程和离线编程两种。（　　）
3. 工业机器人调试人员进入工业机器人工作区域范围内时需佩戴安全帽。（　　）
4. 示教工业机器人时主要是对其 TCP 的位置进行示教。（　　）
5. 工业机器人控制技术的主要任务就是控制工业机器人在工作空间中的运动位置、姿态和轨迹、操作顺序及动作的时间等。（　　）
6. 轨迹规划与控制就是按时间规划和控制手部或工具中心走过的空间路径。（　　）
7. 工业机器人的自由度是根据其用途而设计的，可能少于六个自由度，也可能多于六个自由度。（　　）
8. 控制系统涉及传感技术、驱动技术、控制理论和控制算法等。（　　）
9. 工业机器人轨迹泛指工业机器人在运动过程中的运动轨迹，即运动点的位移、速度和加速度。（　　）
10. 在 RobotStudio 软件中，在进行保存操作时，保存的路径和文件名称可以使用中文字符。（　　）
11. 在 RobotStudio 软件中，在同一个工作站内，一个工具只能有一个框架。（　　）
12. 工业机器人的 TCP 必须定义在安装于工业机器人法兰上的工具。（　　）
13. 工具快换装置能够让不同的介质，例如气体、电信号、超声等从机器臂连通到末端执行器。（　　）
14. 选择 TCP（默认方向）方法来标定工具坐标系时，工具坐标系方向与 tool0 方向一致。（　　）
15. 工具坐标系又称为用户坐标系，是以基坐标系为参考建立的坐标系。（　　）
16. ABB 工业机器人系统的对准功能可用于将系统中已定义的工具对准已定义的坐标系。（　　）
17. 真空式吸盘利用真空原理来抓持工件，要求工件表面平整光滑、干燥清洁，而且气密性要好。（　　）
18. 一般可以根据实际情况，定义一个或者多个工件坐标系。（　　）
19. 指令"Movel p10，v1000，z50，Tool1；"所使用的工件坐标系为 wobj0。（　　）
20. 在 RobotStudio 软件中的坐标系，红色表示 Z 轴方向。（　　）

二、选择题

1. 在工件所在的平面上只需要定义（　　）个点，就可以建立工件坐标系。
   A. 2　　　　　　　B. 3　　　　　　　C. 4　　　　　　　D. 5
2. Offs 偏移指令参考的坐标系是（　　）。
   A. 大地坐标系　　　　　　　　　　B. 当前使用的工具坐标系
   C. 当前使用的工件坐标系　　　　　D. 基坐标系

3. 工业机器人进行焊接作业时，一般应使焊枪工具 Z 轴方向与工件表面保持（　　）。
   A. 45°　　　　　B. 平行　　　　　C. 垂直　　　　　D. 任意角度
4. 工业机器人用吸盘工具拾取物体，是靠（　　）把吸附头与物体压在一起，实现物体拾取的。
   A. 机械手指　　　　　　　　　　　B. 电线圈产生的电磁
   C. 大气压力　　　　　　　　　　　D. 摩擦力
5. MoveAbsJ 指令的参数 " \ NoEoffs" 表示（　　）。
   A. 外轴的角度数据　　　　　　　　B. 外轴不带偏移数据
   C. 外轴带偏移数据　　　　　　　　D. 外轴的位置数据
6. 执行 "VelSet 50，800；MoveL p1，v1000，z10，tool1；" 指令后，工业机器人的运行速度为（　　）。
   A. 800 mm/s　　B. 1 000 mm/s　　C. 500 mm/s　　D. 400 mm/s
7. 将 reg2 数值赋值给 reg1 的指令是（　　）。
   A. reg1＝reg2　B. reg2＝reg1　C. reg1：＝reg2　D. reg1＝＝reg2
8. 操作人员因故离开设备工作区域前应按下（　　），以避免突然断电或者关机而导致零位丢失，并将示教器放置在安全位置。
   A. 急停开关　　B. 限位开关　　　C. 电源开关　　　D. 停止开关
9. 为了确保安全，用示教编程器手动运行工业机器人时，ABB 工业机器人的最高速度限制为（　　）。
   A. 50 mm/s　　B. 250 mm/s　　　C. 800 mm/s　　　D. 1 600 mm/s
10. 示教编程器上安全开关握紧为 ON 状态，松开为 OFF 状态，作为进而追加的功能，当握紧力过大时，为（　　）状态。
    A. OFF　　　　B. ON　　　　　　C. 不变　　　　　D. 急停报错

项目二

工业机器人搬运工作站仿真与实现

万里长城不仅是我国古代军事防御工程的杰作，也是建筑史上的奇迹。长城不仅有城墙，还有亭、障、标等防御体系，是一项巨大的工程，古人如何搬运几吨重的石头来建筑长城呢？一种最劳民伤财的方法是人力搬运，当然古人有着令人敬佩的智慧，发明了很多工具和机械装置，不仅如此，还有"飞筐走索"，这就是机械化最早的雏形。1960年，Versatran和Unimate两种机器人在美国首次被应用于搬运作业。而今，搬运机器人在很多行业有着广泛的应用，大幅节省了劳动力。

搬运机器人运作灵活精准、快速高效、稳定性高，作业效率高，机械臂灵活紧凑，可避免差错，优化流程，降低人工工作强度和人工成本。让我们就从机器人搬运开始起航吧。工业机器人搬运应用如图2-0-1所示。

图 2-0-1 工业机器人搬运应用

【工作站简介】

搬运作业是工业机器人的典型应用之一，是指工业机器人利用机械手臂及执行器（吸盘或夹具等）完成各种工件的搬运。可进行工业机器人搬运的排列组合应用，也可自由定义工业机器人搬运轨迹、工件摆放位置及工件摆放顺序等。本项目的搬运工作站采用16只4×4信号指示灯盖作为搬运工件，利用基本指令和精确定位设计好工件搬运轨迹，利用吸盘吸放实现工件的抓取和放置任务，最终完成整个工作站定点搬运任务。

技术要求如下。

（1）根据搬运货物的品种、性质、规格等要求，选择合适的吸盘夹具。本项目搬运工作站（图2-0-2）采用16只4×4信号指示灯盖作为搬运工件，搬运夹具选择单吸盘夹具。

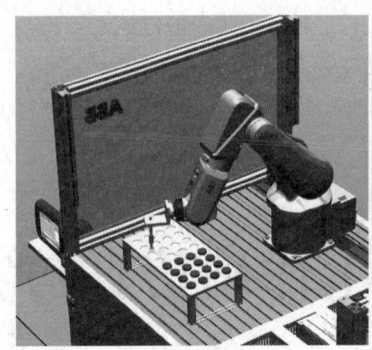

图 2-0-2 搬运工作站

（2）根据项目的具体要求，利用基本指令和精确定位设计好工件搬运轨迹和旋转角度。

（3）在 RobotStudio 软件中仿真搬运工作站，设计工业机器人运动轨迹，模拟搬运工作站工作过程。

（4）将虚拟搬运工作站与工业机器人工作站连接，进行工作点精确示教，利用吸盘吸放实现工件的抓取和放置任务，完成 16 个工件的搬运。

【学习地图】

搬运工作站学习地图如图 2-0-3 所示。

虚拟搬运工作站的建立
学习链接 创建虚拟搬运工作站 → 修改工具坐标 → 目标点示教 → 实现路径

工作页任务：
1. 制订工作计划
2. 完成工作站创建
3. 创建坐标系
4. 示教并调试

单个工件搬运的仿真
Smart动画制作与仿真 ← Smart组件关联 ← 创建Smart组件 学习链接

工作页任务：
1. 确定方案
2. 制作Smart动画
3. 编程与仿真

16个工件搬运的仿真与实现
学习链接 虚拟搬运工作站仿真 → 工业机器人工作站16个工件的搬运

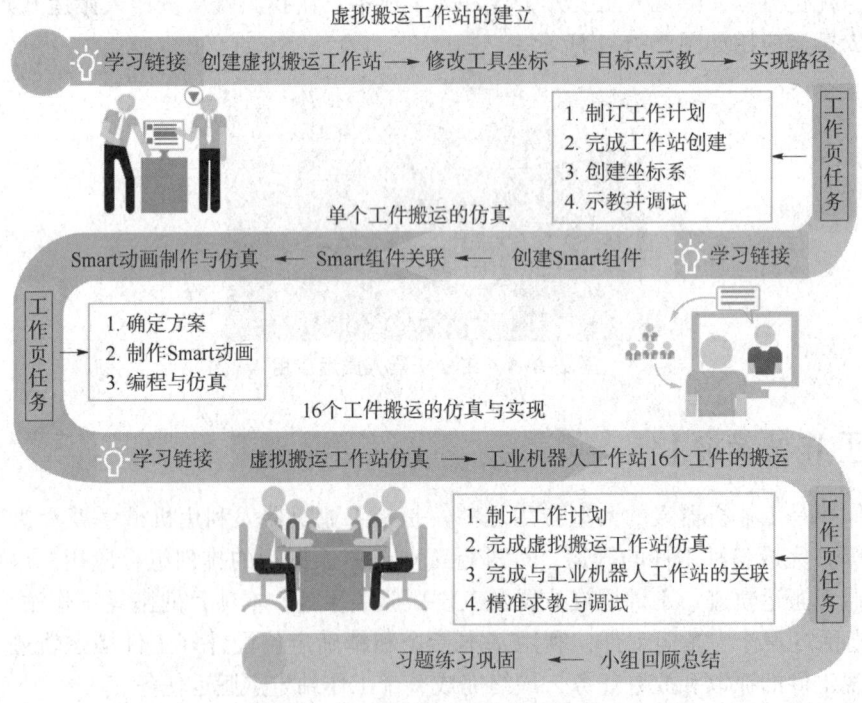

工作页任务：
1. 制订工作计划
2. 完成虚拟搬运工作站仿真
3. 完成与工业机器人工作站的关联
4. 精准求教与调试

习题练习巩固 ← 小组回顾总结

图 2-0-3 搬运工作站学习地图

任务一　搬运工作站布局与安装

【学习情境】

在工业生产中，搬运任务是工业机器人的典型应用之一。此工作站平台包含实训平台、工业机器人、吸盘工具、搬运模块，在RobotStudio软件中完成搬运工作站的布局，进行搬运路径规划、程序数据创建、程序编写以及目标点的示教，实现虚拟搬运工作站的工件路径规划工作。

一、学习目标

（1）会在RobtStudio软件中创建工作站，能在虚拟示教器下进行备份和工业机器人重置；
（2）会在RobtStudio软件中进行搬运工作站布局；
（3）能设定工业机器人运动轨迹的规划；
（4）能精准示教目标点；
（5）会在虚拟示教器中进行程序数据创建与编写工作；
（6）能实现虚拟搬运工作站仿真和录像；

二、所需工具设备

装有RobtStudio软件的计算机1台、"虚拟搬运工作站"相关库文件。

【学习链接】

一、工业机器人的I/O通信设置

【知识链接】

工业机器人通常需要接收传感器或者其他设备的信号才能完成相应的任务，而这些信号大多属于数字信号，在ABB工业机器人中，这类信号是通过标准I/O板来完成的。如果使用工业机器人标准I/O板，就必须有DeviceNet的总线。除了标准I/O板通信之外，工业机器人还可以与PLC之间通过I/O通信接口进行信号的传递。其中，RS232通信、OPC server、Socket Message是与PC之间的通信协议，与PC进行通信时，在PC端下载PC SDK，添加"PC-INTERFACE"选项才能使用。DeviceNet、EtherNet IP、ProfiNet、Profibus、Profibus-DP是不同厂商推出的现场总线协议，用户可以根据需求合理选配。

工业机器人标准I/O板提供的常用信号有数字输入DI、数字输出DO、模拟输入AI、模拟输出AO以及输送链跟踪，常用的标准I/O板介绍见表2-1-1，其有DSQC651、DSQC652、DSQC653、DSQC355A、DSQC377A五种型号。ABB工业机器人在出厂时默认配置DSQC652板，需要模拟量输出的时候配置DSQC651板。

表 2-1-1　常用的标准 I/O 板介绍

序号	型号	说明
1	DSQC651	分布式 I/O 模块，8 路 DI、8 路 DO、2 路 AO
2	DSQC652	分布式 I/O 模块，16 路 DI、16 路 DO
3	DSQC653	分布式 I/O 模块，8 路 DI、8 路 DO，带继电器
4	DSQC355A	分布式 I/O 模块，4 路 AI、4 路 AO
5	DSQC377A	输送链跟踪单元

DSQC651 板主要提供 8 路数字输入 DI、8 路数字输出 DO 和 2 路模拟输出 AO。其包含数字输入指示灯、数字输出指示灯、模块状态指示灯、X1 数字输出接口、X3 数字输入接口、X5 DeviceNet 接口和 X6 模拟输出接口。DSQC651 板如图 2-1-1 所示。

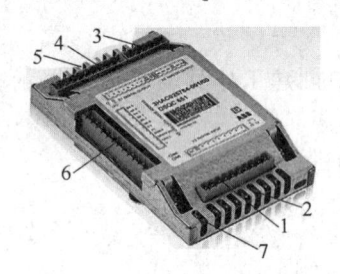

1—X3 数字输入接口；2—数字输入指示灯；3—X6 模拟输出接口；4—X1 数字输出接口；
5—数字输出指示灯；6—X5 DeviceNet 接口；7—模块状态指示灯。

图 2-1-1　DSQC651 板

DSQC652 板主要提供 16 路数字输入 DI、16 路数字输出 DO。其包含数字输入指示灯、数字输出指示灯、模块状态指示灯、X1 和 X2 数字输出接口、X3 和 X4 数字输入接口、X5 DeviceNet 接口。DSQC652 板如图 2-1-2 所示。

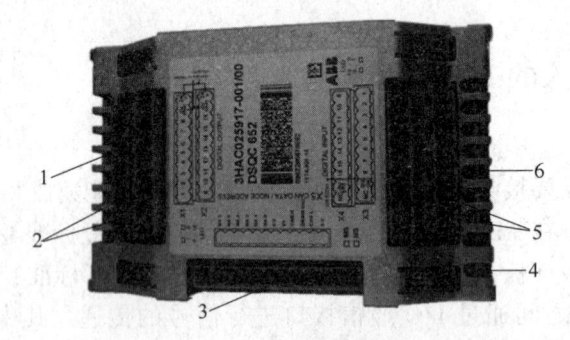

1—信号输出指示灯；2—X1、X2 数字输出接口；3—X5 DeviceNet 接口；
4—模块状态指示灯；5—X3、X4 数字输入接口；6—数字输入信号指示灯。

图 2-1-2　DSQC652 板

DSQC652 板的 X1，X2，X3，X4，X5 模块接口连接说明如下。

1. X1 端子

X1 端子包括 8 个数字输出接口，地址分配见表 2-1-2。

表 2-1-2　DSQC652 板的 X1 端子地址分配

X1 端子编号	使用定义	地址分配
1	OUTPUT CH1	0
2	OUTPUT CH2	1
3	OUTPUT CH3	2
4	OUTPUT CH4	3
5	OUTPUT CH5	4
6	OUTPUT CH6	5
7	OUTPUT CH7	6
8	OUTPUT CH8	7
9	0 V	—
10	24 V	—

2. X2 端子

X2 端子包括 8 个数字输出接口，地址分配见表 2-1-3。

表 2-1-3　DSQC652 板的 X2 端子地址分配

X2 端子编号	使用定义	地址分配
1	OUTPUT CH1	8
2	OUTPUT CH2	9
3	OUTPUT CH3	10
4	OUTPUT CH4	11
5	OUTPUT CH5	12
6	OUTPUT CH6	13
7	OUTPUT CH7	14
8	OUTPUT CH8	15
9	0 V	—
10	24 V	—

3. X3 端子

X3 端子包括 8 个数字输入接口，地址分配见表 2-1-4。

表 2-1-4　DSQC652 板的 X3 端子地址分配

X3 端子编号	使用定义	地址分配
1	INPUT CH1	0
2	INPUT CH2	1
3	INPUT CH3	2
4	INPUT CH4	3
5	INPUT CH5	4
6	INPUT CH6	5

续表

X3 端子编号	使用定义	地址分配
7	INPUT CH7	6
8	INPUT CH8	7
9	0 V	—
10	未使用	—

4. X4 端子

X4 端子包括 8 个数字输入接口，地址分配见表 2-1-5。

表 2-1-5　DSQC652 板的 X4 端子地址分配

X4 端子分配	使用定义	地址分配
1	INPUT CH9	8
2	INPUT CH10	9
3	INPUT CH11	10
4	INPUT CH12	11
5	INPUT CH13	12
6	INPUT CH14	13
7	INPUT CH15	14
8	INPUT CH16	15
9	0 V	—
10	未使用	—

5. X5 端子

DSQC652 板是下挂在 DeviceNet 现场总线下的设备，通过 X5 端口与 DeviceNet 现场总线进行通信，端子使用定义见表 2-1-6。

表 2-1-6　X5 端子使用定义

X5 端子编号	使用定义
1	0V BIACK
2	CAN 信号线 low BLUE
3	屏蔽线
4	CAN 信号线 high WHITE
5	24V RED
6	GND 地址选择公共端
7	模块 ID bit0（LSB）
8	模块 ID bit1（LSB）
9	模块 ID bit2（LSB）
10	模块 ID bit3（LSB）
11	模块 ID bit4（LSB）
12	模块 ID bit5（LSB）

X5 为 DeviceNet 通信端子，其中编号 1~5 为 DeviceNet 接线端子，编号 6~12 为跳线，用来决定模块（I/O 板）在总线中的地址，可用范围为 10~63。剪断跳线 7~12，地址分别对应 1，2，4，8，16，32。剪断跳线 8 和跳线 10，对应数值相加得 10，即 DSQC652 总线地址。

【技能链接】

二、虚拟工作站规划步骤

扫描右侧二维码，观看虚拟搬运工作站运动轨迹的仿真，并根据本任务的操作部分完成虚拟搬运工作站的创建。创建虚拟搬运工作站主要分为以下几个步骤。

（1）创建虚拟搬运工作站布局并配置系统参数。
（2）修改工具坐标系。
（3）示教四个目标点。
（4）进行搬运路径的规划与仿真。

虚拟搬运工作站运动轨迹仿真

三、创建虚拟搬运工作站布局

虚拟搬运工作站布局如图 2-1-3 所示。

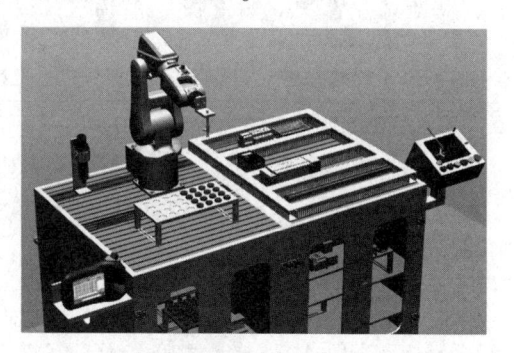

图 2-1-3 虚拟搬运工作站布局

虚拟工作站建立

在 RobotStudio 软件中创建虚拟搬运工作站，选择对应工业机器人型号，添加相应模型库，将吸盘安装到工业机器人上，并放置工业机器人到正确位置，选择工业机器人系统并设置，最后保存虚拟搬运工作站。操作步骤如下，也可扫描上方的二维码观看详细操作视频。

步骤	操作内容	示意图
1	打开 RobotStudio 软件，选择"新建"→"空工作站"→"创建"选项	

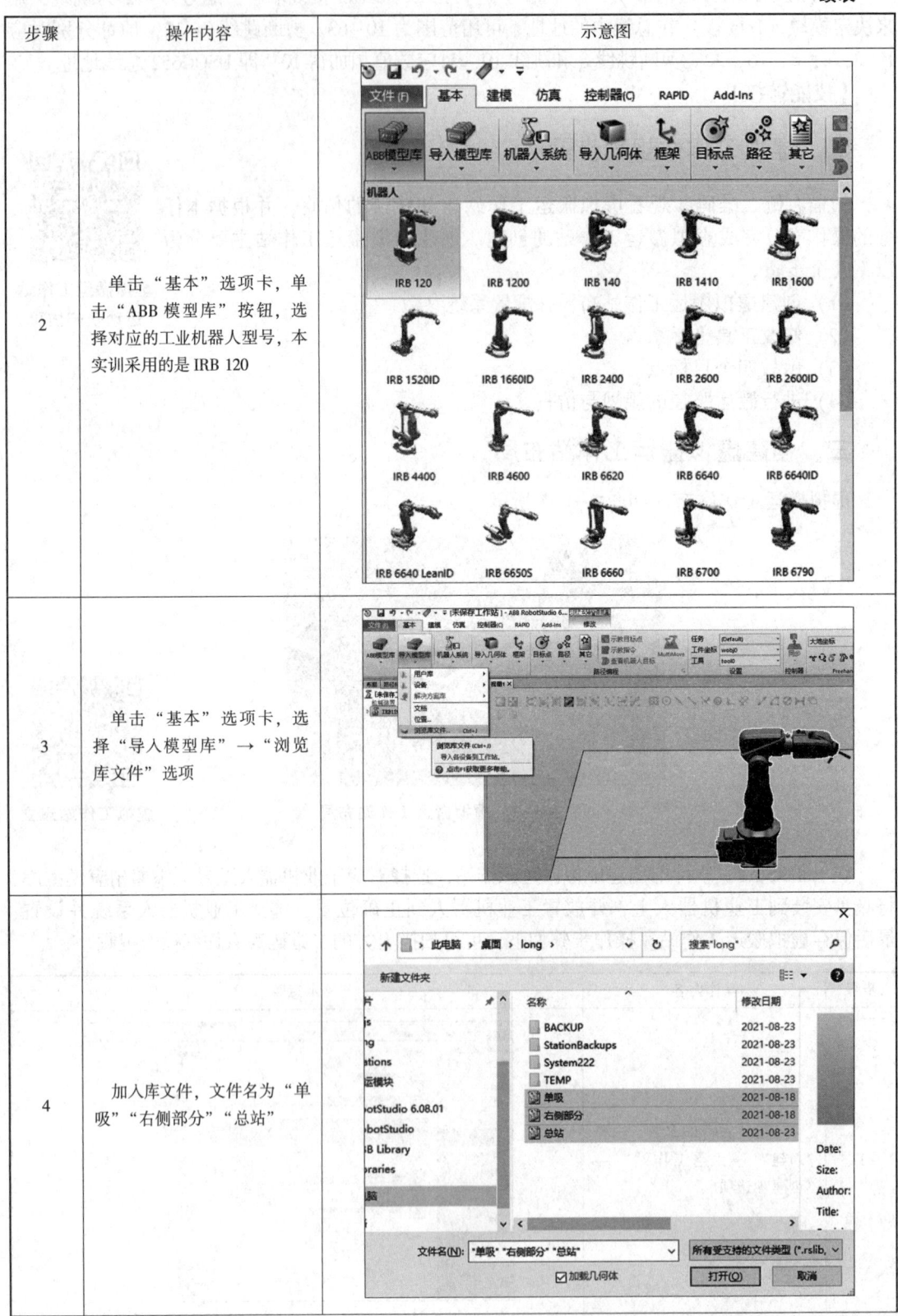

续表

步骤	操作内容	示意图
2	单击"基本"选项卡,单击"ABB模型库"按钮,选择对应的工业机器人型号,本实训采用的是IRB 120	
3	单击"基本"选项卡,选择"导入模型库"→"浏览库文件"选项	
4	加入库文件,文件名为"单吸""右侧部分""总站"	

续表

步骤	操作内容	示意图
5	将吸盘安装到工业机器人IRB 120 上；移动工业机器人IRB 120 的位置，将其放置在右图所示的总站板面上	
6	用鼠标右键单击"IRB 120"，选择"显示机器人工作区域"选项，在弹出的窗口中显示工作区域，选择当前工具	
7	在 X 轴方向移动 IRB 120，确保搬运模块在其工作区域内	

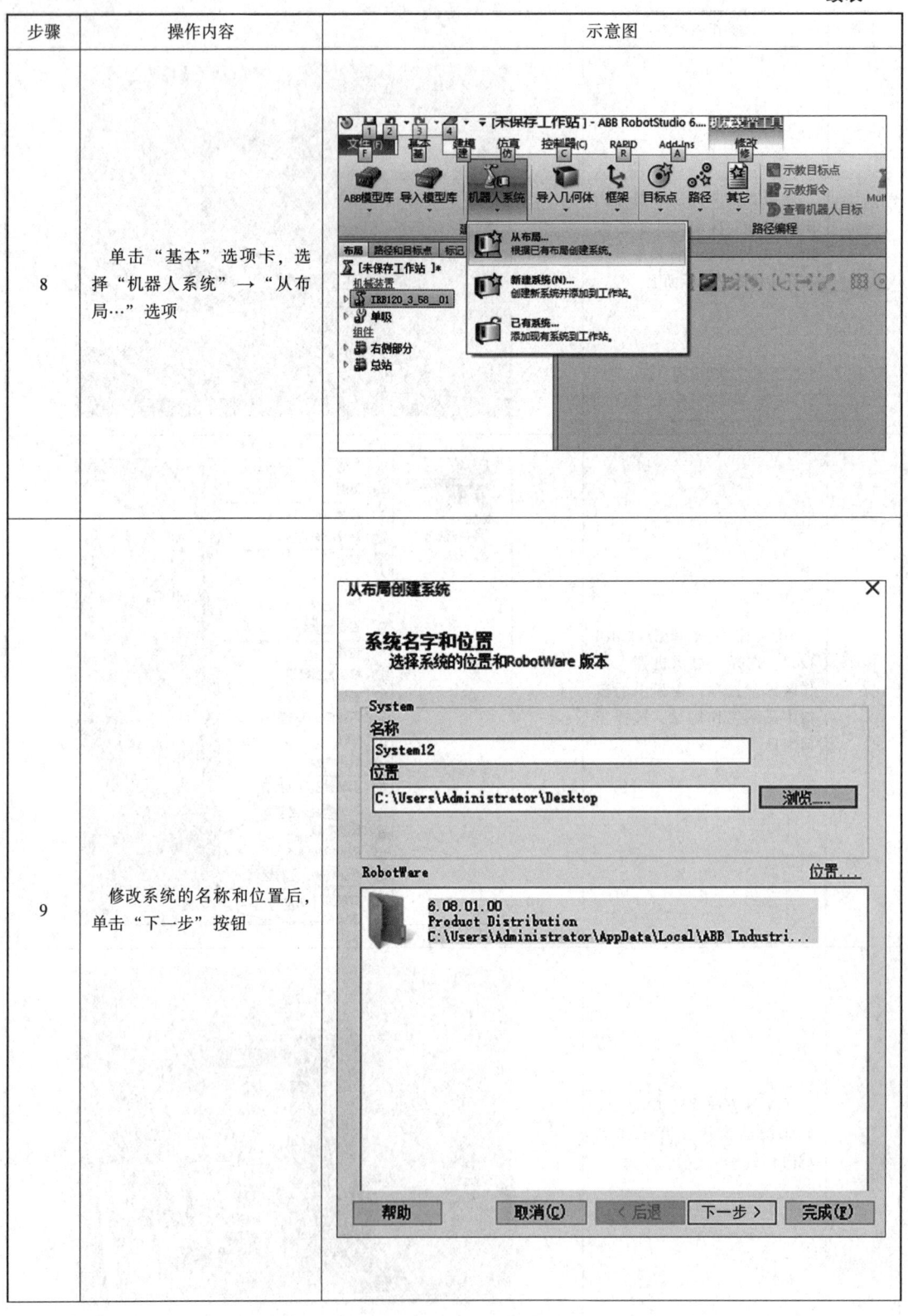

续表

步骤	操作内容	示意图
8	单击"基本"选项卡,选择"机器人系统"→"从布局…"选项	
9	修改系统的名称和位置后,单击"下一步"按钮	

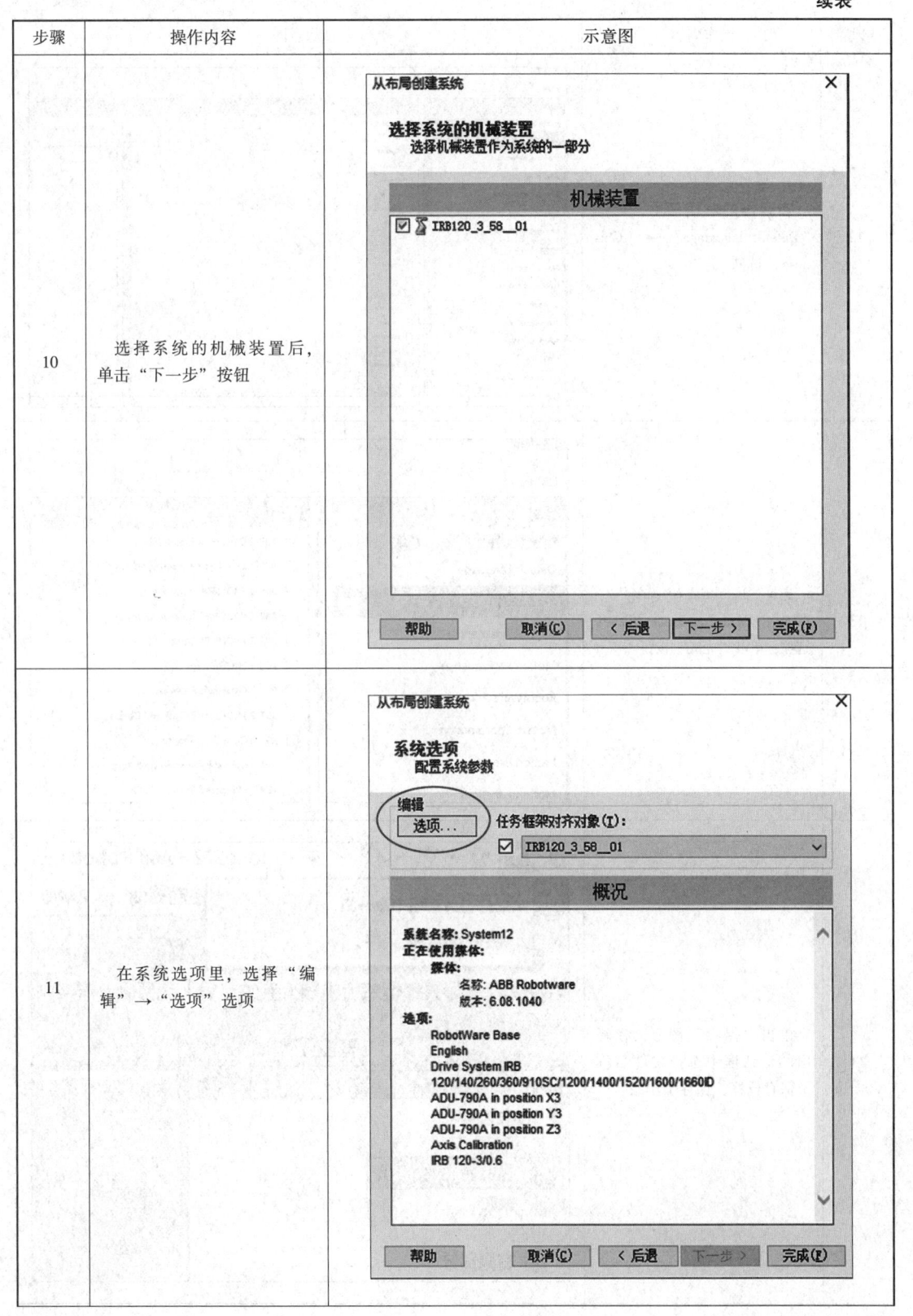

续表

步骤	操作内容	示意图
10	选择系统的机械装置后,单击"下一步"按钮	
11	在系统选项里,选择"编辑"→"选项"选项	

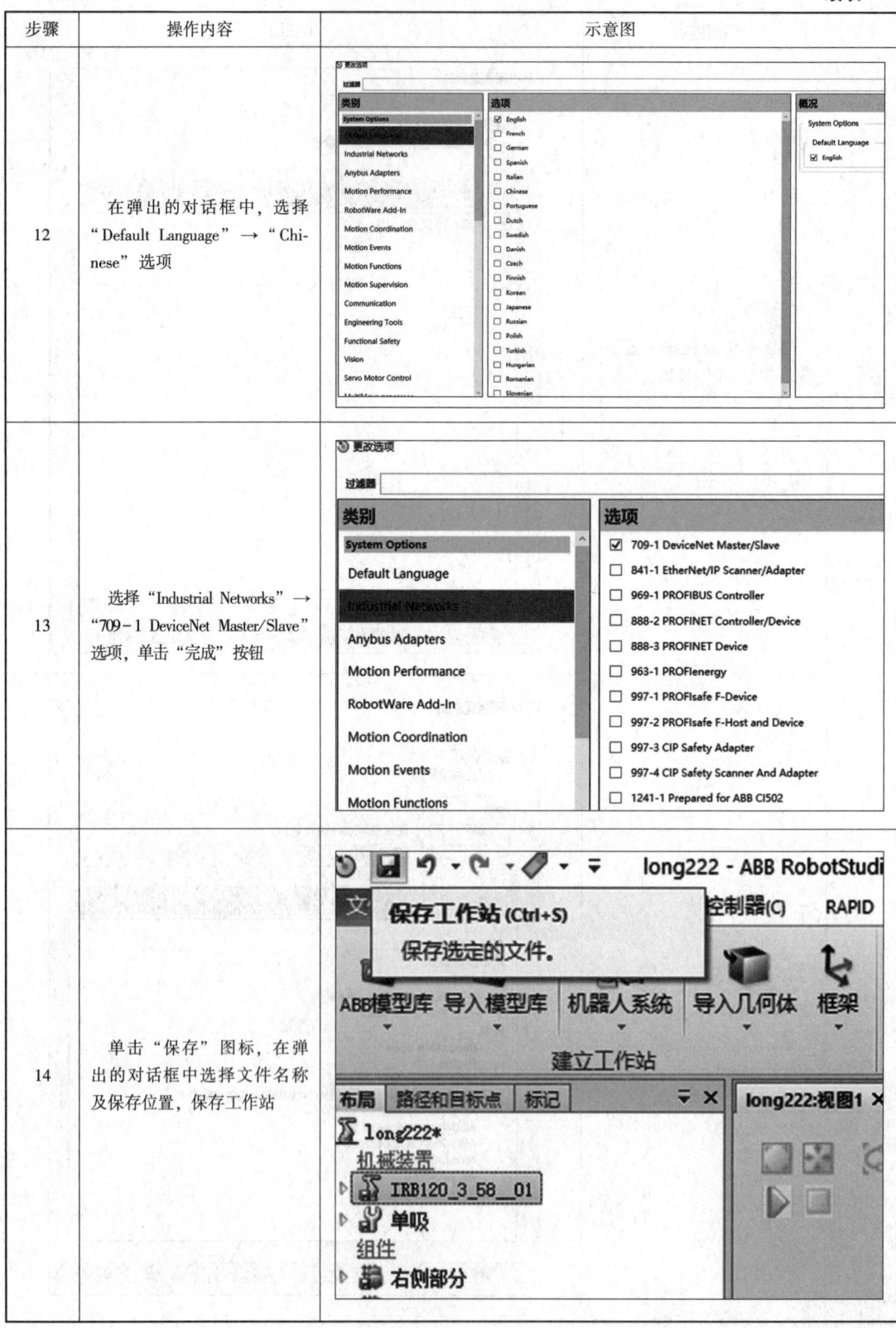

续表

步骤	操作内容	示意图
12	在弹出的对话框中，选择"Default Language"→"Chinese"选项	
13	选择"Industrial Networks"→"709-1 DeviceNet Master/Slave"选项，单击"完成"按钮	
14	单击"保存"图标，在弹出的对话框中选择文件名称及保存位置，保存工作站	

四、修改工具坐标系

在路径和目标中找到工具坐标系，修改工具坐标系位置，将工具坐标系定位在吸盘最下侧的圆心位置，设置好之后，在系统中选择新建的工具坐标系，并将可见性改为隐藏。请扫描右侧二维码观看详细操作过程。

工具坐标的修改

修改工具坐标系的具体步骤如下。

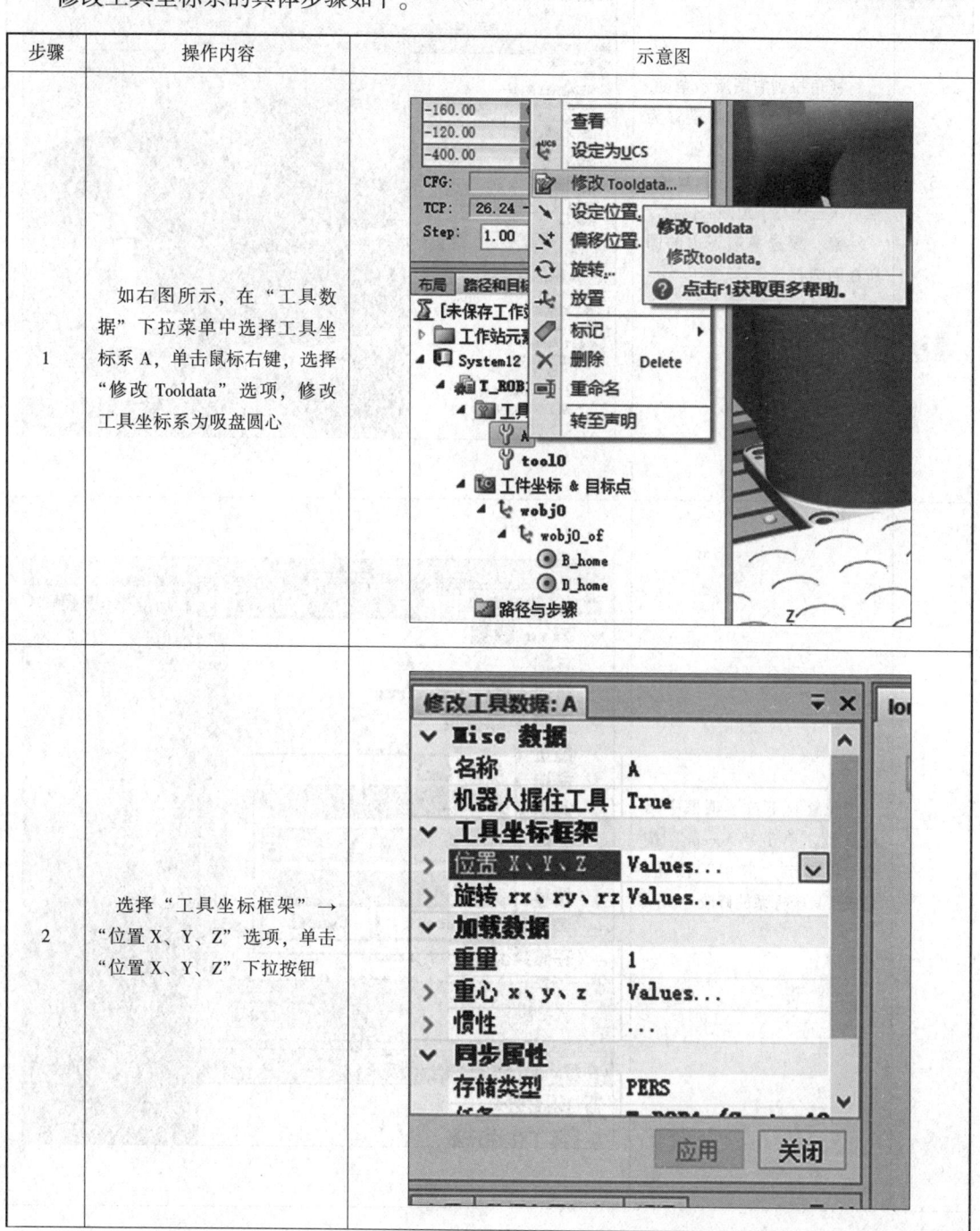

步骤	操作内容	示意图
1	如右图所示，在"工具数据"下拉菜单中选择工具坐标系 A，单击鼠标右键，选择"修改 Tooldata"选项，修改工具坐标系为吸盘圆心	
2	选择"工具坐标框架"→"位置 X、Y、Z"选项，单击"位置 X、Y、Z"下拉按钮	

79

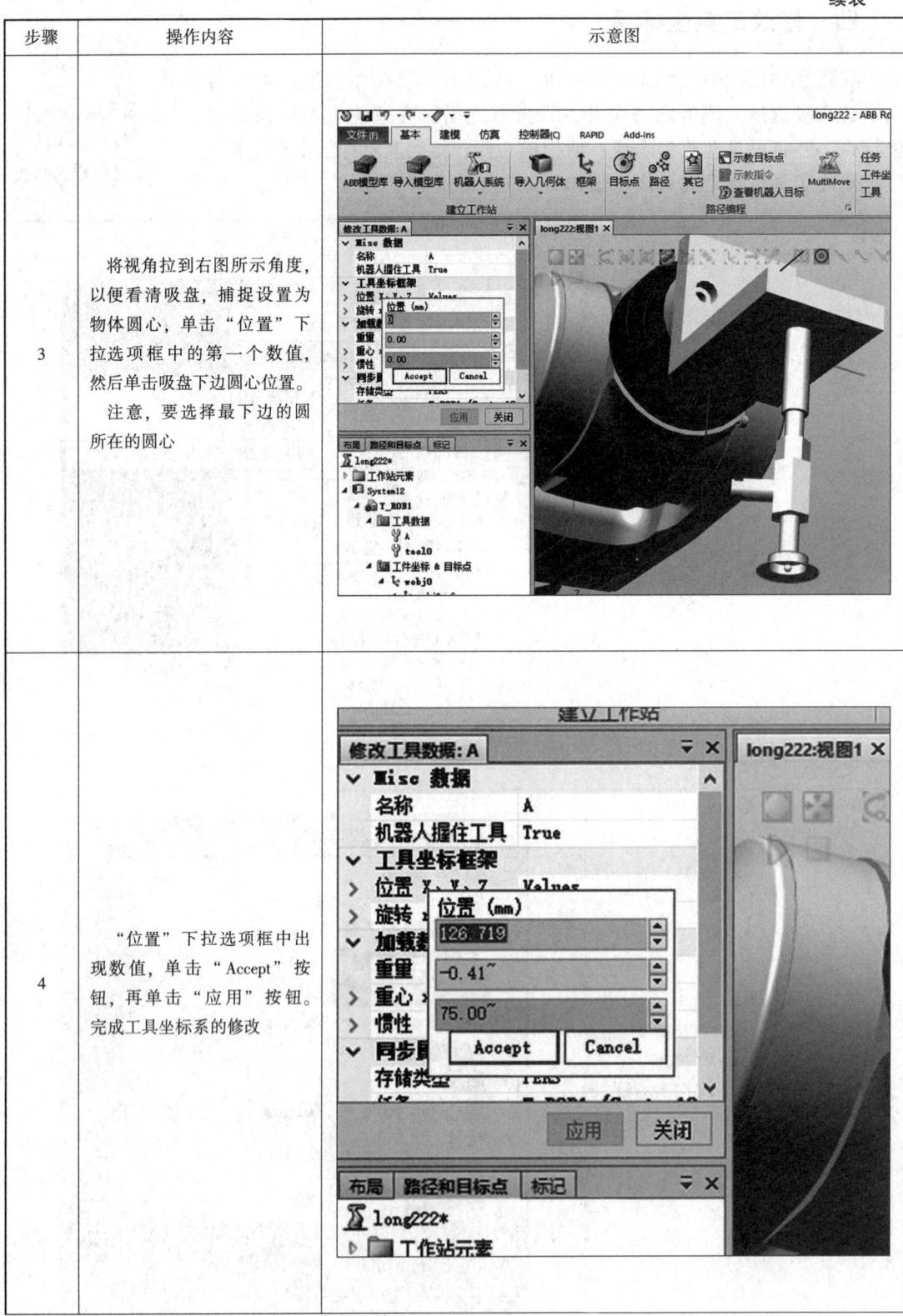

步骤	操作内容	示意图
3	将视角拉到右图所示角度，以便看清吸盘，捕捉设置为物体圆心，单击"位置"下拉选项框中的第一个数值，然后单击吸盘下边圆心位置。 注意，要选择最下边的圆所在的圆心	
4	"位置"下拉选项框中出现数值，单击"Accept"按钮，再单击"应用"按钮。完成工具坐标系的修改	

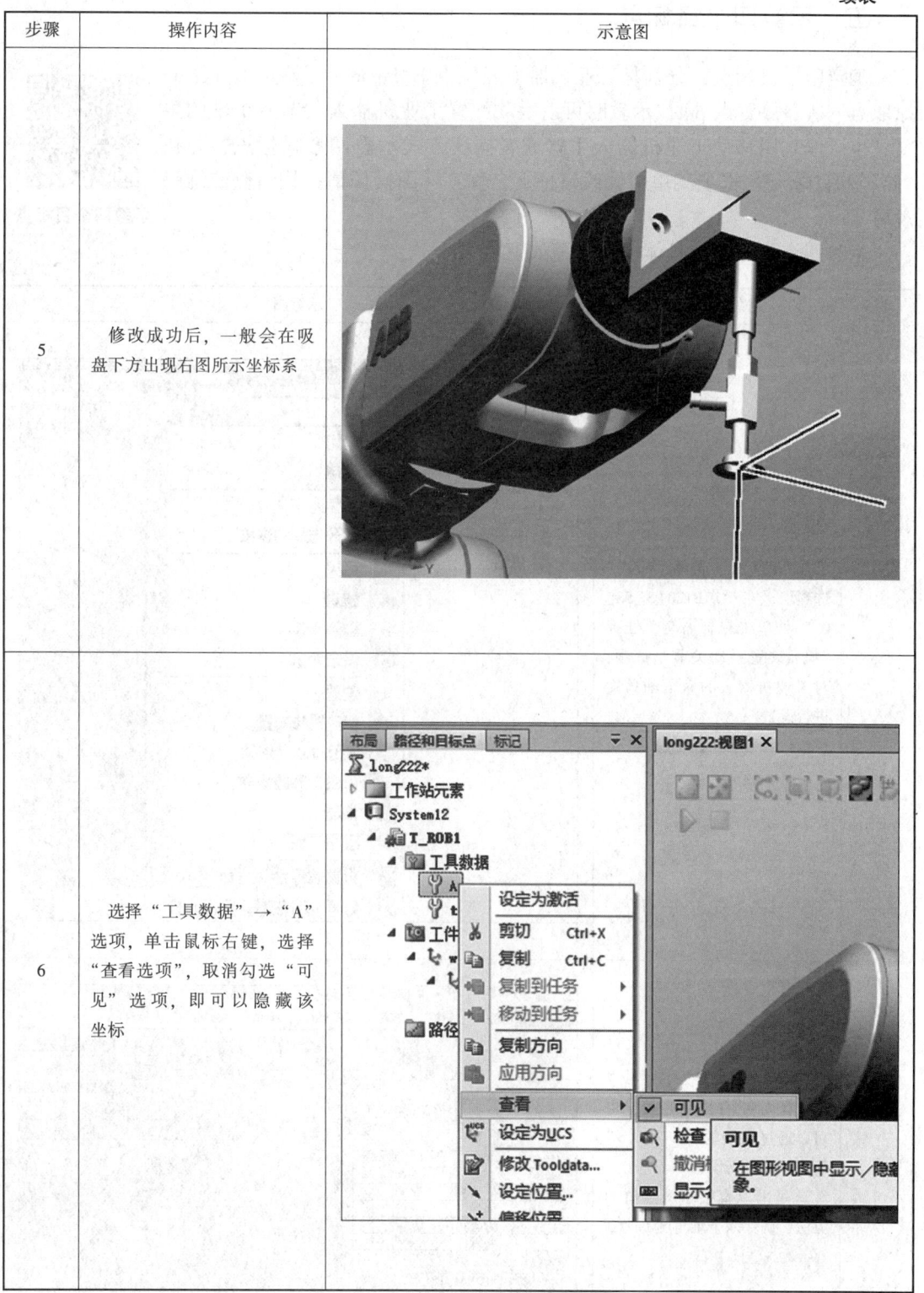

续表

步骤	操作内容	示意图
5	修改成功后，一般会在吸盘下方出现右图所示坐标系	
6	选择"工具数据"→"A"选项，单击鼠标右键，选择"查看选项"，取消勾选"可见"选项，即可以隐藏该坐标	

五、示教四个目标点

确定四个目标点，分别是工业机器人复位点 B_home、开始点 D_home、抓取点 pick、放置点 put，示教时可以手动配置工业机器人关节六个轴的角度，也可以利用移动工业机器人手臂或者捕获方式示教四个目标点，并在"路径和目标点"选项菜单中修改目标点名称，详细操作请扫描右侧二维码观看。

示教四个目标点

示教四个目标点的具体操作步骤如下。

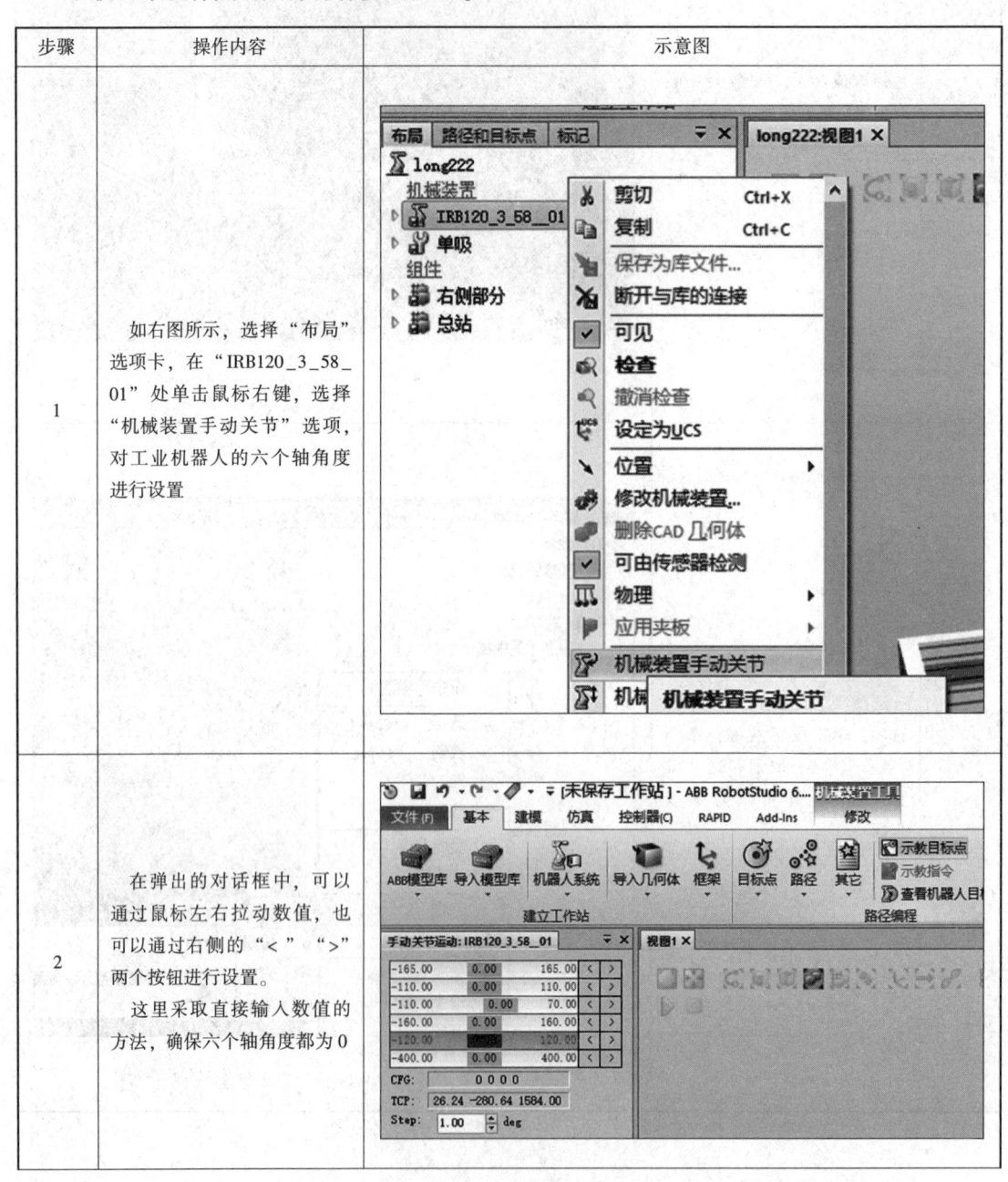

步骤	操作内容	示意图
1	如右图所示，选择"布局"选项卡，在"IRB120_3_58_01"处单击鼠标右键，选择"机械装置手动关节"选项，对工业机器人的六个轴角度进行设置	
2	在弹出的对话框中，可以通过鼠标左右拉动数值，也可以通过右侧的"<""〉"两个按钮进行设置。这里采取直接输入数值的方法，确保六个轴角度都为0	

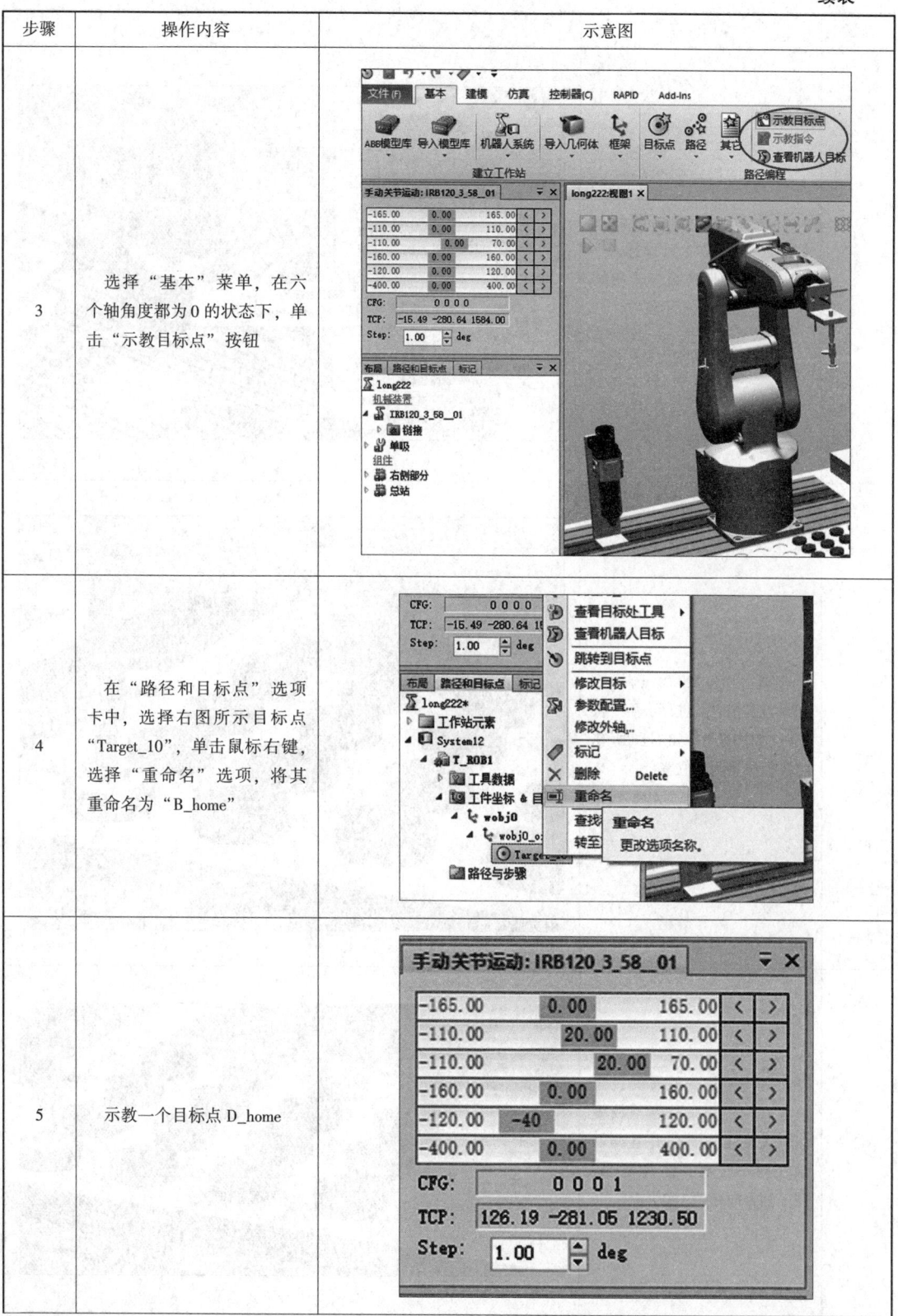

续表

步骤	操作内容	示意图
3	选择"基本"菜单,在六个轴角度都为0的状态下,单击"示教目标点"按钮	
4	在"路径和目标点"选项卡中,选择右图所示目标点"Target_10",单击鼠标右键,选择"重命名"选项,将其重命名为"B_home"	
5	示教一个目标点 D_home	

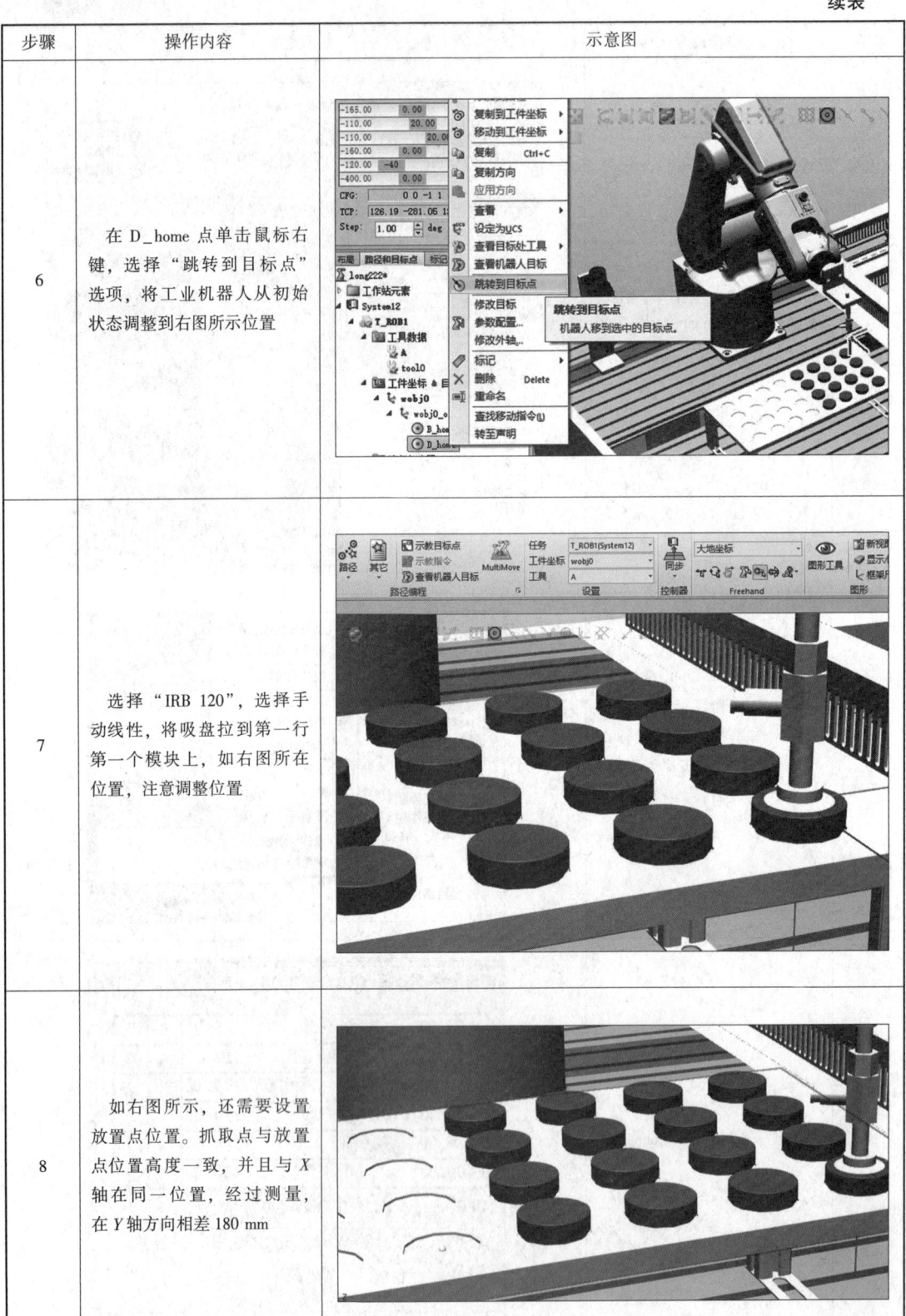

续表

步骤	操作内容	示意图
6	在 D_home 点单击鼠标右键,选择"跳转到目标点"选项,将工业机器人从初始状态调整到右图所示位置	
7	选择"IRB 120",选择手动线性,将吸盘拉到第一行第一个模块上,如右图所在位置,注意调整位置	
8	如右图所示,还需要设置放置点位置。抓取点与放置点位置高度一致,并且与 X 轴在同一位置,经过测量,在 Y 轴方向相差 180 mm	

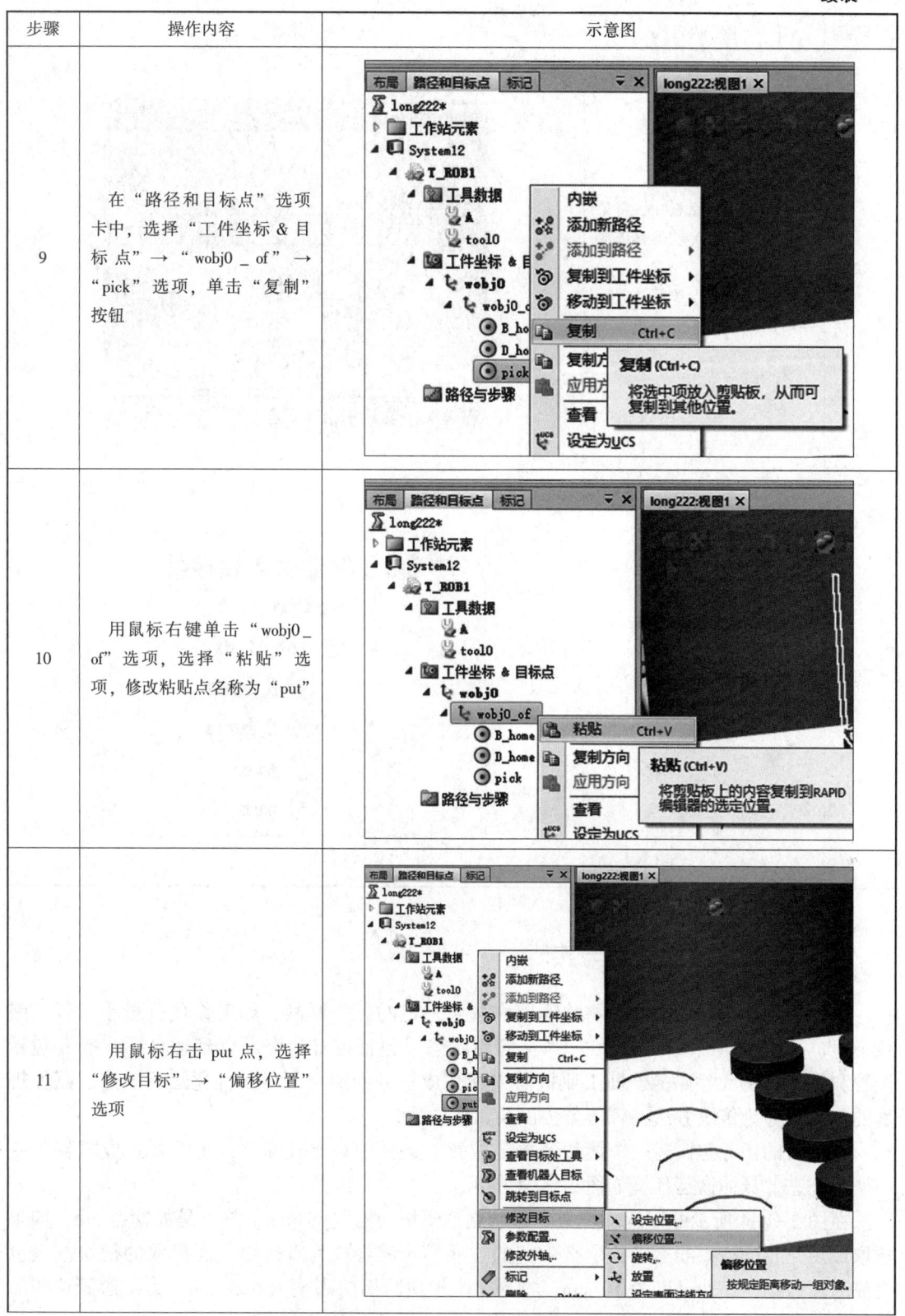

续表

步骤	操作内容	示意图
9	在"路径和目标点"选项卡中,选择"工件坐标&目标点"→"wobj0_of"→"pick"选项,单击"复制"按钮	
10	用鼠标右键单击"wobj0_of"选项,选择"粘贴"选项,修改粘贴点名称为"put"	
11	用鼠标右击 put 点,选择"修改目标"→"偏移位置"选项	

85

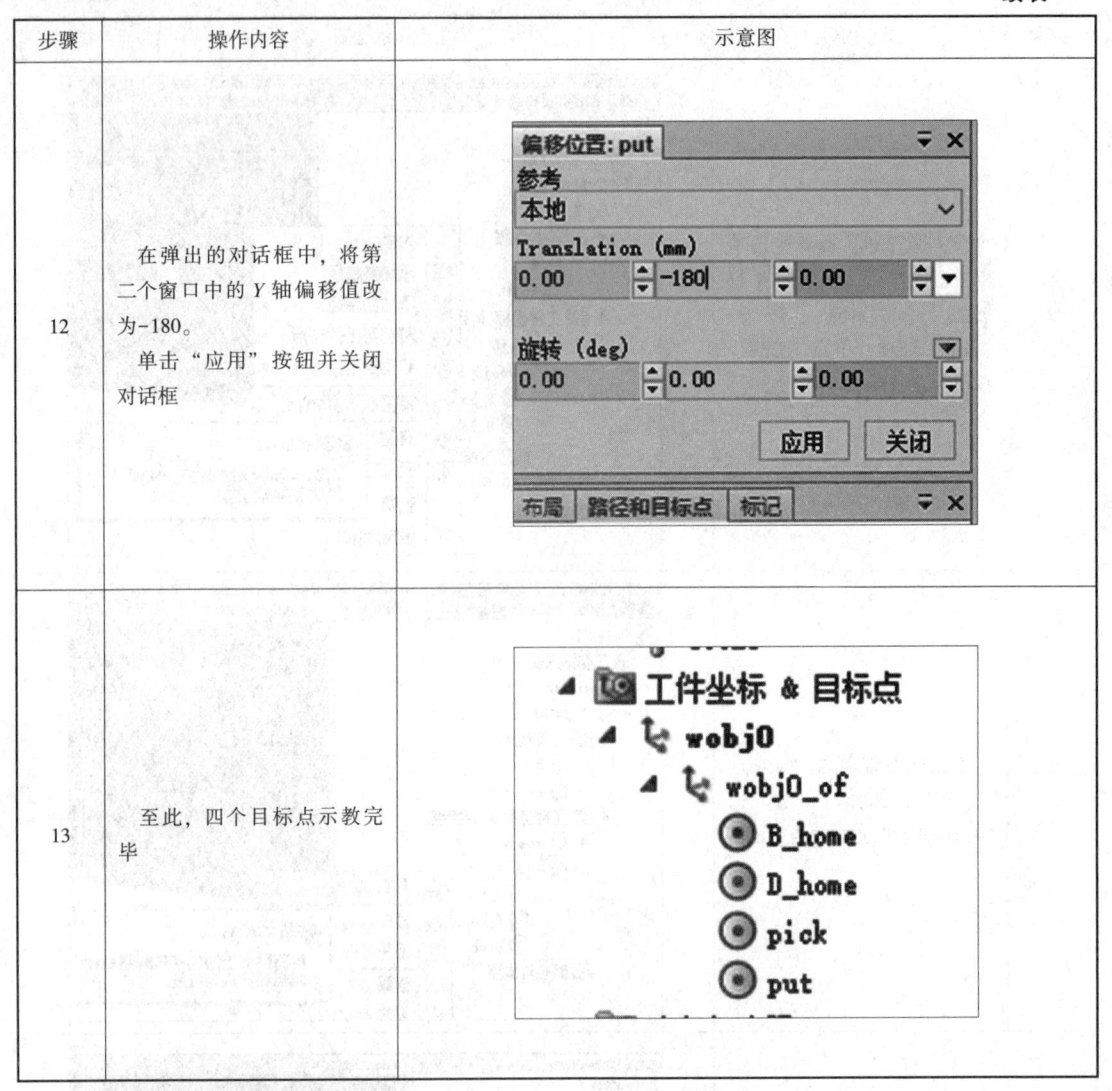

步骤	操作内容	示意图
12	在弹出的对话框中，将第二个窗口中的 Y 轴偏移值改为-180。 单击"应用"按钮并关闭对话框	
13	至此，四个目标点示教完毕	

六、搬运路径的规划与实现

路径规划是指在具有障碍物的环境内按照一定的评价标准，如工作代价最小、行走路线最短、行走时间最短等，寻找一条从起始状态（包括位置和姿态）到达目标状态（包括位置和姿态）的无碰路径，即工业机器人在完成任务的前提下尽量优化运行轨迹。路径规划的方法可分为传统方法、智能方法以及其他方法。

本项目的任务是搬运一个模块到指定位置，路径相对比较简单，不需要工业机器人专门调整姿态。具体搬运环境如图 2-1-4 所示。

在图 2-1-4 所示的搬运环境中，起始点是模块的抓取点 pick，终点是放置点 put，如果选取最短路径进行直线运动，那么中间的这些模块就会成为障碍物，而抓取的模块本身也会成为障碍物，模块高度为 10 mm，物料台上模块露出的高度为 6.5 mm，为了避开这些障碍物，设定搬运路径如图 2-1-5 所示。

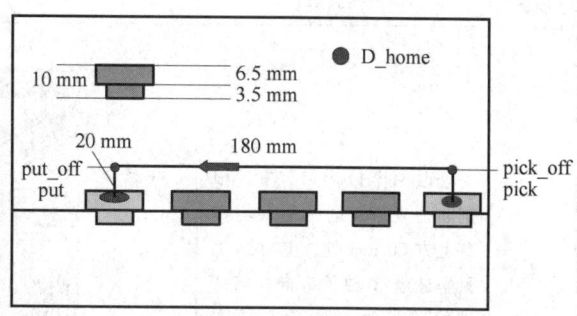

图 2-1-4　搬运环境

图 2-1-5　搬运路径规划

按照图 2-1-5 所示的搬运路径规划，工业机器人应该是先从 D_home 点移至 pick_off 点，再由 pick_off 点运动到 pick 点抓取模块，然后按照 pick 点→pick_off 点→put off 的轨迹移动，到达 put_off 点后向下运动到 put 点释放模块，最后从 put 点运动到 put_off 点结束。

搬运路径的操作部分如下。

根据图 2-1-5 所示的搬运路径，设定几个目标点的位置，修改指令，将目标点加入路径，按设定路径，修改路径中的指令，经过仿真测试后，将该搬运工作站保存并打包。请扫描右侧二维码观看详细操作过程。

路径规划与仿真

搬运路径的具体操作步骤如下。

步骤	操作内容	示意图
1	复制 pick 点，粘贴并改名为"pick_off"。复制 put 点粘贴，改名并为"put_off"	

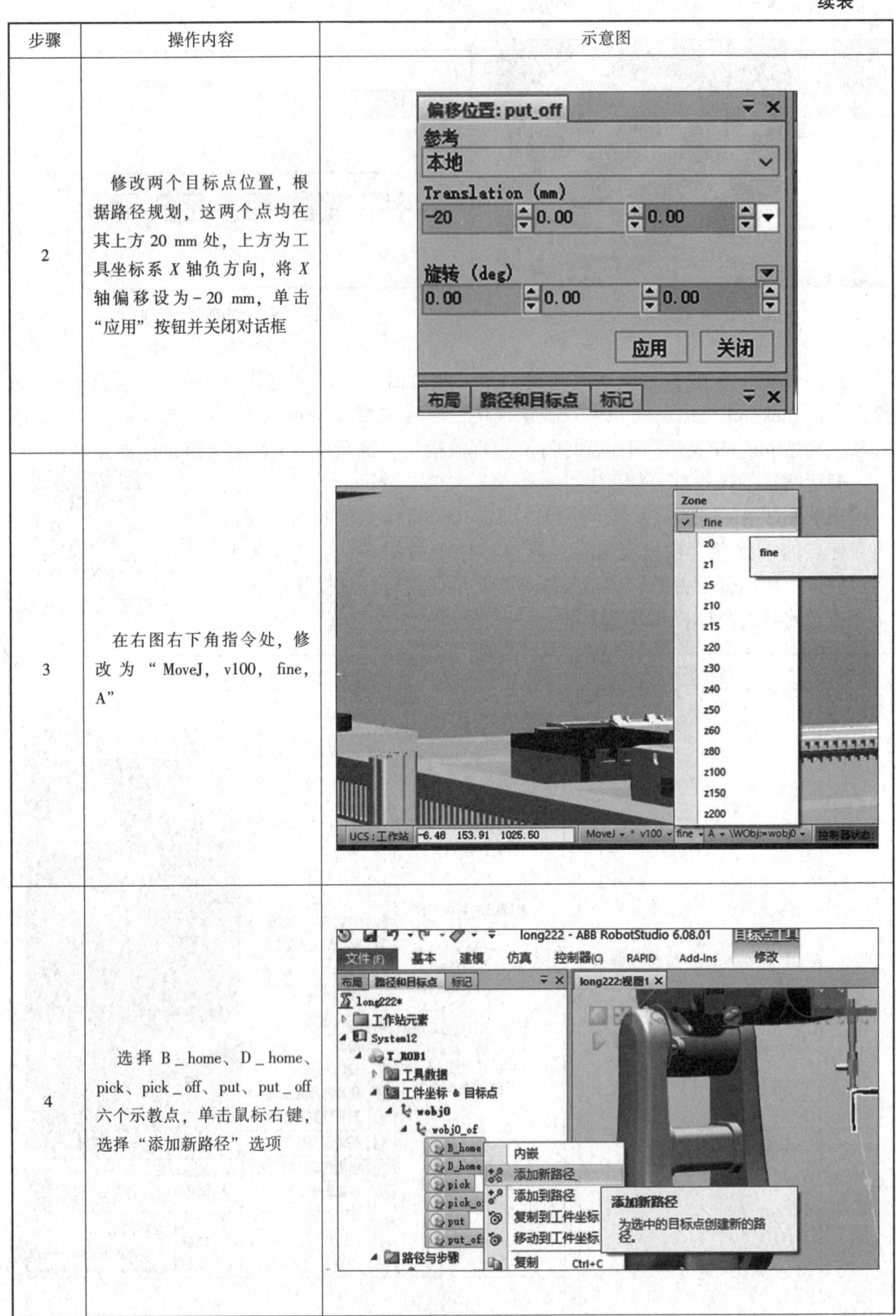

续表

步骤	操作内容	示意图
2	修改两个目标点位置，根据路径规划，这两个点均在其上方 20 mm 处，上方为工具坐标系 X 轴负方向，将 X 轴偏移设为 -20 mm，单击"应用"按钮并关闭对话框	
3	在右图右下角指令处，修改为"MoveJ, v100, fine, A"	
4	选择 B_home、D_home、pick、pick_off、put、put_off 六个示教点，单击鼠标右键，选择"添加新路径"选项	

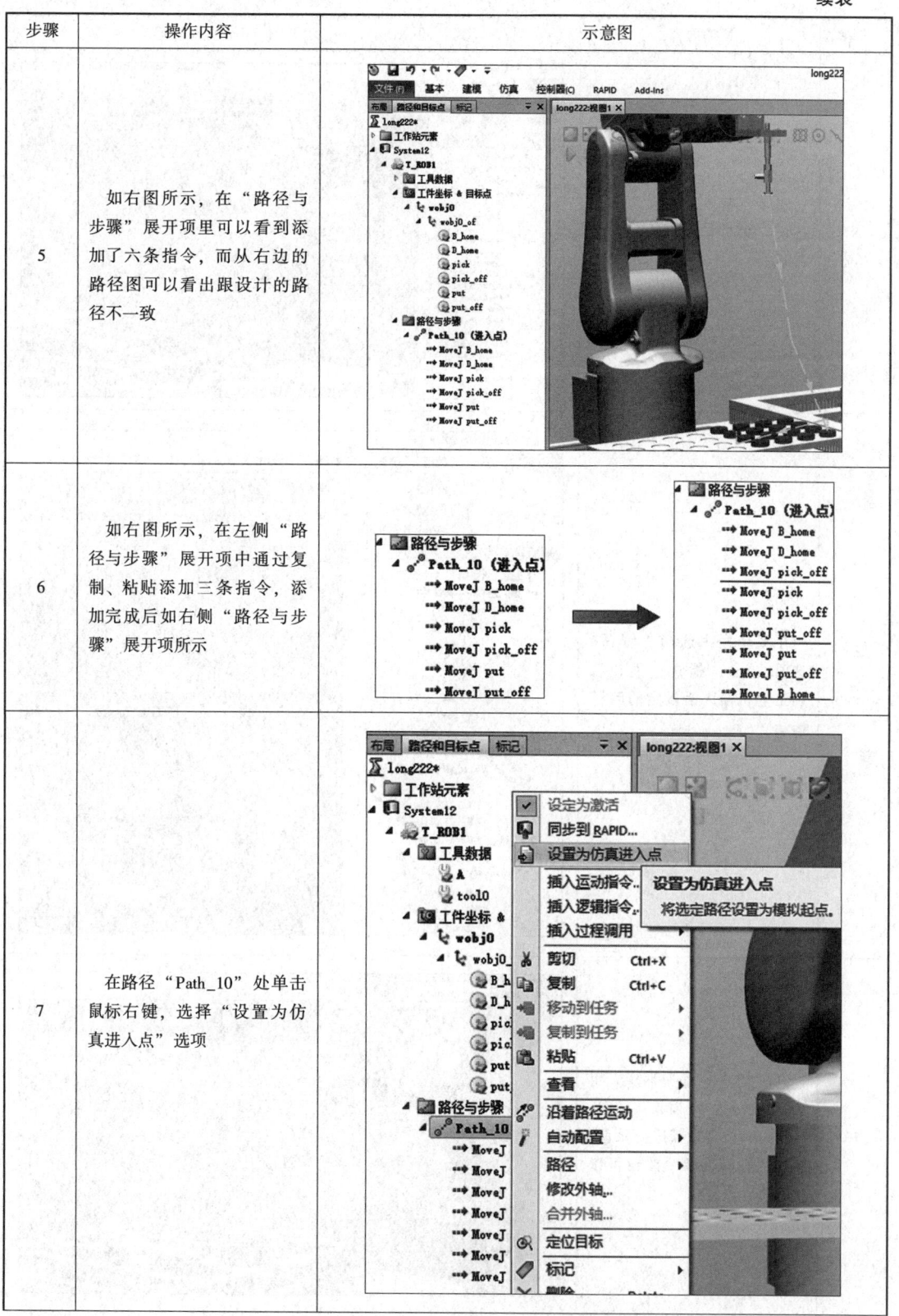

续表

步骤	操作内容	示意图
5	如右图所示,在"路径与步骤"展开项里可以看到添加了六条指令,而从右边的路径图可以看出跟设计的路径不一致	
6	如右图所示,在左侧"路径与步骤"展开项中通过复制、粘贴添加三条指令,添加完成后如右侧"路径与步骤"展开项所示	
7	在路径"Path_10"处单击鼠标右键,选择"设置为仿真进入点"选项	

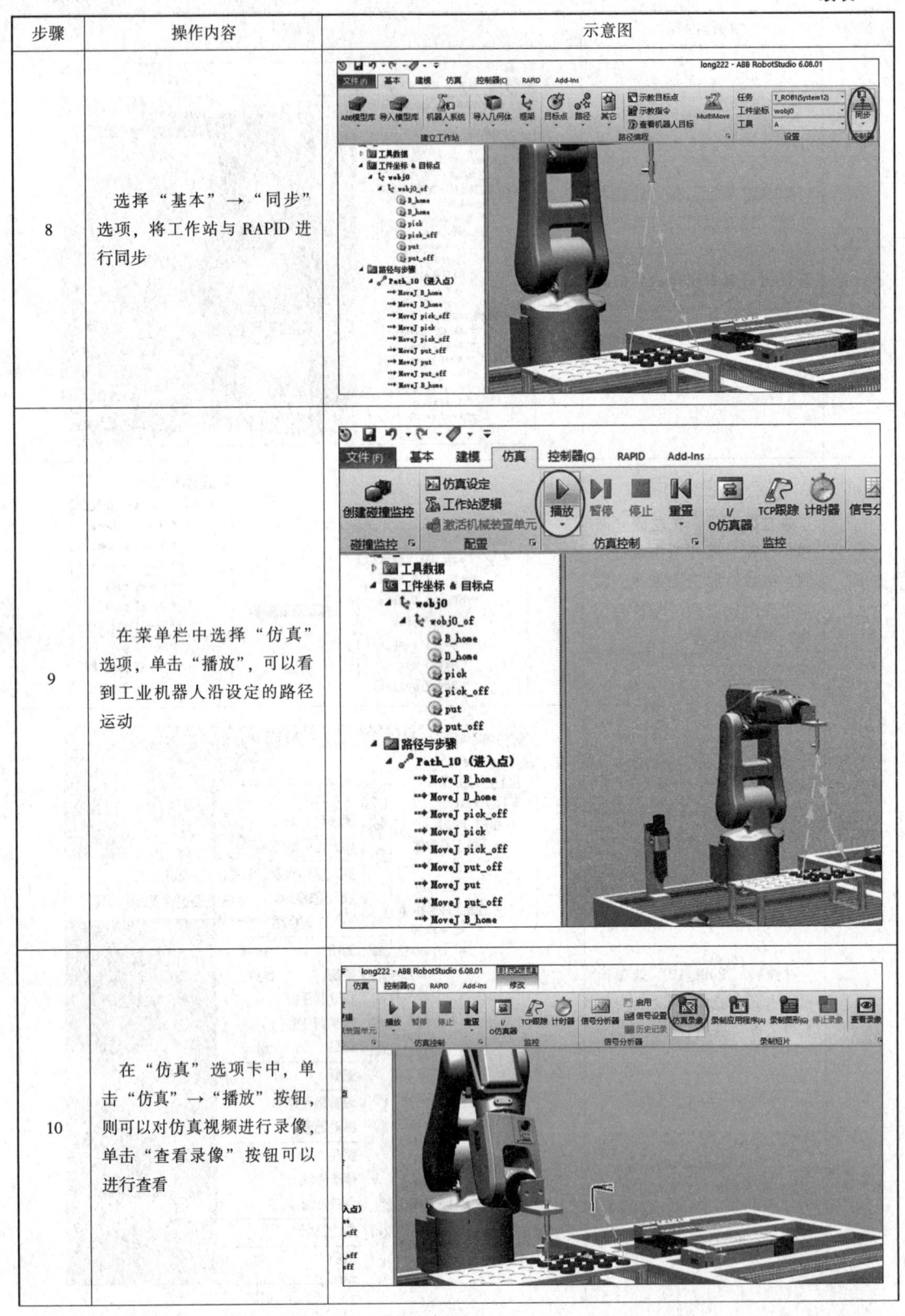

续表

步骤	操作内容	示意图
8	选择"基本"→"同步"选项,将工作站与 RAPID 进行同步	
9	在菜单栏中选择"仿真"选项,单击"播放",可以看到工业机器人沿设定的路径运动	
10	在"仿真"选项卡中,单击"仿真"→"播放"按钮,则可以对仿真视频进行录像,单击"查看录像"按钮可以进行查看	

续表

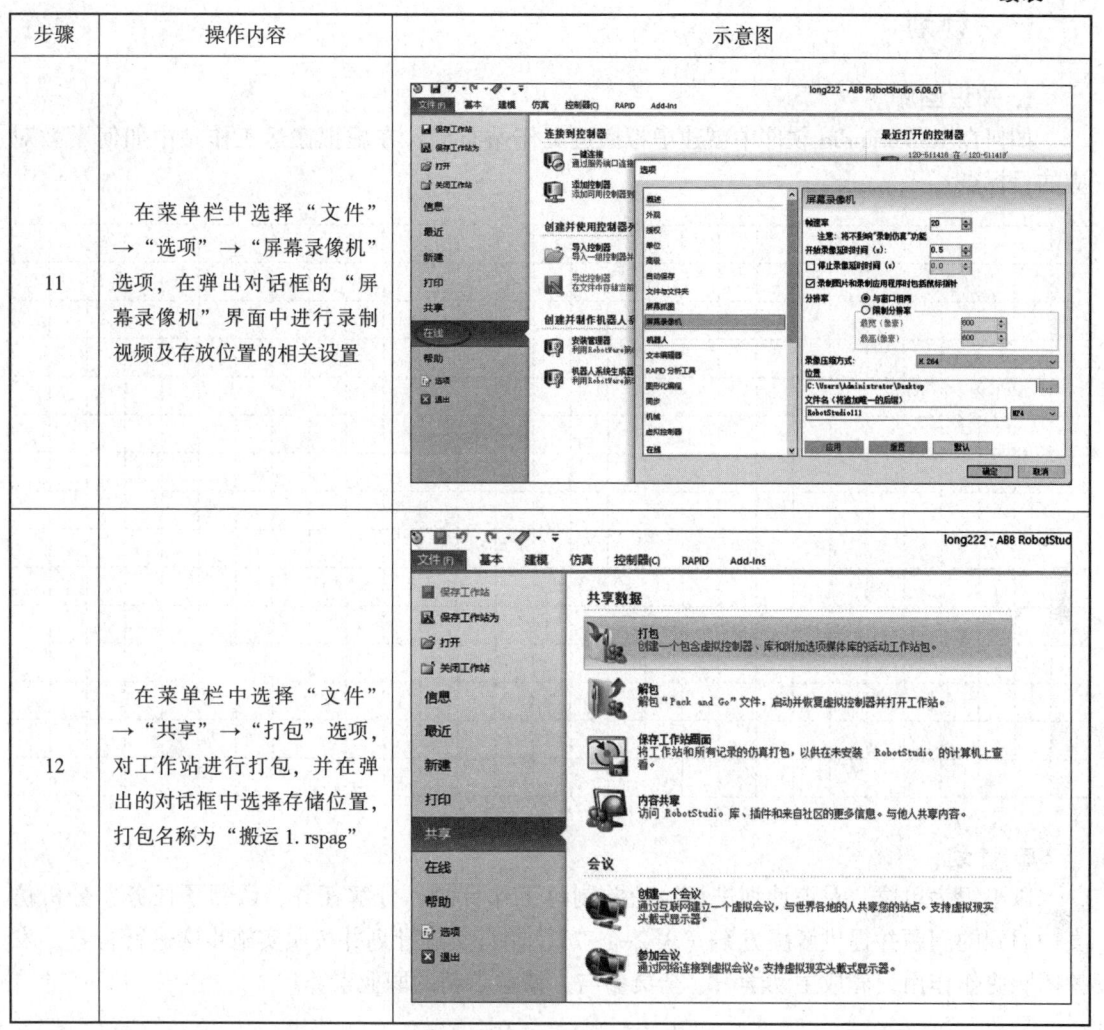

步骤	操作内容	示意图
11	在菜单栏中选择"文件"→"选项"→"屏幕录像机"选项,在弹出对话框的"屏幕录像机"界面中进行录制视频及存放位置的相关设置	
12	在菜单栏中选择"文件"→"共享"→"打包"选项,对工作站进行打包,并在弹出的对话框中选择存储位置,打包名称为"搬运1.rspag"	

【任务实施】

前面详细讲解了虚拟搬运工作站的创建及搬运路径规划与仿真,请将搬运第一个工件改为搬运第一行第二个工件到定位置的路径仿真,具体位置如图 2-1-6 所示,并按照要求提交相应仿真录像,工作站命名为"system+自己的学号",保存在"D:\RS sample"文件夹中,录像也保存在该文件夹中。

图 2-1-6　抓取点与放置点位置

一、计划

1. 知识回顾

如何在 RobotStudio 软件中创建虚拟搬运工作站布局？在虚拟搬运工作站中如何示教对应的目标点？

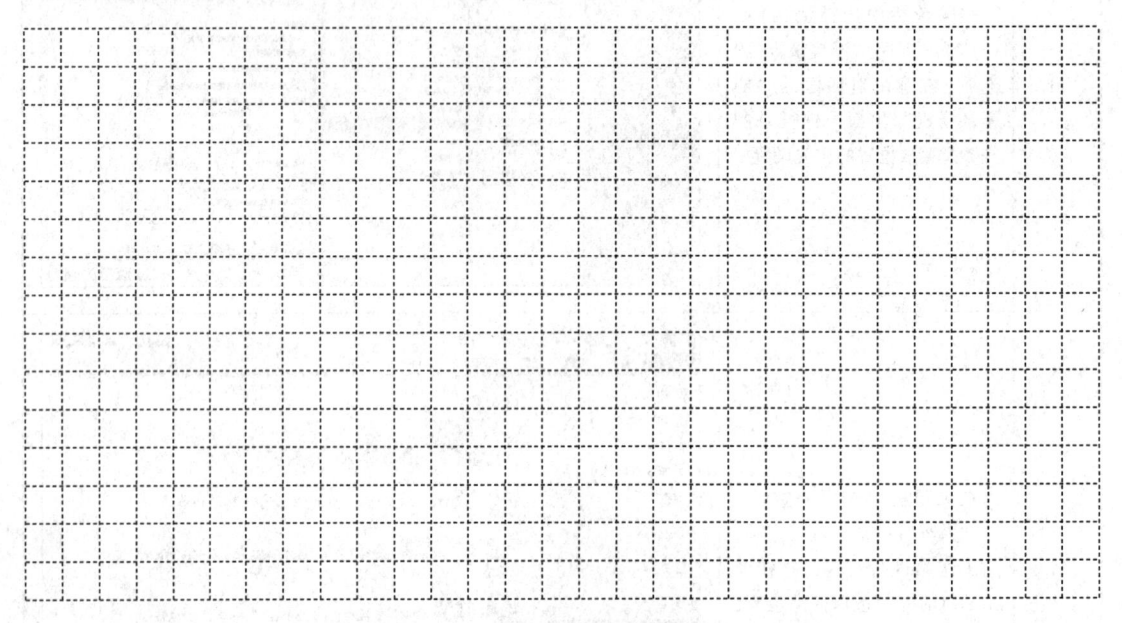

2. 计划

以小组为单位，对该计划进行讨论并制订工作计划，分解任务，认领子任务，分析仿真中遇到的问题并提供解决方案（表2-1-7），制订实施计划并按照实施步骤进行自查，发挥团队协作作用，养成主动学习、全员参与、精益求精的职业素养。

表 2-1-7　工作计划分解

序号	子任务及其涉及的知识、技能点	负责人	是否已知已会	备注
1				
2				
3				
4				
分析未知知识、技能点，并提出解决方案				

3. 反思

（1）在 RobotStudio 仿真中，如果无法实现示教点的示教，请问是什么原因？如何解决？

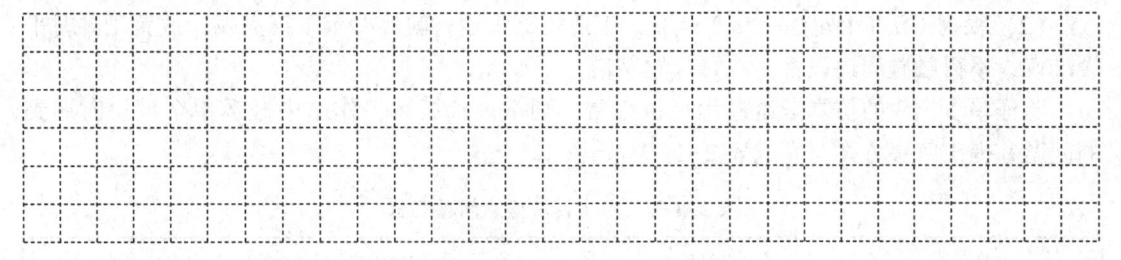

（2）列举仿真过程中遇到的问题并提出解决方案，完成表 2-1-8。

表 2-1-8　解决方案

序号	问题	解决方案
1		
2		
3		
4		
5		

二、实施

本项目的任务一中已经讲到创建虚拟搬运工作站主要分为四个步骤：创建虚拟搬运工作站布局并配置系统参数、修改工具坐标系、示教四个目标点、进行搬运路径的规划与仿真。按照这几个步骤，将任务分解为四个小任务。具体操作步骤如图 2-1-7 所示。

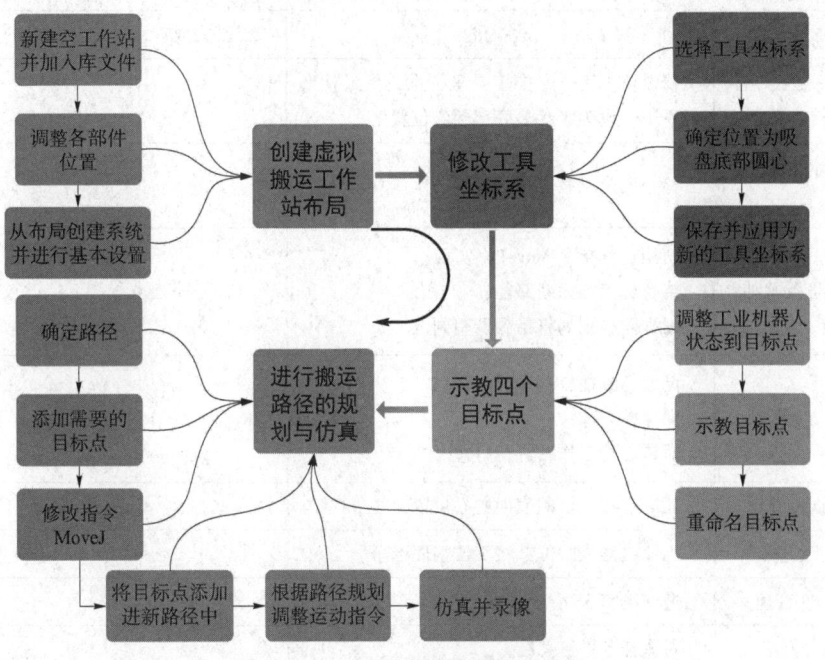

图 2-1-7　单个模块搬运操作步骤

任务要求如下。

（1）在进行抓取点 pick 与放置点 put 示教时，吸盘夹具姿态保持与工件表面平行并保证吸盘底部正好与搬运模块刚接触；

（2）根据 GB/T 19400—2003 标准，工业机器人运行轨迹要求平缓流畅，放置工件时平缓准确，不得触碰周边设备，放置位置精准。

验证单个模块的仿真搬运过程是否正常，列举虚拟搬运工作站中搬运单个模块时遇到的问题并提出解决方案，完成表 2-1-9。

表 2-1-9　单个模块搬运问题汇总

序号	问题	解决方案	备注
1			
2			
3			
4			

三、检查

1. 自查相关内容

配合教师完成学生自查表，见表 2-1-10。

表 2-1-10　学生自查表

学习情境：虚拟搬运工作站搬运路径仿真			检查时间：	
序号	技术内容	技术标准	是否完成	未达标的整改措施
1	修改工具坐标系	修改仿真工作站中工具坐标系，将工具坐标系中心设为吸盘最底部圆心位置		
2	示教四个目标点	检查四个示教点是否正确		
3	路径规划	使用运动指令 MoveJ 来实现； 将目标点加入新路径； 根据路径规划将指令调整到位		
4	仿真录像	能够仿真播放； 保存并录像； 对该虚拟工作站进行打包		
5	误差分析	抓取点在模块的表面中心位置		
6	工位整理	工业机器人归位；将工位整理干净		
7	5S 管理	遵守场室 5S 管理要求		
8	总结	对该任务进行总结		

2. 课堂考核表

配合教师完成课堂考核表，见表 2-1-11。

表 2-1-11 课堂考核表

序号	考核要点	考核要求	配分	评分标准	得分	得分小计
1	创建虚拟搬运工作站	新建工作站并添加 IRB 120	5	熟练使用 RobotStudio 软件新建工作站得 2 分；选择正确的工业机器人型号得 3 分		
		加入库文件	3	添加单吸、右侧、总站库文件各得 1 分		
		吸盘与 IRB 120 定位	7	将吸盘装载到 IRB 120 上得 2 分；将 IRB 120 放置在总站桌面得 2 分；搬运模块在工业机器人工作区域得 3 分		
		从布局创建系统	5	选择中文得 2 分；添加 709-1 协议得 3 分		
		保存工作站	4	命名正确得 2 分；位置正确得 2 分		
	修改工具坐标系	修改工具坐标	5	修改正确得 2 分；位置正确得 3 分		
		保存并应用	5	保存正确得 2 分；应用选择修改好的工具坐标系得 3 分		
	示教四个目标点	复位点示教	5	复位点对应的六轴设置正确得 5 分		
		开始点示教	5	开始点对应的六轴设置正确得 5 分		
		抓取点示教	5	抓取点精准示教得 5 分		
		放置点示教	5	放置点精准示教得 5 分		
	路径规划与仿真	选择最短路径	4	根据现有条件选择最短路径得 4 分		
		添加需要的目标点	6	添加 pick_off、put_off 正确各得 3 分		
		修改 MoveJ 指令速度、区域正确	5	选择 MoveJ 得 1 分；速度正确得 2 分；区域正确得 2 分		
		将目标点添加至新路径	5	将目标点添加至新路径得 2 分；将新路径设为仿真进入点得 3 分		
		根据路径设计，调整运动指令	6	添加两条运动指令正确各得 3 分		
		仿真并录像	10	能仿真得 5 分；能录像得 2 分；存储正确路径得 3 分		
		保存工作站并打包	10	保存工作站正确得 5 分；打包正确得 5 分		

续表

序号	考核要点	考核要求	配分	评分标准	得分	得分小计
2	职业素养 10分	遵守场室纪律，无安全事故	2	纪律和安全方面各占1分		
		工位保持清洁，物品整齐	2	工位和物品方面各占1分		
		着装规范整洁，佩戴安全帽	2	着装和安全帽方面各占1分		
		操作规范，爱护设备	2	规范和爱护设备各得1分		
		对工位进行5S管理	2	5S管理执行到位得2分		
3	违规扣分	操作中发生安全问题		扣50分		
		明显操作不当		扣10分		
总分						

四、反思

请下载工业机器人搬运的相关标准并认真学习，列举相关要点。

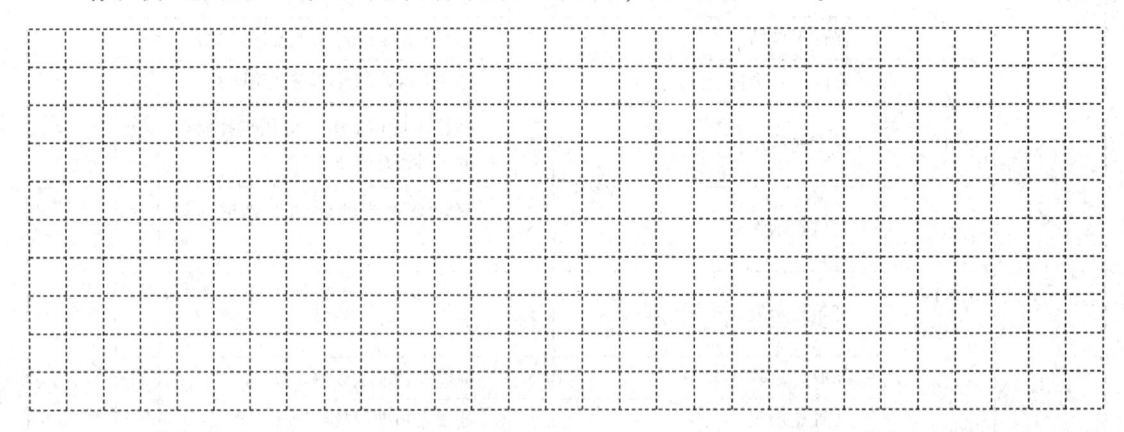

通过本任务的学习，将自己的总结向别的同学介绍，描述收获、问题和改进措施。在一些工作完成不尽意的地方，记录别人给自己的意见，帮助下面的工作。

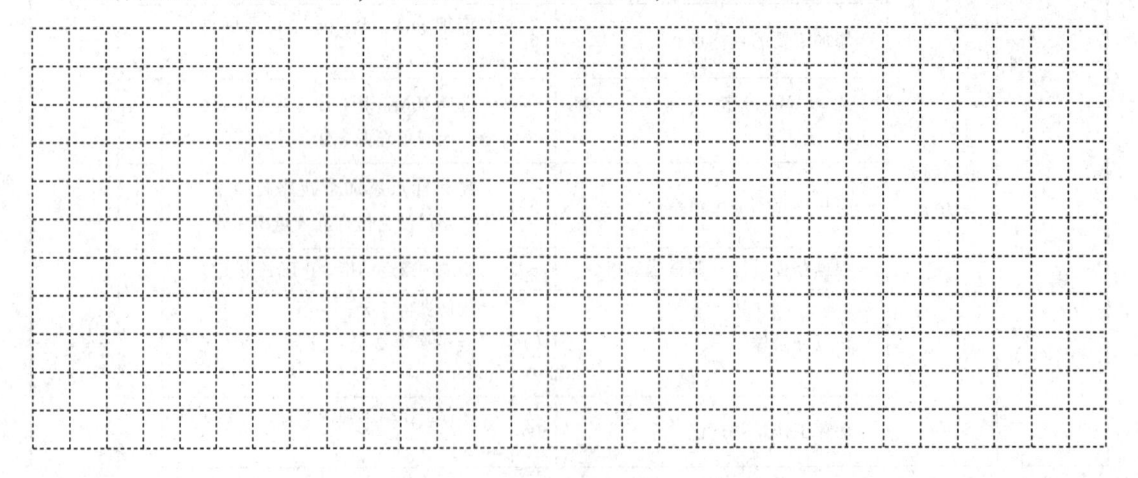

任务二　单个工件的搬运规划与实现

【学习情境】

搬运机器人可以代替人类进行货物的分类、搬运和装卸工作或代替人类搬运危险物品，如放射性物质、有毒物质等，降低工人的劳动强度，提高生产和工作效率，保证工人的人身安全，实现自动化、智能化、无人化。搬运任务是工业机器人的典型应用之一。本任务需要在 RobotStudio 软件中完成搬运工作站布局的解包，创建 Smart 组件并配置，对 Smart 组件进行关联，配置 RAPID 与工作站逻辑，编写程序，对单个工件搬运的动画效果进行调试。

一、学习目标

（1）会对 I/O 进行配置；
（2）会在 RobotStudio 软件中完成打包与解包操作；
（3）能在 RobotStudio 软件中创建 Smart 组件并进行配置；
（4）会对 Smart 组件进行关联；
（5）能配置 RAPID 与工作站逻辑；
（6）掌握基本指令 waittime、Offs、Set、Reset、SetDO 的应用；
（7）会在 RAPID 中进行程序编写工作；

二、所需工具设备

装有 RobotStudio 软件的计算机 1 台、"虚拟搬运工作站"相关库文件。

【学习链接】

一、工业机器人的 I/O 信号

【知识链接】

DSQC652 提供 16 路数字输入信号和 16 路数字输出信号，数字量输出信号 di 地址可选范围为 0~15。数字输入信号 di1 参数见表 2-2-1。

表 2-2-1　数字输入信号 di1 参数

参数名称	设定值	说明
Name	di1	数字输入信号名称
Type of Signal	Digital Input	数字输入信号的种类
Assigned to Device	d652	数字输入信号所在的 I/O 模块
Device Mapping	1	数字输入信号所占用的地址

【技能链接】

工业机器人 I/O 信息配置的具体操作如下。

步骤	操作内容	示意图
1	在虚拟示教器界面中单击"控制面板"链接	HotEdit　　备份与恢复 输入输出　　校准 手动操纵　　控制面板 自动生产窗口　事件日志 程序编辑器　　FlexPendant 资源管理器 程序数据　　系统信息 注销 Default User　　重新启动
2	选择"配置"选项	控制面板 名称　　备注　　1 到 10 共 10 外观　　自定义显示器 监控　　动作监控和执行设置 FlexPendant　配置 FlexPendant 系统 I/O　　配置常用 I/O 信号 语言　　设置当前语言 ProgKeys　配置可编程按键 控制器设置　设置网络、日期时间和 ID 诊断　　系统诊断 配置　　配置系统参数 触摸屏　　校准触摸屏
3	进入配置系统参数界面后，双击"DeviceNet Device"类型，进行 DSQC652 模块的选择及设定	控制面板 - 配置 - I/O System 每个主题都包含用于配置系统的不同类型。 当前主题：　　I/O System 选择您需要查看的主题和实例类型。 　　　　　　　　　　1 到 14 共 14 Access Level　　　Cross Connection Device Trust Level　DeviceNet Command DeviceNet Device　DeviceNet Internal Device EtherNet/IP Command　EtherNet/IP Device Industrial Network　Route Signal　　Signal Safe Level System Input　　System Output

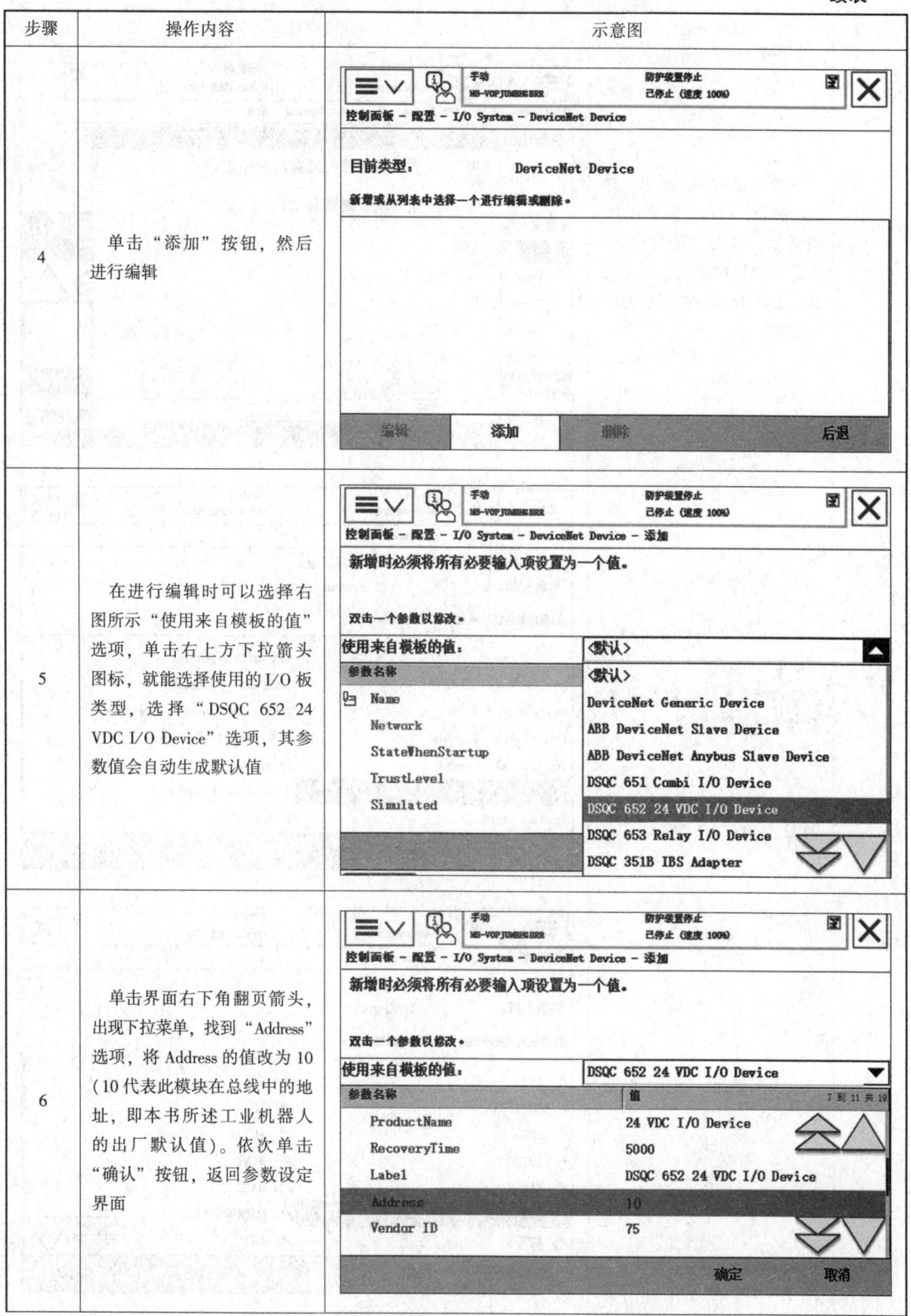

项目二 工业机器人搬运工作站仿真与实现

续表

步骤	操作内容	示意图
4	单击"添加"按钮,然后进行编辑	
5	在进行编辑时可以选择右图所示"使用来自模板的值"选项,单击右上方下拉箭头图标,就能选择使用的I/O板类型,选择"DSQC 652 24 VDC I/O Device"选项,其参数值会自动生成默认值	
6	单击界面右下角翻页箭头,出现下拉菜单,找到"Address"选项,将Address的值改为10(10代表此模块在总线中的地址,即本书所述工业机器人的出厂默认值)。依次单击"确认"按钮,返回参数设定界面	

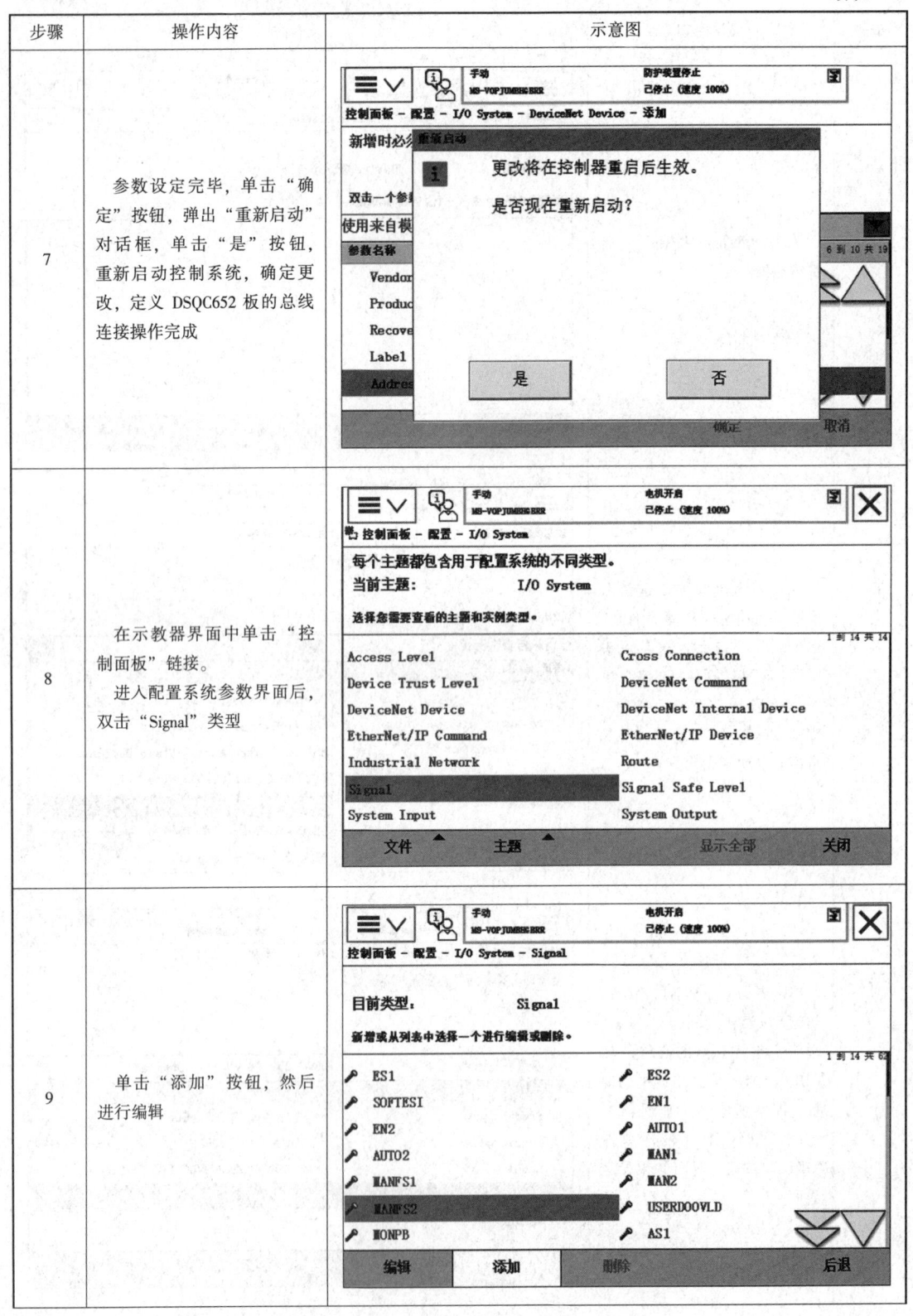

续表

步骤	操作内容	示意图
7	参数设定完毕,单击"确定"按钮,弹出"重新启动"对话框,单击"是"按钮,重新启动控制系统,确定更改,定义DSQC652板的总线连接操作完成	
8	在示教器界面中单击"控制面板"链接。进入配置系统参数界面后,双击"Signal"类型	
9	单击"添加"按钮,然后进行编辑	

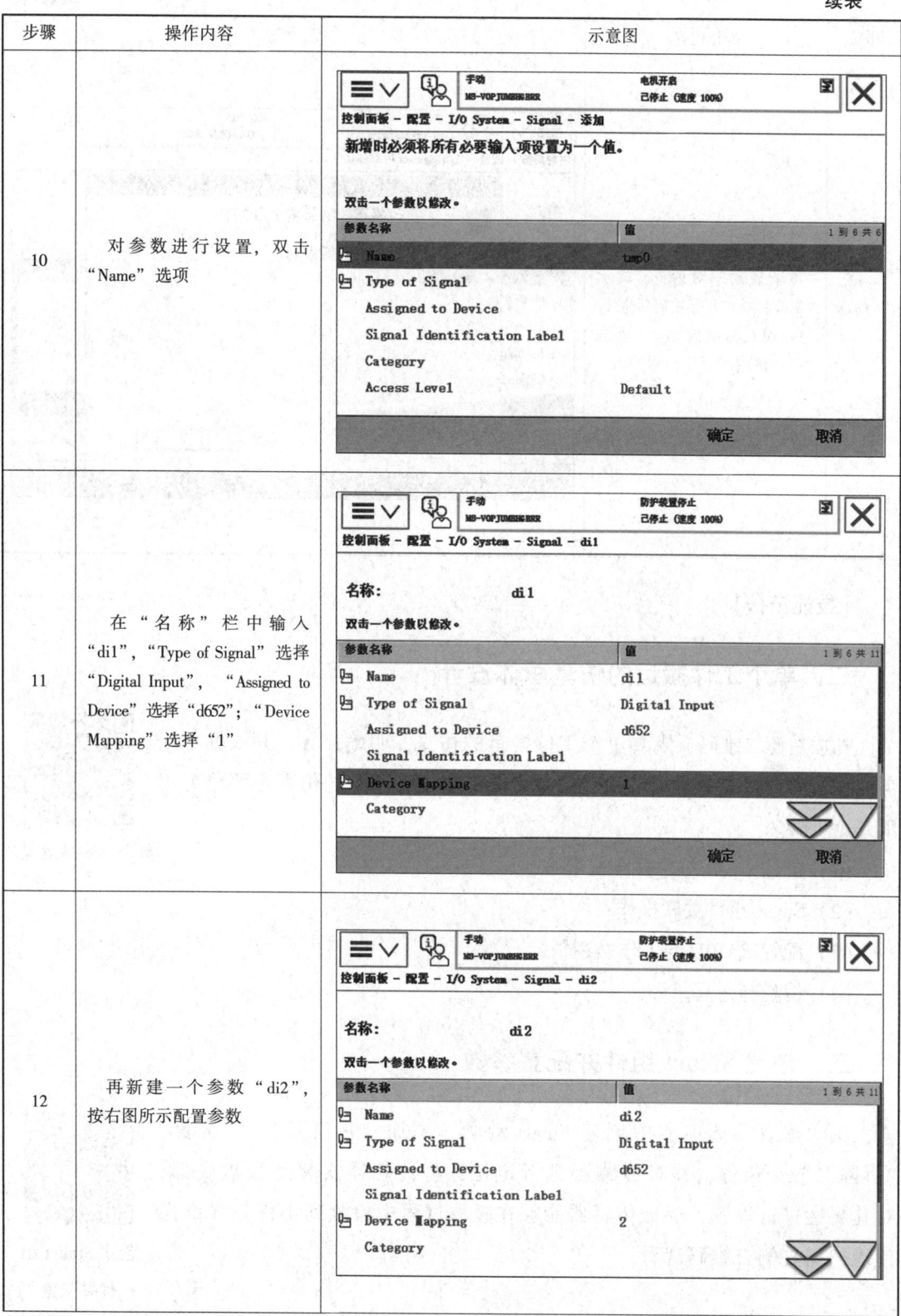

续表

步骤	操作内容	示意图
10	对参数进行设置，双击"Name"选项	控制面板 - 配置 - I/O System - Signal - 添加 新增时必须将所有必要输入项设置为一个值。 双击一个参数以修改。 Name: tmp0 Type of Signal Assigned to Device Signal Identification Label Category Access Level：Default
11	在"名称"栏中输入"di1"，"Type of Signal"选择"Digital Input"，"Assigned to Device"选择"d652"；"Device Mapping"选择"1"	控制面板 - 配置 - I/O System - Signal - di1 名称：di1 双击一个参数以修改。 Name: di1 Type of Signal: Digital Input Assigned to Device: d652 Signal Identification Label Device Mapping: 1 Category
12	再新建一个参数"di2"，按右图所示配置参数	控制面板 - 配置 - I/O System - Signal - di2 名称：di2 双击一个参数以修改。 Name: di2 Type of Signal: Digital Input Assigned to Device: d652 Signal Identification Label Device Mapping: 2 Category

续表

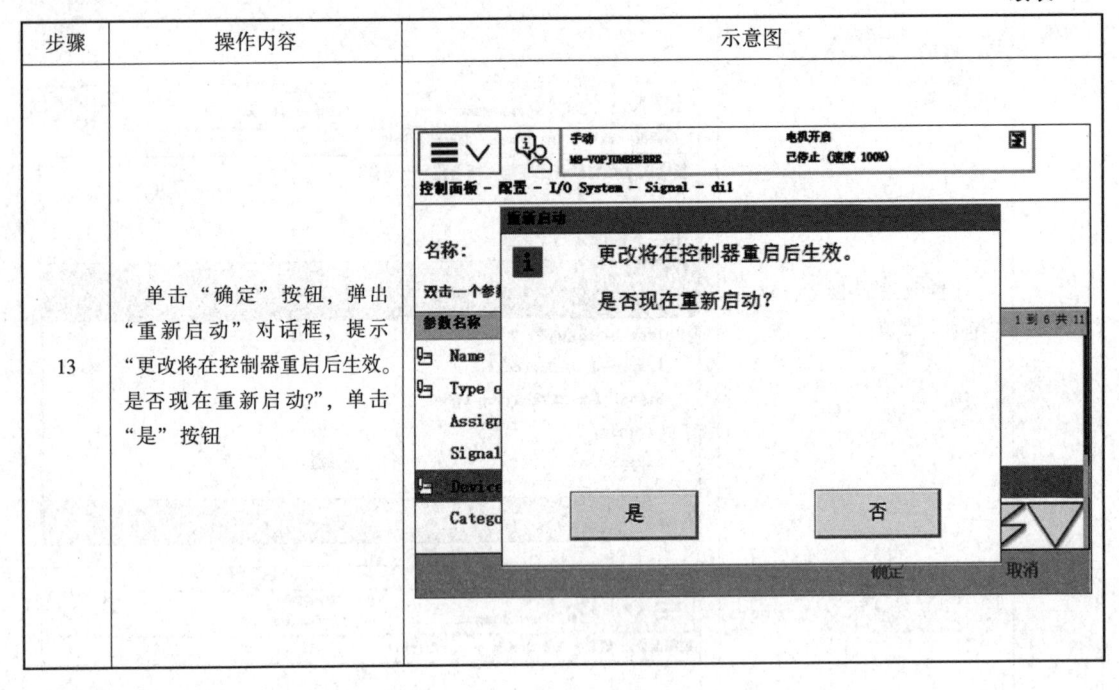

步骤	操作内容	示意图
13	单击"确定"按钮,弹出"重新启动"对话框,提示"更改将在控制器重启后生效。是否现在重新启动?",单击"是"按钮	

【技能链接】

二、单个工件搬运的仿真总体设计

扫描右侧二维码,观看单个工件搬运的仿真,明确任务,并根据本任务的操作部分完成单个工件搬运的仿真。单个工件搬运的仿真主要分为以下几个步骤。

（1）创建 Smart 组件并配置参数；

（2）Smart 组件关联操作；

（3）配置 RAPID 与工作站逻辑；

（4）编程与仿真。

单个工件搬运视频

三、创建 Smart 组件并配置参数

在"建模"选项卡中创建 Smart 动画,添加"传感器""安装""拆除"三个组件,并对传感器进行定位,将传感器安装到吸盘底部,对其属性进行设置,保证传感器能够在吸取过程中检测到工件。详细操作请扫描右侧二维码观看。

创建 Smart 组件并配置

步骤	操作内容	示意图
1	在菜单栏中选择"建模"→"Smart 组件"选项	
2	在"Smart Component_1"选项卡中单击"添加组件"链接,在弹出的对话框中选择"动作"→"Attacher"选项	
3	在"Smart Component_1"选项卡中单击"添加组件"链接,在弹出的对话框中选择"动作"→"Detacher"选项	

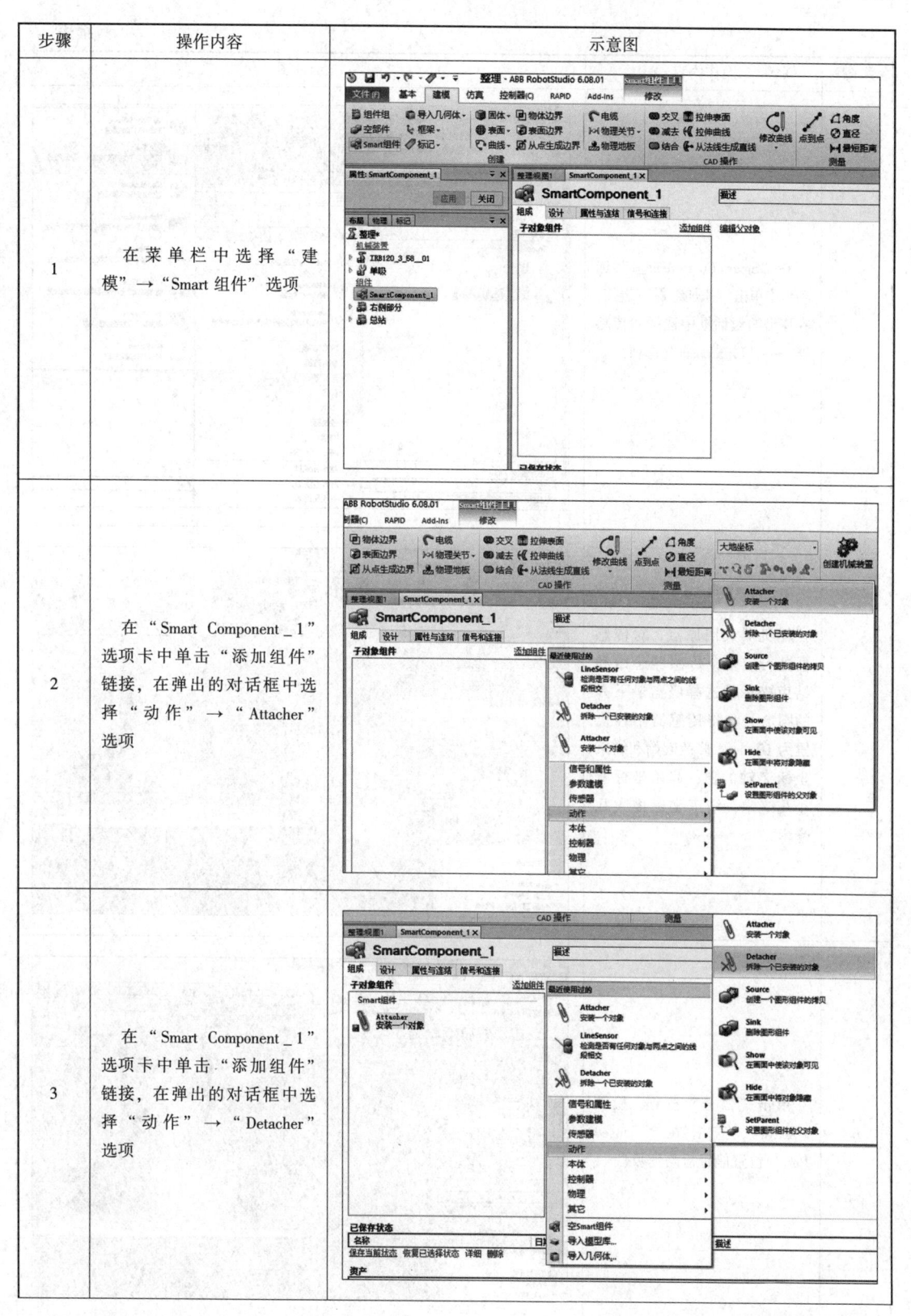

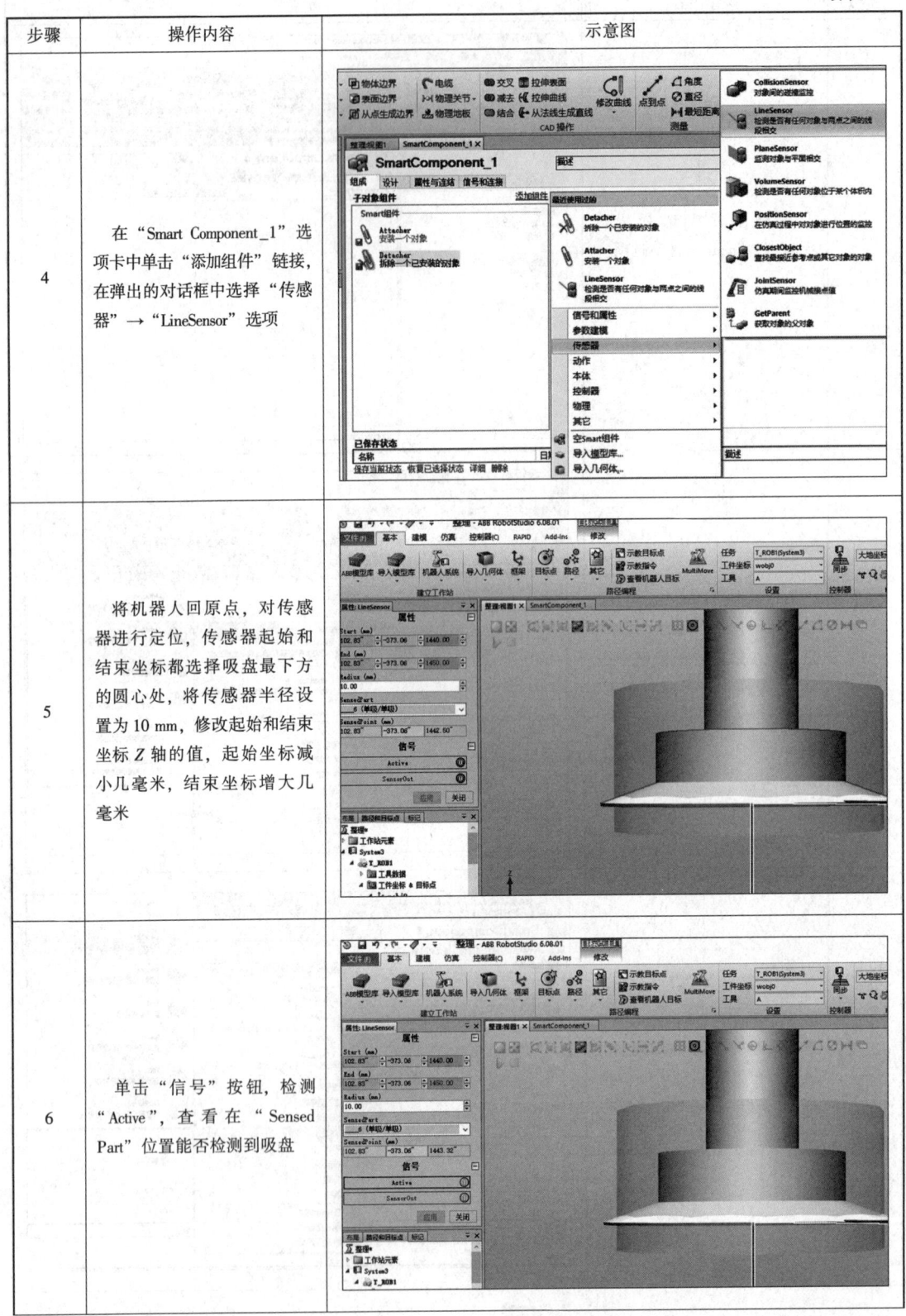

续表

步骤	操作内容	示意图
4	在"Smart Component_1"选项卡中单击"添加组件"链接，在弹出的对话框中选择"传感器"→"LineSensor"选项	
5	将机器人回原点，对传感器进行定位，传感器起始和结束坐标都选择吸盘最下方的圆心处，将传感器半径设置为10 mm，修改起始和结束坐标 Z 轴的值，起始坐标减小几毫米，结束坐标增大几毫米	
6	单击"信号"按钮，检测"Active"，查看在"Sensed Part"位置能否检测到吸盘	

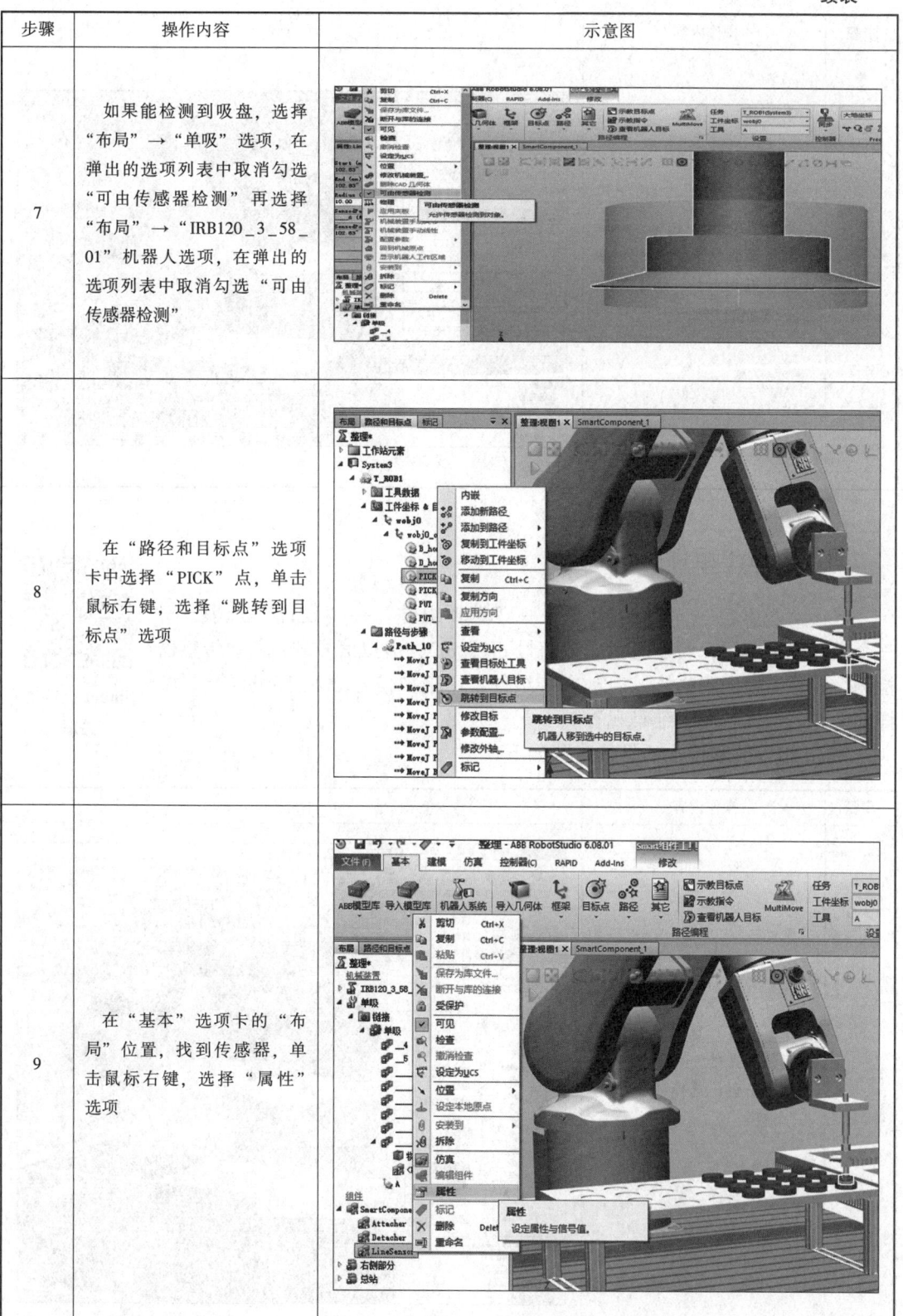

续表

步骤	操作内容	示意图
7	如果能检测到吸盘，选择"布局"→"单吸"选项，在弹出的选项列表中取消勾选"可由传感器检测"再选择"布局"→"IRB120_3_58_01"机器人选项，在弹出的选项列表中取消勾选"可由传感器检测"	
8	在"路径和目标点"选项卡中选择"PICK"点，单击鼠标右键，选择"跳转到目标点"选项	
9	在"基本"选项卡的"布局"位置，找到传感器，单击鼠标右键，选择"属性"选项	

续表

步骤	操作内容	示意图
10	单击"Active"按钮，查看传感器能否检测到工件，如未能检测到工件，则重复以上步骤重新检查	

四、Smart 组件关联操作

选择"基本"→"Smart 组件"→"编辑组件"→"设计"选项，对三个组件进行关联，新建两个虚拟信号 di1、di2，虚拟信号 di1 启动传感器检测，传感器检测到物体，启动安装组件。用虚拟信号 di2 启动拆除组件。详细操作请扫描右侧二维码观看。

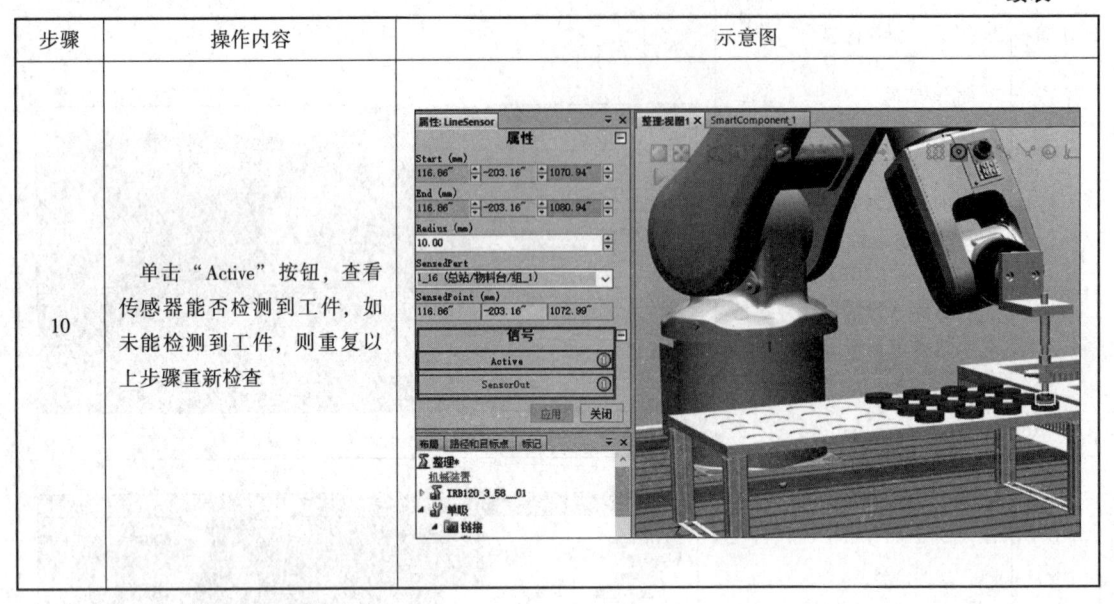

Smart 组件的关联

Smart 组件关联操作的具体步骤如下。

步骤	操作内容	示意图
1	在"基本"选项卡的"布局"位置找到 Smart 组件，单击鼠标右键，选择"编辑组件"选项	

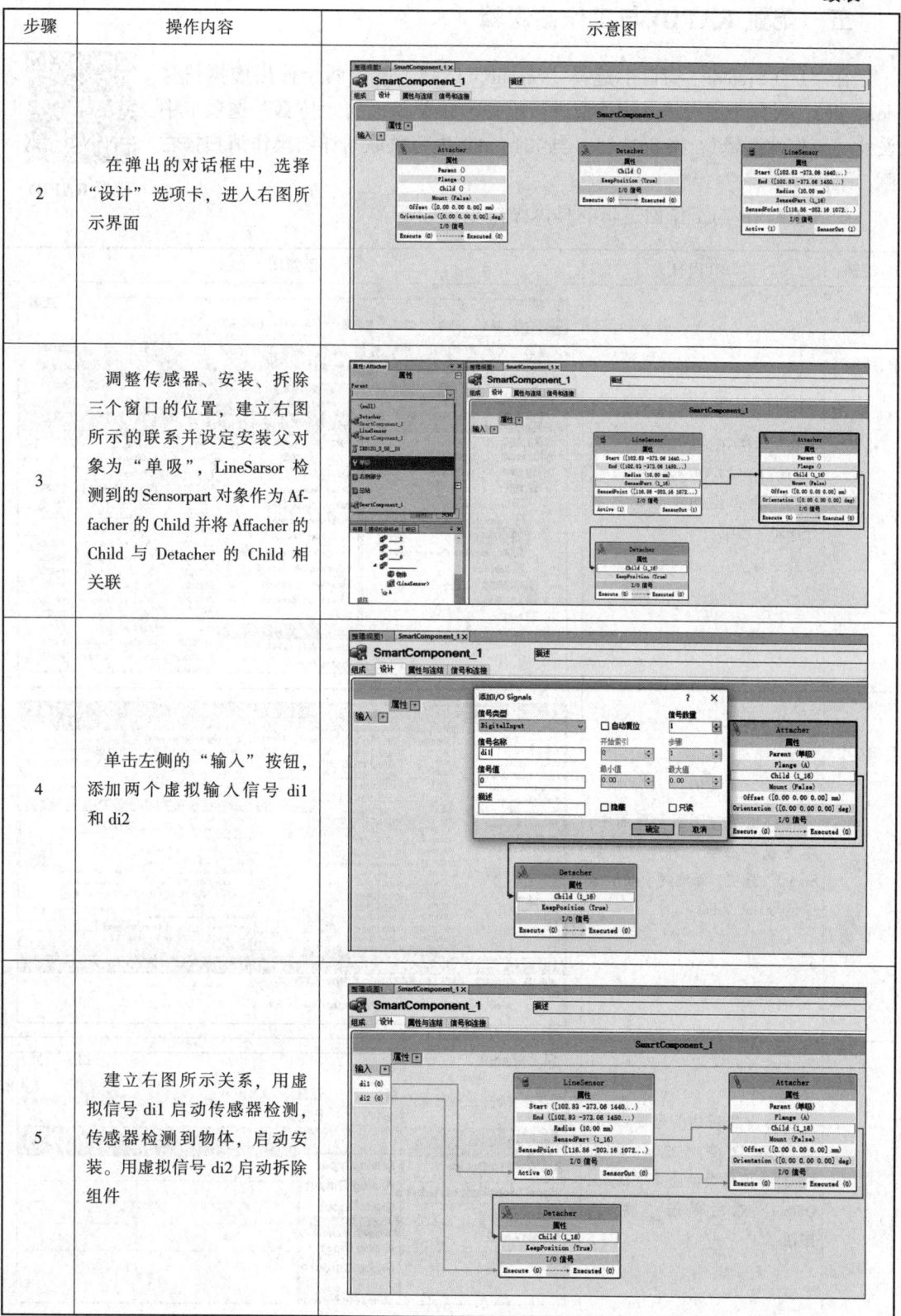

续表

步骤	操作内容	示意图
2	在弹出的对话框中,选择"设计"选项卡,进入右图所示界面	
3	调整传感器、安装、拆除三个窗口的位置,建立右图所示的联系并设定安装父对象为"单吸",LineSarsor检测到的Sensorpart对象作为Affacher的Child并将Affacher的Child与Detacher的Child相关联	
4	单击左侧的"输入"按钮,添加两个虚拟输入信号di1和di2	
5	建立右图所示关系,用虚拟信号di1启动传感器检测,传感器检测到物体,启动安装。用虚拟信号di2启动拆除组件	

五、配置 RAPID 与工作站逻辑

在"I/O System"窗口中选择"Signal"选项,新建两个输出虚拟信号 do1、do2,对两个虚拟信号的类型进行配置。在菜单栏的"仿真"选项卡中设计"工作站逻辑",将 do1、do2 与 di1、di2 进行关联。详细操作请扫描右侧二维码观看。

配置 RAPID

配置 RAPID 与工作站逻辑的具体操作步骤如下。

步骤	操作内容	示意图
1	在菜单栏中选择"控制器"→"配置"→"I/O System"选项,双击,在弹出的窗口里选择"Signal"选项	
2	在弹出的右图所示界面中,单击鼠标右键,选择"新建 Signal"选项,新建两个输出虚拟信号 do1、do2	
3	在弹出的新建信号窗口中,更改新建信号的名称为"do1",信号类型选择"Digital Output"然后单击"确定"按钮	

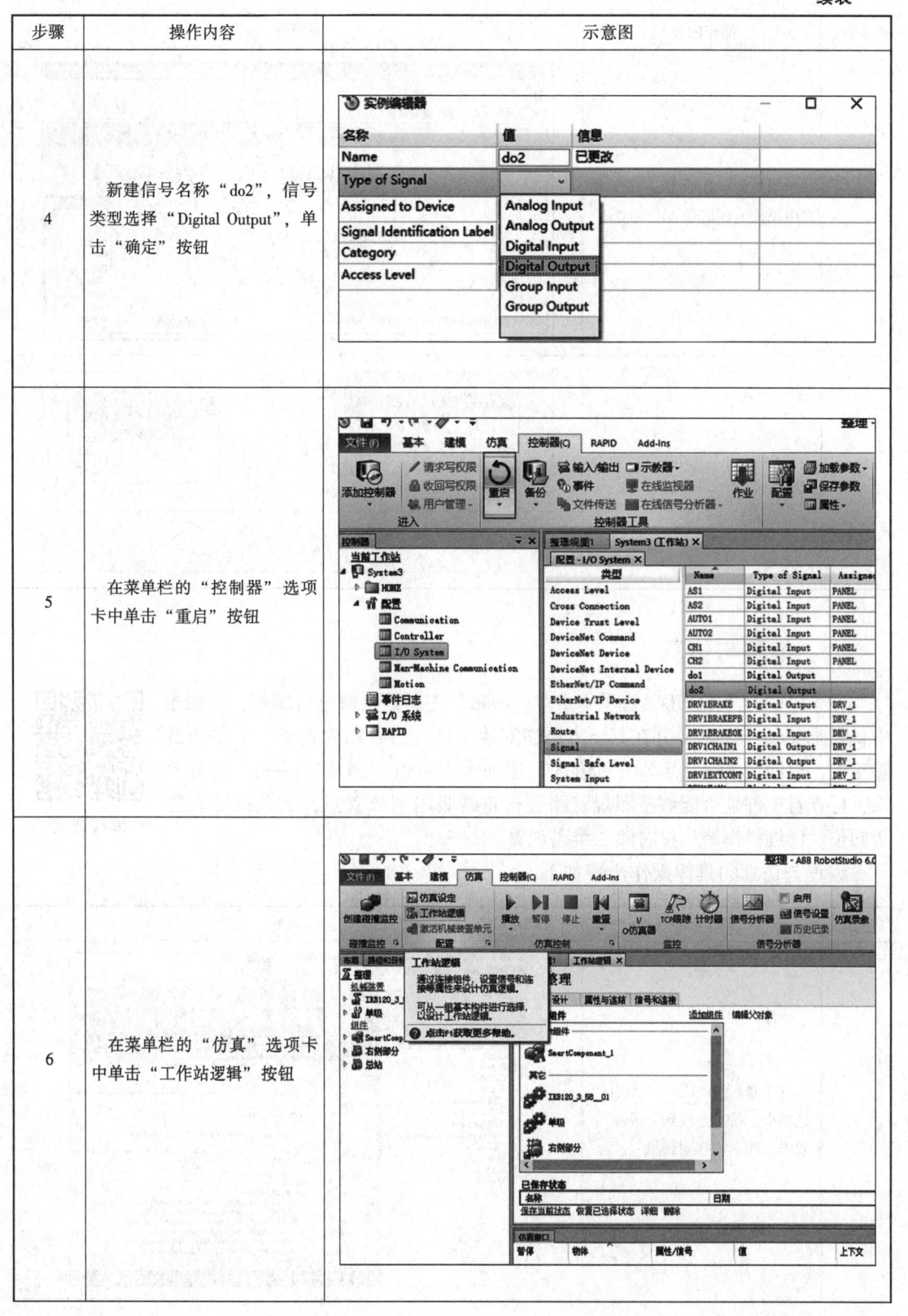

续表

步骤	操作内容	示意图
4	新建信号名称"do2",信号类型选择"Digital Output",单击"确定"按钮	
5	在菜单栏的"控制器"选项卡中单击"重启"按钮	
6	在菜单栏的"仿真"选项卡中单击"工作站逻辑"按钮	

步骤	操作内容	示意图
7	在弹出的"工作站逻辑"窗口中添加 I/O 信号 do1、do2	
8	将 do1、do2 与 di1、di2 进行关联	

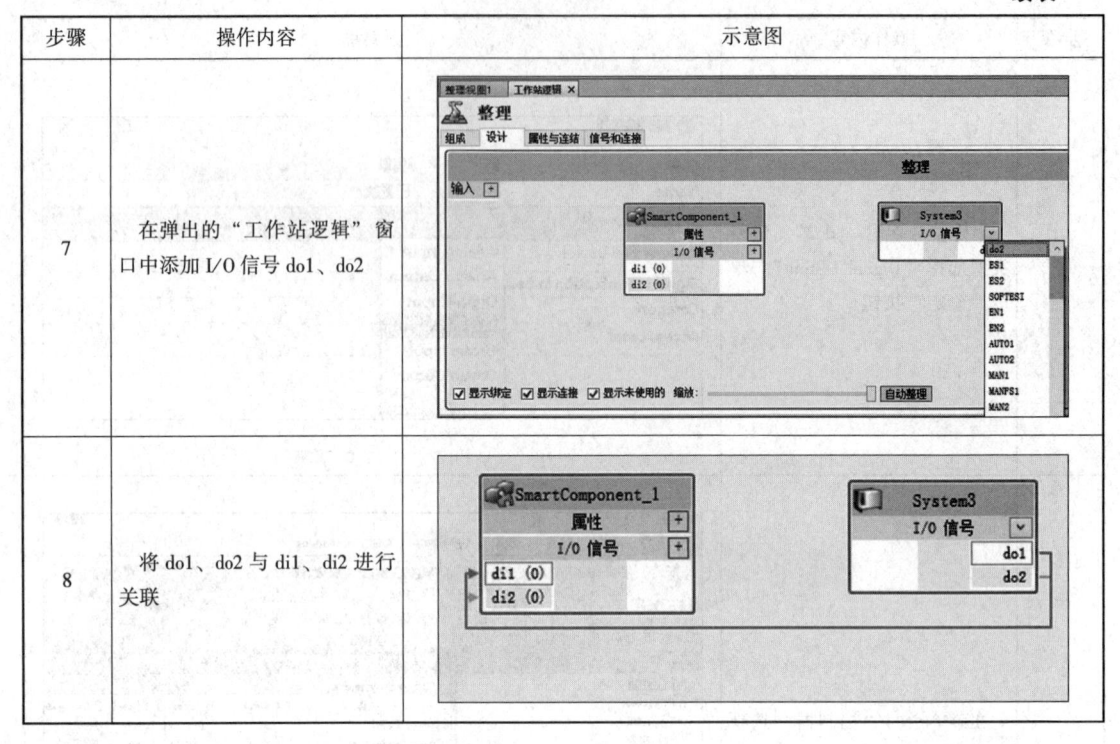

六、编程与仿真

在菜单栏的"RAPID"选项卡中对"main"主函数模块进行编程,在程序中找到抓取点"PICK"并在其下方添加安装工件,然后在放置点下方添加拆除工件,返回 B_home 点。在"仿真"选项卡中单击"播放"按钮,观看效果,可查看工件是否能够按照规定路径被正常吸附到放置点,工业机器人是否归位。详细操作请扫描右侧二维码观看。

编程调试

编程与仿真的具体操作步骤如下。

步骤	操作内容	示意图
1	在菜单栏中单击"RAPID"选项卡,在下方找到"main",双击,弹出程序对话框	

续表

步骤	操作内容	示意图
| 2 | 将"Path_10"中的程序复制到"main"中 | ```
PROC main()
    MoveJ B_home,v300,fine,A\WObj:=wobj0;
    MoveJ D_home,v300,fine,A\WObj:=wobj0;
    MoveJ PICK_off,v300,fine,A\WObj:=wobj0;
    MoveJ PICK,v300,fine,A\WObj:=wobj0;
    MoveJ PICK_off,v300,fine,A\WObj:=wobj0;
    MoveJ PUT_off,v300,fine,A\WObj:=wobj0;
    MoveJ PUT,v300,fine,A\WObj:=wobj0;
    MoveJ PUT_off,v300,fine,A\WObj:=wobj0;
    MoveJ B_home,v300,fine,A\WObj:=wobj0;
ENDPROC
PROC Path_10()
    MoveJ B_home,v300,fine,A\WObj:=wobj0;
    MoveJ D_home,v300,fine,A\WObj:=wobj0;
    MoveJ PICK_off,v300,fine,A\WObj:=wobj0;
    MoveJ PICK,v300,fine,A\WObj:=wobj0;
    MoveJ PICK_off,v300,fine,A\WObj:=wobj0;
    MoveJ PUT_off,v300,fine,A\WObj:=wobj0;
    MoveJ PUT,v300,fine,A\WObj:=wobj0;
    MoveJ PUT_off,v300,fine,A\WObj:=wobj0;
    MoveJ B_home,v300,fine,A\WObj:=wobj0;
ENDPROC
ENDMODULE
``` |
| 3 | 在程序中找到抓取点"PICK",在其下方添加等待0.2秒(waittime 0.2;),关闭do2,使能do1,在抓取点进行安装操作 | ```
PROC main()
    MoveJ B_home,v300,fine,A\WObj:=wobj0;
    MoveJ D_home,v300,fine,A\WObj:=wobj0;
    MoveJ PICK_off,v300,fine,A\WObj:=wobj0;
    MoveJ PICK,v300,fine,A\WObj:=wobj0;
    waittime 0.2;
    reset do2;
    set do1;
    MoveJ PICK_off,v300,fine,A\WObj:=wobj0;
    MoveJ PUT_off,v300,fine,A\WObj:=wobj0;
    MoveJ PUT,v300,fine,A\WObj:=wobj0;
    MoveJ PUT_off,v300,fine,A\WObj:=wobj0;
    MoveJ B_home,v300,fine,A\WObj:=wobj0;
``` |
| 4 | 在程序中找到放置点"PUT",在其下方添加等待0.2秒(waittime 0.2;),关闭do1,使能do2,在放置点进行拆除操作 | ```
PROC main()
    MoveJ B_home,v300,fine,A\WObj:=wobj0;
    MoveJ D_home,v300,fine,A\WObj:=wobj0;
    MoveJ PICK_off,v300,fine,A\WObj:=wobj0;
    MoveJ PICK,v300,fine,A\WObj:=wobj0;
    waittime 0.2;
    reset do2;
    set do1;
    MoveJ PICK_off,v300,fine,A\WObj:=wobj0;
    MoveJ PUT_off,v300,fine,A\WObj:=wobj0;
    MoveJ PUT,v300,fine,A\WObj:=wobj0;
    waittime 0.2;
    reset do1;
    set do2;
    MoveJ PUT_off,v300,fine,A\WObj:=wobj0;
    MoveJ B_home,v300,fine,A\WObj:=wobj0;
``` |
```

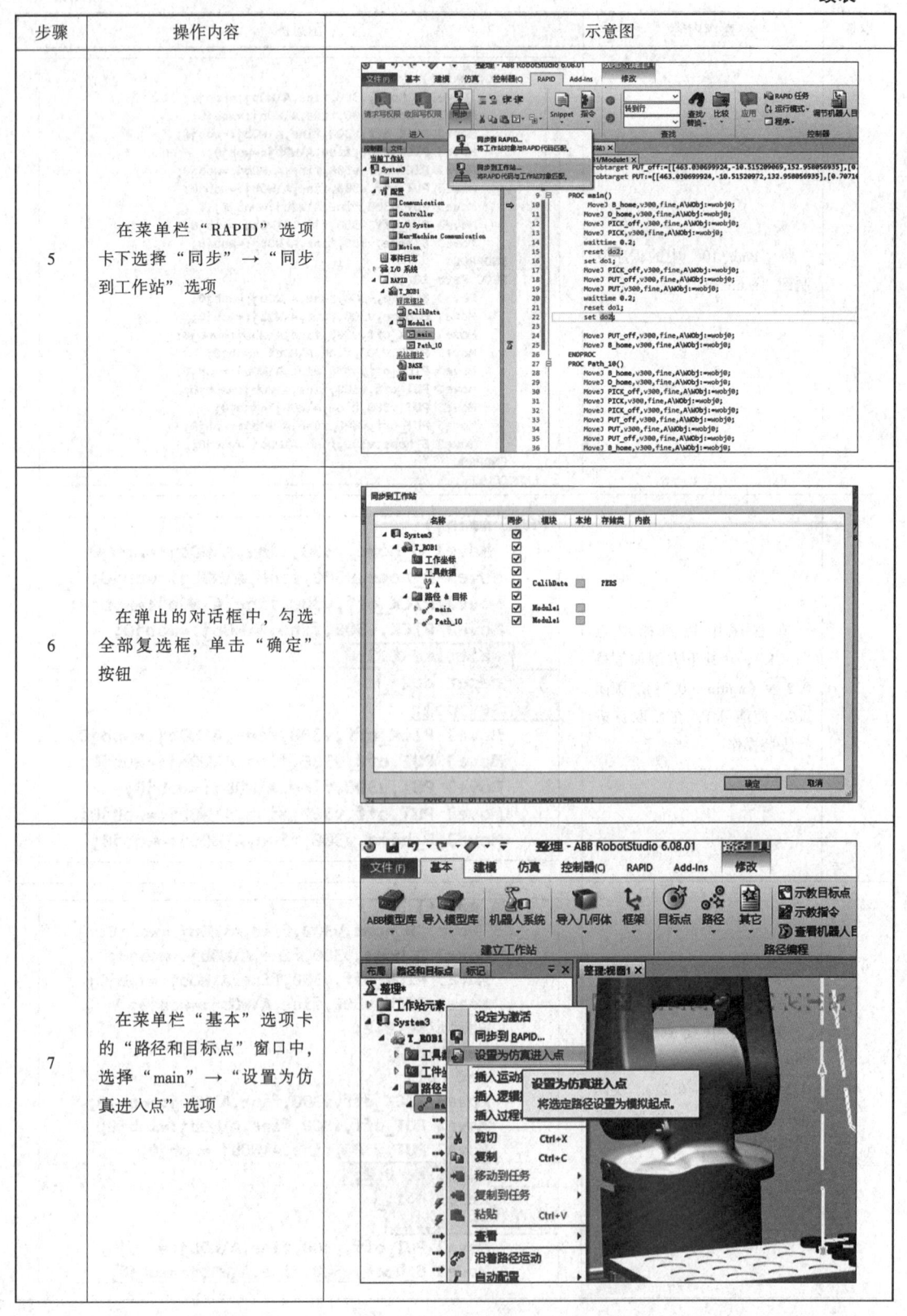

续表

步骤	操作内容	示意图
5	在菜单栏"RAPID"选项卡下选择"同步"→"同步到工作站"选项	
6	在弹出的对话框中,勾选全部复选框,单击"确定"按钮	
7	在菜单栏"基本"选项卡的"路径和目标点"窗口中,选择"main"→"设置为仿真进入点"选项	

续表

步骤	操作内容	示意图
8	在菜单栏"仿真"选项卡中单击"播放"按钮,观看效果,查看工件是否能够按照规定路径被正常吸附到放置点,工业机器人是否归位。保存工作站并打包"搬运2. rspag"。	

【任务实施】

本任务详细讲解了 Smart 组件创建与配置,请将搬运第一个模块的动画效果改为搬运第一行第二个模块到指定位置的动画的仿真,抓取点与位置点位置如图 2-2-1 所示,并按照要求提交相应仿真录像,将工作站命名为"system2 + 自己的学号",保存在"D:\RS sample"文件夹中,录像也保存在该文件夹中。

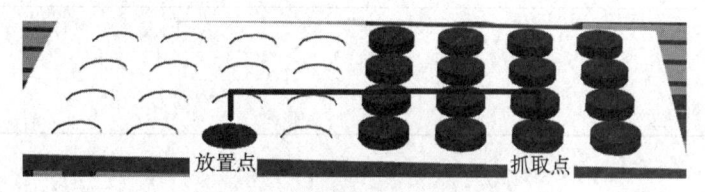

图 2-2-1 抓取点与放置点位置

一、计划

1. 知识回顾

如何在 Robotstudio 软件中创建 Smart 组件?各组件属性如何配置?

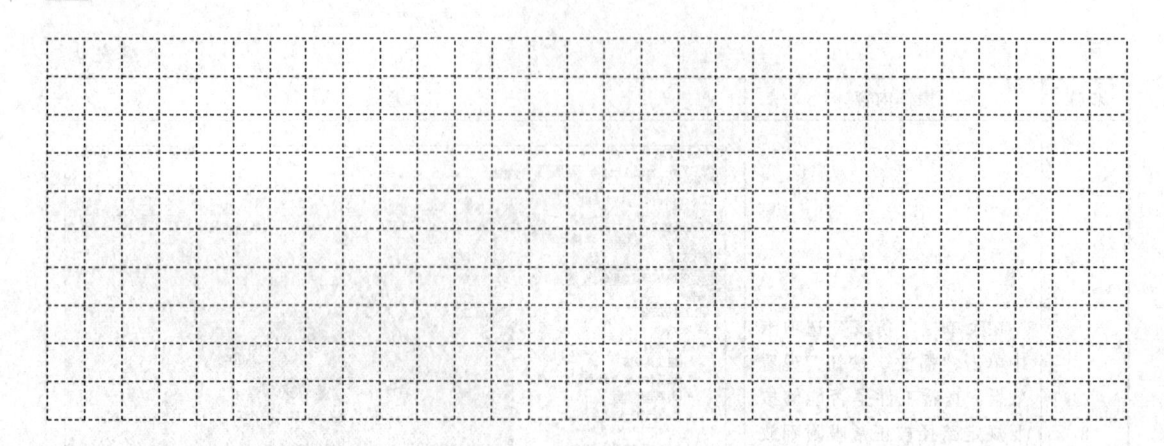

2. 计划

以小组为单位，对该计划进行讨论并制订工作计划，分解任务，认领子任务，分析仿真中遇到的问题并提供解决方案（表2-2-2），制订实施计划并按照实施步骤进行自查，发挥团队协作作用，养成主动学习、全员参与、精益求精的职业素养。

表 2-2-2 工作计划分解

序号	子任务及其涉及的知识、技能点	负责人	是否已知已会	备注
1				
2				
3				
4				
5				
6				
分析未知知识、技能点，并提出解决方案				

3. 反思

（1）在进行 RAPID 程序设计时，如果发现新建的 do1、do2 无法正常使用，请问是什么原因？如何解决？

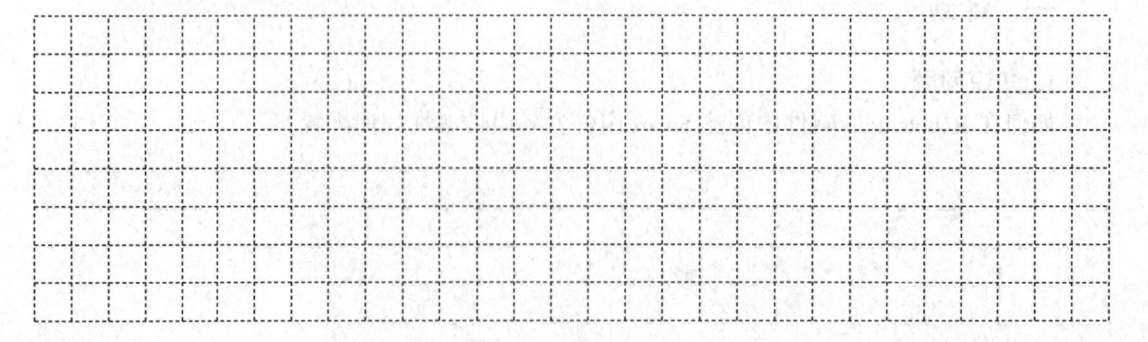

(2) 列举在仿真过程中遇到的问题并提出解决方案，完成表 2-2-3。

表 2-2-3　解决方案

序号	问题	解决方案
1		
2		
3		
4		
5		

二、实施

任务二中已阐明单个工件搬运动画的仿真主要分为四个步骤，即创建 Smart 组件并配置参数、Smart 组件关联操作、配置控制器与工作站逻辑、编程与仿真。按照这几个步骤，将任务分解为四个小任务。具体操作步骤如图 2-2-2 所示。

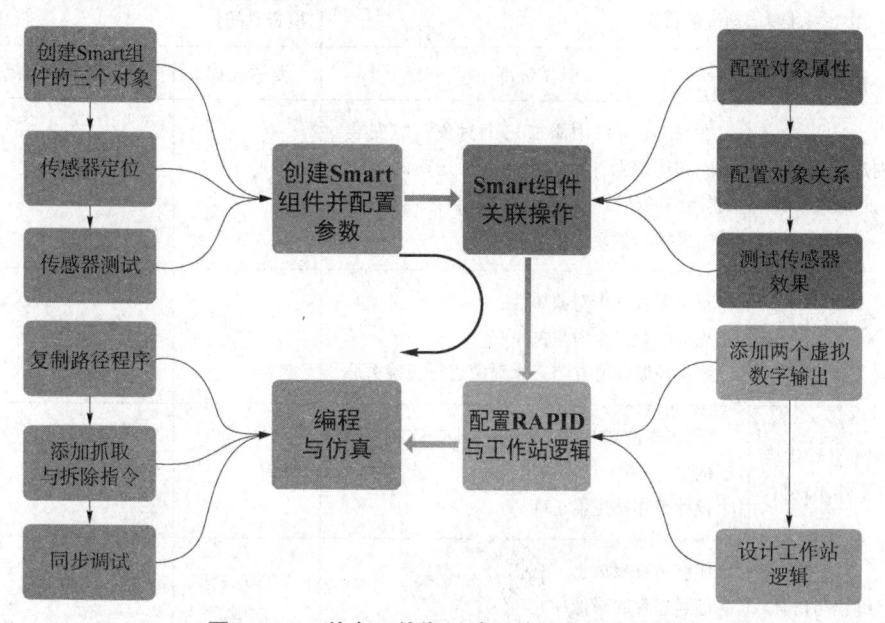

图 2-2-2　单个工件搬运动画的仿真操作步骤

任务要求如下。

（1）在配置 Smart 组件时，注意将传感器定位到吸盘位置并安装在吸盘上，注意测试吸盘检测情况；

（2）在程序设计时注意抓取和拆除的位置；

（3）根据 GB/T 19400—2003 标准，工业机器人运行轨迹要求平缓流畅，放置工件时平缓准确，不得触碰周边设备，放置位置精准。

验证单个模块的搬运动画是否正常，列举在单个工件搬运动画的仿真过程中遇到的问题并提出解决方案，完成表 2-2-4。

表 2-2-4 单个模块搬运仿真问题汇总

序号	问题	解决方案	备注
1			
2			
3			
4			

三、检查

1. 自查相关内容

配合教师完成学生自查表,见表 2-2-5。

表 2-2-5 学生自查表

学习情境:单个工件搬运动画的仿真			检查时间:	
序号	技术内容	技术标准	是否完成	未达标的整改措施
1	创建 Smart 组件并配置参数	在 Smart 组件中添加三个对象,即安装、拆除和传感器,对传感器进行正确的定位,将传感器安装在吸盘上,并对传感器进行测试,检测功能是否正常		
2	Smart 组件关联操作	正确配置三个对象属性;正确配置三个对象关系;添加控制信号并与三个对象进行正确关联		
3	配置 RAPID 与工作站逻辑	添加虚拟数字输入 do1、do2 数据类型正确;设计工作站逻辑正确		
4	编程与仿真	能够仿真播放;已经保存并录像;已经对该虚拟工作站进行打包		
5	误差分析	抓取点在模块的表面中心位置		
6	工位整理	工业机器人归位;工位整理干净		
7	5S 管理	遵守场室 5S 管理要求		
8	总结	对该任务进行总结		

2. 课堂考核表

配合教师完成课堂考核表,见表 2-2-6。

表 2-2-6　课堂考核表

序号	考核要点	考核要求	配分	评分标准	得分	得分小计
1	创建 Smart 组件并配置	创建 Smart 组件	2	能够在建模里创建 Smart 组件得 2 分		
		在 Smart 组件中添加对象	6	添加安装、拆除、传感器三个对象各得 2 分		
		能对传感器进行正确定位	10	对传感器进行正确定位得 5 分；将传感器安装在吸盘上得 5 分		
		传感器检测功能测试正常	7	取消吸盘由传感器检测得 3 分；传感器在 PICK 点能检测到工件得 4 分		
	Smart 组件关联操作	配置三个对象属性	9	对安装、拆除、传感器三个对象属性配置正确各得 3 分		
		添加输入信号并与三个对象进行正确关联	11	添加两个数字输入信号各得 2 分；数字信号与三个对象之间关系关联正确得 7 分		
	配置 RAPID 与工作站逻辑	正确添加 2 路数字信号输出	4	添加 2 路数字信号输出各得 2 分		
		设计工作站逻辑正确	6	能在系统中添加 2 路数字信号输出并与输入进行正确配置得 6 分		
	编程与仿真	能对 RAPID 中的程序进行正确编写	10	RAPID 中程序编写正确得 10 分		
		能与工作站同步	5	与工作站同步正确得 5 分		
		仿真并录像	10	能仿真得 5 分；能录像得 2 分；存储正确路径得 3 分		
		保存工作站并打包	10	保存工作站得 5 分；打包得 5 分		
2	职业素养	遵守场室纪律，无安全事故	2	纪律和安全方面各占 1 分		
		工位保持清洁，物品整齐	2	工位和物品方面各占 1 分		
		着装规范整洁，佩戴安全帽	2	着装和安全帽方面各占 1 分		
		操作规范，爱护设备	2	规范和爱护设备各得 1 分		
		对工位进行 5S 管理	2	5S 管理执行到位得 2 分		
3	违规扣分	操作中发生安全问题		扣 50 分		
		明显操作不当		扣 10 分		
		总分				

四、反思

通过本任务的学习，将自己的总结向别的同学介绍，描述收获、问题和改进措施。在一些工作完成不尽意的地方，记录别人给自己的意见，帮助下面的工作。

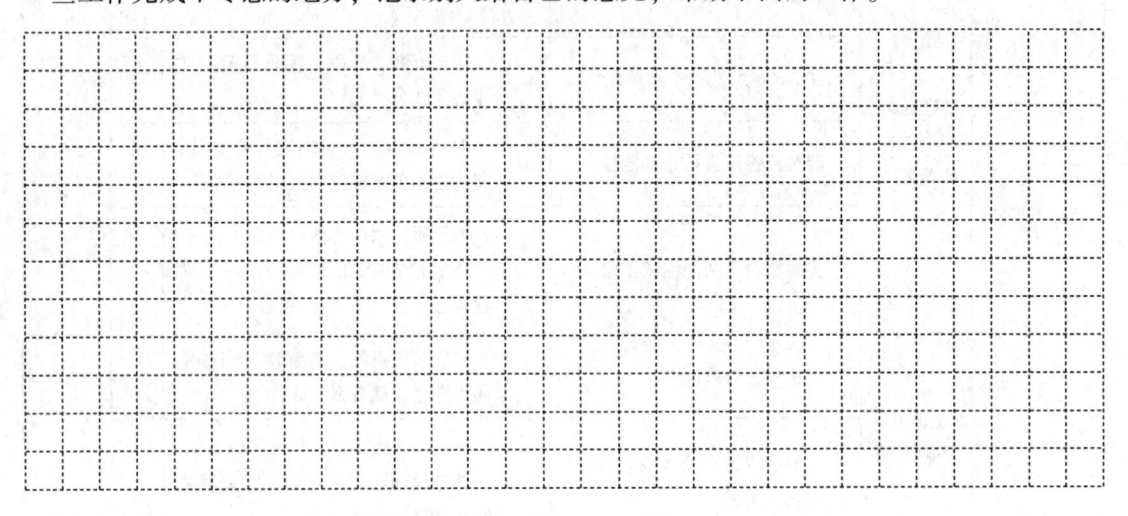

给自己提出明确的意见，并记录别人给自己所提的意见，以便更好地完成后面的工作。

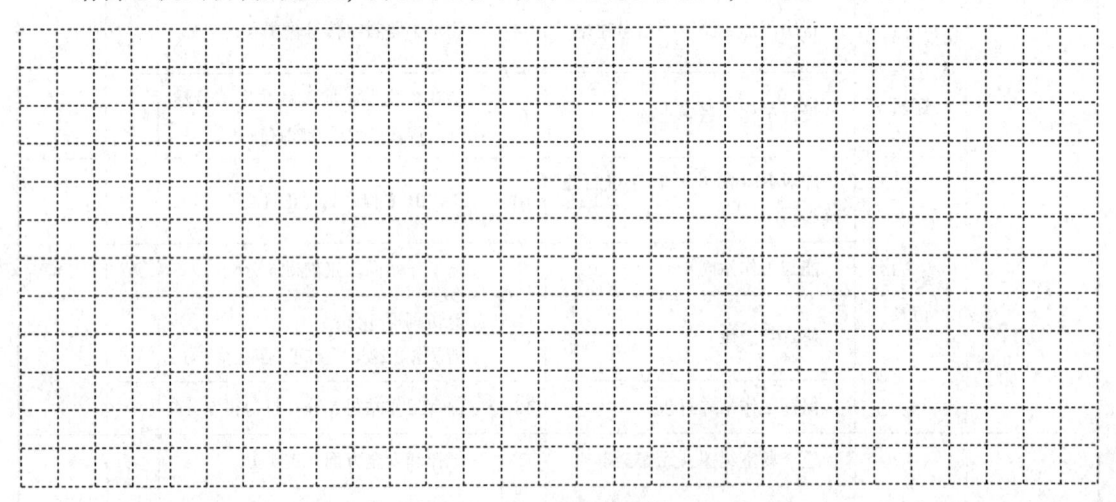

任务三　16 个工件的搬运规划与实现

【学习情境】

在工业自动化市场竞争日益加剧的形势下，利用虚拟仿真软件对工业机器人进行编程，可以大大缩短生产周期。本任务需要在 RobotStudio 软件中完成 16 个工件的搬运工作站的仿真，且与实际工业机器人工作站进行同步并调试，完成实际工业机器人工作站的 16 个工件的搬运。

一、学习目标

（1）理解并掌握判断语句；
（2）理解并掌握循环语句；
（3）理解并掌握偏移指令；
（4）会对 16 个工件搬运的程序进行设计；
（5）能将虚拟工作站与实际工业机器人工作站进行连接；
（6）能完成实际工业机器人工作站 16 个工件搬运的工作点的示教和调试。

二、所需工具设备

（1）装有 RobtStudio 软件的计算机 1 台、"虚拟搬运工作站"相关库文件。
（2）工业机器人工作站一套。

【学习链接】

【知识链接】

一、RAPID 编程基础

RAPID 语言是 ABB 工业机器人平台所使用的语言，具有很强的组合性。RAPID 程序的编写风格类似于 VB 和 C 语言，但与 Python、C#等面向对象的语言有很多差别。RAPID 语言和高级语言的对比说明如下。

1. 数据格式

C 语言有 int、string 等数据格式，RAPID 语言也有类似的数据格式，如 num、dnum、字符串等。RAPID 语言有常量（CONST）和变量（PERS、VAR），有全局变量和局部变量，也可预定义变量。

2. 数学表达式

RAPID 语言和其他编程语言一样，都有完整的数学表达式，除了加、减、乘、除之外，还有取余和取整。此外还有矢量的加减（pos±pos）、矢量的乘法（pos×pos 或 pos×N）和旋转的链接（orient×orient）。

3. 指令集

RAPID 语言和一般编程语言，尤其是 VB 语言很相似，都有判断（IF、TEST）、循环（FOR AND WHILE）、返回（RETURN）、跳转（GOTO）和停止（STOP）等指令，有常用的等待函数 WaitTime、WaitUntil（有条件的等待）还有数据转换指令 StrToByte、ByteToStr、ValToStr 和 StrToVal、ValTostr 和 StrToVal。

4. 数学公式

RAPID 语言的数学公式有赋值（:=）、绝对值（ABS）、四舍五入（ROUND）、平方根（Sqrt）、指数（Exp）和正弦（Sin）、余弦（Cos）等，还有欧拉角、四元素的转换（EulerZYX 和 OrientZYX）以及姿态矩阵的运算（PoseMult、PoseVect）。

5. I/O 信号相关操作

I/O 信号相关操作包括：信号反转 InvertDO；I/O 板失效 IODisable；I/O 板激活 IOEnable；脉冲信号 PulseDO；低电平 Reset；高电平 Set；模拟输出 SetAO；改变数字信号输出值 SetDo；改变一组数字信号输出信号的值 SetGo；等待输入信号满足响应值 WaitDI；等待输出信号满足响应值 WaitDO。

6. 停止指令

Break：无需等待机械臂和外轴是否达到运动的目标点，立即停止程序执行。运行指针停在下一行。

Stop：用于停止程序执行。当完成当前执行的所有移动后才停止。运行指针停在下一行。

EXIT：用于终止程序执行，程序指针消失。必须设置程序指针，才继续程序执行。

ExitCycle：用于中断当前循环，将程序指针（PP）移回至主程序中第一个指令处。如果以连续模式执行程序，则其将开始执行下一循环。如果以循环模式执行，则将在主程序中的第一个指令处停止执行。

7. 偏移指令

Offs（p10，x，y，z）代表以 p10 点为参考，在 X 轴方向偏移量为 x 毫米，在 Y 轴方向偏移量为 y 毫米，在 Z 轴方向偏移量为 z 毫米。将光标移至目标点，按 Enter 键，进入目标点选择窗口，功能键选择 Func，采用切换方式选择所用函数 Offs。

8. 程序流程指令

循环 FOR；等待输入条件判断 WaitUntil；延时 WaitTime、Compact IF；条件判断 IF、TEST；死循环 WHILE；无条件转移（跳转）指令 GOTO；定义变量或标号的类型 Lable；调用子程序 procCall；跳出程序到上一级 RETURN。

1) IF 语句

IF：条件判断语句，用来判断表达式是否满足条件，当满足条件时执行相关语句，直到 ENDIF。

例：

```
IF reg1<10 THEN      \\判断条件 reg1 是否小于 10
n:=1;t:=2;           \\条件满足,则执行此处指令
ENDIF
```

Compact IF：条件判断语句，只执行一条指令，用来判断表达式是否满足条件，当满足条件时仅执行一条指令：

例：

Compact IF counter>10 Set do1； \\当满足条件时候,使 do1=1;注意满足条件时只执行一条语句,并且无 ENDIF

IF ELSEIFELSE ENDIF：依次测试条件，直至满足其中一个条件为止。

例：
```
IF m<5 THEN              \\判断条件 1
n:=1;                    \\若满足条件 1,则执行此处指令
ELSEIF m<10 THEN         \\若不满足条件 1,则判断条件 2
n:=2;                    \\若满足条件 2,则执行此处指令
ELSE
n:=3;                    \\不符合任何判断条件,执行此处指令
ENDIF
```

2) FOR 语句

其格式如下：

```
FOR <ID> FROM <EXP> TO <EXP> STEP <EXP> DO
<SMT>
ENDFOR
```

<ID>：循环判断变量；

第一个<EXP>：变量起始值；

第二个<EXP>：变量终止值；

第三个<EXP>：变量的步长，每运行一次 FOR 中语句变量值自加这个步长值，在默认情况下，STEP<EXP>是隐藏的，是可选变元。

例：

```
X:= 0;                   \\X 初始值设定为 0
FOR i FROM 6 TO 10 STEP 2 DO   \\i 从 6 开始到 10,执行指令后 i 值自动加 2
X := X + i;              \\X 值在原有基础上加上 i
ENDFOR
```

X 初始值为 0，i 为 6，执行一次后 X 的值变为 6，此时 i 为 8，进入下一轮操作；最后 X 为 24，i 为 12，跳出 FOR 循环。

3) WHILE 语句

其格式如下：

```
WHILE <EXP> DO           \\这里<EXP>是条件部分
<SMT>                    \\满足条件执行的语句
ENDWHILE
```

例：

```
reg1 := 1;               \\ 初始化 reg1=1
WHILE reg1 <= 10 DO
reg1 := reg1 + 1;
ENDWHILE
```

执行 WHILE 指令时，先判断 reg1≤10 的条件是否成立，如果条件成立则执行循环语句内的内容，WHILE 指令中每次执行一次"reg1:=reg1+1"，则 reg1 自动加 1；执行完一轮以后程序指针又跳到 WHILE 指令判断 reg1≤10 条件是否成立，若条件成立则又继续执行循

环语句内的内容"reg1：=reg1+1",这样重复判断条件重复执行 WHILE 中的指令,直到条件 reg1≤10 不成立,即 reg1＝11 时,程序指针才会跳转到 ENDWHILE 指令后面,结束 WHILE 指令,往下继续运行。

如果 WHILE 中条件永远为真,则无限循环：

```
WHILE TRUE DO
<SMT>
ENDWHILE
```

4）TEST

其格式如下：

TEST：根据表达式的值

根据表达式或数据的值,当有待执行的不同指令时,使用 TEST 指令。

如果并没有太多的替代选择,则亦可使用 IF…ELSE 指令。

例：

```
TEST reg1
    CASE 1,2,3；
        routine1；
    CASE 4 ：
        routine2；
    DEFAULT ：
        TPWrite "Illegal choice"；
    Stop；
ENDTEST
```

以上程序根据 reg1 的值,执行不同的指令。如果该值为 1、2 或 3,则执行 routine1。如果该值为 4,则执行 routine2。否则,打印出错误消息,并停止执行。

9. 运动控制指令

工业机器人加速度为 AccSet；对工业机器人速度限制为 VelSet；关节运动,轴配置数据为 ConfJ；直线运动,轴配置数据为 ConfL；避免工业机器人运行时死机为 SingArea、PathResol（建议不要使用）；软化工业机器人主机或外轴伺服系统为 SoftAct；软化失效为 SoftDeact。

10. 赋值指令

RAPID 程序中的赋值指令"：＝"用于对程序数据进行赋值。赋值对象可以是一个常量,也可以是数学表达式。在 RAPID 程序中给常量赋值如：reg1：＝5；给数学表达式赋值如：reg2：＝reg1+5。

11. 变量

变量型数据在程序执行过程中和程序停止时保持当前的值,但如果程序指针被移到主程序后,则数值会丢失。在工业机器人执行的 RAPID 程序中可以对变量型数据进行赋值操作。

变量应用举例如下。

"VAR num length：＝0；",名称为 length 的数值型数据,赋值为 0；

"VAR string name:=" John" ";，名称为 name 的字符型数据，赋值为 John；

"VAR bool finish:=FALSE";，名称为 finish 的布尔型数据，赋值为 FALSE。

12. 常用 RAPID 数据类型

根据不同的数据用途，可定义不同的数据类型，ABB 工业机器人系统中常用的数据类型见表 2-3-1。

表 2-3-1 常用的数据类型

序号	数据类型	类型说明	序号	数据类型	类型说明
1	bool	布尔量	11	orient	姿态数据
2	byte	整数数据 0~255	12	pos	位置数据（只有 X、Y 和 Z）
3	clock	计时数据	13	pose	机器人轴角度数据
4	dionum	数字 I/O 信号	14	robjoint	工业机器人与外部轴的位置数据
5	extjoint	外部轴位置数据	15	speeddata	工业机器人与外部轴的速度数据
6	intnum	中断标志符	16	string	字符串
7	jointtarget	关节位置数据	17	tooldata	工具数据
8	loaddata	负荷数据	18	trapdata	中断数据
9	mecunit	机械装置数据	19	wobjdata	工件数据
10	num	数值类型	20	zonedata	TCP 转弯半径数据

13. 程序结构

ABB 工业机器人程序结构有 3 个层级，分别为任务、模块和例行程序。任务是描述整个任务的结构，系统一般只能加载一个任务运行（多任务需要系统选项支持）。例行程序则是执行具体任务的程序，它是编程的主要对象，是指令的载体。模块是例行程序的管理结构，可以对例行程序按照需要进行分类和组织。

在创建程序时，系统自动生成 3 个模块：BASE、user 和 MainModule。其中，BASE 和 user 为系统模块，BASE 模块禁止用户操作，在 user 模块中，用户可创建例行程序。BASE 和 user 模块为所有程序共用，一般将例行程序存放到程序模块中。除了自动生成的 MainModule 模块外，为了便于程序管理，用户可根据需要自行创建其他程序模块。

在 MainModule 模块中，系统自动生成了 main 例行程序。main 例行程序是程序入口，程序执行时从 main 例行程序首行开始运行。一个任务可以包含多个模块，一个模块可以包含多个例行程序。不同模块间的例行程序根据其定义的范围可互相调用。

二、吸盘夹具

本系统吸盘夹具采用真空吸附，利用真空系统与大气压力差形成的力实现物件抓取。对具有较光滑表面的物体，特别是非铁、非金属且不适合夹紧的物体，可使用真空吸附，完成各种作业。本系统吸盘夹具由真空发生器、吸盘、真空阀及辅助元件组成，如图 2-3-1 与图 2-3-2 所示。吸盘是真空设备执行器之一，通常由橡胶材料与金属骨架压制而成，具有较大的扯断力。真空阀是工作压力低于标准大气压的阀门。真空阀是在真空系统中用来改变气流方向、调节气流量大小、切断或接通管路的真空系统元件。

图 2-3-1　真空发生器照片　　　　　　图 2-3-2　吸盘照片

利用吸盘吸取工件时，首先利用气管使吸盘与真空发生器连接，当吸盘与工件接触时，给定信号启动真空发生器抽吸空气，使吸盘内产生负气压，从而使工件被吸盘吸牢，然后将工件搬运至指定位置，再平稳地给真空吸盘充气，使真空吸盘内由负气压变成零气压或直至正气压，工件即从吸盘脱落，完成吸盘搬运工件的任务。

安装吸盘夹具的详细过程请扫描右侧二维码观看。

吸盘夹具安装

【技能链接】

三、16 个工件的总体搬运规划

扫描右侧二维码，观看 16 个工件搬运的仿真，明确任务，并根据书中本任务的操作部分完成单个工件搬运的仿真。16 个工件搬运的仿真与主要分为以下几个步骤。

（1）实现 16 个工件搬运的虚拟仿真效果。

（2）与工业机器人工作站关联，完成 16 个工件的搬运效果。

虚拟搬运工作站物料台如图 2-3-3 所示，经测量在 X 轴方向相邻两个工件之间间距为 45 mm，在 Y 轴方向相邻两个工件之间间距为 45 mm。

16 个工件搬运仿真视频

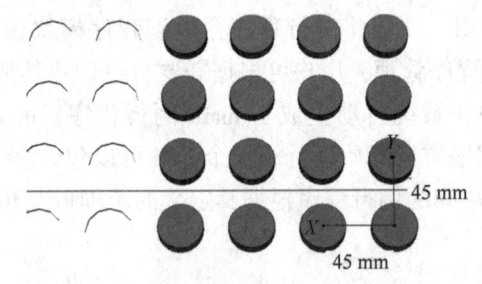

图 2-3-3　虚拟搬运工作站物料台

四、实现 16 个工件搬运的虚拟仿真效果

在"RAPID"菜单栏的"main"主程序模块中编写控制程序，利用循环，先实现第一列 4 个工件的搬运，然后利用循环的嵌套实现四行四列 16 个工件的搬运。观察是否能够按照设计的路径，将 16 个工件搬运至正确位置。详细操作请扫描右侧二维码观看。

16 个工件搬运操作

16个工件搬运的虚拟仿真的操作具体步骤如下。

步骤	操作内容	示意图
1	在"RAPID"选项卡中双击"main"选项,打开程序设计界面	
2	在右图所示程序设计界面中,上方为各个工作点的定义。 在"main"上方新建两个数据变量 x 和 y,设定初值为 0	
3	在 D_home 点下方插入 FOR 循环指令,如右图所示	

续表

步骤	操作内容	示意图
| 4 | 循环4次，x值每次偏移X轴反方向45 mm。编写按路径运行至抓取点并抓取工件，运行至放置点拆除工件，最后返回Home点，具体如右图所示 | ```
FOR reg2 FROM 0 TO 3 DO
    x:=-45*reg2;
    MoveJ offs(PICK,x,y,20),v300,fine,A\WObj:=wobj0;
    MoveJ offs(PICK,x,y,0),v300,fine,A\WObj:=wobj0;
    reset do2;
    set do1;
    WaitTime 0.2;
    MoveJ offs(PICK,x,y,20),v300,fine,A\WObj:=wobj0;
    MoveJ offs(PUT,x,y,20),v300,fine,A\WObj:=wobj0;
    MoveJ offs(PUT,x,y,00),v300,fine,A\WObj:=wobj0;
    reset do1;
    set do2;
    WaitTime 0.2;
    MoveJ offs(PUT,x,y,20),v300,fine,A\WObj:=wobj0;
ENDFOR
MoveJ B_home,v300,fine,A\WObj:=wobj0;
``` |
| 5 | 在菜单栏"RAPID"选项卡单击"应用"按钮 | |
| 6 | 在"仿真"选项卡中单击"播放"按钮，观察是否能够将右图所示4个工件搬运至正确位置 | |
```

续表

步骤	操作内容	示意图
7	添加 Y 轴方向的循环，按右图所示完成程序设计，完成循环的嵌套，单击"RAPID"选项卡中的"应用"按钮	
8	在"仿真"选项卡中单击"播放"按钮，观察是否能够安装设计的路径，将 16 个工件搬运至正确位置	

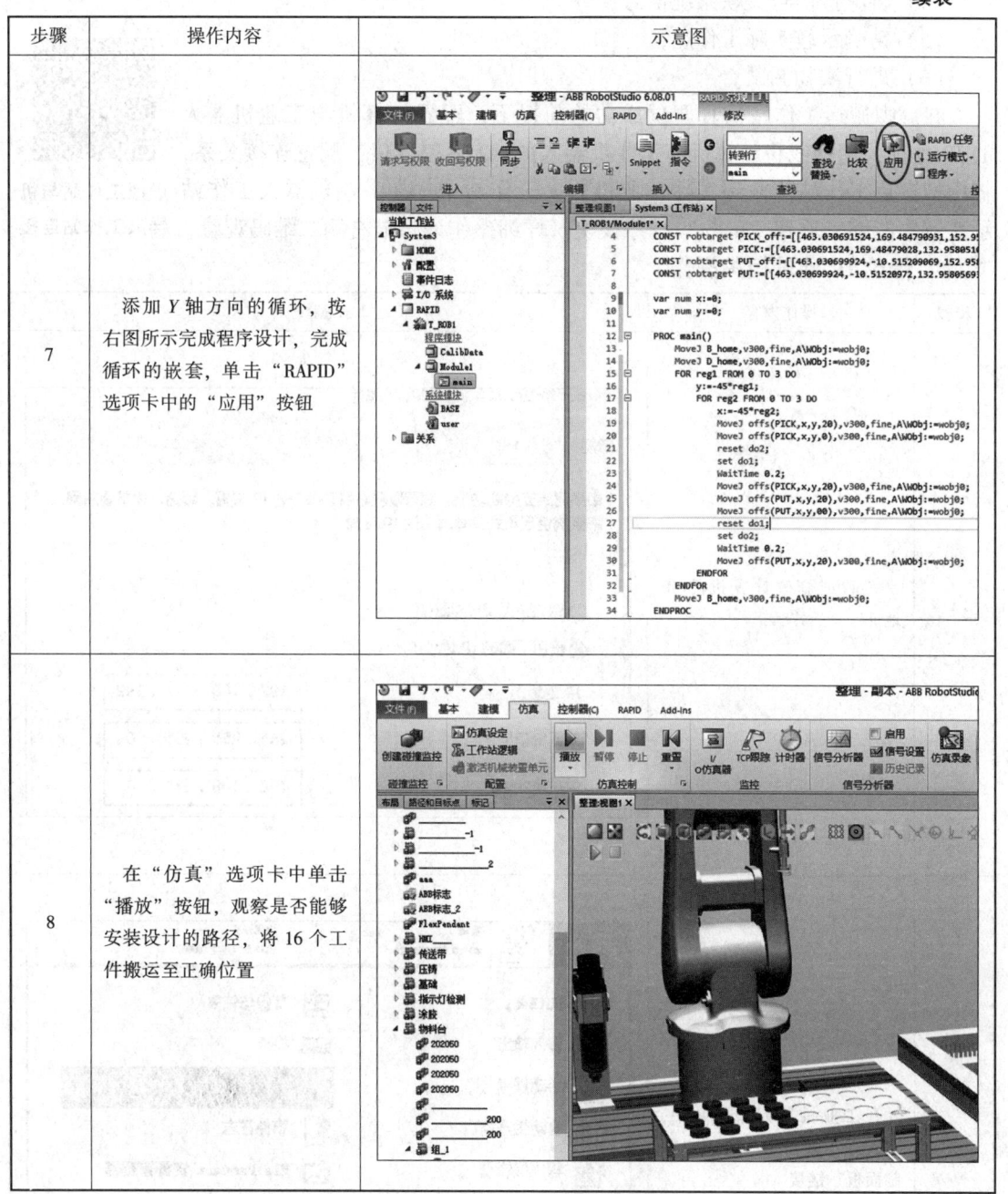

五、与实物机器人关联，完成 16 个工件的搬运

完成 RobotStudio 仿真与实际工业机器人工作站的连接，一般按以下步骤完成。
（1）完成虚拟仿真调试（上节内容已完成）；
（2）修改 IP 地址，确认计算机与工业机器人在同一个 IP 域；
（3）请求写权限，创建关系，进行系统导入；

(4) 将虚拟信号关联系统信号；

(5) 精确示教实际工作点；

(6) 进行实物调试。

在虚拟搬运工作站仿真调试成功的前提下，配置计算机与工业机器人的 IP 地址，用网线将计算机与工业机器人的 X2 端口连接，配置连接关系，将虚拟搬运工作站传输到实际工业机器人工作站中。在工业机器人工作站示教器中能够查看到"main"程序模块。详细操作请扫描右侧二维码观看。

虚拟工作站与机器人工作站连接

1. 修改 IP 地址相关操作

步骤	操作内容	示意图
1	查看或修改计算机的 IP 地址	Internet 协议版本 4 (TCP/IPv4) 属性 常规 如果网络支持此功能，则可以获取自动指派的 IP 设置。否则，你需要从网络系统管理员处获得适当的 IP 设置。 ○ 自动获得 IP 地址(O) ● 使用下面的 IP 地址(S): IP 地址(I): 192.168.1.199 子网掩码(U): 255.255.255.0 默认网关(D): 192.168.1.0
2	在工业机器人工作站中，在实际示教器上，选择"控制面板"链接	自动 MD-VOPJUMBHEBKR 电机开启 已停止（速度 100%） HotEdit　　　　　备份与恢复 输入输出　　　　校准 手动操纵　　　　**控制面板** 自动生产窗口　　事件日志 程序编辑器　　　FlexPendant 资源管理器 程序数据　　　　系统信息 注销 Default User　　重新启动

128

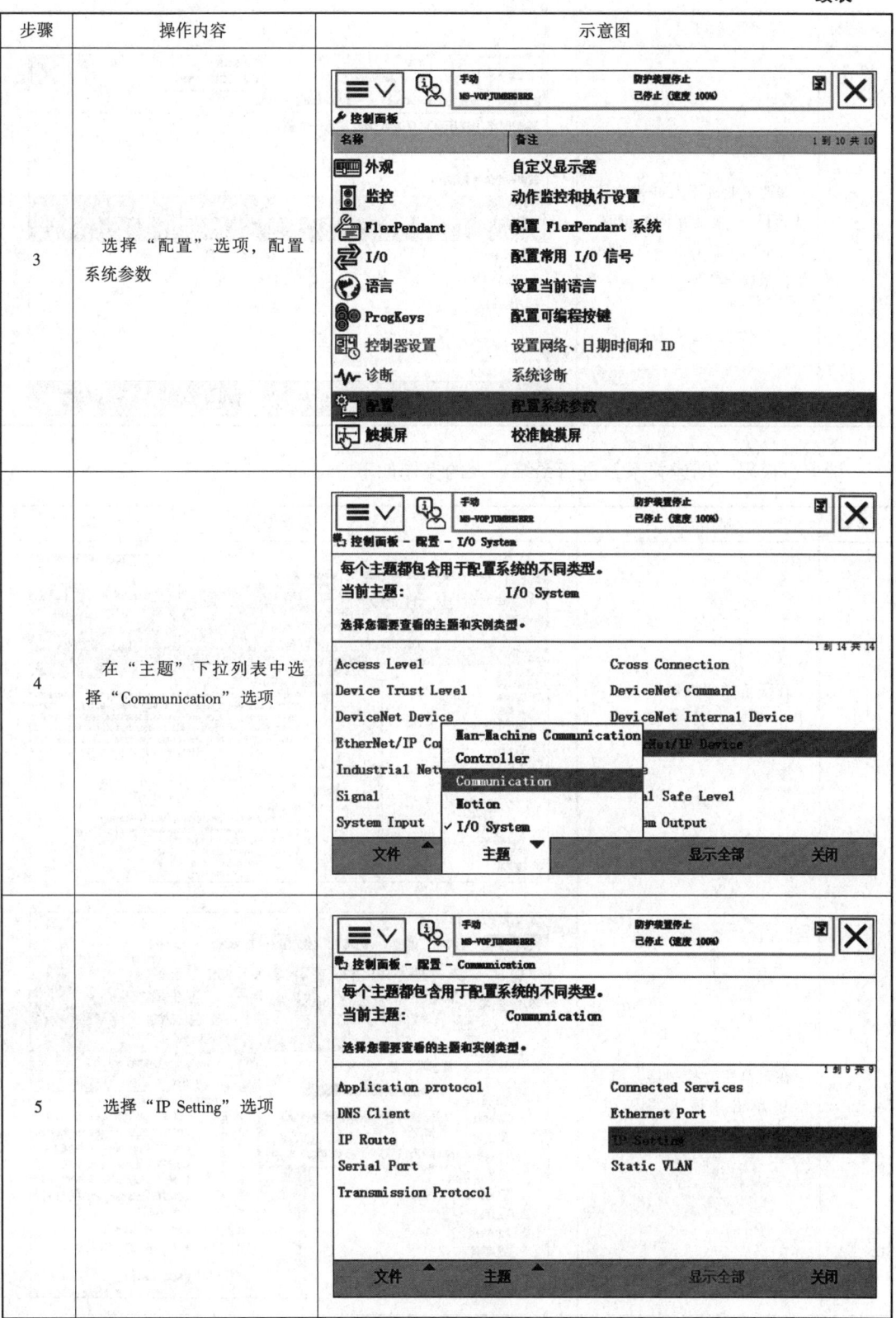

续表

步骤	操作内容	示意图
3	选择"配置"选项,配置系统参数	
4	在"主题"下拉列表中选择"Communication"选项	
5	选择"IP Setting"选项	

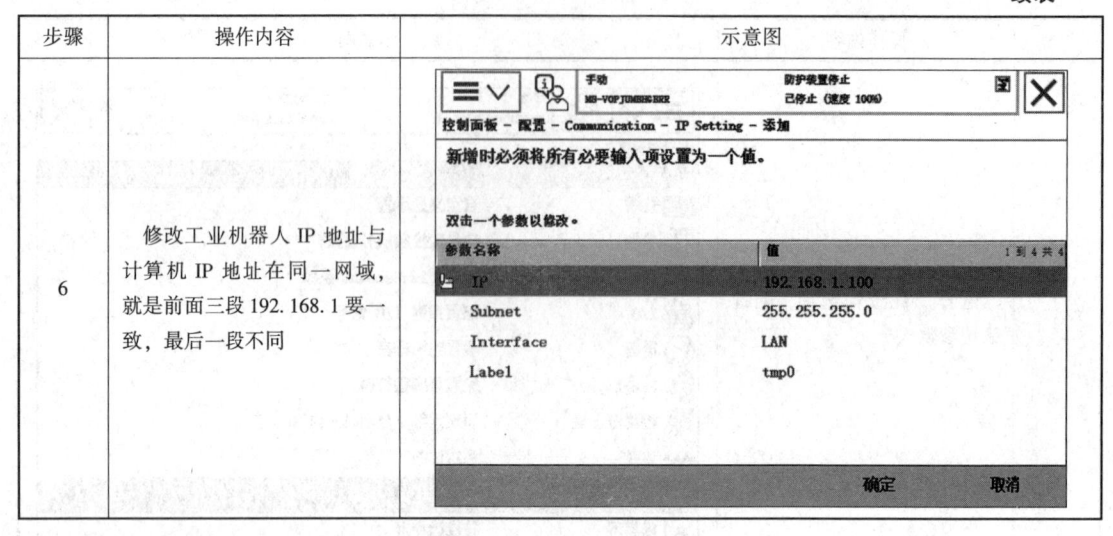

步骤	操作内容	示意图
6	修改工业机器人 IP 地址与计算机 IP 地址在同一网域，就是前面三段 192.168.1 要一致，最后一段不同	（示意图：控制面板 - 配置 - Communication - IP Setting - 添加，IP 192.168.1.100，Subnet 255.255.255.0，Interface LAN，Label tmp0）

请求写权限，创建关系，进行系统导入的操作如下。

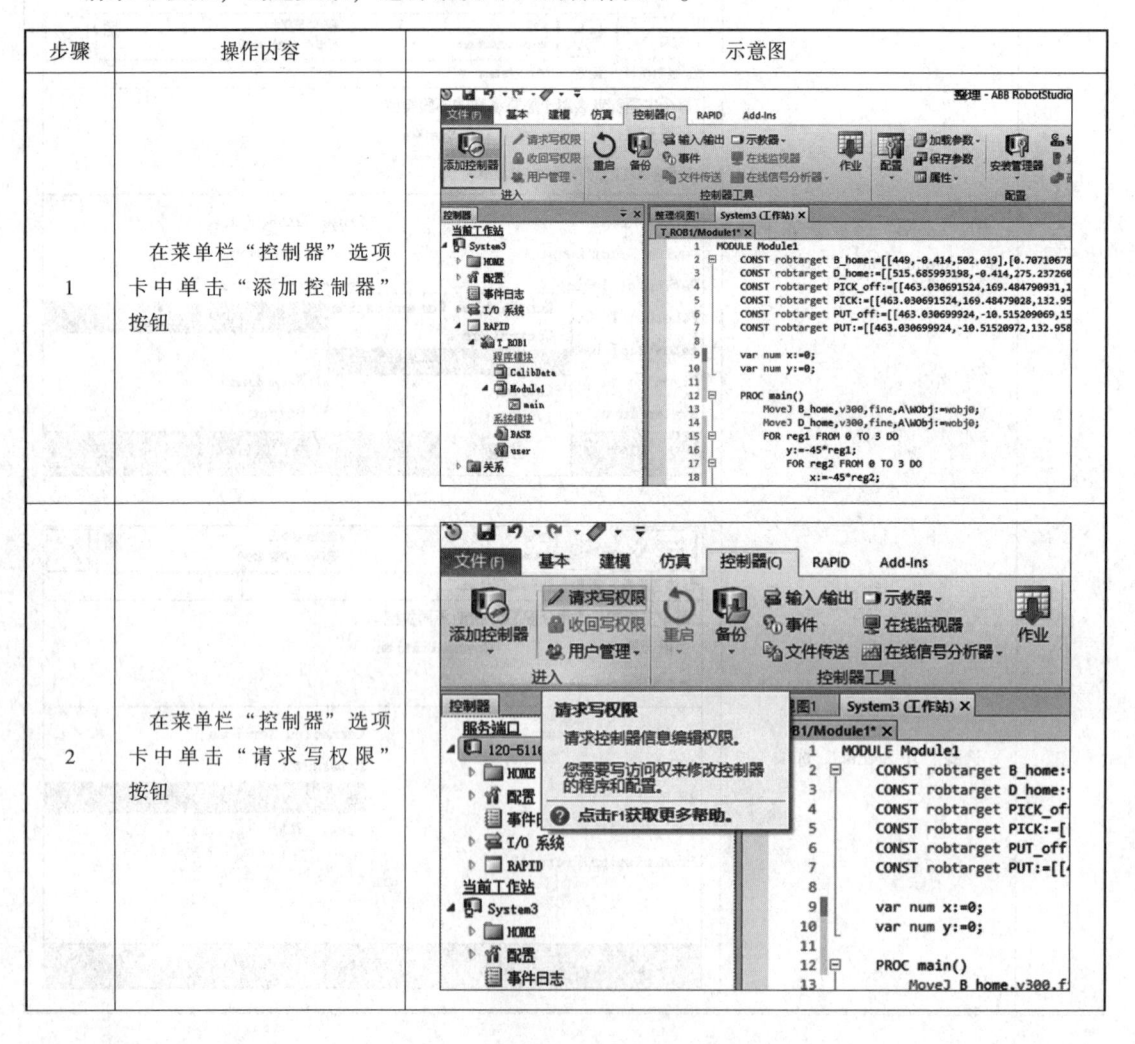

步骤	操作内容	示意图
1	在菜单栏"控制器"选项卡中单击"添加控制器"按钮	（示意图）
2	在菜单栏"控制器"选项卡中单击"请求写权限"按钮	（示意图）

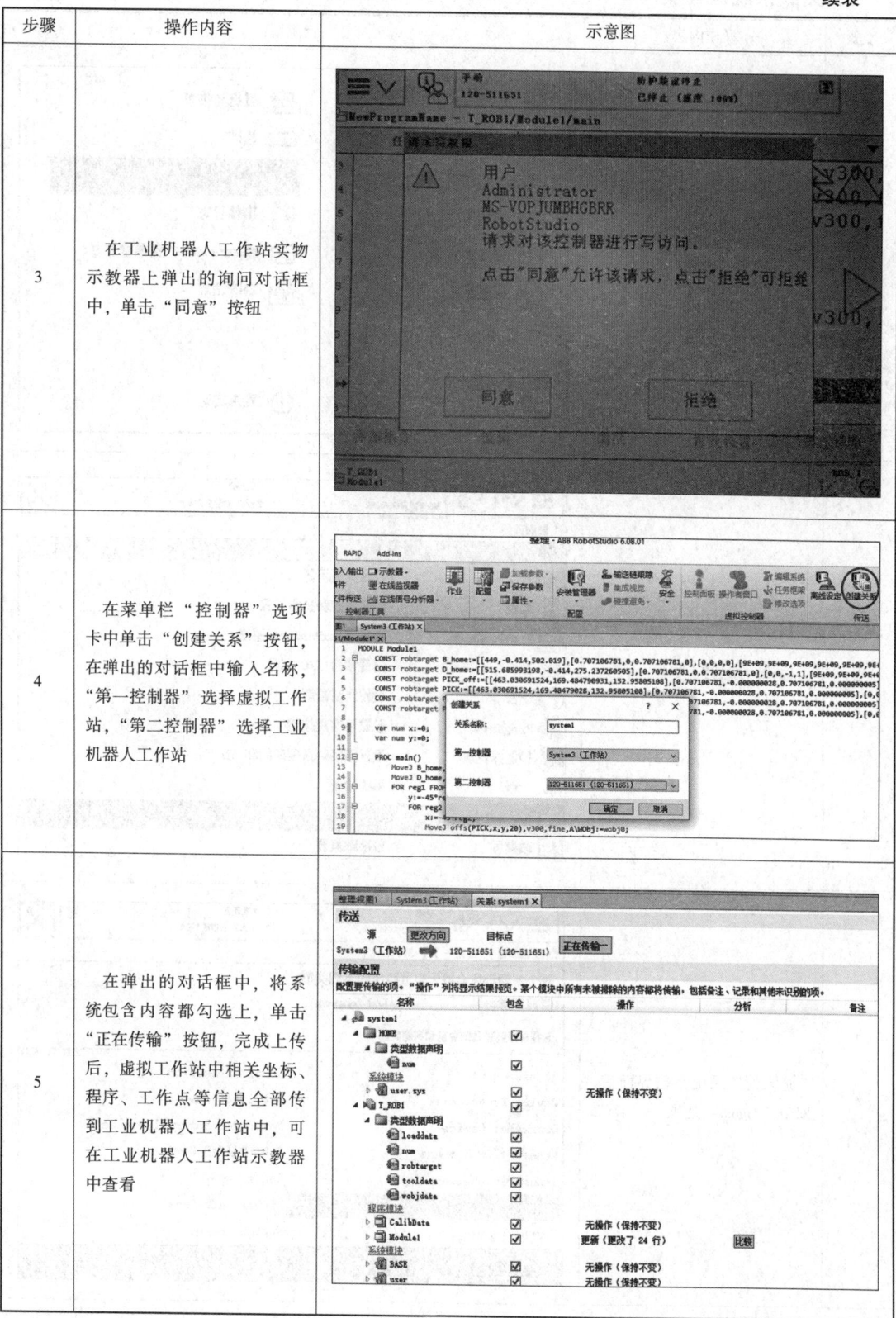

续表

步骤	操作内容	示意图
3	在工业机器人工作站实物示教器上弹出的询问对话框中，单击"同意"按钮	
4	在菜单栏"控制器"选项卡中单击"创建关系"按钮，在弹出的对话框中输入名称，"第一控制器"选择虚拟工作站，"第二控制器"选择工业机器人工作站	
5	在弹出的对话框中，将系统包含内容都勾选上，单击"正在传输"按钮，完成上传后，虚拟工作站中相关坐标、程序、工作点等信息全部传到工业机器人工作站中，可在工业机器人工作站示教器中查看	

2. 关联系统信号操作

步骤	操作内容	示意图
1	在实物示教器界面中选择"控制面板"链接	HotEdit / 输入输出 / 手动操纵 / 自动生产窗口 / 程序编辑器 / 程序数据 / 备份与恢复 / 校准 / 控制面板 / 事件日志 / FlexPendant 资源管理器 / 系统信息 / 注销 Default User / 重新启动
2	选择"配置"选项	控制面板：外观（自定义显示器）、监控（动作监控和执行设置）、FlexPendant（配置 FlexPendant 系统）、I/O（配置常用 I/O 信号）、语言（设置当前语言）、ProgKeys（配置可编程按键）、控制器设置（设置网络、日期时间和 ID）、诊断（系统诊断）、配置（配置系统参数）、触摸屏（校准触摸屏）
3	进入配置系统参数界面后，双击"Signal"选项	控制面板 - 配置 - I/O System。当前主题：I/O System。Access Level、Cross Connection、Device Trust Level、DeviceNet Command、DeviceNet Device、DeviceNet Internal Device、EtherNet/IP Command、EtherNet/IP Device、Industrial Network、Route、Signal、Signal Safe Level、System Input、System Output

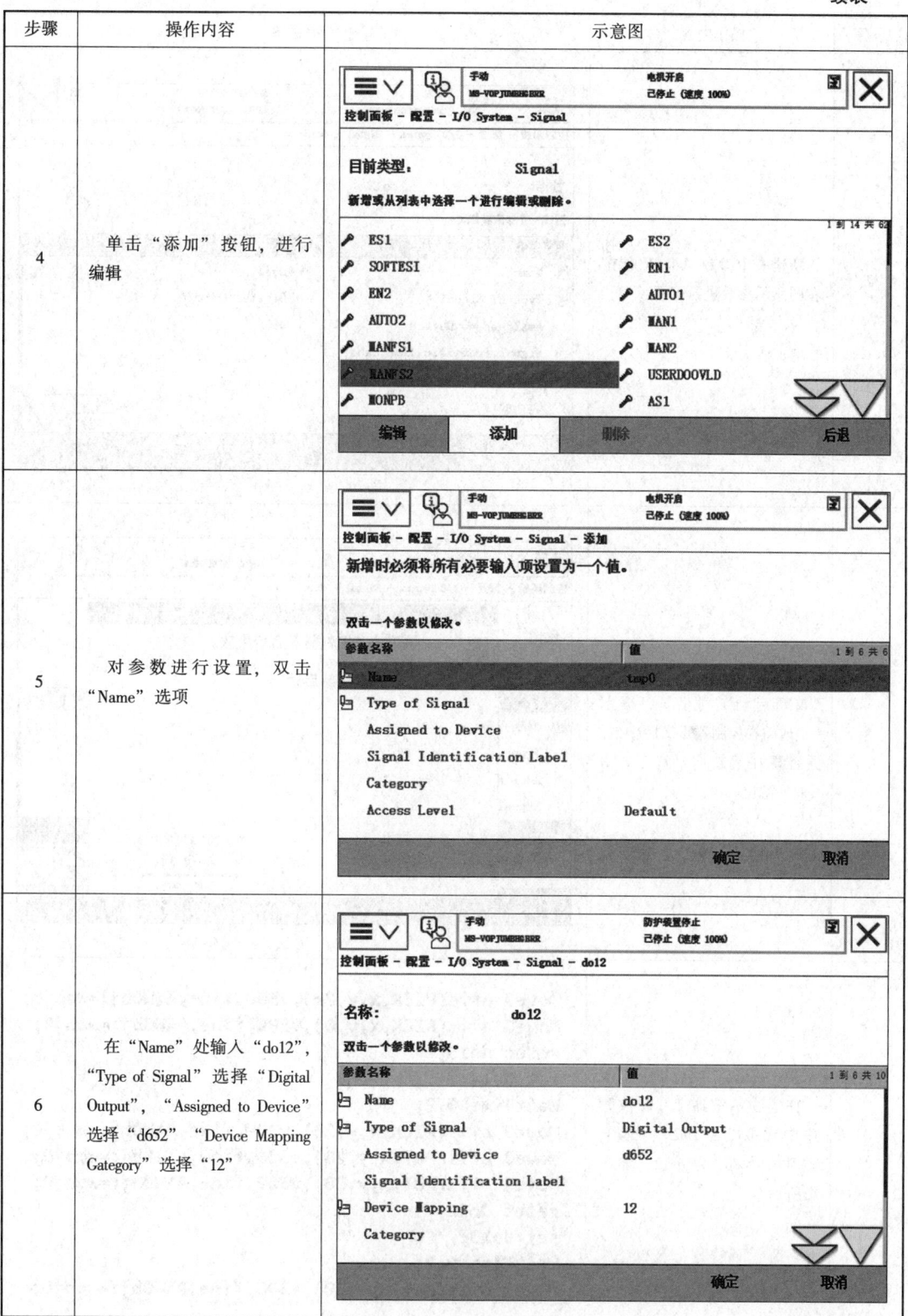

续表

步骤	操作内容	示意图
4	单击"添加"按钮，进行编辑	
5	对参数进行设置，双击"Name"选项	
6	在"Name"处输入"do12"，"Type of Signal"选择"Digital Output"，"Assigned to Device"选择"d652" "Device Mapping Gategory"选择"12"	

续表

步骤	操作内容	示意图
7	新建一个参数"do13",按右图所示参数进行配置	控制面板 – 配置 – I/O System – Signal – do13 名称: do13 双击一个参数以修改。 参数名称 值 1到6共10 Name do13 Type of Signal Digital Output Assigned to Device d652 Signal Identification Label Device Mapping 13 Category 确定 取消
8	单击"确定"按钮,弹出"重新启动"对话框,提示"更改将在控制器重启后生效。是否现在重新启动?",单击"是"按钮	重新启动 更改将在控制器重启后生效。 是否现在重新启动? 是 否

9	在实物示教器上,修改程序中虚拟信号 do2 为 do13,虚拟信号 do1 为 do12,如右图所示	`MoveJ offs(PICK,x,y,20),v300,fine,A\WObj:=wobj0;`
		`MoveJ offs(PICK,x,y,0),v300,fine,A\WObj:=wobj0;`
		`reset do13;`
		`set do12;`
		`WaitTime 0.2;`
		`MoveJ offs(PICK,x,y,20),v300,fine,A\WObj:=wobj0;`
		`MoveJ offs(PUT,x,y,20),v300,fine,A\WObj:=wobj0;`
		`MoveJ offs(PUT,x,y,00),v300,fine,A\WObj:=wobj0;`
		`reset do12;`
		`set do13;`
		`WaitTime 0.2;`
		`MoveJ offs(PUT,x,y,20),v300,fine,A\WObj:=wobj0;`

精确示教实际工作点操作如下。

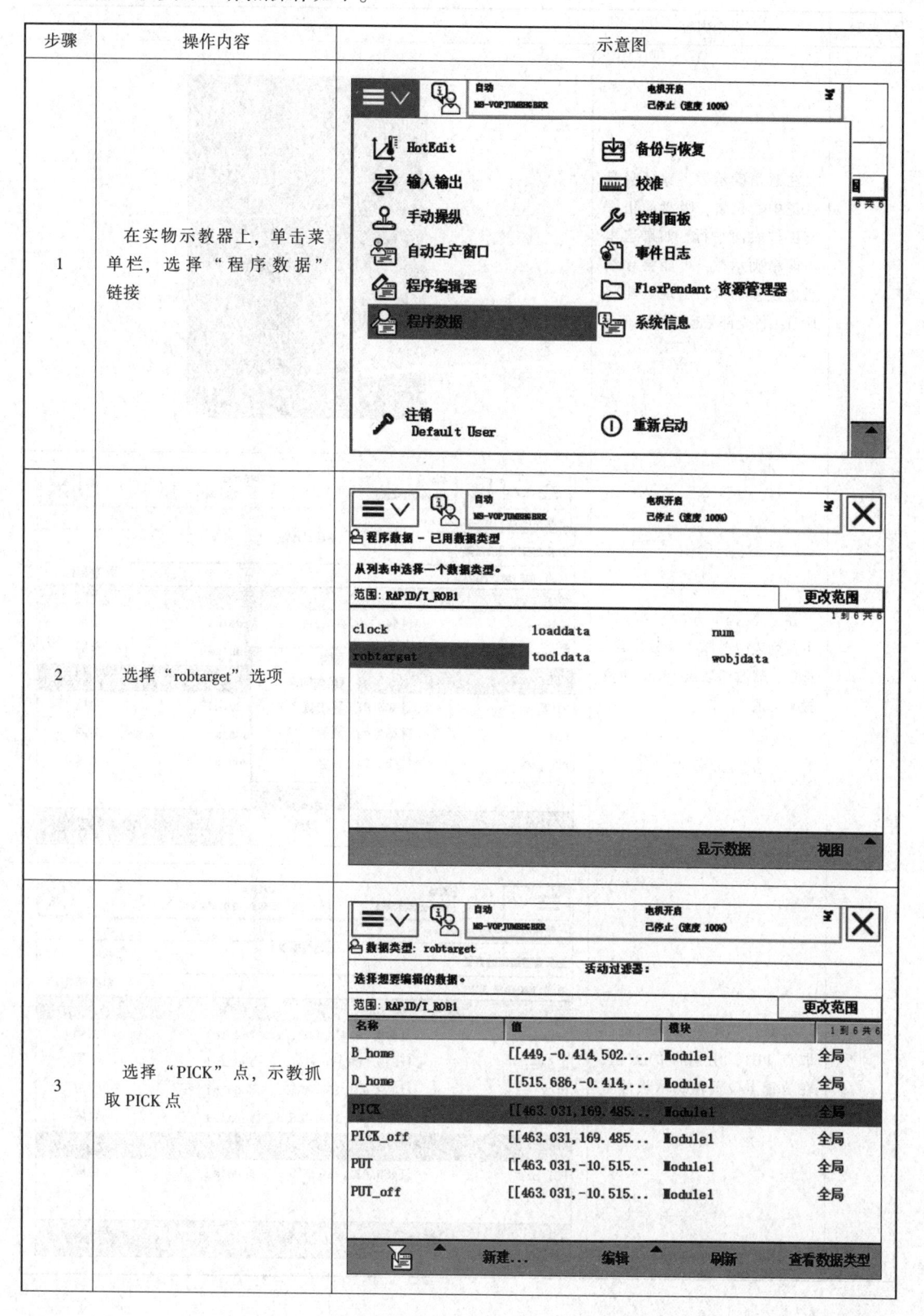

步骤	操作内容	示意图
1	在实物示教器上,单击菜单栏,选择"程序数据"链接	（示教器菜单界面：HotEdit、输入输出、手动操纵、自动生产窗口、程序编辑器、程序数据；备份与恢复、校准、控制面板、事件日志、FlexPendant 资源管理器、系统信息；注销 Default User、重新启动）
2	选择"robtarget"选项	程序数据-已用数据类型　从列表中选择一个数据类型。　范围:RAPID/T_ROB1　更改范围　1 到 6 共 6　clock　loaddata　num　robtarget　tooldata　wobjdata　显示数据　视图
3	选择"PICK"点,示教抓取 PICK 点	数据类型:robtarget　活动过滤器:　选择想要编辑的数据。　范围:RAPID/T_ROB1　更改范围　名称　值　模块　1 到 6 共 6　B_home　[[449,-0.414,502....　Module1　全局　D_home　[[515.686,-0.414,...　Module1　全局　PICK　[[463.031,169.485...　Module1　全局　PICK_off　[[463.031,169.485...　Module1　全局　PUT　[[463.031,-10.515...　Module1　全局　PUT_off　[[463.031,-10.515...　Module1　全局　新建...　编辑　刷新　查看数据类型

续表

步骤	操作内容	示意图
4	注意精确示教，保证吸盘在正中心位置，吸盘面正好与工件表面平行。如果这里不能精确示教，可能会导致后边误差加大，出现不能将所有工件全部搬运的情况	
5	在示教器下方的"编辑"下拉列表中选择"修改位置"选项，修改抓取点 PICK 的位置坐标值	
6	选择"PUT"点，示教抓取点 PUT，用同样的方法，在放置点位置精确示教放置点 PUT	

3. 实物调试

在程序编辑完成，工作点精准示教完成后，启动实物示教器电动机开关，按示教器上的单步走按钮"▣"，观察工业机器人每一步运行情况，如果有问题，则针对问题及时修改，再依次按单步走按钮，观察工业机器人运行情况是否都在设计之内，直到整个程序运行完毕。在单步走运行没问题的情况下将工业机器人复位，然后整体运行，运行效果请扫描右侧二维码观看。

搬运视频

示教器界面如图2-3-4所示。

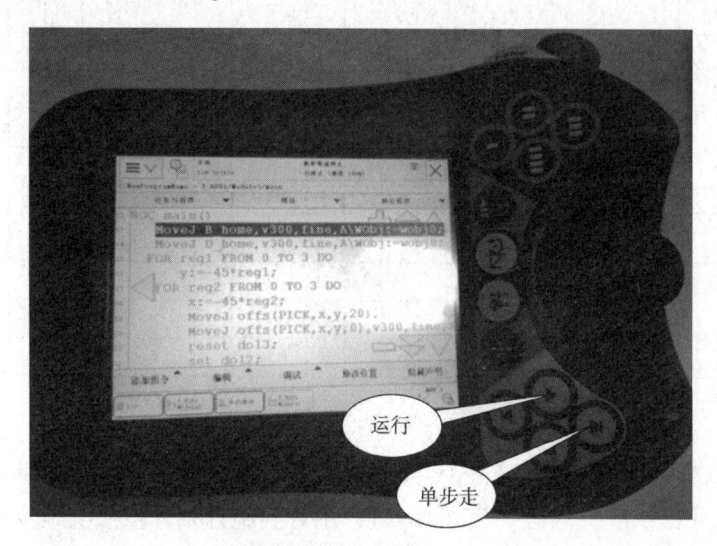

图2-3-4 示教器界面

【任务实施】

本任务详细讲解了虚拟搬运工作站与工业机器人工作站的关联，请将本任务中搬运顺序改为从搬运第一行第四列工件开始，如图2-3-5所示，将抓取点位置工件搬运到第一行第八列放置点位置，先搬运完第四列，然后依次搬运第三列、第二列、第一列，制定搬运路径，完成虚拟搬运工作站的仿真。具体位置如图2-3-5所示，并按照要求提交相应仿真录像，将工作站命名为"system3+自己的学号"，保存在"D:\RS sample"文件夹中，录像也保存在该文件夹中。虚拟仿真完成后，连接工业机器人工作站，将RobotStudio软件中虚拟搬运工作站相关数据导入工业机器人工作站，并对工业机器人工作站I/O进行配置，精准示教抓取点与放置点，对工业机器人工作站进行调试，完成实物16个工件的搬运。

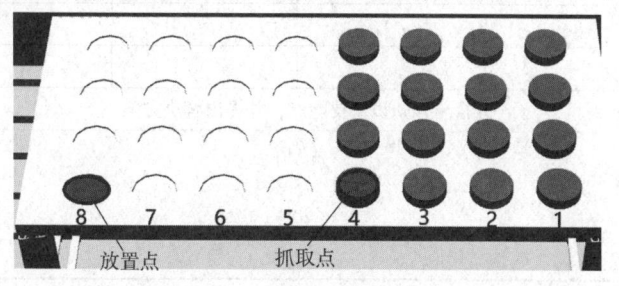

图2-3-5 抓取点与放置点位置

一、计划

1. 知识回顾
如何在 Robotstudio 软件中按任务要求搬运 16 个工件？X 轴、Y 轴的偏移如何处理？

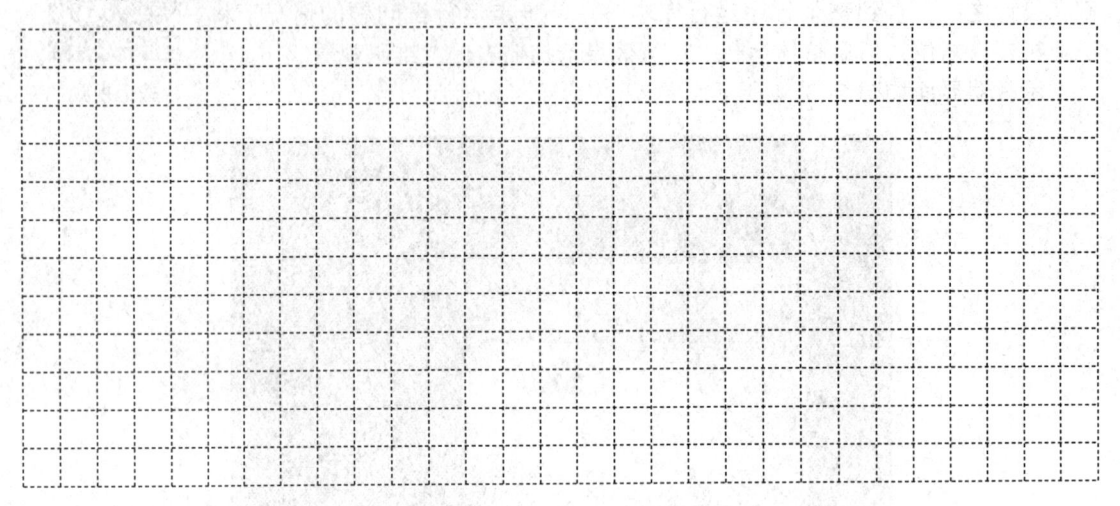

2. 计划
以小组为单位，对该计划进行讨论并制订工作计划，分解任务，认领子任务，分析仿真中遇到的问题并提供解决方案（表 2-3-2），制订实施计划并按照实施步骤进行自查，发挥团队协作作用，养成主动学习、全员参与、精益求精的职业素养。

表 2-3-2　工作计划分解

序号	子任务及其涉及的知识、技能点	负责人	是否已知已会	备注
1				
2				
3				
4				
5				
6				
7				
8				
9				
10				
分析未知知识、技能点，并提出解决方案				

3. 反思

（1）在示教器中进行系统信号关联时，如果发现 do13、do12 无法正常使用，请问是什么原因？如何解决？

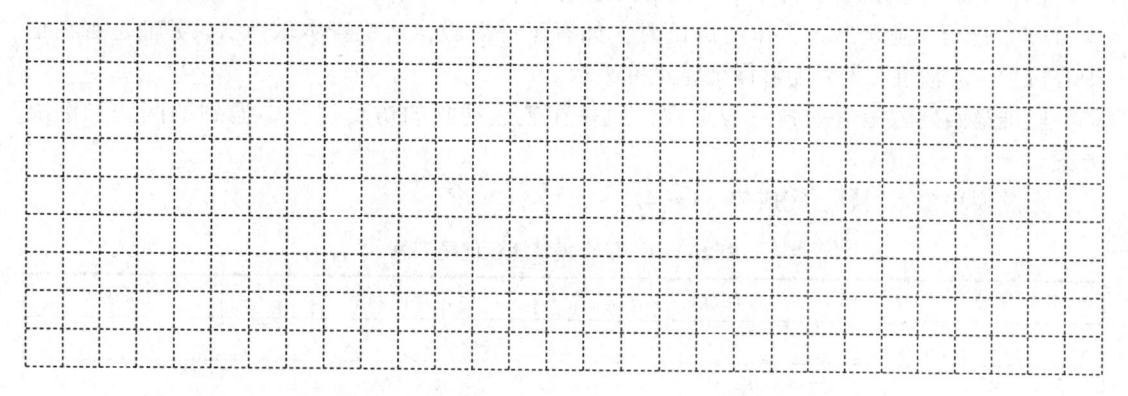

（2）列举仿真过程中遇到的问题并提出解决方案，完成表 2-3-3。

表 2-3-3　解决方案

序号	问题	解决方案
1		
2		
3		
4		
5		

二、实施

本项目任务三已经详细地阐述了完成 16 个工件的搬运分为两个子任务，一是实现 16 个工件搬运的虚拟仿真效果，二是与工业机器人工作站关联，完成 16 个工件的搬运效果。具体操作步骤如图 2-3-6 所示。

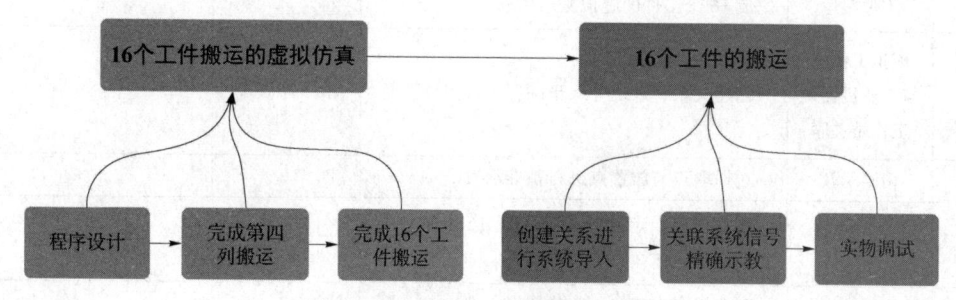

图 2-3-6　16 个工件搬运操作步骤

任务要求如下。

（1）在虚拟搬运工作站中，注意先完成第四列所有工件的搬运后，再完成 16 个工件的搬运动画；

（2）在安装吸盘时，注意检测真空发生器及吸盘好坏；

(3) 在进行虚拟搬运工作站与工业机器人工作站关联时注意计算机与工业机器人在同一个 IP 域下。

(4) 进行工业机器人工作站调试前，注意检查气压是否达标。

(5) 进行工业机器人工作站调试时，如有工件漏吸，请检查示教点 X、Y 轴是否在正中心位置，Z 轴位置是否能够保证将工件吸取。

验证第四列的搬运动画是否正常，列举在搬运动画的仿真过程中遇到的问题和解决方案。

汇总模块搬运问题，完成表 2-3-4。

表 2-3-4　单个模块搬运问题汇总

序号	问题	解决方案	备注
1			
2			
3			
4			

三、检查

1. 自查相关内容

配合教师完成学生自查表，见表 2-3-5。

表 2-3-5　学生自查表

学习情境：16 个工件搬运的仿真与实现			检查时间：	
序号	技术内容	技术标准	是否完成	未达标的整改措施
1	虚拟搬运工作站第四列搬运	首先从第一行第四列开始搬运，搬运路径必须从抓取点与放置点上方经过		
2	完成 16 个工件搬运	依次从第四列、第三列、第二列、第一列完成 16 个工件的虚拟搬运仿真		
3	虚拟工作站与工业机器人工作站关联	创建关系，系统导入正确；关联信号正确		
4	精确示教	对抓取点与放置点进行精准示教		
5	实物调试	能够按照设定路径正确完成 16 个工件实物的搬运工作		
6	工位整理	工业机器人归位；工位整理干净		
7	5S 管理	遵守场室 5S 管理要求		
8	总结	对该任务进行总结		

2. 课堂考核表

配合教师完成课堂考核表，见表 2-3-6。

表 2-3-6 课堂考核表

序号	考核要点	考核要求	配分	评分标准	得分	得分小计
1	16个工件搬运的虚拟仿真	在 RAPID 中进行程序设计	4	能在 RAPID 中对 main 模块进行程序设计得 4 分		
		能够进行变量定义与赋值	6	能够对 x, y 两个变量进行定义与赋值，每个变量得 3 分		
		能够使用循环语句	10	能够使用循环指令，实现第四列 4 个工件搬运到指定位置的仿真效果得 10 分		
		能够使用循环嵌套	20	能够使用循环嵌套，实现 16 个工件搬运到指定位置的仿真效果得 20 分		
	16个工件的实际搬运	虚拟工作站与工业机器人工作站的关联	10	创建关系正确得 2 分；系统导入正确得 2 分；关联信号 do12、do13 正确，各得 3 分		
		精准示教	20	能够对 PICK 点进行精准示教得 10 分；能够对 PUT 点进行精准示教得 10 分		
		实物调试正确	20	能够按照设定路径与顺序正确完成实物 16 个工件的搬运得 20 分		
2	职业素养 10 分	遵守场室纪律，无安全事故	2	纪律和安全方面各占 1 分		
		工位保持清洁，物品整齐	2	工位和物品方面各占 1 分		
		着装规范整洁，佩戴安全帽	2	着装和安全帽方面各占 1 分		
		操作规范，爱护设备	2	规范和爱护设备各得 1 分		
		对工位进行 5S 管理	2	5S 管理执行到位得 2 分		
3	违规扣分	操作中发生安全问题		扣 50 分		
		明显操作不当		扣 10 分		
		总分				

四、反思

将自己的总结向别的同学介绍，描述收获、问题和改进措施。在一些工作完成不尽意的地方，记录别人给自己的意见，帮助下面的工作。

上述我们用了 for 嵌套完成了 16 个工件的搬运，请查阅上述 test 学习链接，通过 RobotStudio 帮助和网络资源采用其他方法实现此功能。

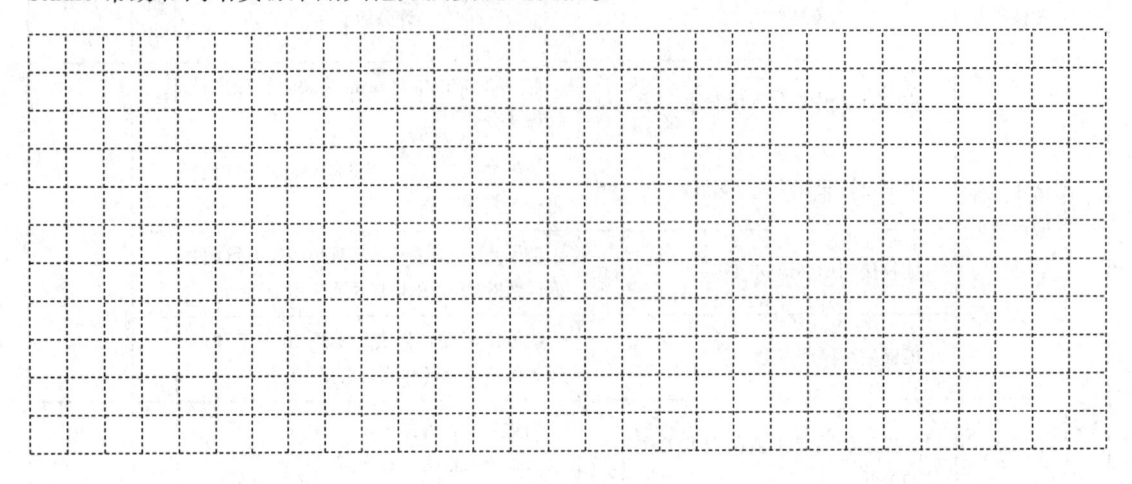

习　题

一、判断题

1. 工业机器人轨迹泛指工业机器人在运动过程中的运动轨迹，即运动点的位移、速度和加速度。　　　　　　　　　　　　　　　　　　　　　　　　　　　　　（　）
2. 轨迹规划与控制就是按时间规划和控制手部或工具中心走过的空间路径。（　）
3. 手动操作工业机器人时，要一直按住示教使能键。　　　　　　　　　　（　）
4. 工业机器人自动运行时，要一直按住示教使能键。　　　　　　　　　　（　）
5. 利用示教编程方法编写工业机器人程序时，一般需完成程序名编写、程序编写、程序修改、程序单步调试后，才能进行自动运行。　　　　　　　　　　　　　　（　）
6. 使用 MoveJ 指令时，工业机器人移动的路径是直线。　　　　　　　　　（　）
7. 工业机器人使用吸盘工具进行搬运时，其 TCP 一般设置在法兰中心线与吸盘底面的交点处。　　　　　　　　　　　　　　　　　　　　　　　　　　　　　（　）
8. 使用 ABB 示教盒上的快捷键可以实现工业机器人/外轴运动的切换。　　（　）
9. 关节运动指令可使工业机器人 TCP 从一点运动到另一点时，但运动轨迹不一定为直线。　　　　　　　　　　　　　　　　　　　　　　　　　　　　　　　　（　）
10. ABB 标准 I/O 板安装完成后，只需将 I/O 板添加到 DeviceNet 总线上，即可在示教盒和软件中使用。　　　　　　　　　　　　　　　　　　　　　　　　　（　）

二、选择题

1. 试运行是指在不改变示教模式的前提下执行模拟再现动作的功能，当工业机器人动作速度超过示教最高速度时，以（　　）。

　　A. 程序给定的速度运行　　　　　　　B. 示教最高速度来限制运行
　　C. 示教最低速度来运行　　　　　　　D. 示教最高速度来运行

2. 直线运动指令是工业机器人示教编程时常用的运动指令，编写程序时需通过示教或输入来确定工业机器人末端控制点移动的起点和（　　）。
   A. 运动方向　　　B. 终点　　　C. 移动速度　　　D. 直线距离
3. 位置数据（robotarget）的作用域不包括（　　）。
   A. 全局　　　B. 本地　　　C. 任务　　　D. 指令
4. 示教盒上的快捷键不包括（　　）。
   A. 动作模式切换　　B. 轴切换　　C. 坐标切换　　D. 增量模式切换
5. 编程时，在语句前加上（　　），则整条语句作为注释行，不会被程序执行。
   A. !　　　B. #　　　C. *　　　D. **
6. 在示教盒的（　　）菜单中可以查看工业机器人的 I/O 信号。
   A. 手动操纵　　B. 输入输出　　C. 控制面板　　D. 程序数据
7. 将 ABB 标准 I/O 板添加到 DeviceNet 总线上，需要在示教盒"控制面板"的（　　）选项中设置。
   A. 监控　　　B. ProgKeys　　　C. I/O　　　D. 配置
8. 以下不属于 ABB 工业机器人 DSQC652 标准 I/O 板接口的是（　　）。
   A. 数字输入接口　　　　B. 数字输出接口
   C. DeviceNet 接口　　　D. 以太网接口
9. 在调试程序时，先进行（　　）调试，再进行连续运行调试。
   A. 自动运行　　B. 循环运行　　C. 单步运行　　D. 单程序完整运行
10. 程序"reg1：=2；for i FROM 1 to 3 STEP 2 DO reg1：=reg1+2；ENDfor"的执行结果 reg1 为（　　）。
    A. 2　　　B. 4　　　C. 6　　　D. 8

项目三

工业机器人码垛工作站仿真与实现

在《清明上河图》中，我们看到人头攒动、商铺林立，北宋汴京繁华跃然纸上。行商坐贾，在堆放物品时，为了节省空间，常把物品垒成许多层，称之为"垛"，垒垛的过程就是我们现在俗称的码垛。每层可摆成不同的形状，摆成三角形的就叫"三角形垛"，早在13世纪，我国数学家杨辉就在《详解九章算法》中介绍了"三角形垛"的计算方法。可见，码垛方法是一个古老的研究课题。

码垛的主要目的是便于对物品进行维护、查点等管理和提高仓库利用率。码垛方式有多种，例如重叠交叉、纵横交叉、错位摆放等，根据货物材料、形状、重量等特性结合标准来进行规划。码垛时，垛形、垛高、垛距都有严格规定，严禁超高码垛。码垛要确保整齐、安全，不得倾斜、裂缝，以防坍塌伤人。我们将在本项目中学习如何使用工业机器人进行安全、有效码垛。

工业机器人码垛应用如图3-0-1所示。

图3-0-1 工业机器人码垛应用

【工作站简介】

码垛是指将形状基本一致的物品，按照一定的排列顺序放在托盘、栈板（木质、塑胶）上，自动堆叠，可多层堆码。对于重复性劳动，通过工业机器人进行码垛控制，可大大地减少劳动力，降低劳动强度。此工作站模拟工业机器人对低压电器的码垛装箱工作，每块物料都有单独的编号，可进行不同形式的码垛算法和控制。

项目三　工业机器人码垛工作站仿真与实现

技术要求如下。

（1）根据货物的品种、性质、规格、批次、等级等要求，分开堆放。码垛间距要符合操作及防火安全的标准，大不压小、重不压轻、缓不压急、不围堵货物。

（2）货垛稳定牢固，不偏不斜。使垛形、垛高、垛距统一化和标准化，货垛上每件货物尽可能整齐码放，垛边横竖成列，货物外包装的标记和标志一律朝垛外。

（3）设计的垛形、尺度、堆垛方法尽可能方便堆垛、搬运、装卸作业，提高作业效率。码垛工作站如图 3-0-2 所示。

图 3-0-2　码垛工作站

【学习地图】

码垛工作站学习地图如图 3-0-3 所示。

图 3-0-3　码垛工作站学习地图

任务一　码垛工作站布局与安装

【学习情境】

在工业生产中，码垛控制是工业机器人典型基础应用。此工作站物料平台包含 8 块物料，每块物料上有丝印低压电器模型图案，根据不同的码垛算法实现工业机器人典型的码垛工作任务。本任务主要完成码垛工作站的布局，包括虚拟工作站的布局和真实工作站的安装。

一、学习目标

（1）会在 RobotStudio 软件中解包工作站，能在虚拟示教器上进行备份和工业机器人重置；

（2）会在 RobotStudio 软件中进行码垛工作站布局；

（3）会选择对应的双吸盘夹具、夹具与工业机器人的连接法兰盘、安装螺丝、螺丝刀等工具，并按照要求摆放与操作；

（4）能根据规定的参数进行工业机器人工作站的双吸盘夹具与连接法兰盘的安装；

（5）会创建工作机器人系统，会添加相应的通信设备及设置通信方式；

（6）会进行标准 I/O 板配置及信号配置。

二、所需工具设备

（1）ABB 工业机器人 1 台、码垛模块 1 套。

（2）装有 RobotStudio 软件的计算机 1 台、虚拟码垛工作站"码垛 0.rspag"打包文件 1 个。

（3）内六角螺丝刀、活动扳手、十字螺丝刀、万用表、尖嘴钳等电工工具各 1 套。

【学习链接】

【技能链接】

扫描右侧二维码，观看虚拟码垛工作站的仿真，明确任务要求。

码垛搬运单个效果视频

一、码垛工作站布局

按照搬运工作站布局学习链接，完成码垛布局，主要分为以下几个步骤。

（1）解压并初始化；

（2）创建工业机器人系统；

（3）进行 I/O 配置。

为了使吸盘抓取工件，需要配置 I/O 信号。先在工业机器人系统中添加 I/O 板，再在 I/O 板上创建信号。I/O 板选择 DSQC652。I/O 信号配置见表 3-1-1。

表 3-1-1　I/O 信号配置

信号名称	信号类型	所在 I/O 板	信号地址
xi	Digital output	D652	13
fang	Digital output	D652	14

码垛工作站布局如图 3-1-1 所示。

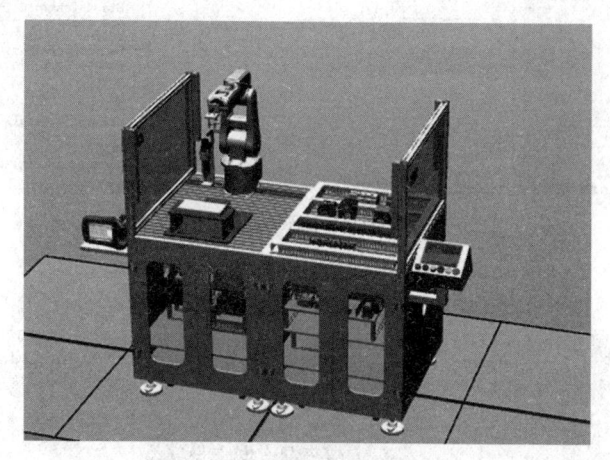

图 3-1-1　码垛工作站布局图

二、Smart 组件创建

在码垛控制中，关键是实现工具夹取和放下工件的动画效果。扫描右侧二维码可观看 Smart 组件创建视频。创建动态夹具要用到 Attacher、Detacher、LineSensor 组件。Attacher 将子对象（Child）安装到父对象（Parent）上；Detacher 将子对象（Child）从父对象（Parent）上拆除；LineSensor 检测线段是否相交，可用来检测两个物体是否已接触，类似于碰撞传感器。新建组件后，在"组成"选项卡中单击"添加组件"按钮，添加 Attacher、Detacher、LineSensor 组件。添加完成后即可在"组成"选项卡中看到 Attacher、Detacher、LinSersor 三个组件。以下介绍 LineSensor 组件的安装和应用。

Smart 组件创建

（1）切换至工业机器人视图界面，用鼠标右键单击工业机器人，选择机械装置手动关节，通过关节调整工业机器人，目的使将 LineSensor 组件精准安装至对应位置。将六轴关节都调至 0。

（2）切换至组件界面，双击 "LineSensor" 子组件，如图 3-1-2 所示。

（3）给工业机器人安装传感器。切换至工业机器人视图界面，选择"圆心"工具，单击"属性"下的"Start"数值框位置，此时鼠标箭头显示工具状，可进行起始点的选择，用同样的方法进行"End"选择。"Radius"选择"10 mm"，如图 3-1-3 所示。再把 LinSensor 子组件拖曳至工业机器人工具下，如图 3-1-4 所示。在弹出的"更新位置"对话框中，提示"是否希望更新' LineSensor' 的位置？"，如图 3-1-5 所示，单击"否"按钮。至此，吸盘工具上已经安装 LineSensor 传感器，传感器可跟随工业机器人运行。取消工业机器人吸盘的传感器检测，如图 3-1-6 所示，取消勾选"可见"选项，以防止传感器误

图 3-1-2 调出 LinSensor 子组件属性

检测。

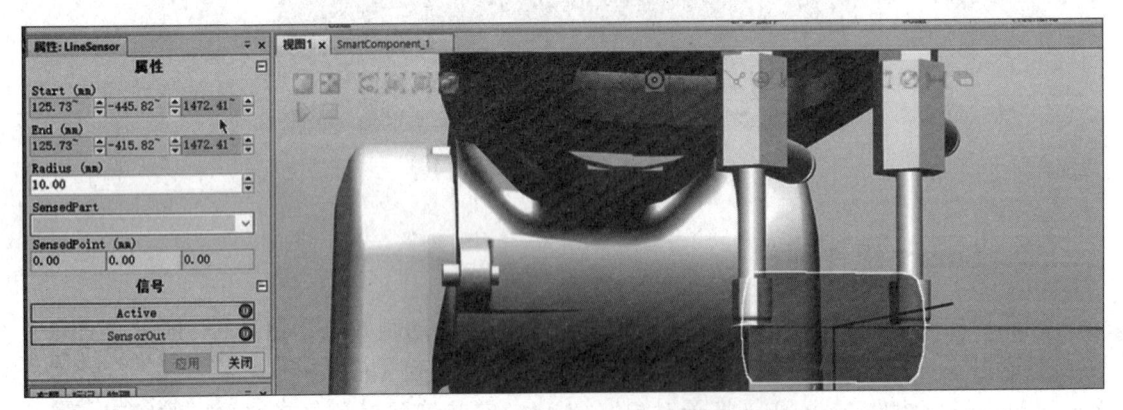

图 3-1-3 安装 LinSensor 子组件属性

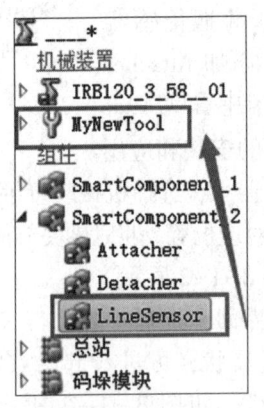

图 3-1-4 拖曳 LinSensor 子组件示意

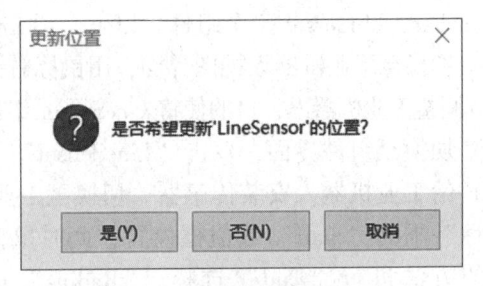

图 3-1-5 更新位置示意图

（4）通过工业机器人的线性运动，将工业机器人移动至码垛的放置点，若工业机器人关节不合适，可进行关节参数配置，选择"机器人"→"配置参数"选项，可调整工业机器

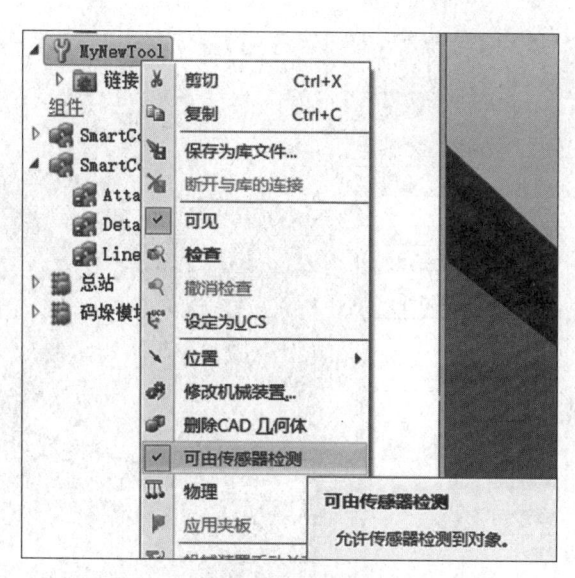

图 3-1-6 取消吸盘的 LineSensor 检测

人关节状态,如图 3-1-7 所示。

选择"捕捉对象"工具,将工业机器人移动至待搬运的物件位置,并单击"示教目标点"按钮,如图 3-1-8 所示,在"路径和目标点"选项卡中命名示教点为"pick"(名字可任取)。

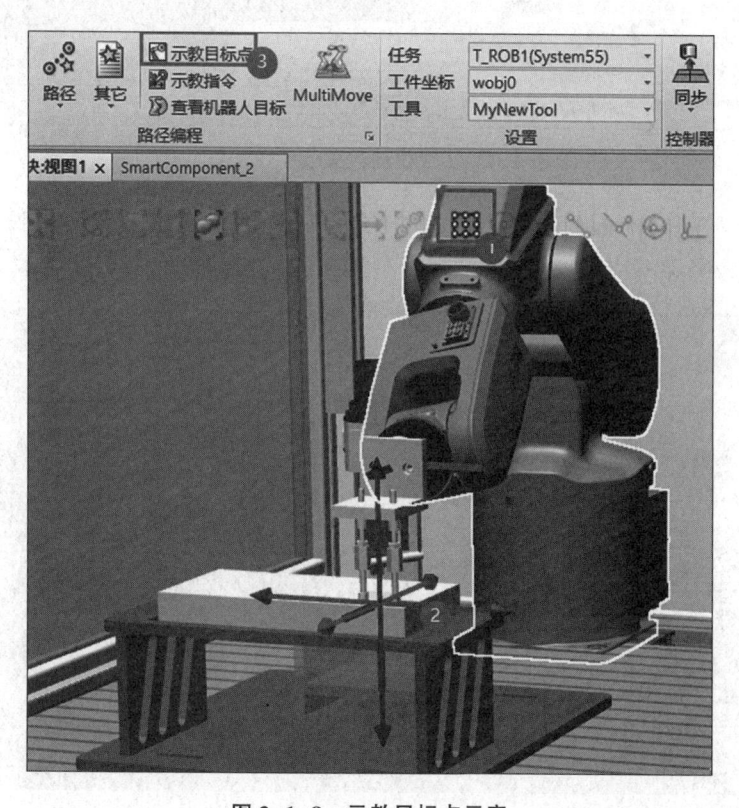

图 3-1-8 示教目标点示意

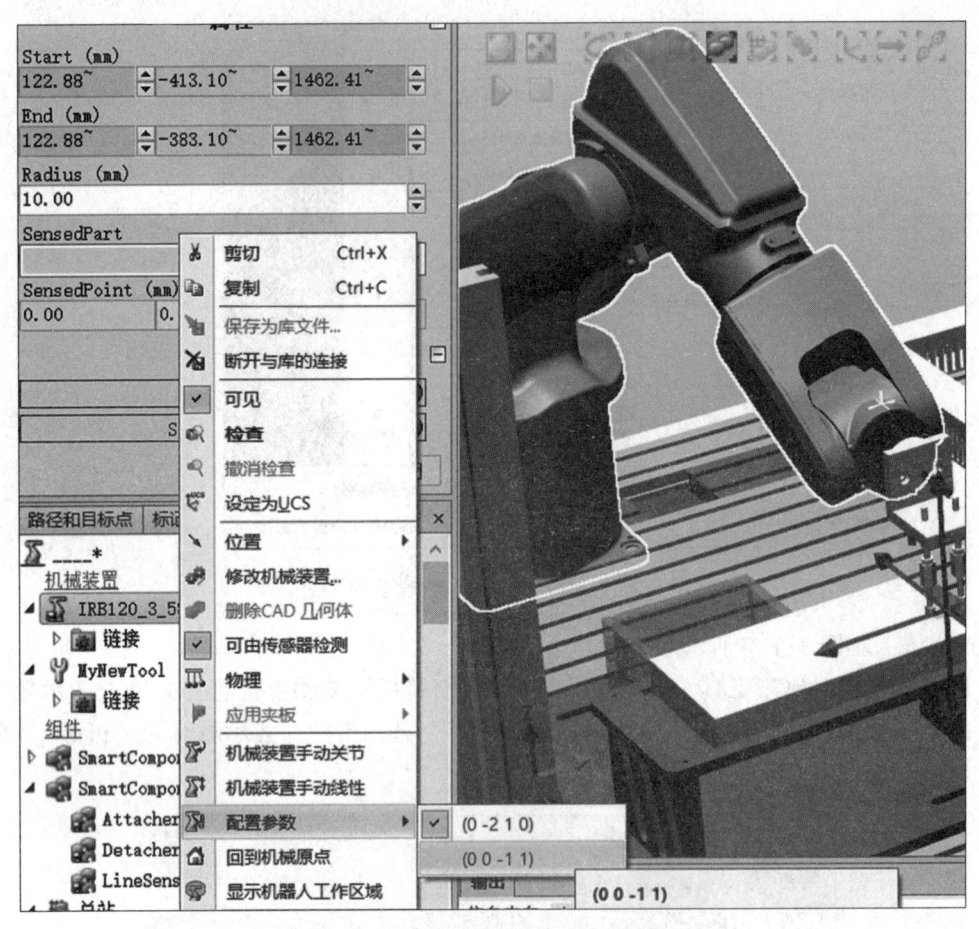

图 3-1-7 工业机器人关节参数配置示意

在"属性：LineSensor"窗口中单击信号"Active"，即可看到检测到的模块（SensedPart）为码垛模块，表明 LineSensor 检测功能成功，如图 3-1-9 所示。

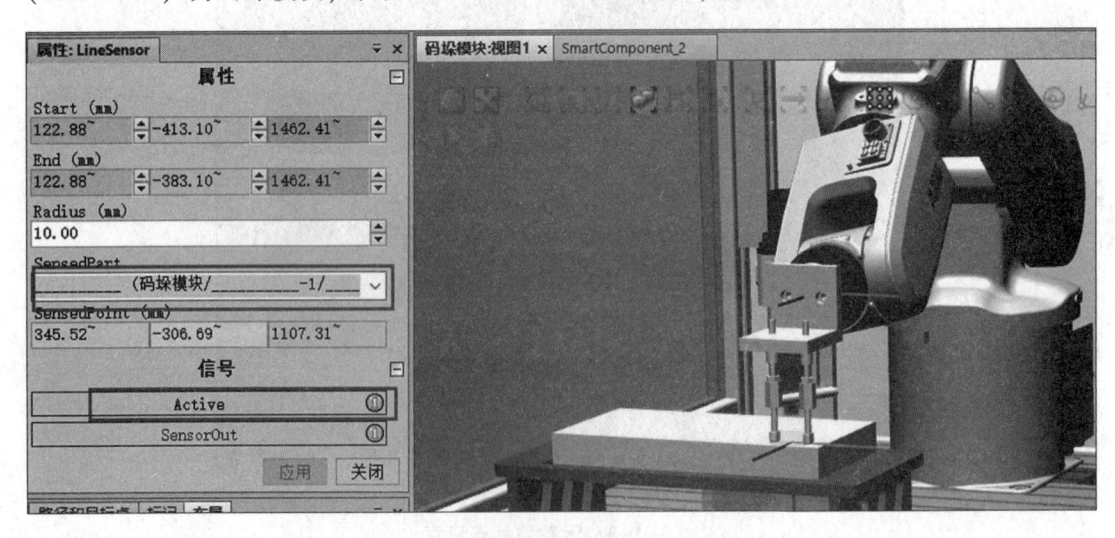

图 3-1-9 "属性：LineSensor"窗口

若不希望显示 LineSensor，可通过图 3-1-10 所示操作取消 LineSensor 显示。

以下介绍 Attacher 组件属性。

（1）将界面切换至"Smart 组件"下，选择"设计"选项卡，添加输入，在输入框中添加输入信号名称。此处涉及吸和放两个状态，因此设置两个信号分别对应吸和放。

（2）将 di1 连接至 LineSensor 的 Active，将 LineSensor 的 SersorOut 连接至 Attacher 的 Execute，表明 di1 为 1 时，启动 LineSensor 检测，如果 LineSensor 检测为 1（表明碰撞），那么就将子对象 Child 安装到父对象 Parent 上。此处子对象就是（SensedPart）的码垛模块。

（3）在"属性：Attacher"窗口中选择父对象为工具"MyNewTool"，即完成 Attacher 组件属性的创建，如图 3-1-11 所示。

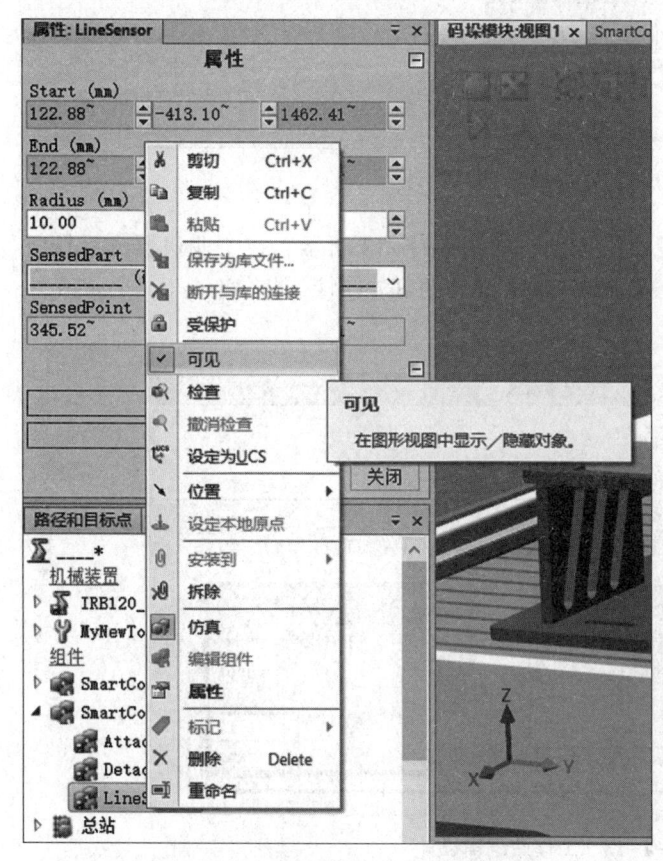

图 3-1-10　取消 LinSensor 显示示意　　　　图 3-1-11　Attacher 属性设置

以下介绍 Detacher 组件属性。将 di2 连接至 Detacher 的 Execute，表明 di2 为 1 时，启动 Detacher，即将子对象从父对象上拆除。此处子对象即 SensedPart 的码垛模块。Detacher 连接设计如图 3-1-12 所示。

以下通过工作站逻辑将工业机器人的 I/O 信号与双吸盘夹具动态效果连接，通过对工业机器人编程实现吸盘吸放动态效果。

（1）选择"仿真"→"工作站逻辑"选项。

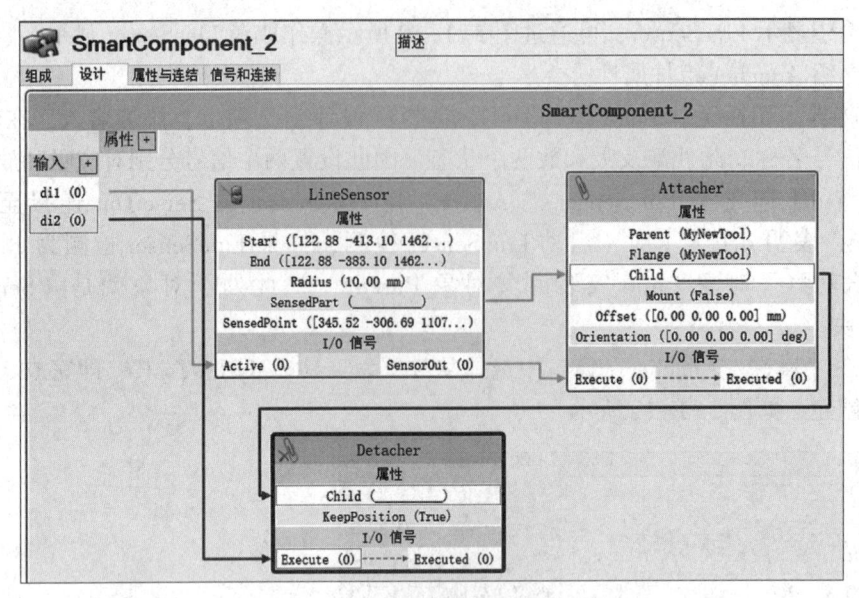

图 3-1-12　Detacher 连接设计

（2）选择"工作站逻辑"→"设计"选项，如图 3-1-13 所示，在工业机器人系统下添加"xi""fang"两个信号，并将"xi"与 Smart 组件的 di1 连接，将"fang"与 Smart 组件的 di2 连接。

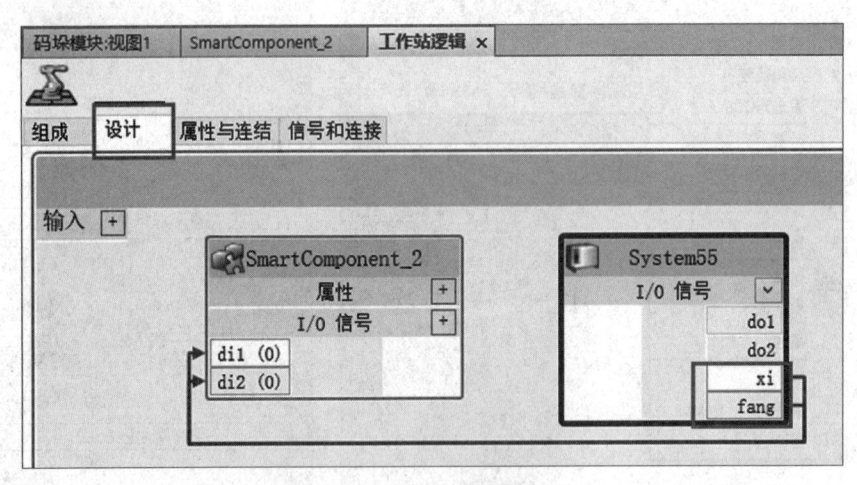

图 3-1-13　工作站逻辑设计

三、单个工件的码垛放置

1. 将工件放置于码垛位置

选择一个工件，通过"位置"→"放置"→"一个点"选项，将工件放置到目标位置，如图 3-1-14 所示。分别选择"主点-从"位置（图 3-1-15）和"主点-到"位置（图 3-1-16），完成工件位置的调整。扫描右侧二维码可观看操作视频。

示教

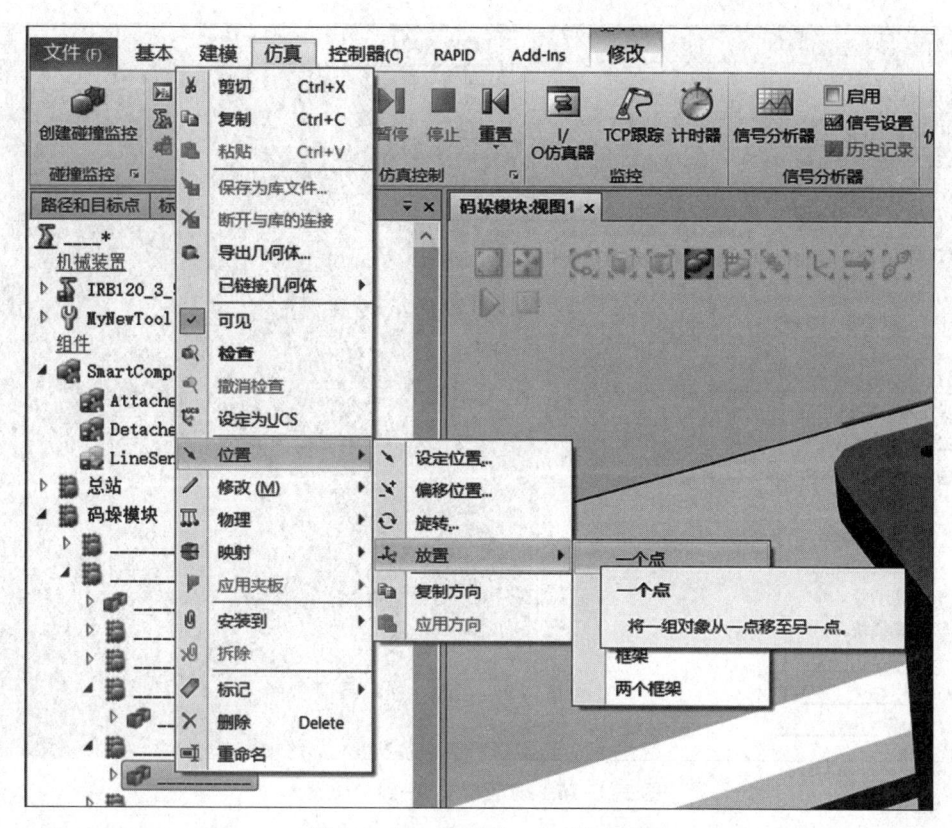

项目三　工业机器人码垛工作站仿真与实现

图 3-1-14　选择"一个点"选项

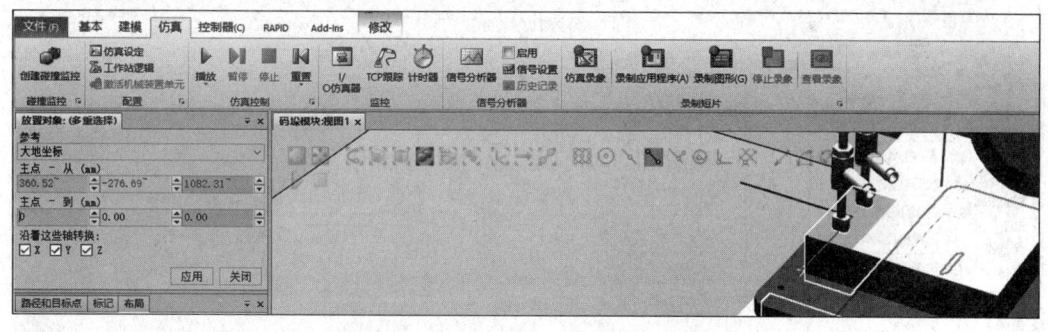

图 3-1-15　确定"主点-从"位置

2. 示教放置目标点

(1) 如项目一所示，创建工件坐标系，选择合适的工具坐标系。

(2) 示教目标点。

选择"捕捉对象"工具，将工业机器人移动至物件搬运的位置，并单击"示教目标点"按钮，在"路径和目标点"选项卡中命名示教点为"put"（名字可任取）。

为了便于工件移动后返回原来位置，设定本地原点，如图 3-1-17 所示。选中物体，单击"修改"→"设定本地原点"选项，确定坐标位置都为 0，如图 3-1-18 所示。若要返回至此，只需选中物体，输入坐标位置 0，即可回到此位置。

153

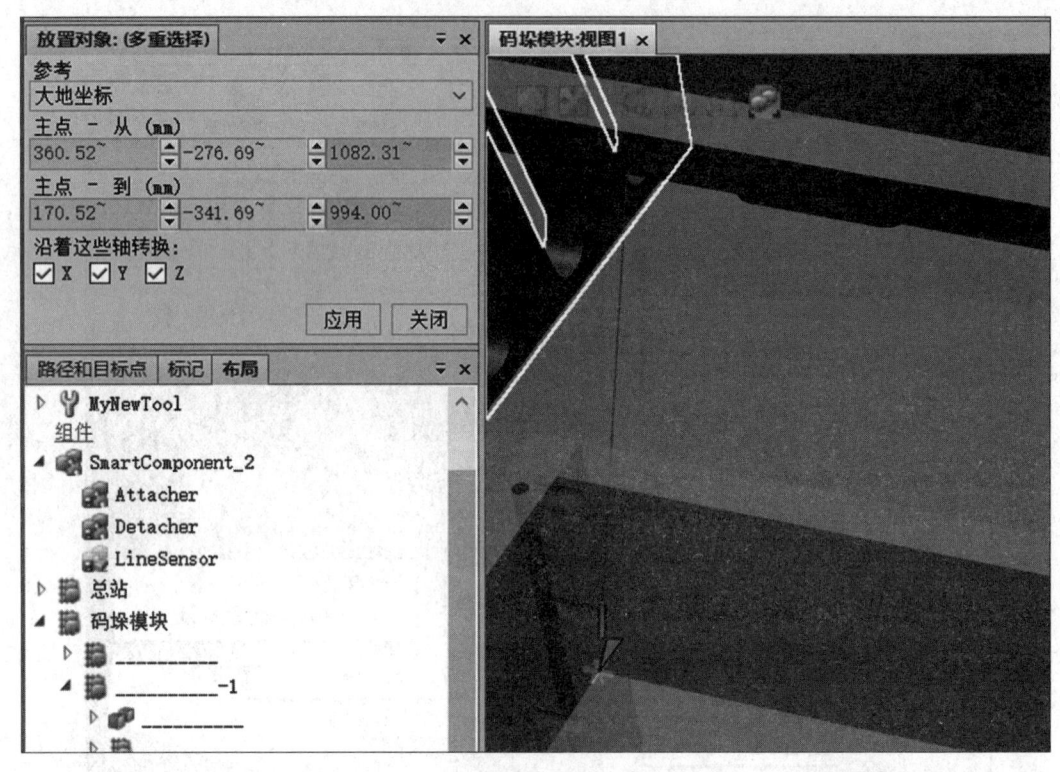

图 3-1-16 确定"主点-到"位置

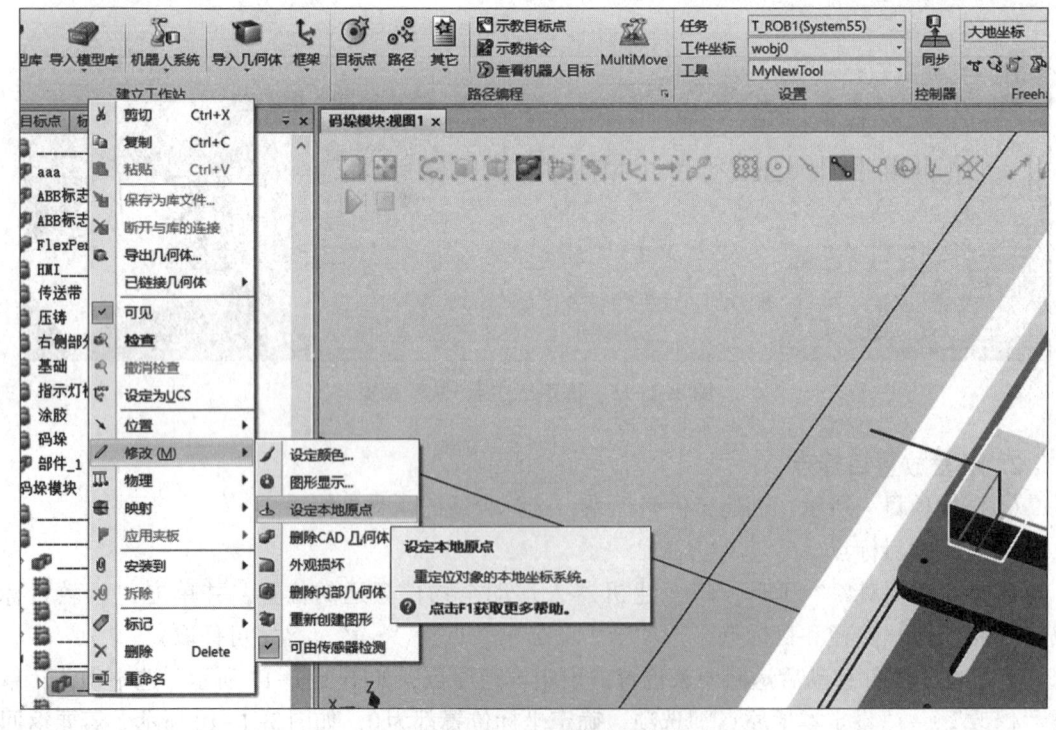

图 3-1-17 设定本地原点

示教 home 和 phome 位置，其位置如图 3-1-19 和图 3-1-20 所示。选择运动速度、运动模式、工件坐标、工具坐标按钮（ MoveJ * * v200 * fine * MyNewTool * \WObj:=wobj0 * ），选择示教点，选择"添加新路径"选项，如图 3-1-21 所示。查看之前示教的目标点是否正确，沿着配置好的路径运行，如图 3-1-22 和图 3-1-23 所示。若位置正确，则将工作站中设计的程序同步到 RAPID 中，如图 3-1-24 所示。

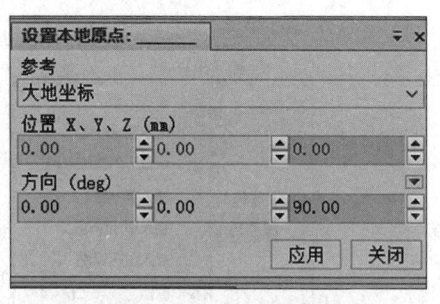

图 3-1-18 设定坐标

图 3-1-19 home 位置示意

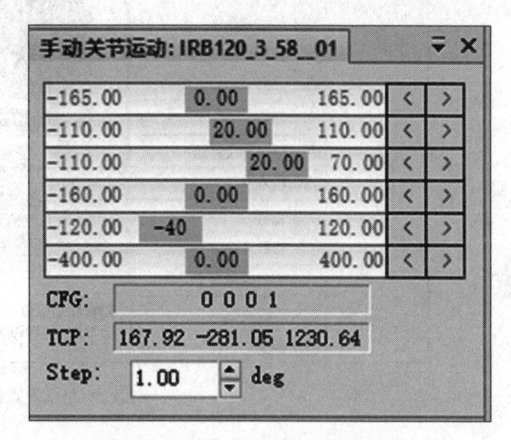

图 3-1-20 phome 位置示意

图 3-1-21 添加新路径示意

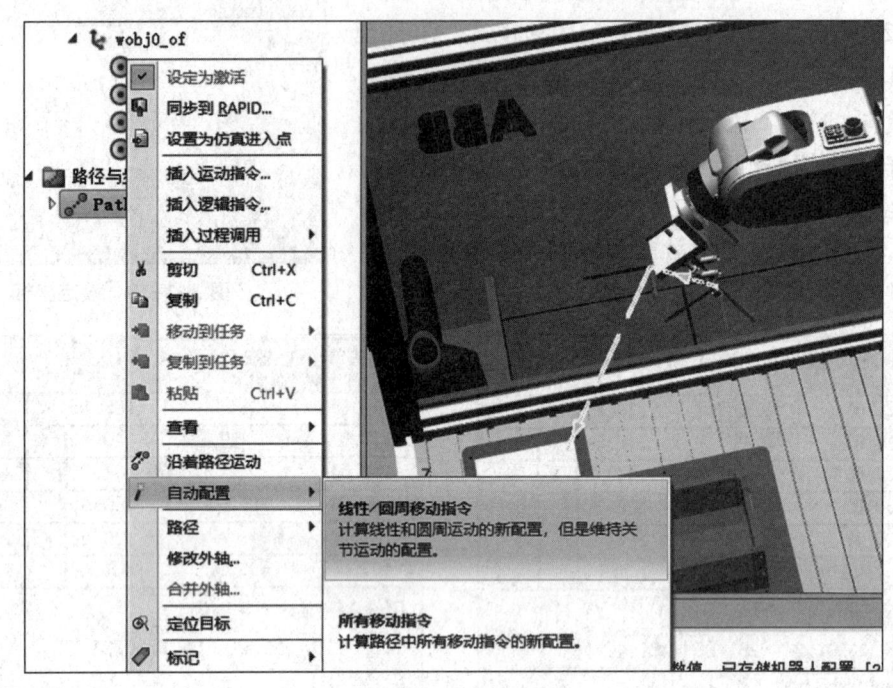

图 3-1-22 自动配置示意

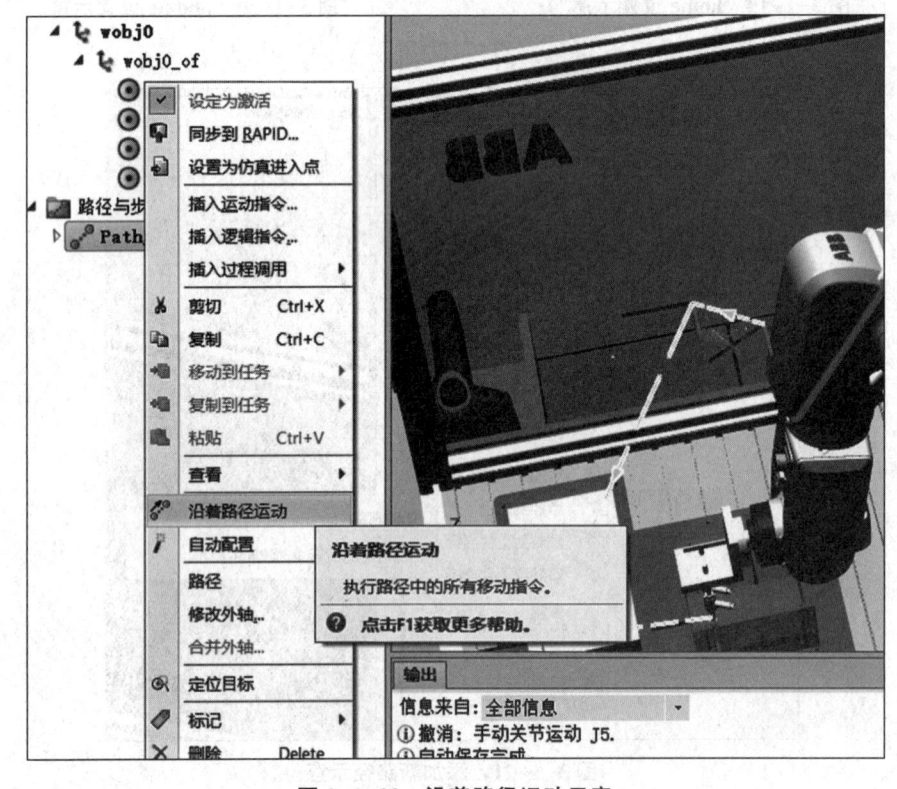

图 3-1-23 沿着路径运动示意

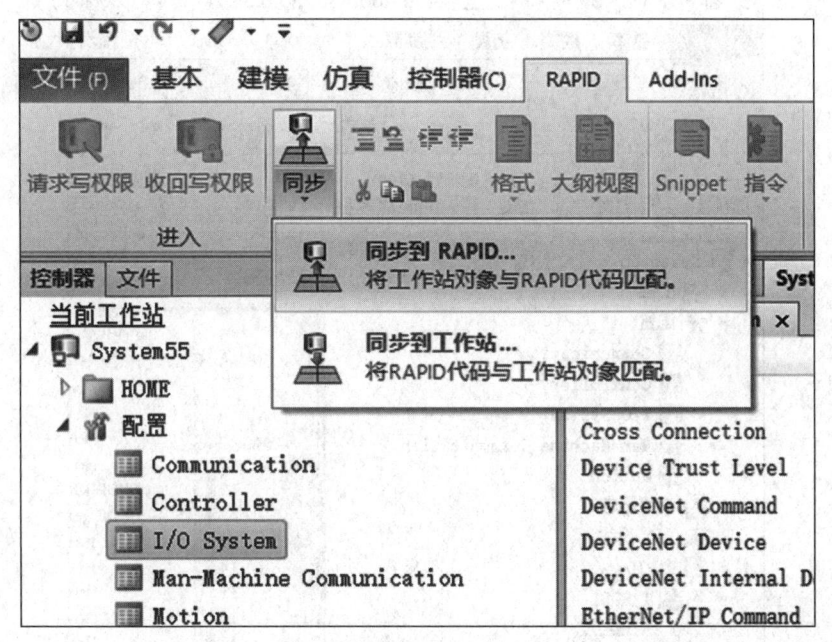

图 3-1-24　将工作站中设计的程序同步至 RAPID 示意

在 RAPID 中，设计 main 主程序，如图 3-1-25 所示。

```
PROC main()
    MoveAbsJ home,v1000,z100,MyNewTool\WObj:=wobj0;
    reset xi;
    reset fang;
    MoveJ phome,v200,fine,MyNewTool\WObj:=wobj0;
    MoveL offs(pick,0,0,50),v200,fine,MyNewTool\WObj:=wobj0;
    MoveL pick,v200,fine,MyNewTool\WObj:=wobj0;
    WaitTime 0.5;
    reset fang;
    set xi;
    MoveL offs(pick,0,0,50),v200,fine,MyNewTool\WObj:=wobj0;
    MoveL offs(put,0,0,150),v200,fine,MyNewTool\WObj:=wobj0;
    MoveL put,v200,fine,MyNewTool\WObj:=wobj0;
    reset xi;
    set fang;
    MoveL offs(put,0,0,50),v200,fine,MyNewTool\WObj:=wobj0;
    MoveAbsJ home,v1000,z100,MyNewTool\WObj:=wobj0;
ENDPROC
```

图 3-1-25　设计 main 主程序

程序设计完成后，将 RAPID 中设计的程序同步到工作站，如图 3-1-26 所示，将看到工作站中有 main 程序。单击"仿真"→"播放"按钮，如图 3-1-27 所示，即可完成单个工件的码垛搬运仿真效果。完成后，打包工作站，打包名称为"码垛 1.rspag"。

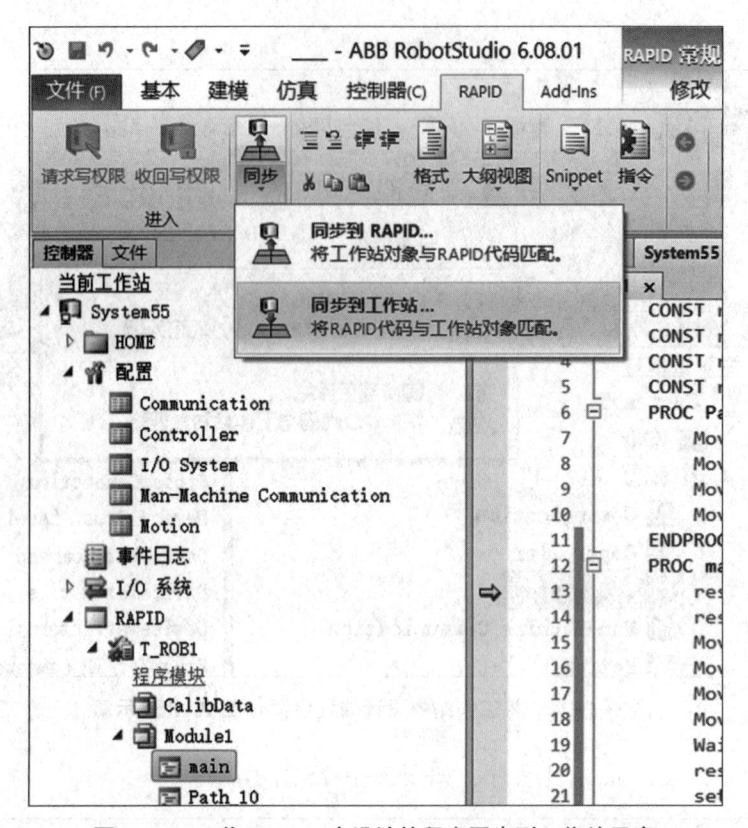

图 3-1-26 将 RAPID 中设计的程序同步到工作站示意

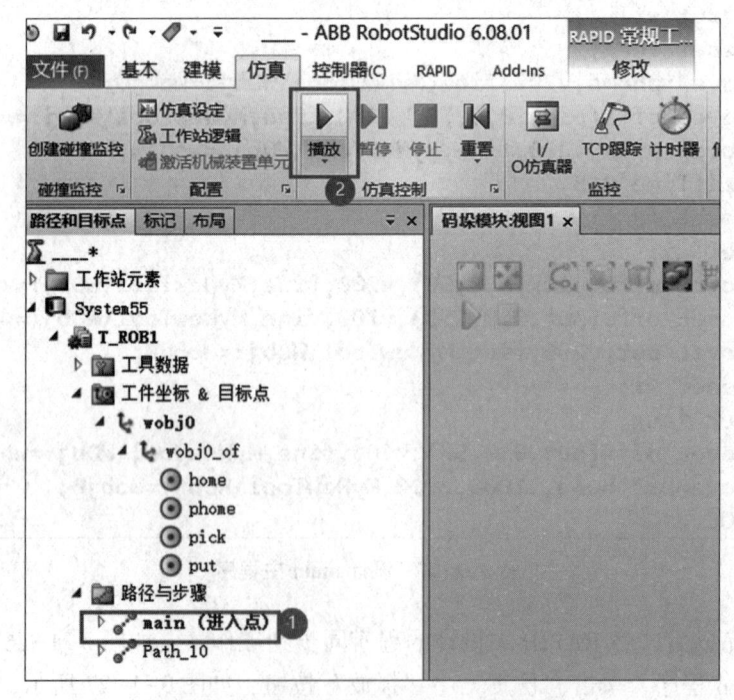

图 3-1-27 单击"仿真"→"播放"按钮

【任务实施】

解包码垛工作站"码垛 0.rspag",按照【学习链接】在 RobotStudio 软件中完成布局及单个工件的码垛搬运并完成打包"码垛 1.rspag";将调试好的虚拟工作站下载到真实的工业机器人工作站,并进行实际示教点的精确示教与工作站的整体调试。

一、计划

1. 知识回顾

如何在 Robotstudio 软件中创建简单的移动轨迹动画?在工业机器人工作站中如何示教对应的目标点?(可参考项目二)

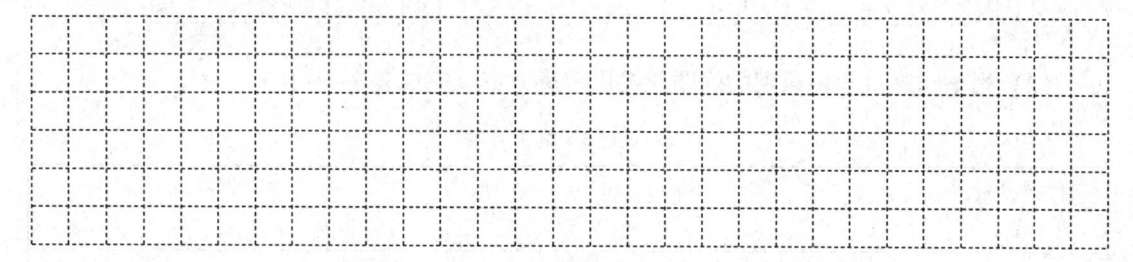

2. 计划

以小组为单位,对该计划进行讨论并制订工作计划,分解任务,认领子任务,分析仿真中遇到的问题并提供解决方案(表 3-1-2),制订实施计划并按照实施步骤进行自查,发挥团队协作作用,养成主动学习、全员参与、精益求精的职业素养。

表 3-1-2　工作计划分解

序号	子任务及其涉及的知识、技能点	负责人	是否已知已会	备注
1				
2				
3				
4				
5				
6				
7				
8				
分析未知知识、技能点,并提出解决方案					

3. 反思

（1）在 RobotStudio 软件仿真中，无法实现模块搬运的动画效果，请问是什么原因？如何解决？

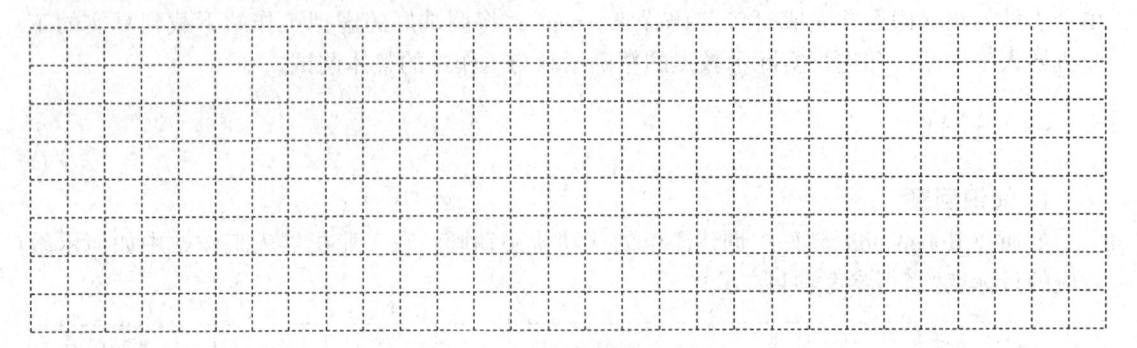

（2）列举仿真过程中遇到的问题并提出解决方案，完成表 3-1-3。

表 3-1-3　解决方案

序号	问题	解决方案
1		
2		
3		
4		
5		
6		

二、实施

1. 工作站硬件配置

（1）安装工作站套件准备。

①打开柜门，找到码垛控制套件。

②把套件放至工业机器人工作桌桌面，并选择对应的双吸盘夹具（图 3-1-28）、夹具与机器人的连接法兰、安装螺丝（若干）、内六角螺丝刀。

图 3-1-28　双吸盘夹具

③选择合适型号的十字螺丝刀将非本系统套件从套件托盘上拆除。

(2) 工作站安装。

①选择合适的螺丝,把码垛控制套件安装至工业机器人工作桌面的合理位置(可任意选择安装位置、方向,但确保在工业机器人工作范围内)。

②夹具安装:首先把双吸盘夹具与工业机器人的连接法兰安装至工业机器人六轴法兰盘上,其次把双吸盘夹具安装至连接法兰上。扫描右侧二维码观看安装过程。

夹具安装

2. 工艺要求

(1) 在进行码垛轨迹示教时,双吸盘夹具姿态保持与工件表面平行,两个吸盘高度相等,吸盘姿态如图 3-1-29 所示。

图 3-1-29 吸盘姿态

(2) 根据 GB/T 19400—2003 标准,工业机器人运行轨迹要求平缓流畅,放置工件时平缓准确,不得触碰周边设备,放置位置精准。

3. 验证仿真系统导入真实工业机器人系统

将仿真工作站的工业机器人系统导入真实工业机器人系统并根据表 3-1-4 进行验证。

表 3-1-4 验证仿真系统导入真实工业机器人系统

仿真工业机器人系统	真实工业机器人系统	验证内容	评价	结论
		程序是否导入		
		工件坐标系是否导入		
		工具坐标系是否导入		

4. 工件坐标系创建

创建与仿真过程同步的工件坐标系并验证工件坐标系是否正确,完成表 3-1-5。

表 3-1-5 验证真实工业机器人系统的工件坐标系

工件坐标系名称	工具坐标系选择	验证内容	评价	结论
		X 方向运行是否正确		
		Y 方向运行是否正确		
		Z 方向运行是否正确		

5. 目标点调整

验证真实工业机器人系统单个工件的码垛搬运功能,完成表 3-1-6。

表 3-1-6　验证真实工业机器人系统单个工件的码垛搬运功能

序号	验证内容	数值	评价	结论
1	气压			
2	工件坐标			
3	工具坐标			
4	（吸）I/O 分配			
5	（放）I/O 分配			
6	抓取示教点（6个轴参数）			
7	放置示教点（6个轴参数）			
8	单个工件码垛搬运精准			
9	单个工件码垛运行轨迹平缓流畅			

6. 验证搬运过程

验证单个工件的搬运过程是否正常，列举真实码垛工作站中搬运单个工件时遇到的问题并提出修正方法，完成表 3-1-7。

表 3-1-7　真实工业机器人系统单个工件的码垛搬运功能问题汇总

序号	问题	解决方案
1		
2		
3		
4		

三、检查

配合教师完成检查表，见表 3-1-8。

表 3-1-8　检查表

序号	考核要点	考核要求	配分	评分标准	得分	得分小计
1	码垛仿真工作站布局及仿真运行（60分）	解包码垛工作站"码垛0.rspag"	2	熟练使用 RobotStudio 软件得1分；选择正确的保存路径得1分		
		按要求进行布局	2	布局正确得2分		
		双吸盘与 IRB 120 定位	3	将吸盘装载到 IRB 120 上得1分；将 IRB 120 放置在总站桌面得1分；码垛模块在机器人工作区域得1分		
		从布局创建系统	3	创建系统得1分；添加 709-1 协议得2分		

续表

序号	考核要点	考核要求	配分	评分标准	得分	得分小计
1	码垛仿真工作站布局及仿真运行（60分）	I/O 配置	4	创建 I/O 板选择 D652 板得 1 分；创建 xi、fang 两个信号得 1 分；选择信号类型为数字输出得 1 分；选择正确地址得 1 分		
		修改工具坐标	3	修改工具坐标正确得 1 分；位置正确得 2 分		
		保存并应用	3	保存并选择修改好的工具坐标得 3 分		
		复位点 home 点示教	2	复位点对应的六轴设置正确得 2 分		
		开始点 phome 点示教	2	开始点对应的六轴设置正确得 2 分		
		抓取点 pick 点示教	3	抓取点精准示教得 3 分		
		放置点 put 点示教	3	放置点精准示教得 3 分		
		选择最短路径	4	根据现有条件选择最短路径得 4 分		
		添加传感器	6	能够正确添加 Attacher、Detacher、LineSensor 各得 2 分		
		组件属性	6	Attacher、Detacher、LineSensor 属性设置正确各得 2 分		
		工作站逻辑设计	5	工作站逻辑设计正确得 5 分		
		将虚拟工作站同步至 RAPID	2	将工作站同步至 RAPID 正确得 2 分		
		设计 main 主程序	5	main 主程序设计正确得 5 分		
		保存工作站并打包	2	保存工作站得 1 分；打包得 1 分		
2	码垛真实工作站布局及程序导入（30分）	连接控制器	5	能正确连接网线并连接控制器得 5 分		
		权限设置	5	请求写权限并在示教器上接受得 5 分		
		将 RAPID 同步到实际工作站	5	将 RAPID 同步到实际工作站得 5 分		
		home 点、pick 点、put 点精准示教	6	每个点精准示教各得 2 分		
		吸放动作	4	能正确抓取和放置工件各得 2 分		
		单个码垛的搬运功能	5	能平缓流畅、精准地实现功能得 5 分		
3	职业素养（10分）	遵守场室纪律，无安全事故	2	纪律和安全方面各占 1 分		
		工位保持清洁，物品整齐	2	工位和物品方面各占 1 分		
		着装规范整洁，佩戴安全帽	2	着装和安全帽方面各占 1 分		
		操作规范，爱护设备	2	规范和爱护设备各得 1 分		
		对工位进行 5S 管理	2	5S 管理执行到位得 2 分		
4	违规扣分	操作中发生安全问题		扣 50 分		
		明显操作不当		扣 10 分		
		总分				

四、反思

请下载工业机器人码垛的相关标准并认真学习，列举相关要点。

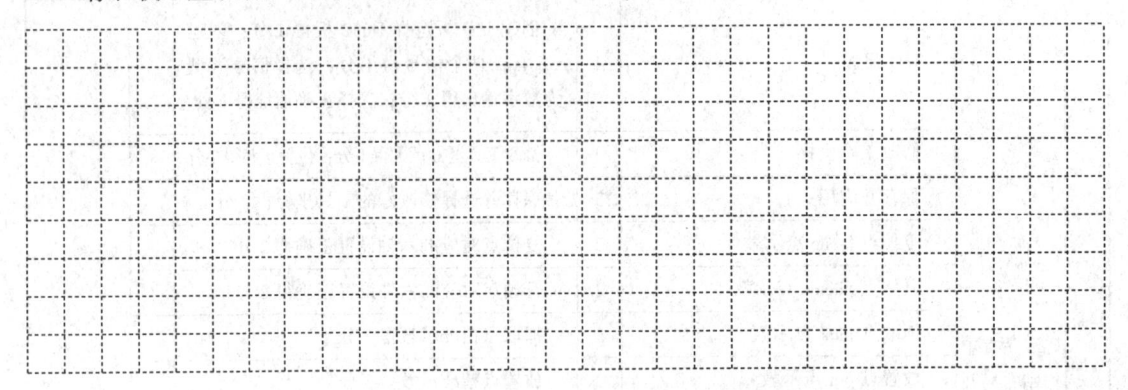

通过本任务的学习，将自己的总结向别的同学介绍，描述收获、问题和改进措施。在一些工作完成不尽意的地方，记录别人给自己的意见，帮助下面的工作。

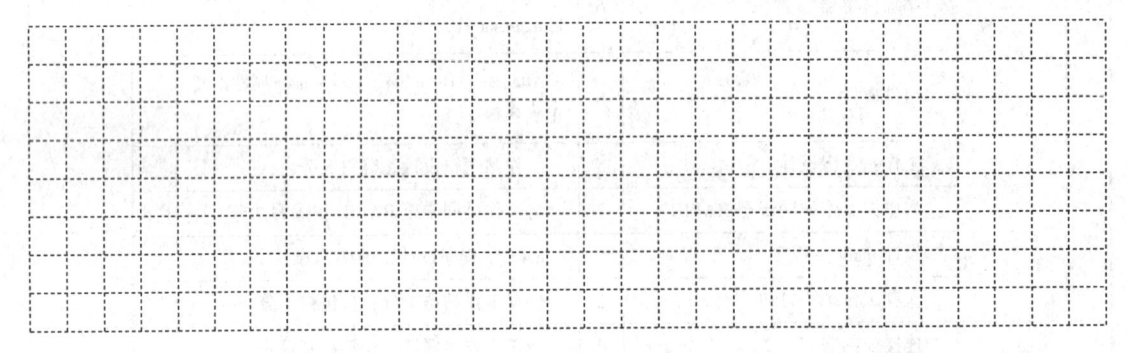

任务二　8个工件的单层码垛规划与实现

【学习情境】

本任务中工作站物料平台包含 8 块物料，每块物料上有丝印低压电器模型图案，根据不同的码垛算法完成 8 块物料的码垛堆放，包括虚拟工作站的仿真和真实工作站的功能实现。

一、学习目标

（1）能根据控制流程，熟练选择 FOR 语句、WHILE 语句、IF 语句、TEST CASE 语句，实现多个工件的码垛放置；

（2）能进行数组的定义和使用，并结合 RelTool、Offs 指令进行码垛排列；

（3）能根据工业机器人的位置熟练选择线性运动、重定位、轴运动等运动方式。

二、所需工具设备

（1）ABB 工业机器人 1 台、码垛模块 1 套。

（2）装有 RobotStudio 软件的计算机 1 台、虚拟码垛工作站"码垛 1.rspag"打包文件 1 个。

（3）内六角扳手、活动扳手、一字螺丝刀、十字螺丝刀、验电笔、万用表、尖嘴钳等电工工具各 1 套。

【学习链接】

一、数组

【知识链接】

ABB 工业机器人在定义程序数据时，可以将同种类型、同种用途的程序数据以数组的形式进行定义。在 RAPID 中可以定义一维数组、二维数组以及三维数组。一维数组是最简单的数组，其逻辑结构是线性的。二维数组在概念上两维的，即在两个方向上变化，一个二维数组可以分解为多个一维数组。定义、引用数组时，需要在数组名称后加后缀。

一维数组的定义和引用，例如：

```
VAR num num1{3} := [5, 7, 9];    //定义 num 类型的一维数组 num1
num2 := num1{2};                  // num2 被赋值为数组中第二个元素的值,即 7
```

多维数组定义和引用，例如：

```
VAR num num1{3,4} := [[1,2,3,4][5,6,7,8][9,10,11,12]];//定义二维数组 num1,num1 中有 3×4 个元素
num2 := num1{3,2};//引用二维数组,num2 被赋值为 10
```

二维数组 num1{3,4} 的元素见表 3-2-1。

表 3-2-1 二维数组 num1{3,4} 的元素

元素	num1[ ][1]	num1[ ][2]	num1[ ][3]	num1[ ][4]
num1[1][ ]	1	2	3	4
num1[2][ ]	5	6	7	8
num1[3][ ]	9	10	11	12

注意：ABB 工业机器人最多支持三维数组，且数组起始序号为 1。

数组的使用可以简化编程、减少指令。例如，创建一个 robtarget 类型的数组 p_array1，p_array1 中有 5 个点位，依次走完这 5 个点位，就可以用如下代码：

```
FOR i FROM 1 TO 5 DO
    MoveL p_array1{i},v500,z1,tool0;
ENDFOR
```

ABB 工业机器人中所有的数据类型都可以创建数组。例如，在大量 I/O 信号调用过程中，也可以先将 I/O 进行别名的操作，即将 I/O 信号与信号数据关联起来，之后将这些信号数据定义为数组类型，以便于在程序编写中对同类型、同用处的信号进行调用。

【技能链接】

在 ABB 工业机器人中定义一个 8×3 的两维数组，命名为 array[8][3]。可扫描右侧二维码学习。

数组

定义数组的具体操作如下。

步骤	操作内容	示意图
1	选择"程序数据"链接	
2	类型选择"num"	

续表

步骤	操作内容	示意图
3	单击"新建"按钮	
4	将"名称"改为"array","存储类型"选择"常量","维数"选择"2",单击"维数"右侧的"..."按钮进行赋值	
	小知识:数据存储有3种类型:VAR、PERS和CONST。 VAR(变量):程序运行中可以被赋值,但程序复位后会变为初始值; PERS(可变量):程序运行中可被赋值,并且永久保持最后一次赋值结果; CONST(常量):程序运行中不可被赋值,作为固定值存储	
5	将"第一"改为"8",将"第二"改为"3",即此数组为8行3列	

续表

步骤	操作内容	示意图
6	双击新建好的数组"array",并对其进行赋值	
7	依次对数组进行赋值	

二、工具位置及姿态偏移函数 RelTool

【知识链接】

工具位置及姿态偏移函数 RelTool 用于将通过有效工具坐标系表达的位移和/或旋转增加至机械臂位置,其用法与 Offs 函数相同,不同之处在于 RelTool 函数是基于选定的工具坐标系下的 X、Y、Z 方向平移且可绕工具坐标旋转,而 Offs 函数是基于选定的工件坐标系下的 X、Y、Z 方向平移。

RelTool 函数编程格式及命令参数要求如下:

RelTool(Point,Dx,Dy,Dz[\Rx][\Ry][\Rz])

Point:需要偏移的程序点名称,数据类型为 robtarget。

Dx,Dy,Dz:以工具坐标系为基准的 X、Y、Z 方向的偏移量,数据类型为 num,单位为 mm。

\Rx，\Ry，\Rz：以工具坐标系为基准绕 X、Y、Z 方向的旋转量，数据类型为 num，单位为（°）。

【技能链接】

沿工具 Z 方向，将机械臂移动至距 p1 点 100 mm 的一处位置，且工具围绕 Z 轴旋转 25°，操作过程如下，也可扫描右侧二维码学习。

RelTool

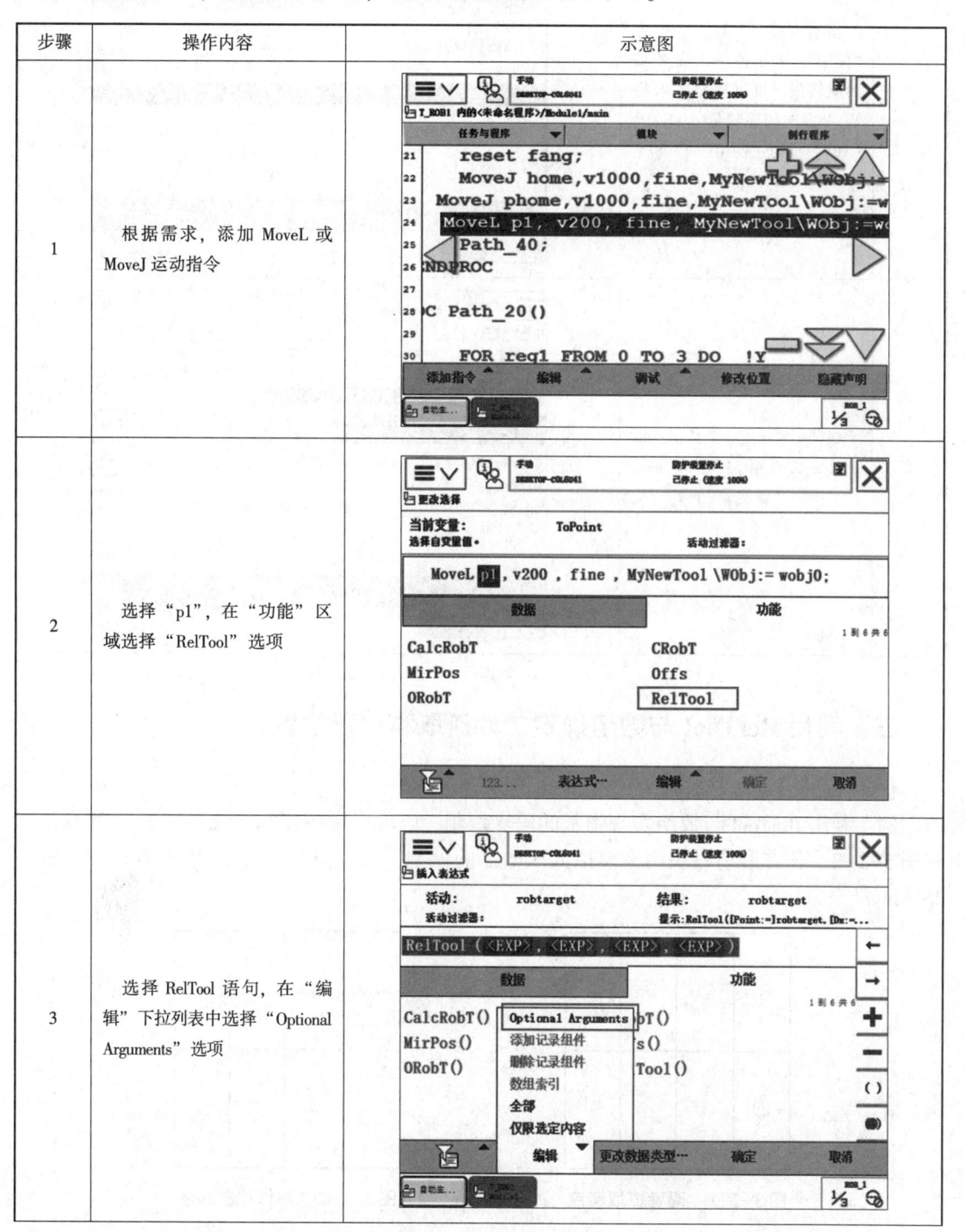

步骤	操作内容	示意图
1	根据需求，添加 MoveL 或 MoveJ 运动指令	
2	选择"p1"，在"功能"区域选择"RelTool"选项	
3	选择 RelTool 语句，在"编辑"下拉列表中选择"Optional Arguments"选项	

续表

步骤	操作内容	示意图
4	将自变量 [\Rz] 选择为"使用",表示使用围绕 Z 轴的旋转量,也可根据需求将 X、Y 方向的旋转量 [\Rx]、[\Ry] 设为"使用"	
5	根据需求设定参数数值,沿工具 Z 方向距 p1 达 100 mm,并且围绕 Z 轴旋转 25°	

三、利用 RelTool 与数组确定工件抓取和放置位置

【知识链接】

例:利用 RelTool 与数组实现物料的码垛控制。码垛抓取顺序和放置顺序参考图 3-2-1 和图 3-2-2。长方形物料块用来模拟低压电器的模型,长、宽、高分别为 60 mm、30 mm、25 mm。

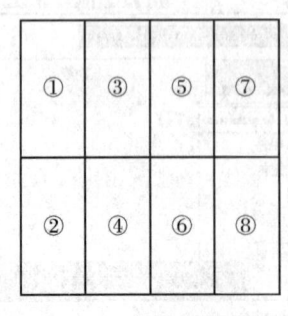

图 3-2-1 码垛抓取顺序   图 3-2-2 码垛放置顺序

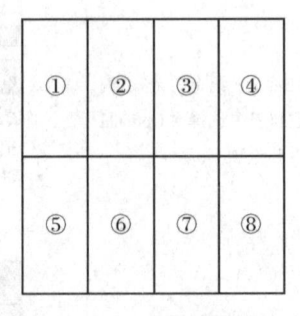

根据上述码垛的控制要求，用思维导图进行整体设计，确定功能实现的关键点，用数组的方法实现码垛控制思维导图，如图 3-2-3 所示。

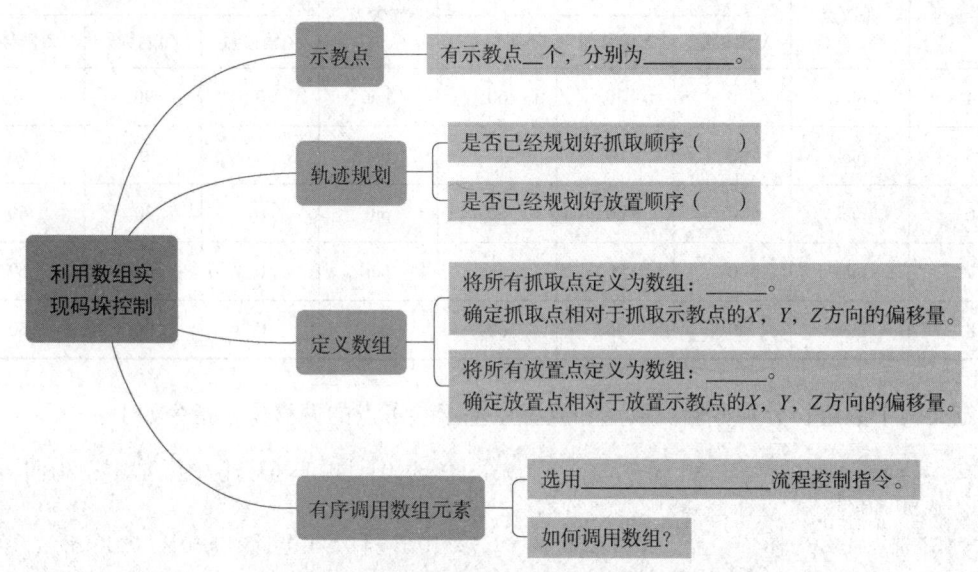

图 3-2-3 用数组的方法实现码垛控制思维导图

RelTool 作为工具位置及姿态偏移函数，是在工具坐标系下进行 X，Y，Z 方向的平移和旋转。本例中工具坐标系如图 3-2-4 所示，偏移量情况见表 3-2-2。

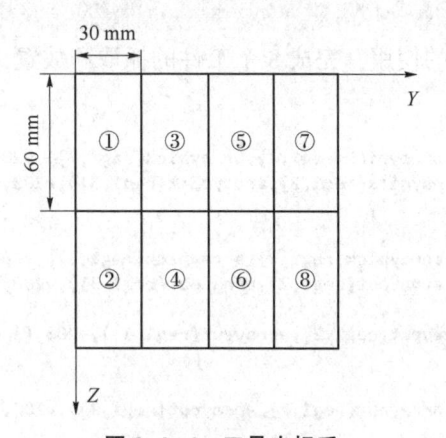

图 3-2-4 工具坐标系

表 3-2-2 基于参考点的各个点的偏移量

工件编号	抓取点	抓取点偏移量			放置点	放置点偏移量		
		X 偏移量	Y 偏移量	Z 偏移量		X 偏移量	Y 偏移量	Z 偏移量
1	pick	0	0	0	put	0	0	0
2	pick	0	0	60	put	0	30	0
3	pick	0	30	0	put	0	60	0

171

续表

工件编号	抓取点	抓取点偏移量			放置点	放置点偏移量		
		X偏移量	Y偏移量	Z偏移量		X偏移量	Y偏移量	Z偏移量
4	pick	0	30	60	put	0	90	0
5	pick	0	60	0	put	0	0	60
6	pick	0	60	60	put	0	30	60
7	pick	0	90	0	put	0	60	60
8	pick	0	90	60	put	0	90	60

定义两个数组，分别存储抓取点和放置点基于参考点的偏移量，指令如下：

CONST num arraypick{8,3}:=[[0,0,0],[0,0,60],[0,30,0],[0,30,60],[0,60,0],[0,60,60],[0,90,0],[0,90,60]];
CONST num arrayput{8,3}:=[[0,0,0],[0,30,0],[0,60,0],[0,90,0],[0,0,60],[0,30,60],[0,60,60],[0,90,60]];

通过调用数组的元素获取当前基于参考点的偏移量值，到达编号为2的工件上方50 mm的位置，指令如下：

MoveJ RelTool(pick,-50, arraypick{2,2}, arraypick{2,3}),v200, fine MyNewTool \WObj:= wobj0;

通过FOR循环和数组的使用，完成8个工件的抓取和放置，程序如下：

```
FOR reg1 FROM 1 TO 8 DO
    Reset xi;
    MoveJ RelTool(pick,-50,arraypick{reg1,2},arraypick{reg1,3}),v200,fine,MyNewTool\WObj:=wobj0;
    MoveJ RelTool(pick,0,arraypick{reg1,2},arraypick{reg1,3}),v200,fine,MyNewTool\WObj:=wobj0;
    Set xi;
    WaitTime 0.1;
    MoveJ RelTool(pick,-50,arraypick{reg1,2},arraypick{reg1,3}),v200,fine,MyNewTool\WObj:=wobj0;
    MoveJ RelTool(put,-150,arrayput{reg1,2},arrayput{reg1,3}),v200,fine,MyNewTool\WObj:=wobj0;
    Reset xi;
    MoveJ RelTool(put,0,arrayput{reg1,2},arrayput{reg1,3}),v200,fine,MyNewTool\WObj:=wobj0;
    set fang;
    WaitTime 0.1;
    MoveJ RelTool(put,-150,arrayput{reg1,2},arrayput{reg1,3}),v200,fine,MyNewTool\WObj:=wobj0;
ENDFOR
```

【任务实施】

一、计划

解包码垛工作站"码垛1.rspag"，建立仿真工作站，以小组为单位确定码垛的抓取顺序和放置顺序，并在仿真工作站中实现。将仿真工作站导入真实工业机器人系统，通过调试，在真实工业机器人中完成8个工件的码垛搬运。要求：工业机器人运行具有较高的平稳性和重复准确度，确保不会产生过大的累计误差。

（1）知识点回顾。

RelTool 函数和 Offs 函数的区别是什么？

如何定义和引用二维数组？

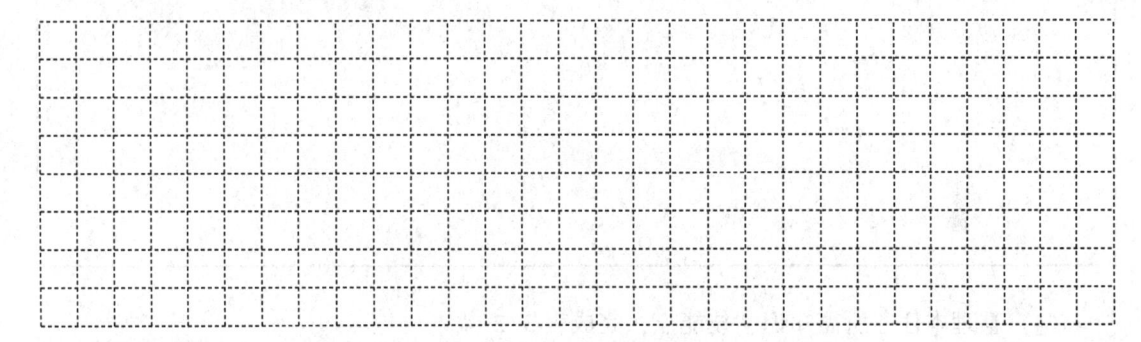

FOR 指令的作用及格式是什么？

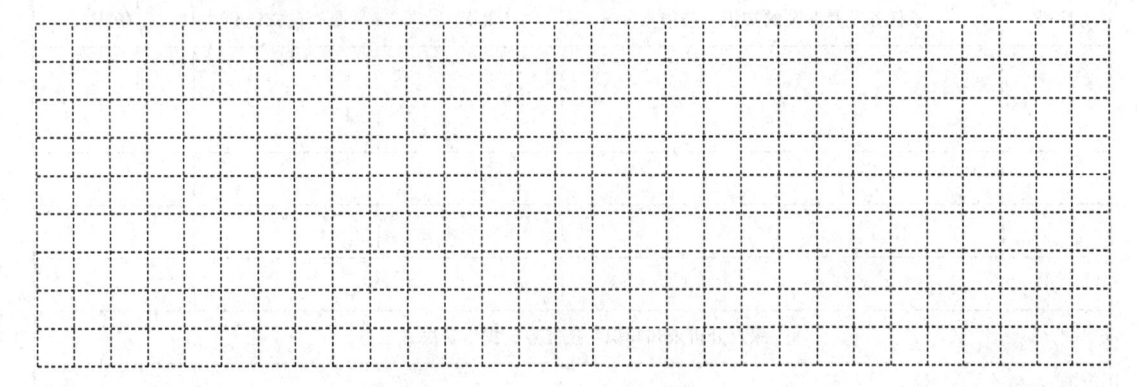

（2）将你所在小组设计的码垛的抓取顺序和放置顺序，填入下面相应位置。

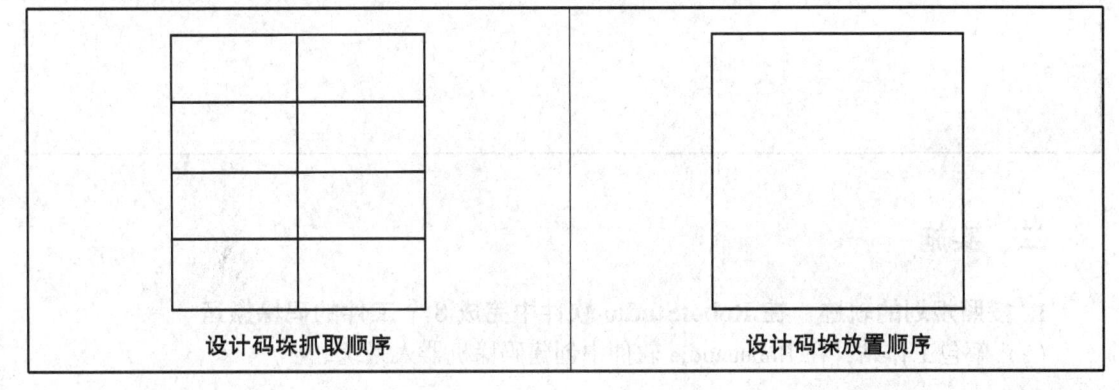

设计码垛抓取顺序	设计码垛放置顺序

（3）以小组为单位进行讨论，确定码垛过程实现方法，并用思维导图制定实现过程中的关键点，参考图3-2-3，完成思维导图设计，填入表3-2-3。

表3-2-3 思维导图设计

| |
| |

（4）整理本任务所需知识、技能点，完成表3-2-4。

表3-2-4 知识技能点整理汇总表

序号	子任务及其涉及的知识、技能点	负责人	是否已知已会	备注
深入分析未知知识、技能点，提出解决方案				

二、实施

1. 按照规划的轨迹，在 RobotStudio 软件中完成 8 个工件的码垛搬运

（1）解包工作站，在 Robotstudio 软件中创建码垛机器人系统。

（2）依照小组讨论设计的思维导图，设计 RAPID 程序框图。

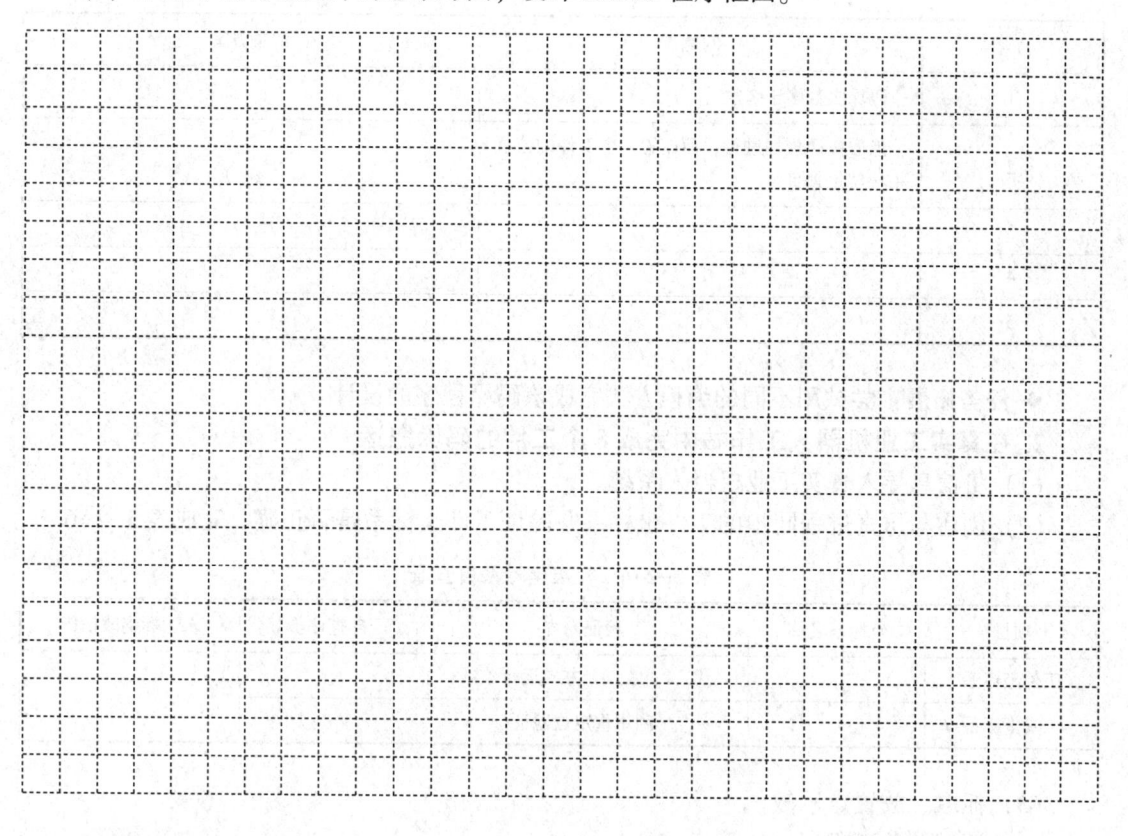

（3）完成程序设计。

（4）调试程序。

提出表 3-2-5 中列举问题的解决方案，并记录自己在设计调试过程中遇到的问题，提出解决方案。

表 3-2-5 程序调试过程中的问题汇总

序号	问题	解决方案
1	码垛次数多于 8 次	
2	抓取按照规划进行,而放置 8 个工件的位置未按照规划进行	
3		
4		
5		

❖ **任务拓展**:尝试用不同的编程方法完成该码垛程序的设计。

2. 在真实工业机器人工作站中完成 8 个工件的码垛搬运

(1) 将信息导入真实工业机器人系统。

(2) 创建与仿真过程同步的工件坐标系并验证工件坐标系是否正确,完成表 3-2-6。

表 3-2-6 校准坐标系自查表

项目	坐标系名称	验证内容	自查评价	未达标整改措施
工件坐标系		X,Y,Z 三个方向运行验证		
工具坐标系		利用重定位验证		

(3) 抓取、放置点示教。

(4) 调试并验证程序。

验证真实工业机器人系统的 8 个码垛功能,完成表 3-2-7。

表 3-2-7 验证真实工业机器人系统的 8 个码垛功能

序号	验证内容	自查评价	未达标整改措施
1	8 个工件码垛运行轨迹是否平缓流		
2	程序连续运行 3 次后 8 个工件码垛搬运是否仍然精准		

(5) 在表 3-2-8 中列举在真实工业机器人工作站调试过程中遇到的问题并提出解决方案。

表 3-2-8 真实工业机器人系统码垛过程中的问题汇总

序号	问题	解决方案
1		
2		
3		
4		

三、检查

配合教师完成课堂考核表，见表3-2-9。

表 3-2-8 课堂考核表

序号	考核要点	考核要求	配分	评分标准	得分	得分小计
1	仿真工作站运行（32分）	校准仿真工作站，验证工具坐标系	2	正确创建标定得1分；正确验证得1分		
		校准仿真工作站，验证工件坐标系	2	正确创建标定得1分；正确验证得1分		
		吸放动画效果是否实现	6	实现吸放动画效果得6分		
		示教点正确	6	home、pick、put示教点正确各得2分		
		轨迹平缓流畅	6	教师根据学生完成情况酌情打分		
		8个码垛放置与规划一致	5	8个码垛放置与规划一致得5分		
		采用多种方法完成，所采用方法合理	5	多采用一种方法得5分		
2	真实工作站运行（38分）	连接仿真工作站，导入程序	2	正确将仿真工作站程序导入真实工作站得2分		
		创建和验证工具坐标系	2	正确创建工具坐标系得1分，重定位验证得1分		
		创建和验证工件坐标系	2	正确创建工具坐标系得1分；对 X、Y、Z 三个方向进行正确验证得1分		
		气路工作正常	2	气路工作正常得2分		
		吸放正常	4	吸正常得2分；放正常得2分		
		示教点正确	6	home、pick、put示教点正确各得2分		
		轨迹平缓流畅	10	教师根据学生完成情况酌情打分		
		8个码垛放置与规划一致	5	教师根据学生完成情况酌情打分		
		采用多种方法完成	5	多采用一种方法得5分		
3	线上任务完成情况（20分）	按照线上平台要求，完成线上任务	20	按照线上平台得分折算		
4	职业素养（10分）	遵守场室纪律，无安全事故	2	纪律和安全方面各占1分		
		工位保持清洁，物品整齐	3	工位和物品方面各占1.5分		
		着装规范整洁，佩戴安全帽	2	着装和安全帽方面各占1分		
		操作规范，爱护设备	3	规范和爱护设备各得1.5分		
5	违规扣分项	机器人与周边设备碰撞		每次扣5分		
		示教位置不准		每次扣5分		
		造成损坏设备		扣20分		
		任务总分				

四、反思

请学习南宋数学家杨辉所著《详解九章算法》关于三角垛的论述。并阐述思路以及对码垛的启发。

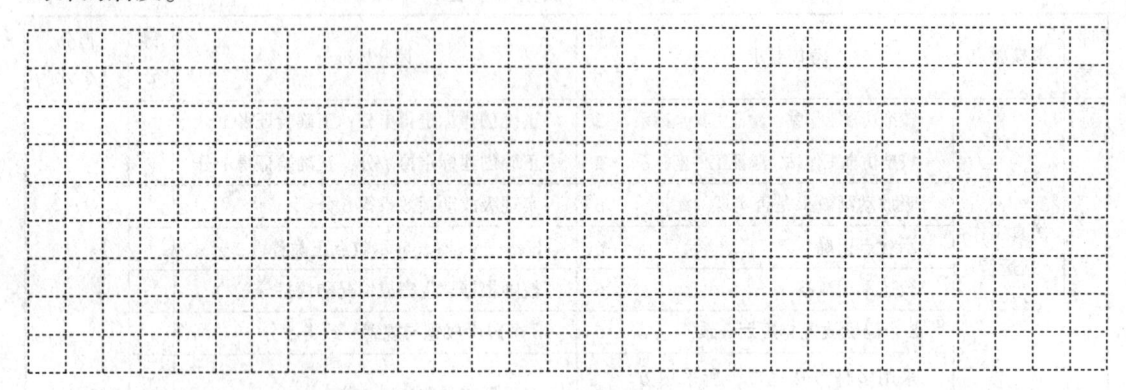

通过本任务的学习,将自己的总结向别的同学介绍,描述收获、问题和改进措施。在一些工作完成不尽意的地方,记录别人给自己的意见,帮助下面的工作。

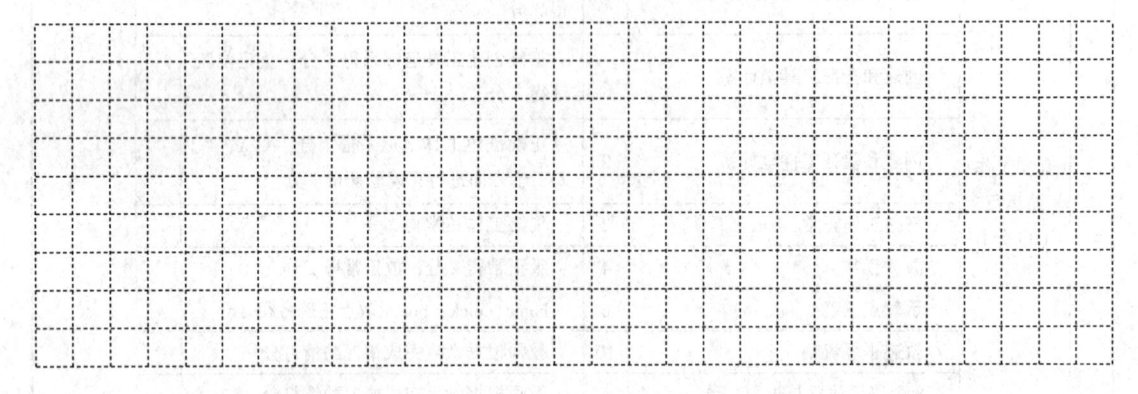

任务三　16 个工件的双层码垛规划及实现

【学习情境】

本任务中工作站物料平台包含 16 块物料，每块物料上有丝印低压电器模型图案，根据不同的码垛算法实现工业机器人典型的码垛工作任务。要求主要完成 16 块物料的两层码垛堆放，设计第一层和第二层的码垛方式，并完成虚拟工作站的仿真和真实工作站的功能实现。

一、学习目标

（1）能从稳定性等方面考虑确定码垛算法；
（2）能熟练掌握流程控制语句并结合 RelTool、Offs 指令优化程序设计；
（3）了解 RAPID 中任务、模块、例行程序之间的关系，会进行工业机器人子程序设计，包括带有参数的子程序设计和调用；
（4）了解中断的含义并能完成中断函数设计使其功能实现；
（5）能进行工业机器人精准示教，以防止码垛过程中的碰撞，通过流程控制能到达精准位置。

二、所需工具设备

（1）ABB 工业机器人 1 台、码垛模块 1 套。
（2）装有 RobotStudio 软件的计算机 1 台、码垛虚拟工作站"码垛 1.rspag"打包文件 1 个。
（3）内六角扳手、活动扳手、一字螺丝刀、十字螺丝刀、验电笔、万用表、尖嘴钳等电工工具各 1 套。

【学习链接】

一、码垛算法

【知识链接】

为保证作业安全、货物稳定，需要充分考虑码垛方式。常见的码垛方式主要有重叠式、纵横交错式、正反交错式和旋转交错式。

重叠式是指托盘上货物各层以相同的方式码放，上下完全相对，各层之间不会出现交错的现象。这种码垛方式的优点是作业方式简单，作业速度快，而且包装物的四个角和边垂直并重叠，承载能力大，能承受较大的荷重。同时，在货体底面积较大的情况下，可保证有足够的稳定性。这种方式的缺点是各层面之间只是简单地排放，缺少咬合，在货体底面积不大的情况下，稳定性不够，易发生塌垛。

纵横交错式是指相邻的两层货物之间旋转一个角度，一层成横向放置，另一层成纵向放置，层间纵横交错堆码。这种码垛方式层间有一定的咬合效果，但咬合强度不高。

重叠式和纵横交错式较适合自动装盘操作。如果配以托盘转向器，装完一层后，利用转向器旋转90°，这样只要用同一装盘方式就可以实现纵横交错装盘，劳动强度和重叠方式相同。

正反交错式是指同一层中，不同列的货物都以90°垂直码放，相邻两层货物中某一层货物的码放形式是另一层货物旋转180°。这种方式下不同层间咬合强度较高，相邻层间不重缝，因此，码放后稳定性很高，但操作较为麻烦，而且包装体之间不是垂直面互相承受荷载，所以下部货体容易被压坏。

旋转交错式是指第一层相邻的两个包装体都互成90°，两层间的码放又相差180°。这样相邻两层之间咬合交叉，托盘货体稳定性高，不容易塌垛，但码放难度比较大，而且中间形成中空，会降低托盘装载能力。

本任务中码垛方式设计为两层旋转交错式，如图3-3-1所示。在放置过程中可以示教Put1、5、9、13放置示教点，也可只设置Put1一个放置示教点。精准计量工件的长（length）、宽（width）高（height），则16个工件的码垛示教点规划见表3-3-1。

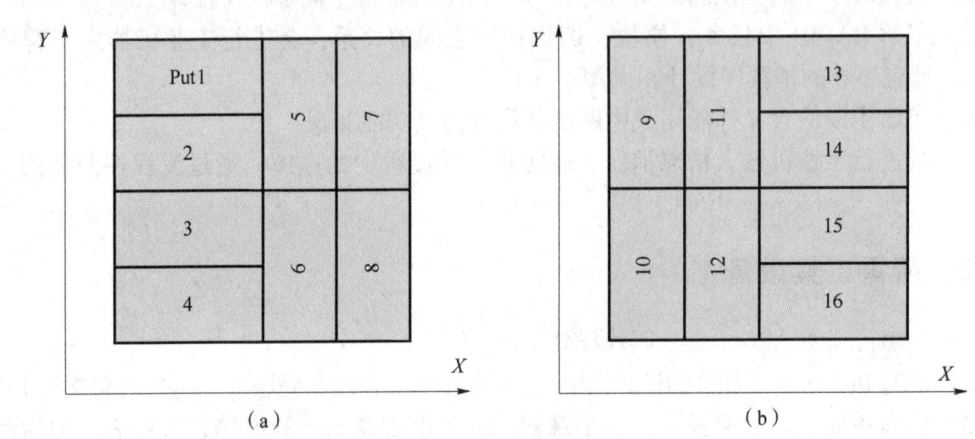

图 3-3-1 16个工件的码垛规划

（a）第一层摆放顺序；（b）第二层摆放顺序

表 3-3-1 16个工件的码垛示教点规划

层数	计数	放置参考点	放置点偏移量		
			X 偏移量	Y 偏移量	Z 偏移量
1	1	Put1	0	0	0
	2	Put1	0	-width	0
	3	Put1	0	-2×width	0
	4	Put1	0	-3×width	0
	5	5	0	0	0
		Put1	1/2（length+ width）	-1/2（length- width）	RelTool，Rz：=90
	6	5	0	- lenth	0
	7	5	width	0	0
	8	5	width	- length	0

续表

层数	计数	放置参考点	放置点偏移量		
			X 偏移量	Y 偏移量	Z 偏移量
2	9	5	−2×width	0	height
	10	5	−2×width	− length	height
	11	5	−width	0	height
	12	5	−width	− length	height
	13	Put1	length	0	height
	14	Put1	length	−width	height
	15	Put1	length	−2×width	height
	16	Put1	length	−3×width	height

根据抓取点和放置点的位置，使用数组或 TEST CASE 等方法完成程序设计。使用数组的方法已在项目三任务二中讲述，使用 TEST CASE 的方法已在项目二任务三中讲述。

二、例行程序（PROC）

【知识链接】

一个 RAPID 程序称为一个任务，一个任务是由一系列程序模块与系统模块组成的。一般来说，通过程序模块来构建工业机器人的程序，实现某一动作或特定功能。系统模块用于定义工业机器人的功能和系统参数，它由工业机器人生产厂家编制，即使删除作业程序，系统模块仍会保留。一个 RAPID 程序可以根据不同用途创建多个程序模块。RAPID 任务组成见表 3-3-2。

表 3-3-2 RAPID 任务组成

RAPID 程序（任务）			
程序模块 1	程序模块 2	程序模块 3	系统模块
程序数据	程序数据	……	程序数据
主程序 main	例行程序	……	例行程序
例行程序	中断程序	……	中断程序
中断程序	功能	……	功能
功能		……	

程序模块由程序和程序数据两部分构成。程序是工业机器人动作指令的集合，而指令操作的数值，如机器人的目标点等则由程序数据定义。程序按照结构和功能分为例行程序（PROC）、功能程序（FUNC）、中断程序（TRAP）。三者的区别在于：例行程序（PROC）没有返回值，可以用 ProCall 直接调用；功能程序（FUNC）有特定类型的返回值，必须通过表达式调用；中断程序（TRAP）不能在程序中直接调用。

在一个程序模块中，可以根据功能和用途的不同创建多个程序，但要注意用于程序的组织、管理和调度的主程序 main 在一个 RAPID 程序中有且只有一个。

【技能链接】

新建一个例行程序（PROC），用来在到达指定位置后进行工件的抓取或者放置操作。其中设置 4 个参数，一个为 robtarget 类型，为示教点；另外三个为 num 类型。在 num 类型中，有 2 个参数分别代表示教点在 X 和 Y 方向的偏移量；另外一个参数为 1 时表示抓取，为 2 时表示放置。扫描右侧二维码可观看操作视频。

调用子程序

新建和调用子程序的具体操作步骤如下。

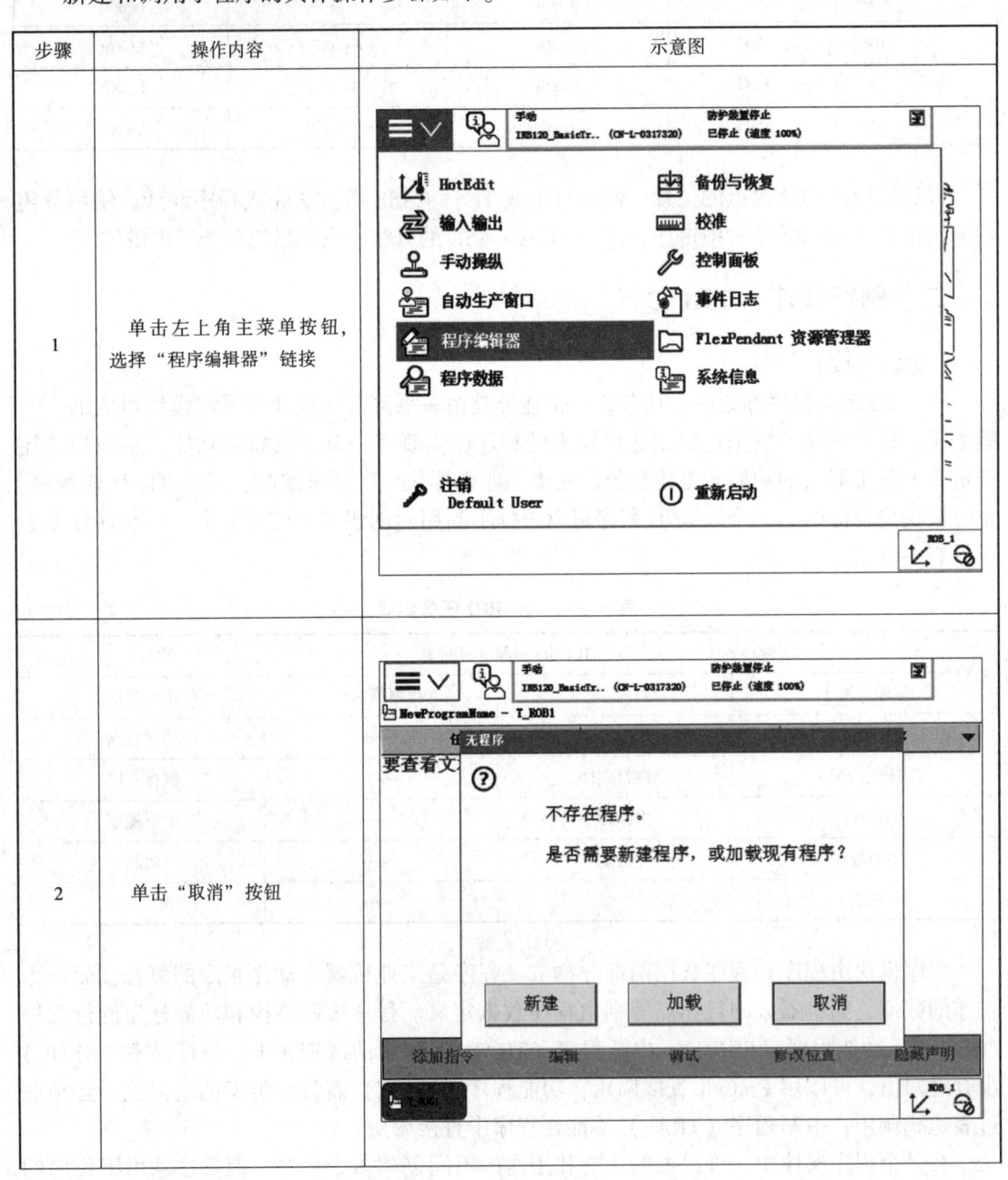

步骤	操作内容	示意图
1	单击左上角主菜单按钮，选择"程序编辑器"链接	
2	单击"取消"按钮	

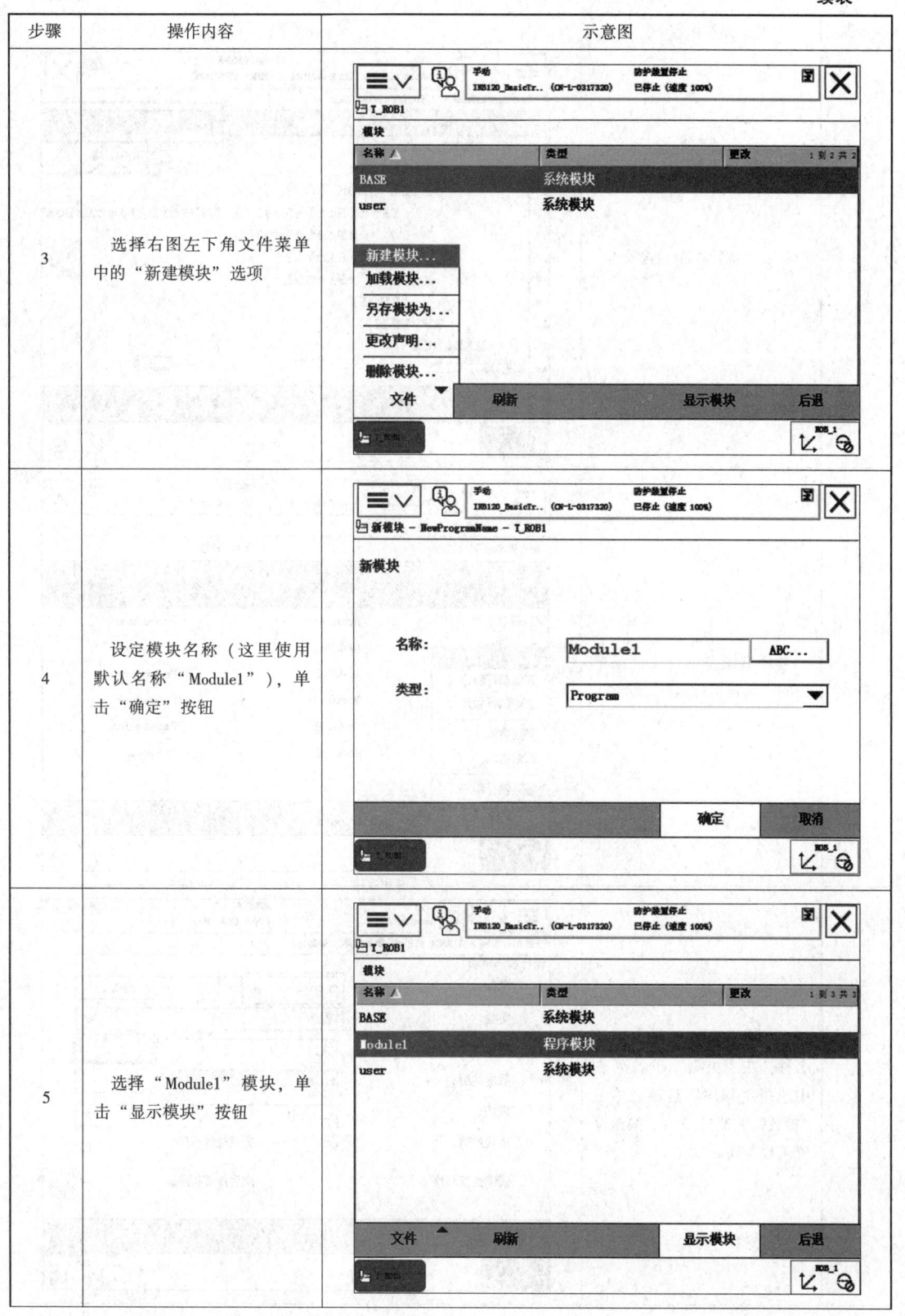

续表

步骤	操作内容	示意图
3	选择右图左下角文件菜单中的"新建模块"选项	
4	设定模块名称（这里使用默认名称"Module1"），单击"确定"按钮	
5	选择"Module1"模块，单击"显示模块"按钮	

续表

步骤	操作内容	示意图
6	单击"例行程序"选项卡	
7	选择右图左下角文件菜单中的"新建例行程序"选项	
8	在"名称"框中设定函数名称,在"类型"下拉列表中选择"程序"选项。单击"参数"右侧的"…"按钮设置函数参数	

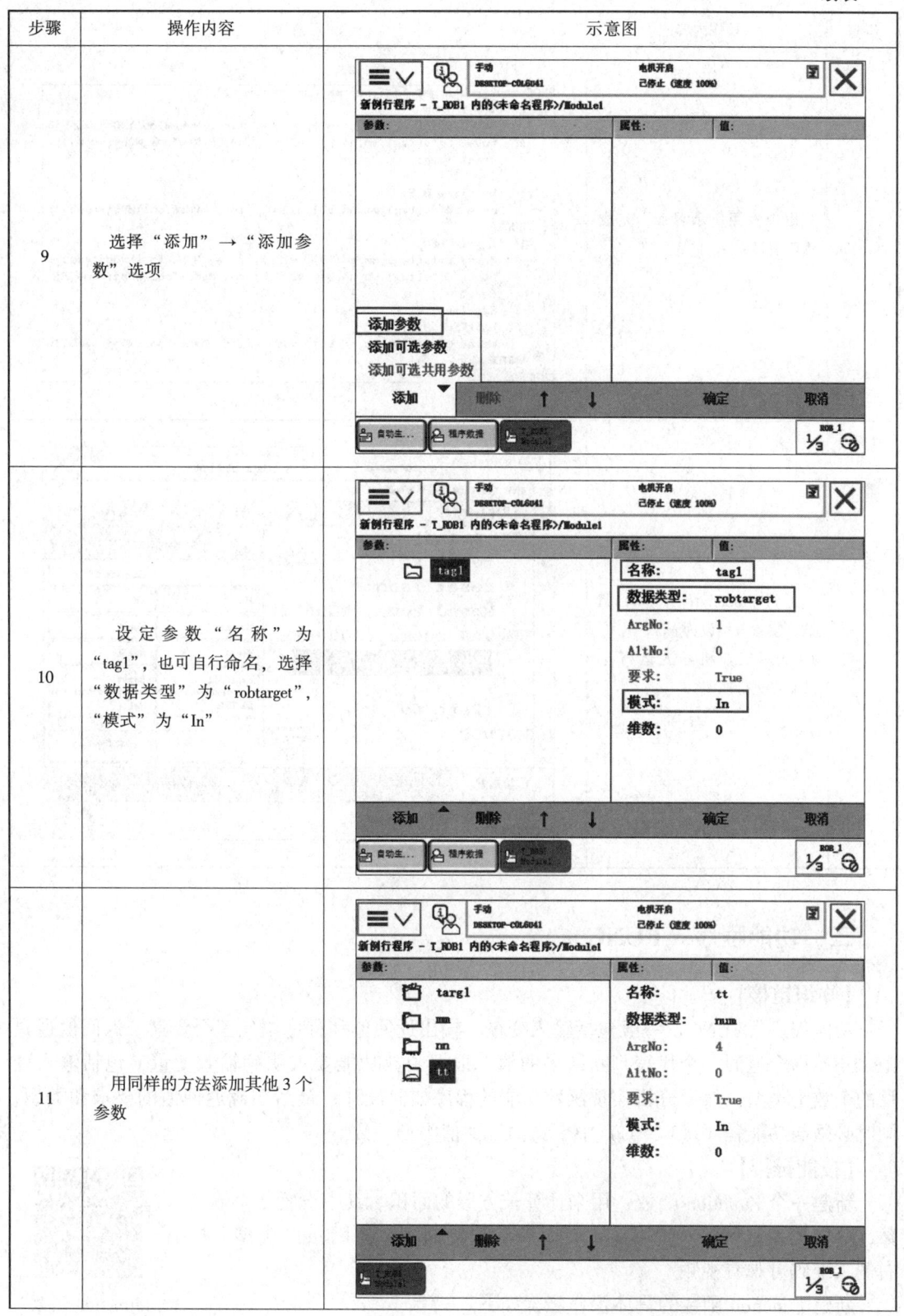

续表

步骤	操作内容	示意图
9	选择"添加"→"添加参数"选项	
10	设定参数"名称"为"tag1",也可自行命名,选择"数据类型"为"robtarget","模式"为"In"	
11	用同样的方法添加其他3个参数	

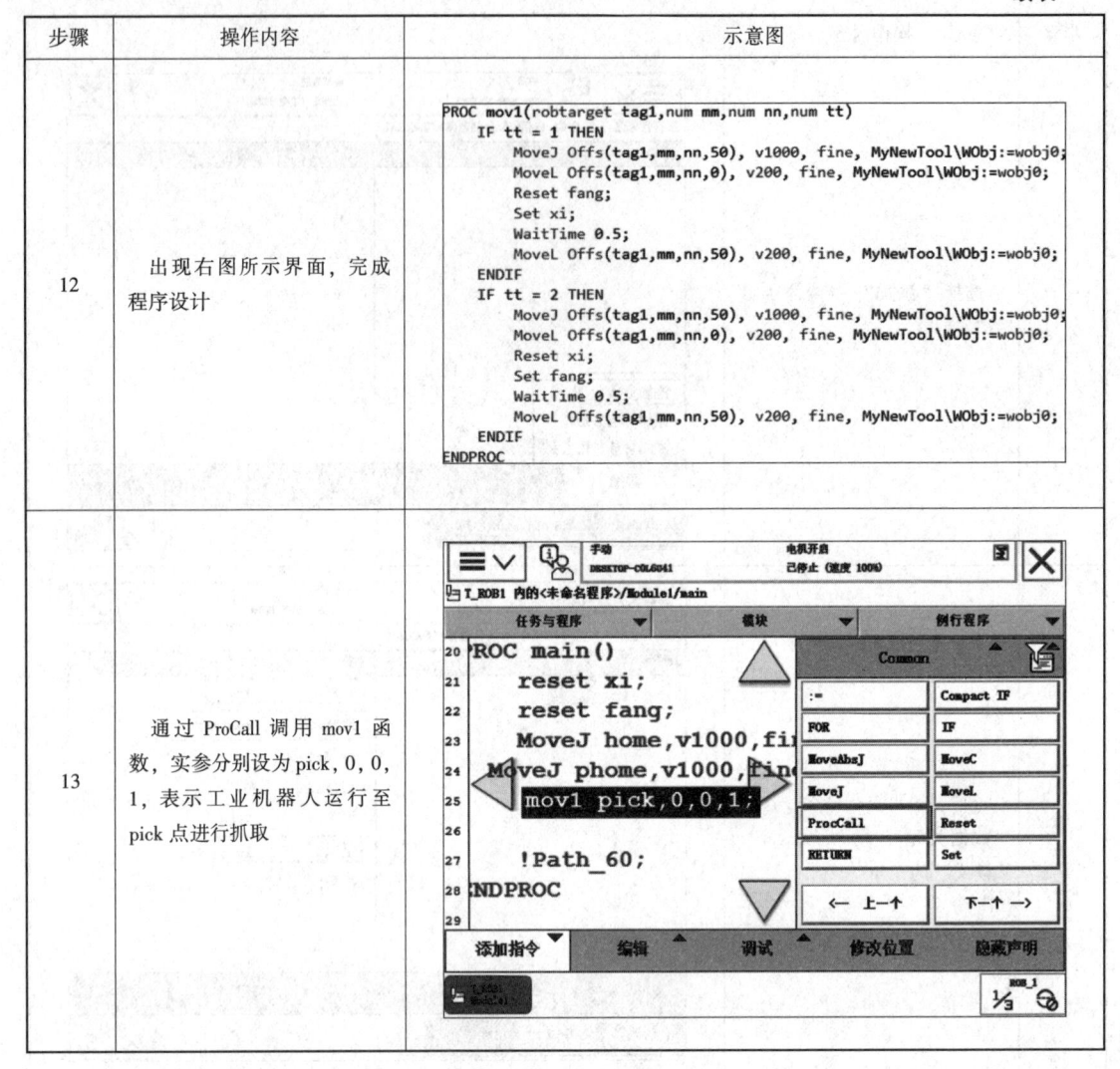

步骤	操作内容	示意图
| 12 | 出现右图所示界面，完成程序设计 | ```
PROC mov1(robtarget tag1,num mm,num nn,num tt)
    IF tt = 1 THEN
        MoveJ Offs(tag1,mm,nn,50), v1000, fine, MyNewTool\WObj:=wobj0;
        MoveL Offs(tag1,mm,nn,0), v200, fine, MyNewTool\WObj:=wobj0;
        Reset fang;
        Set xi;
        WaitTime 0.5;
        MoveL Offs(tag1,mm,nn,50), v200, fine, MyNewTool\WObj:=wobj0;
    ENDIF
    IF tt = 2 THEN
        MoveJ Offs(tag1,mm,nn,50), v1000, fine, MyNewTool\WObj:=wobj0;
        MoveL Offs(tag1,mm,nn,0), v200, fine, MyNewTool\WObj:=wobj0;
        Reset xi;
        Set fang;
        WaitTime 0.5;
        MoveL Offs(tag1,mm,nn,50), v200, fine, MyNewTool\WObj:=wobj0;
    ENDIF
ENDPROC
``` |
| 13 | 通过 ProCall 调用 mov1 函数，实参分别设为 pick, 0, 0, 1，表示工业机器人运行至 pick 点进行抓取 | |

三、功能程序（FUNC）

【知识链接】

功能程序（FUNC）一般包括输入变量、输出返回值和程序语句三个要素。返回值通过 RETURN 指令返回一个代表判断结果的值。根据函数功能要求明确输入变量，包括输入变量的个数与类型；然后分析实现函数功能的程序如何设计；最后明确返回值的要求和类型，同时必须与功能程序（FUNC）中定义的返回值类型一致。

【技能链接】

新建一个 Function 函数，用来计算长方形的面积。其中设置 2 个输入参数，分别代表长和宽，使用 num 类型；输出为面积，使用 num 类型。扫描右侧二维码可观看视频。

新建 Function 函数的具体操作步骤如下。

Function 函数
```

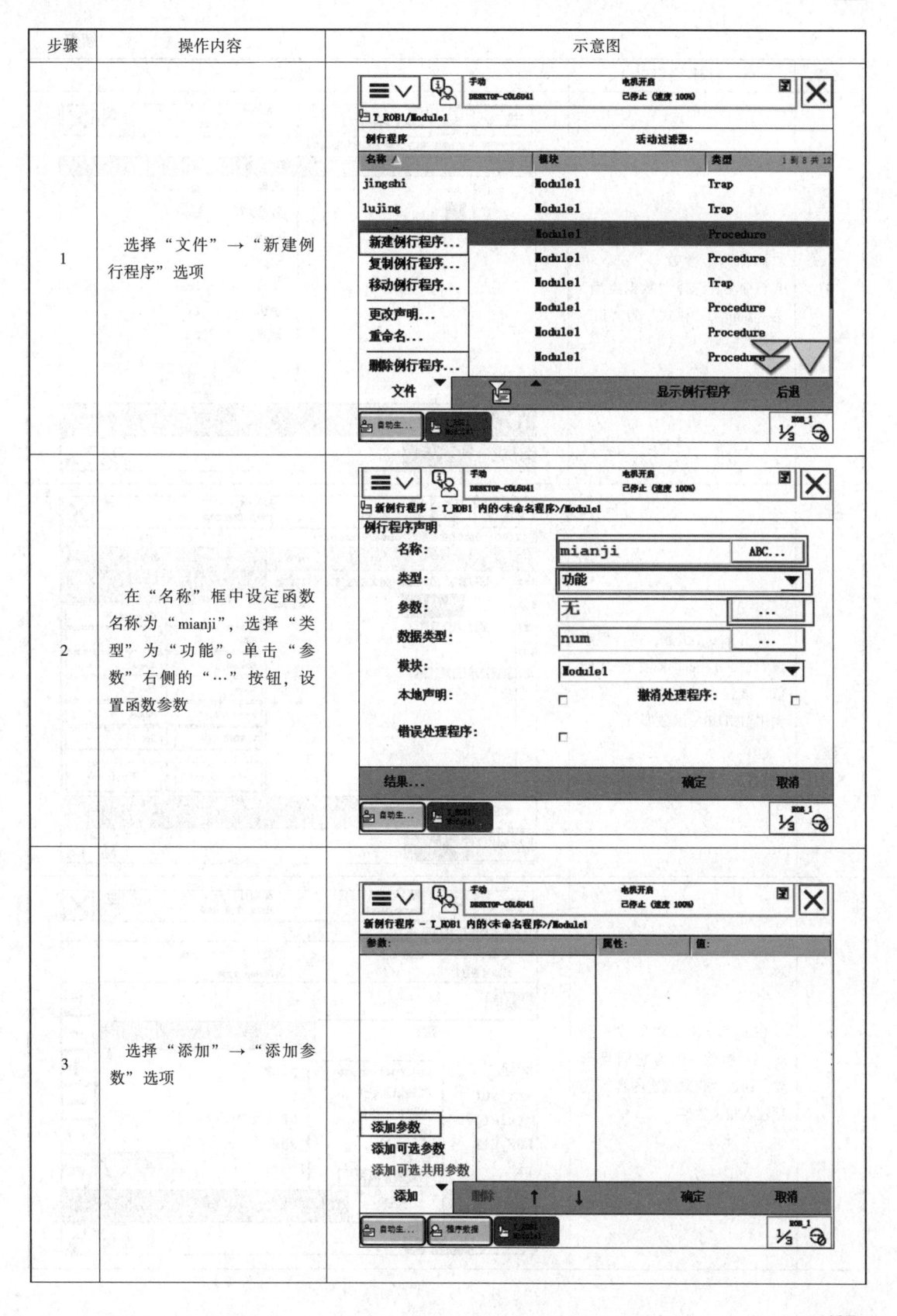

步骤	操作内容	示意图
1	选择"文件"→"新建例行程序"选项	
2	在"名称"框中设定函数名称为"mianji",选择"类型"为"功能"。单击"参数"右侧的"…"按钮,设置函数参数	
3	选择"添加"→"添加参数"选项	

续表

步骤	操作内容	示意图
4	添加两个参数 aa、bb，可自行命名，选择"数据类型"为"num"，"模式"为"In"	
5	双击 mianji 函数，进行程序设计。Function 函数有返回值，该程序比较简单，直接调用 RETURN 函数即可	
6	在 RETURN 函数下找不到 aa、bb 参数，因为它们是形参。通过"仅限选定内容"选项输入相关数值	

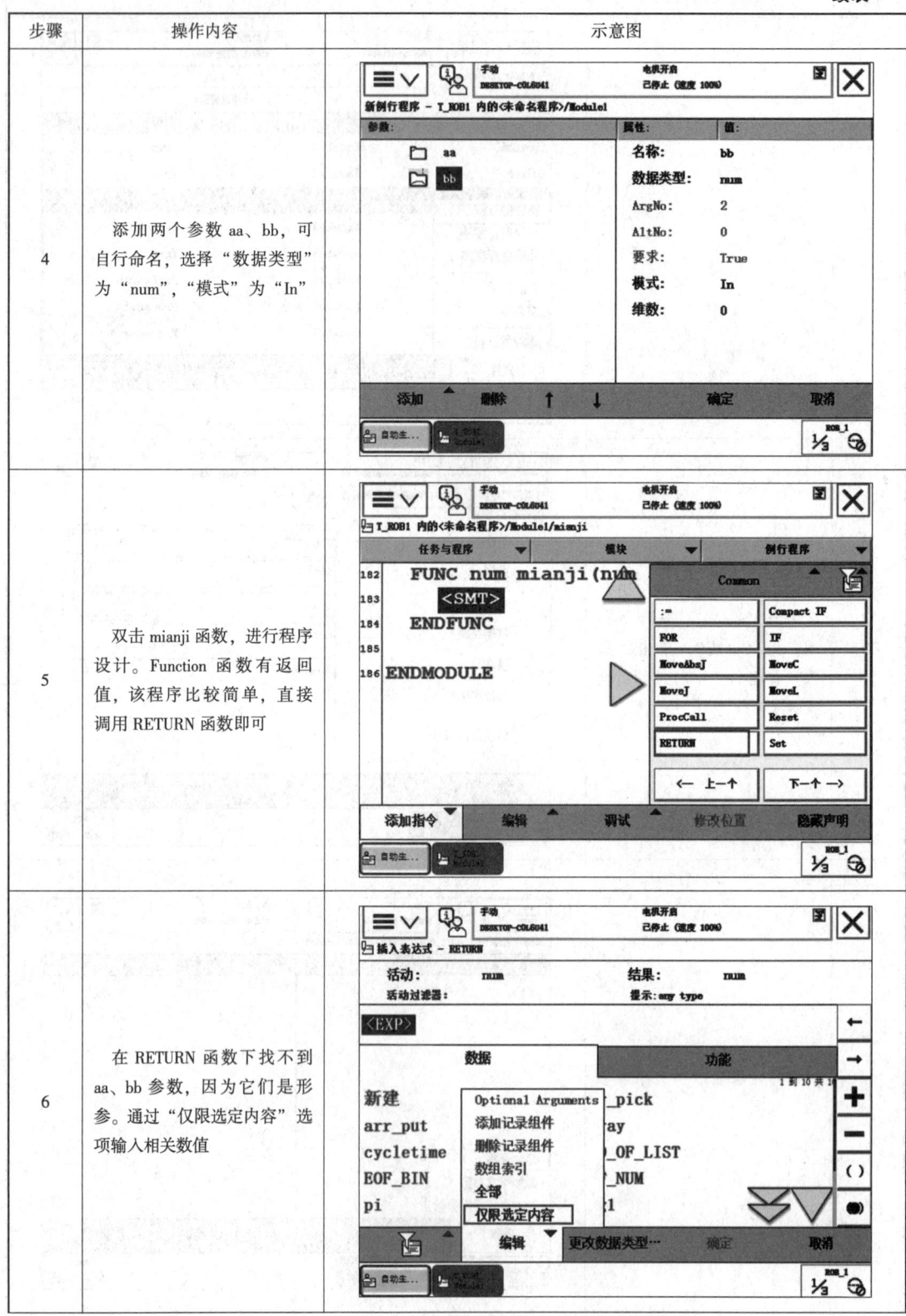

续表

步骤	操作内容	示意图
7	返回值为 aa * bb 的数值，输入 aa，在右图所示界面右侧菜单栏中单击"+"按钮，添加另一个参数和运算关系	
8	选择"*"选项，完成返回值为 aa * bb 程序的设计	
9	Function 函数设计完成，一定要有返回值	

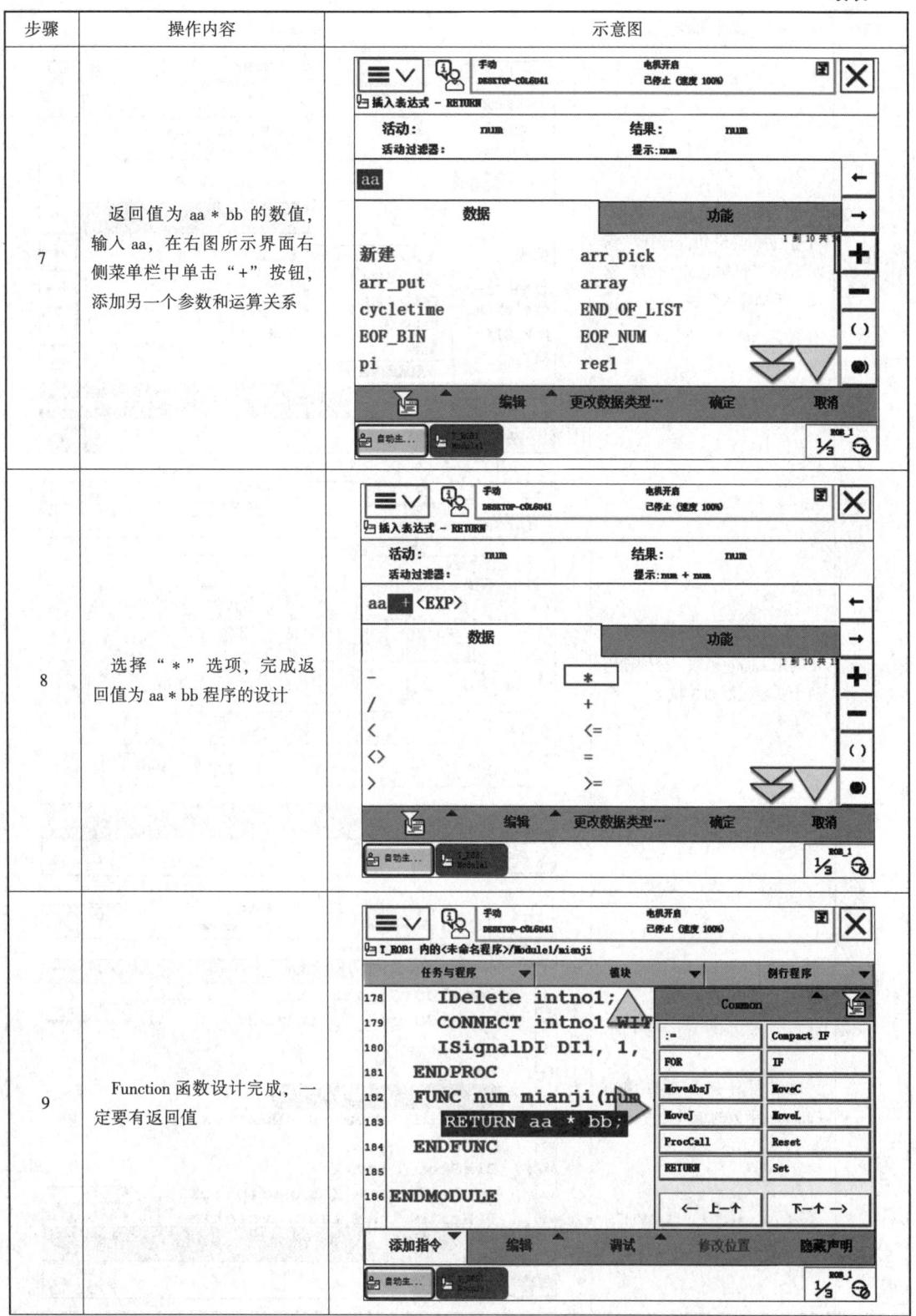

189

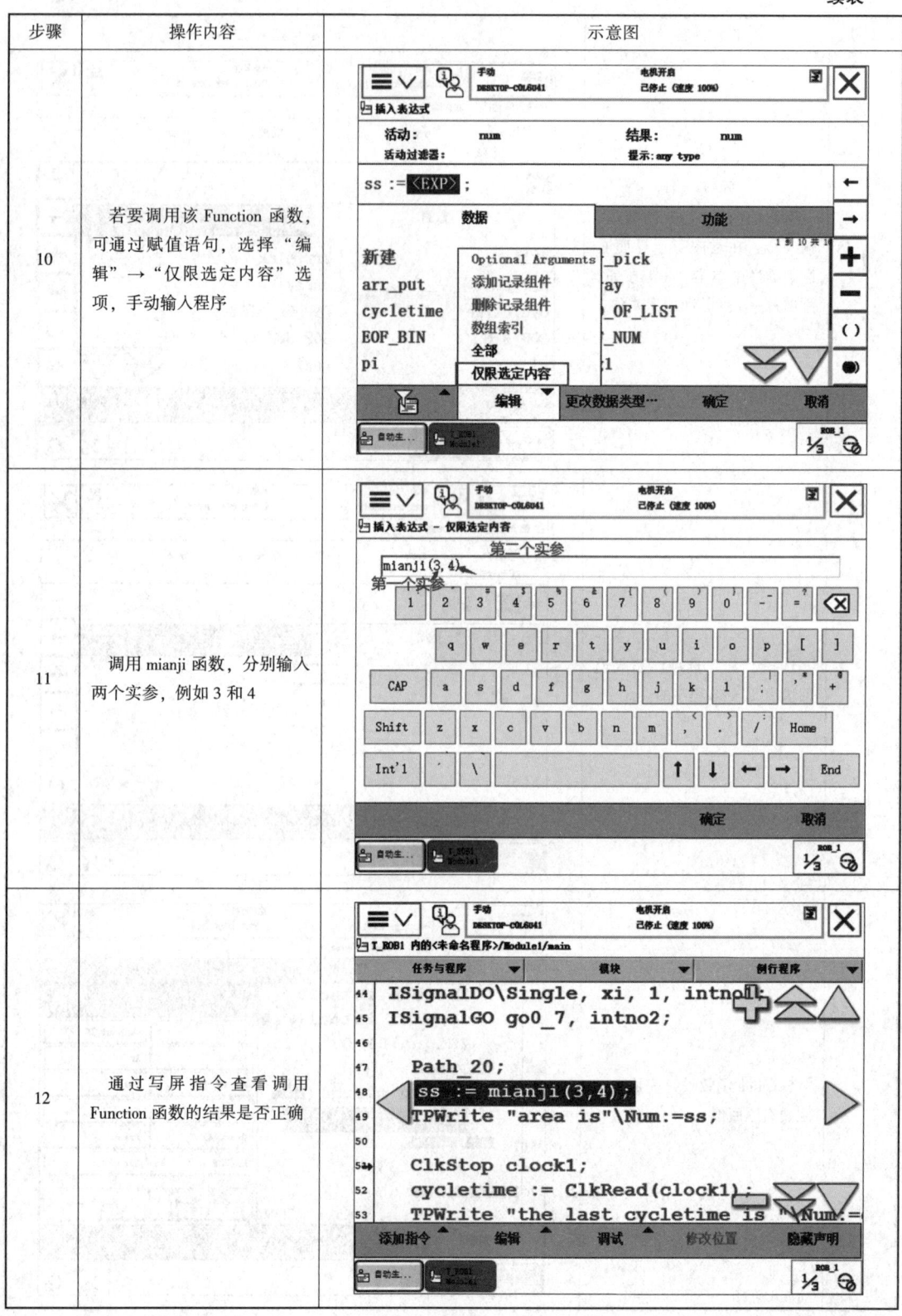

续表

步骤	操作内容	示意图
10	若要调用该 Function 函数，可通过赋值语句，选择"编辑"→"仅限选定内容"选项，手动输入程序	
11	调用 mianji 函数，分别输入两个实参，例如 3 和 4	
12	通过写屏指令查看调用 Function 函数的结果是否正确	

四、中断程序（TRAP）

【知识链接】

在 RAPID 程序的执行过程中，如果发生需要紧急处理的情况，则需要工业机器人中断当前的执行，程序指针 PP 马上跳转到专门的程序中对紧急的情况进行相应的处理，处理完紧急情况后程序指针 PP 返回原来被中断的地方，继续往下执行程序。中断是指正常程序执行暂停，进入中断程序的过程。专门用来处理紧急情况的程序就叫作中断程序（TRAP）。

完整的中断包括触发中断、处理中断和结束中断。中断的实现过程包括扫描中断识别号，扫描与中断识别号关联的触发条件。当触发条件满足后，程序指针跳转至 CONNECT 指令与识别号关联的中断程序。

1. 中断触发指令

触发程序的中断事件是多种多样的，可能是将 I/O 设为 1 或 0，也可能是下令在中断后按给定时间延时，还有可能是工业机器人运动到某个位置等，常用中断触发指令见表 3-3-3。

表 3-3-3　常用中断触发指令

序号	信号	说明	序号	信号	说明
1	ISignalDI	数字输入信号中断	7	Itimer	定时中断
2	ISignalDO	数字输出信号中断	8	TriggInt	运动触发中断
3	ISignalGI	组输入信号中断	9	Ipers	可变量中断
4	ISignalGO	组输出信号中断	10	IVarValue	变量中断
5	ISignalAI	模拟输入信号中断	11	IError	错误触发中断
6	ISignalAO	模拟输出信号中断	—	—	—

还有一些指令用来控制中断是否生效。常用中断控制见表 3-3-4。

表 3-3-4　控制中断是否生效指令

序号	信号	说明	序号	信号	说明
1	Idelete	删除中断连接及初始化中断数据	4	Idisable	禁用所有中断
2	Isleep	使个别中断失效	5	Ienable	启用所有中断
3	Iwatch	使个别中断生效			

2. 程序停止指令

为了处理突发事件，有时会将中断程序的功能设置为让工业机器人程序停止运行。下面介绍程序停止指令 Break、Stop、EXIT 的区别。

（1）Break：无论机械臂是否到达目标点，运用该指令可立即停止程序执行，格式如下。

MoveJ p1,v300,fine,MyNewTool\WObj:=wobj0;
Break;
MoveJ put,v300,fine,MyNewTool\WObj:=wobj0;

在 p1 点运行过程中，Break 就绪时，工业机器人立即停止。想再执行运行至 put 指令，不需要重新设定指针。

（2）Stop：临时停止程序执行，格式如下。

MoveJ p1,v300,fine,MyNewTool\WObj:=wobj0;
Stop;
MoveJ put,v300,fine,MyNewTool\WObj:=wobj0;

在 p1 点运行过程中，Stop 就绪时，工业机器人运行至 p1 点后停止。想再执行运行至 put 指令，不需要重新设定指针。

（3）EXIT：永久停止程序执行，格式如下。

MoveJ p1,v300,fine,MyNewTool\WObj:=wobj0;
EXIT;
MoveJ put,v300,fine,MyNewTool\WObj:=wobj0;

在 p1 点运行过程中，EXIT 就绪时，工业机器人立即停止，程序指针会消失，要继续程序执行需重置程序指针。

【技能链接】

现以对一个传感器的信号进行实时监控为例编写一个中断程序。在正常的情况下，di1 的信号为 0。如果 di1 的信号从 0 变为 1，就对 reg1 数据进行加 1 的操作。以下新建一个中断程序。可扫描右侧二维码观看操作视频。

中断程序具体操作步骤如下。

步骤	操作内容	示意图
1	新建例行程序，操作步骤如上述新建 Function 函数功能。接下来，在"名称"框中输入程序名，选择"类型"为"中断"	

192

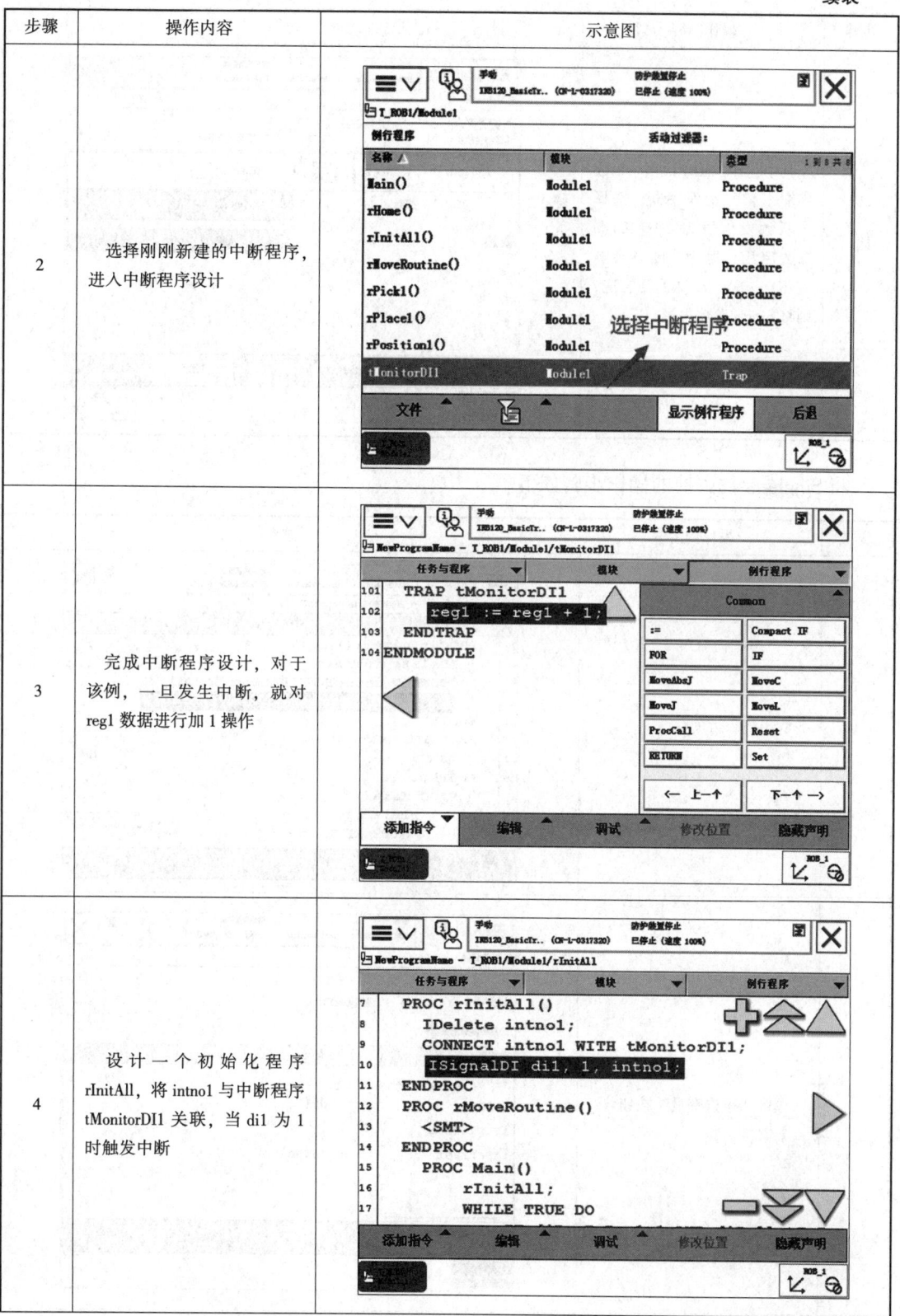

续表

步骤	操作内容	示意图
2	选择刚刚新建的中断程序，进入中断程序设计	
3	完成中断程序设计，对于该例，一旦发生中断，就对 reg1 数据进行加 1 操作	
4	设计一个初始化程序 rInitAll，将 intno1 与中断程序 tMonitorDI1 关联，当 di1 为 1 时触发中断	

续表

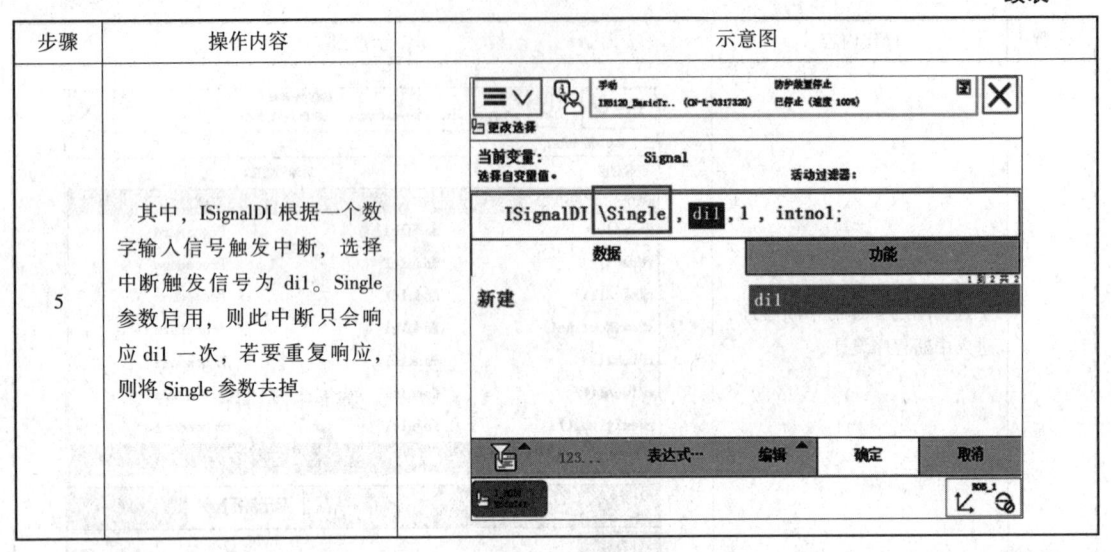

步骤	操作内容	示意图
5	其中，ISignalDI 根据一个数字输入信号触发中断，选择中断触发信号为 di1。Single 参数启用，则此中断只会响应 di1 一次，若要重复响应，则将 Single 参数去掉	

将 Single 参数去掉的操作步骤如下。

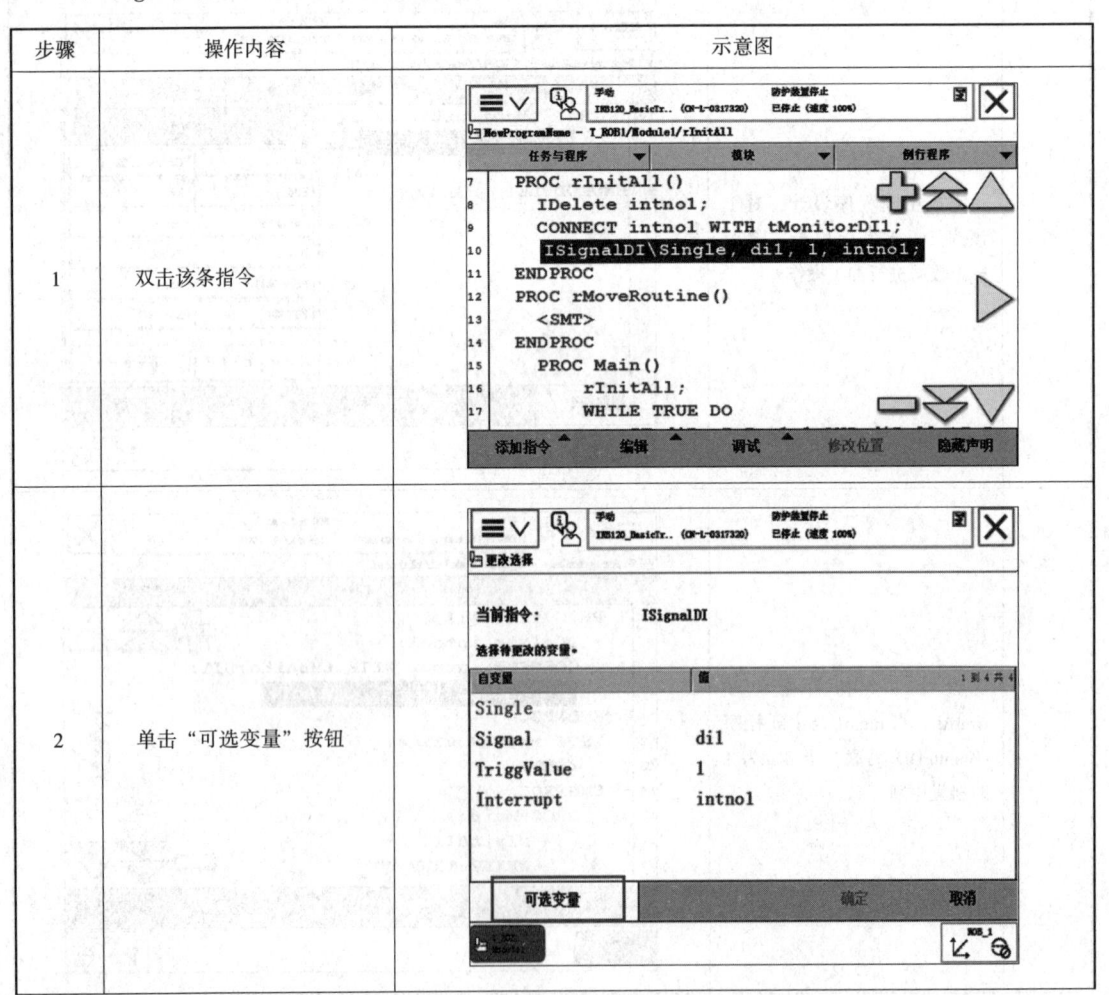

步骤	操作内容	示意图
1	双击该条指令	
2	单击"可选变量"按钮	

续表

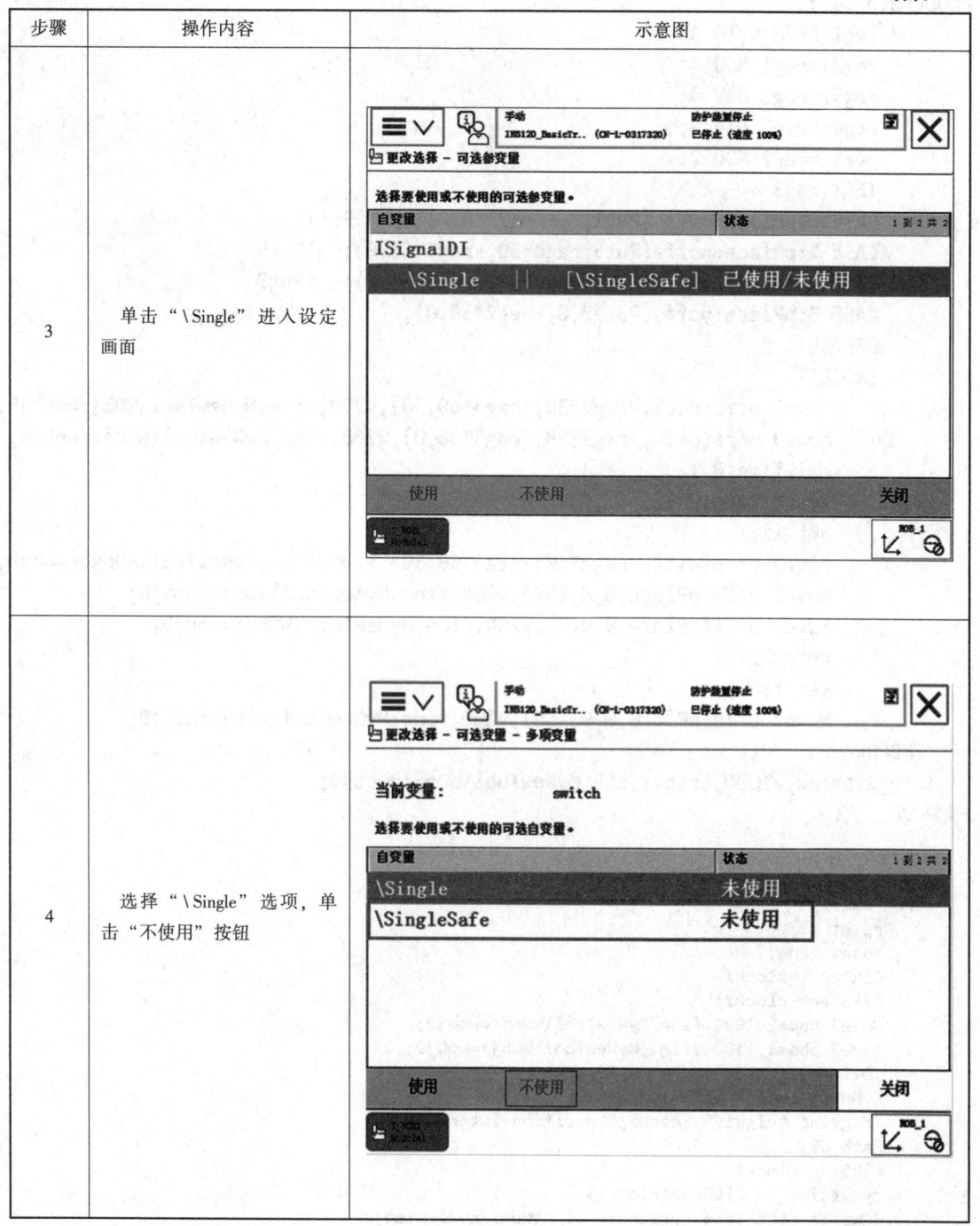

步骤	操作内容	示意图
3	单击"\Single"进入设定画面	
4	选择"\Single"选项,单击"不使用"按钮	

例:如下程序完成了两层码垛搬运设计,根据上述双层码垛的放置位置和顺序,示教 1 号抓取点和 1、5、9、13 四个放置点共五个示教点。在 main 主程序中设置位置中断,当靠近目标点 5 mm 处时触发中断。通过写屏提示用户程序即将结束。

```
PROC Path_50()
    FOR reg1 FROM 0 TO 15 DO
        reg2:=reg1 MOD 4;
        reg3:=reg1 DIV 4;
        reg4:=reg2 DIV 2;
        reg5:=reg2 MOD 2;
        TEST reg3
        CASE 0:pPlace:=offs(Put1,0,-reg2*30,0);          !Put1
        CASE 1:pPlace:=offs(Put5,reg4*30,-reg5*60,0);    !Put5
        CASE 2:pPlace:=offs(Put9,reg4*30,-reg5*60,0);    !Put9
        CASE 3:pPlace:=offs(Put13,0,-reg2*30,0);         !Put13
        DEFAULT:
        ENDTEST
            MoveJ offs(pick,-reg2*30,-reg3*60,50),v200,fine,MyNewTool\WObj:=wobj0;
            MoveJ offs(pick,-reg2*30,-reg3*60,0),v200,fine,MyNewTool\WObj:=wobj0;
            WaitTime 0.1;
            reset fang;
            set xi;
            MoveJ offs(pick,-reg2*30,-reg3*60,50),v200,fine,MyNewTool\WObj:=wobj0;
            MoveJ offs(pPlace,0,0,150),v200,fine,MyNewTool\WObj:=wobj0;
            MoveJ offs(pPlace,0,0,0),v200,fine,MyNewTool\WObj:=wobj0;
            reset xi;
            set fang;
            MoveJ offs(pPlace,0,0,150),v200,fine,MyNewTool\WObj:=wobj0;
    ENDFOR
    TriggJ phome,v1000,trigg1,z50,MyNewTool\WObj:=wobj0;
ENDPROC
```

主程序如下：

```
PROC main()
    reset xi;
    reset fang;
    ClkReset clock1;
    ClkStart clock1;
    MoveJ home,v1000,fine,MyNewTool\WObj:=wobj0;
    MoveJ phome,v1000,fine,MyNewTool\WObj:=wobj0;
    IDelete intno3;
    CONNECT intno3 WITH lujing;
    TriggInt trigg1,5,intno3;! position interrupt
    Path_50;
    ClkStop clock1;
    cycletime := ClkRead(clock1);
    TPWrite "the last cycletime is "\Num:=cycletime;
ENDPROC
```

在程序即将全部结束时触发中断，通过写屏提示用户程序即将结束。中断程序如下：

```
TRAP lujing
    TPWrite "That's ok! Go home!";
ENDTRAP
```

【任务实施】

解包码垛工作站"码垛 1.rspag",以小组为单位确定两层码垛算法,在 RobotStudio 软件中完成 16 个工件的码垛。将仿真工作站导入真实工业机器人系统,通过调试,在真实工业机器人系统中完成 16 个工件的码垛搬运。要求:工业机器人运行具有较高的平稳性和重复准确度,确保不会产生过大的累计误差。

一、任务计划

(1) 知识点回顾。

例行程序、功能程序和中断程序的区别是什么?在主程序中如何调用例行程序?

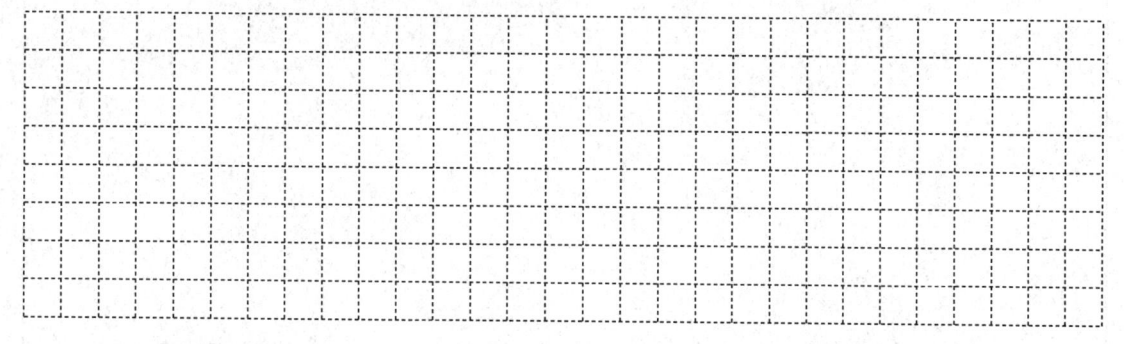

(2) 完成码垛搬运顺序设计及程序框图设计,绘制在下面相应位置。

抓取顺序	放置顺序

（3）以小组为单位讨论，确定码垛过程实现方法，并用思维导图设定实现过程中的关键点，完成思维导图设计。要求：分别编写第一层和第二层码垛子程序，并在主程序中调用。

（4）整理本任务所需知识、技能点，完成表 3-3-5。

表 3-3-5　知识技能点整理汇总表

序号	子任务及其涉及的知识、技能点	负责人	是否已知已会	备注
深入分析未知知识、技能点，提出解决方案				

二、实施

1. 按照规划的轨迹，在 RobotStudio 软件中完成 16 个工件的码垛搬运

（1）解包工作站，在 Robotstudio 软件中创建码垛机器人系统。

（2）依照小组讨论设计的思维导图，设计 RAPID 程序框图。

（3）完成程序设计。

(4) 调试程序。

在表3-3-6中记录自己在设计调试过程中遇到的问题并提出解决方案。

表3-3-6 程序调试过程中问题汇总

序号	问题	解决方案
1		
2		
3		
4		
5		

❖ **任务拓展**：尝试用不同的编程方法完成该码垛程序的设计。

2. 在真实工业机器人工作站中完成16个工件的码垛搬运

(1) 将信息导入真实工业机器人系统。

(2) 创建与仿真过程同步的工件坐标系并验证工件坐标系是否正确（表3-3-7）。

表3-3-7 校准坐标系自查表

项目	坐标系名称	验证内容	自查评价	未达标整改措施
工件坐标系		X，Y，Z三个方向运行验证		
工具坐标系		利用重定位验证		

(3) 示教抓取、放置点。

(4) 调试并验证程序（表3-3-8）。

表3-3-8 验证真实工业机器人系统16个码垛功能

序号	验证内容	自查评价	未达标整改措施
1	16个工件码垛运行轨迹是否平缓流畅		
2	程序连续运行3次后16个工件码垛搬运是否仍然精准		

(5) 在表3-3-9中列举在真实工业机器人工作站调试过程中遇到的问题并提出解决方案。

表3-3-9 真实工业机器人系统码垛过程中问题汇总

序号	问题	解决方案
1		
2		
3		
4		

三、检查

配合教师完成考核表,见表 3-3-10。

表 3-3-10 16 个工件的码垛搬运考核表

序号	考核要点	考核要求	配分	评分标准	得分	得分小计
1	仿真工作站运行（32 分）	校准仿真工作站,验证工具坐标	2	正确创建标定得 1 分；正确验证得 1 分		
		工作站校准仿真,验证工件坐标系	2	正确创建标定得 1 分；正确验证得 1 分		
		实现吸放动画效果	6	实现吸放动画效果得 6 分		
		示教点正确	6	home、pick、put 示教点正确各得 2 分		
		轨迹平缓流畅	6	教师根据学生完成情况酌情打分		
		双层码垛放置与规划一致	5	8 个码垛放置与规划一致得 5 分		
		采用多种方法完成,所采用方法合理	5	多采用一种方法得 5 分		
2	真实工作站运行（38 分）	连接仿真工作站,导入程序	2	正确将仿真工作站程序导入真实工作站得 2 分		
		创建和验证工具坐标系	2	正确创建正确工具坐标系得 1 分；重定位验证得 1 分		
		创建和验证工件坐标系	2	正确创建正确工具坐标系得 1 分,对 X、Y、Z 三个方向进行正确验证得 1 分		
		气路工作正常	2	气路工作正常得 2 分		
		吸放正常	4	吸正常得 2 分；放正常得 2 分		
		示教点正确	6	home、pick、put 示教点正确各得 2 分		
		轨迹平缓流畅	10	教师根据学生完成情况酌情打分		
		双层码垛放置与规划一致	5	教师根据学生完成情况酌情打分		
		采用多种方法完成	5	多采用一种方法得 5 分		
3	线上任务完成情况（20 分）	按照线上平台要求,完成线上任务	20	按照线上平台得分折算		
4	职业素养（10 分）	遵守场室纪律,无安全事故	2	纪律和安全方面各占 1 分		
		工位保持清洁,物品整齐	3	工位和物品方面各占 1.5 分		
		着装规范整洁,佩戴安全帽	2	着装和安全帽方面各占 1 分		
		操作规范,爱护设备	3	操作规范和爱护设备各得 1.5 分		
5	违规扣分项	机器人与周边设备碰撞		每次扣 5 分		
		示教位置不准		每次扣 5 分		
		造成损坏设备		扣 20 分		
			任务总分			

四、反思

将自己的总结向别的同学介绍，描述收获、问题和改进措施。在一些工作完成不尽意的地方，记录别人给自己的意见，帮助下面的工作。

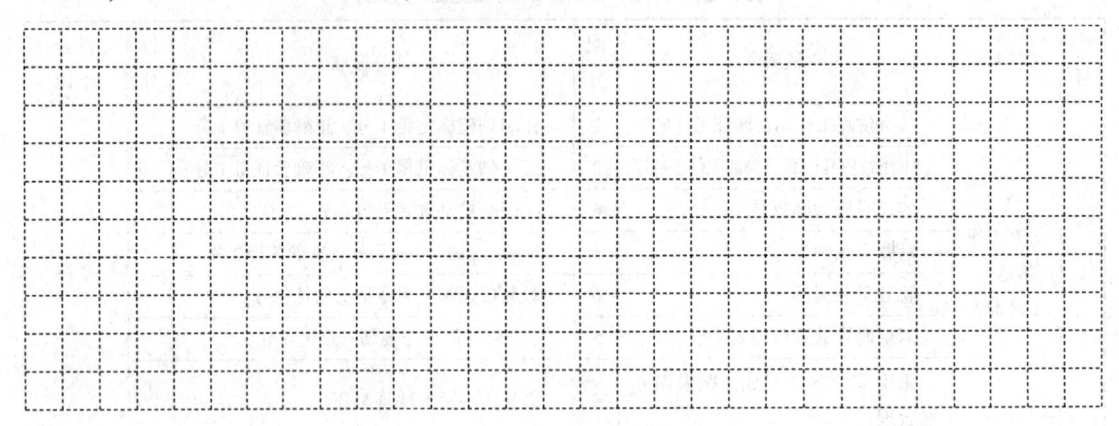

国家安全观提出"坚持人民至上、生命至上，保护人民生命安全和身体安全"。机器人码垛在医疗卫生、人民生命健康发挥了作用。请列举相关案例，并阐述码垛机器人总体工作思路。

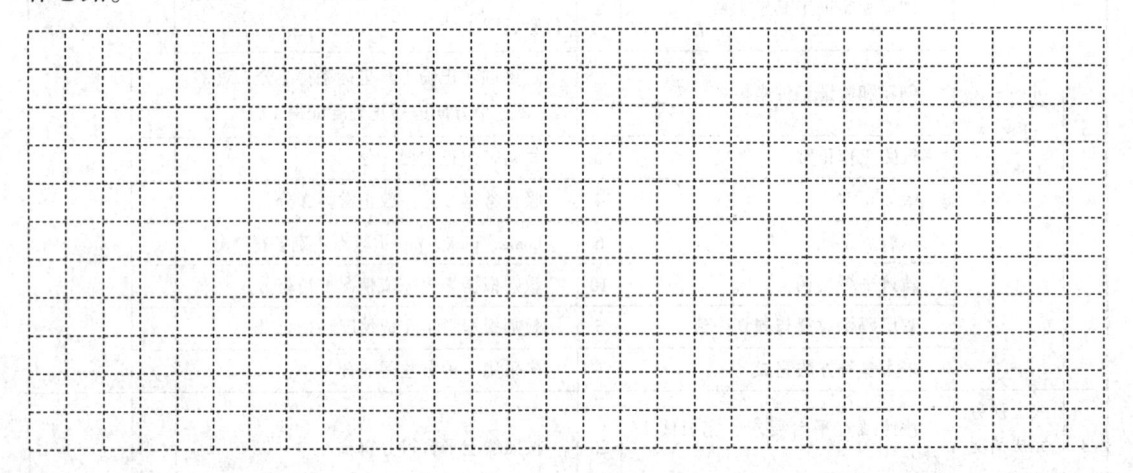

习　题

一、判断题

1. 使用 ProCall 调用带参数的例行程序时，必须包括所有强制性参数。　　　（　　）
2. CallByVar 与 ProCall 一样可以调用带参数的例行程序。　　　　　　　　（　　）
3. 为了避免系统等候时间过长造成设备操作异常，中断程序应该尽量短小，从而减少中断程序的执行时间。　　　　　　　　　　　　　　　　　　　　　　（　　）
4. 中断时需要在每一次程序循环的时候开启，否则运行过一次就失效了。（　　）

5. 如需要建立中断程序，程序命名应该以 TRAP 开头。（   ）
6. 中断程序中只可包含工业机器人运算程序，不可包含工业机器人运动程序。（   ）
7. 工业机器人程序中只能设定一个中断程序，作为最高优先级程序。（   ）
8. 可以使用中断失效指令来限制中断程序的执行。（   ）
9. 中断指令 ISignalDI 必须同指令 CONNECT 联合使用。（   ）
10. 以下程序"CONNECT int1 WITH iroutine1；ISignalDI \ Signal di01，1，int1；"的中断功能持续有效。（   ）
11. 中断指令 Iwatch 用于激活工业机器人已失效的相应中断数据，一般情况下，它与指令 ISleep 配合使用。（   ）
12. 工业机器人目标点 robtarget 包含 TCP 的位置和姿态、轴配置和外部轴 4 组数据。（   ）
13. "CONNECT intno1 WITH Trap1；"表示将中断符与中断程序 Trap1 连接。（   ）
14. 使用工具坐标偏移函数 RelTool 时，可以只设定从开始位置绕 X、Y、Z 方向的偏差角度。（   ）

二、选择题（单选）

1. 六自由度关节式工业机器人因其高速、高重复定位精度等特点，在焊接、搬运、码垛等领域实现了广泛的应用，在设计工业机器人上下料工作站时，除负载、臂展等指标外，应着重关注的指标是（   ）。
   A. 重复定位精度　　　　　　　　B. 绝对定位精度
   C. 轨迹精度和重复性　　　　　　D. 关节最大速度
2. 在工业机器人程序中，中断程序一般是以（   ）字符来定义的。
   A. TRAP　　　　B. ROUTINE　　　　C. PROC　　　　D. BREAK
3. Reltool 偏移指令参考的坐标系是（   ）。
   A. 大地坐标系　　　　　　　　　B. 当前使用的工具坐标系
   C. 当前使用的工件坐标系　　　　D. 基座坐标系
4. 使用 Reltool 偏移指令返回的是（   ）数据类型。
   A. robjoint　　　　　　　　　　B. string
   C. robtarget　　　　　　　　　　D. singdata
5. 在 RAPID 编程中，使用一个数字输出信号触发中断的指令是（   ）。
   A. IsignalAO　　B. IsignalAI　　C. IsignalDO　　D. ISignalDI
6. 在 RAPID 编程中，连接一个中断符号到中断程序的指令是（   ）。
   A. GetTrap　　　B. Ipers　　　　C. CONNECT　　D. GetTrapData
7. 指令 ISignalDI 中的 Singal 参数启用后，此中断会响应指定输入信号（   ）次。
   A. 1　　　　　　B. 2　　　　　　C. 3　　　　　　D. 无限
8. 关于中断程序，以下说法中错误的是（   ）。
   A. 中断程序执行时，原程序处于等待状态

B. 中断程序可以嵌套

C. 可以使用中断失效指令来限制中断程序的执行

D. 运动类指令不能出现在中断程序中

9. 通过数字输入信号触发中断的指令是（　　）。

A. IsignalDI B. Isleep C. IsignalDO D. IsignalAO

10. 基于工具坐标系下的 X, Y, Z 方向平移的函数是（　　）。

A. OrobT B. CrobT C. RelTool D. Offs

11. 在 RAPID 编程中，取消指定的中断指令是（　　）。

A. Idisable B. Idelete C. Ierror D. Ipers

项目四

工业机器人涂胶工作站仿真与实现

胶，繁体字"膠"，字从肉从翏。"肉"意为"肉汁样的"，"翏"意为"合并、结合"，"肉"与"翏"联合起来表示"肉质样的胶黏剂"，可见，中国古代的胶黏剂是指用动物的皮、角制成的能粘接器物的东西。中国是世界上应用胶黏剂和粘接技术最早的国家之一，早在商代就可见胶的使用。在古代所采用的榫卯结构中，如何牢牢固定榫卯又不会破坏结构，古人采用的是粘性牢固、绿色环保的鳔胶，天然环保、手工打造。

而今，化学胶和自动涂胶方式都提升了我们快节奏的生活。例如，汽车制造产业，需要操作、装配、涂胶、焊接等人力消耗型工作。以往，为了保证工作的高效率在一定程度上忽略了工作人员的健康状况，而今以人为中心的工程理念渗入汽车制造领域，工业机器人进入汽车生产制造过程。以汽车涂胶为例，根据车身材料的化学性质和物理性质，在涂胶区域按照厚度要求由工业机器人进行涂胶操作，采用自动涂胶方式确保不出现溢出情况。汽车生产制造企业采用机器人后，最大限度地减少人力操作的危险性，有效缓解了工人的工作压力，高度保证了汽车零件的精度，提高了产品的实际生产质量。

图 4-0-1 工业机器人涂胶应用

【工作站简介】

本工作站由涂胶机构对物料进行涂胶，按下外接启动按钮，机器人自动完成两个工件的涂胶工作。本项目通过 PLC 扩展 IO 口与机器人实现通信，完成外部按键控制机器人涂胶运行。

技术要求如下。

（1）涂胶示教时，涂胶枪姿态尽量满足涂胶工艺要求。涂胶枪倾角与涂胶方向呈 0°~30°；

（2）工业机器人运行涂胶转角处轨迹要求平缓流畅；

（3）涂胶枪与工件待涂胶边缘尽量贴近，且不能与工件接触，以免刮伤工件表面或撞坏涂胶针头；

（4）根据涂胶产品的特点，确定涂胶区域，涂胶厚度为 0.5~1 mm。

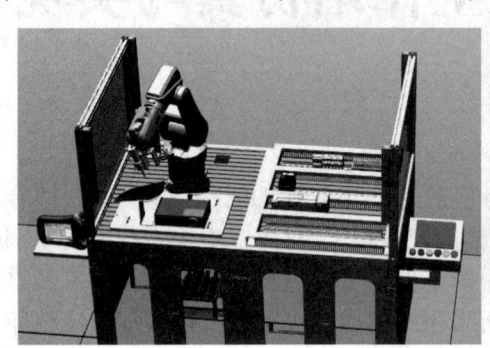

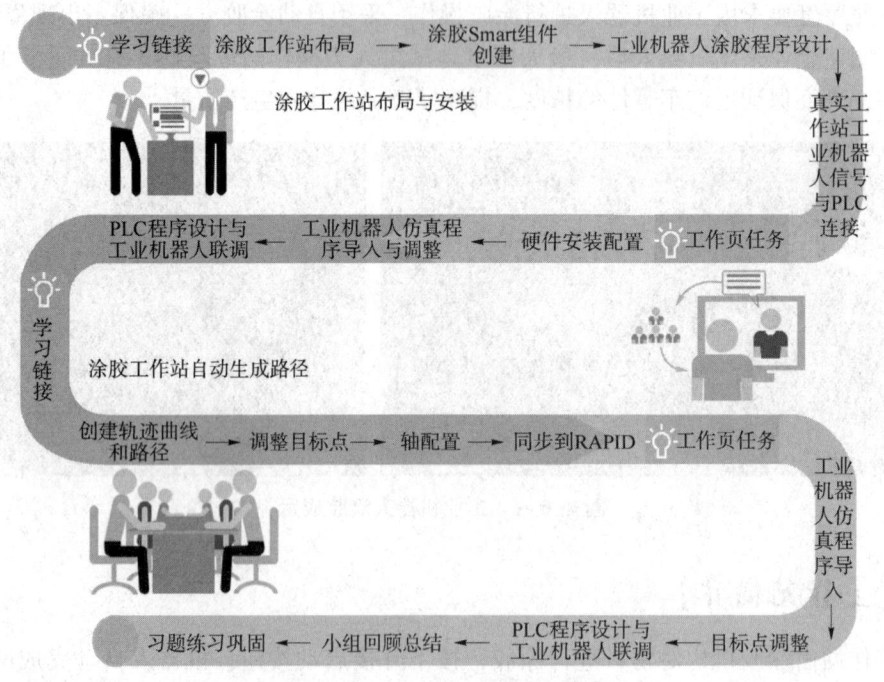

图 4-0-2　涂胶工作站

【学习地图】

涂胶工作站学习地图如图 4-0-3 所示。

图 4-0-3　涂胶工作站学习地图

任务一　涂胶工作站布局与安装

【学习情境】

在工业生产中，涂胶作为工业机器人的典型基础应用，可根据不同的涂胶工艺进行不同形式的起胶、回胶的算法和控制设计。按下外接启动按钮，工业机器人自动完成两个工件的涂胶工作。本任务主要完成涂胶工作站的布局，包括虚拟工作站的布局和真实工作站的安装，完成涂胶工作。

一、学习目标

(1) 会在 RobotStudio 软件中进行涂胶工作站布局；
(2) 了解涂胶工艺，能在 RobtotStudio 软件中实现涂胶动画效果；
(3) 会选择对应的涂胶夹具、夹具与工业机器人的连接法兰盘、安装螺丝、螺丝刀等工具，并按照要求进行涂胶系统、涂胶工作站的安装；
(4) 能进行夹具和模块的气动系统安装与设计；
(5) 能进行 PLC 与工业机器人、气动模块、传感器等模块之间的电路接线。

二、所需工具设备

(1) ABB 工业机器人 1 台、涂胶模块 1 套、西门子 PLC 控制器 1 台。
(2) 装有 RobotStudio 软件的计算机 1 台、虚拟涂胶工作站"涂胶 0. rspag"打包文件 1 个。
(3) 内六角螺丝刀、活动扳手、十字螺丝刀、万用表、尖嘴钳等电工工具各 1 套。

【学习链接】

【技能链接】
扫描右侧二维码，观看虚拟涂胶工作站的仿真，明确任务要求。

涂胶效果图

一、涂胶工作站布局

涂胶工作站布局主要分为以下几个步骤。
(1) 解压并初始化；
(2) 创建工业机器人系统；
(3) 进行 I/O 配置。

在工业机器人系统中创建 I/O 板，I/O 板选择 DSQC652；再配置 I/O 信号。在此工作站中，配置了 1 个数字输出（GunSp）用于控制涂胶枪工作，设置了 di0、di1、di3、do0~do6 等系统信号，可以发送和接收外部控制设备（PLC）的信号，实现工业机器人程序运行。I/O 信号配置见表 4-1-1。

表 4-1-1 I/O 信号配置

信号名称	信号类型	所在 I/O 板	单位映射	I/O 信号注解
GunSp	Digital Output	d652	9	涂胶信号
di0	Digital Input	d652	0	启动
di1	Digital Input	d652	1	Motor ON
di3	Digital Input	d652	3	Start at main
do0	Digital Output	d652	0	工业机器人自动状态
do1	Digital Output	d652	1	急停状态
do2	Digital Output	d652	2	运行错误
do3	Digital Output	d652	3	电动机掉电状态
do4	Digital Output	d652	4	电动机上电状态
do5	Digital Output	d652	5	运行正常
do6	Digital Output	d652	6	涂胶全部完成

系统信号设置方法如下，以设置工业机器人 di1、di3 系统输入信号为例，使工业机器人可从 main 开始自动运行。其他系统信号可用相同的方法设置。扫描右侧二维码学习配置过程。

机器人系统信号设定

具体操作步骤如下。

步骤	操作内容	示意图
1	在"控制面板-配置 I/O"界面，选择"System Input"选项	

续表

步骤	操作内容	示意图
2	单击"添加"按钮,进入添加系统信号界面	
3	在系统信号中选择要作为系统信号的值,例如"di1",选择"Action"为"Motors On",电动机上电	
4	用同样的方法,设置"di3"信号为"Start at Main",并选择运行模式是"连续"或"单周期"。重新启动机器,即可生效	

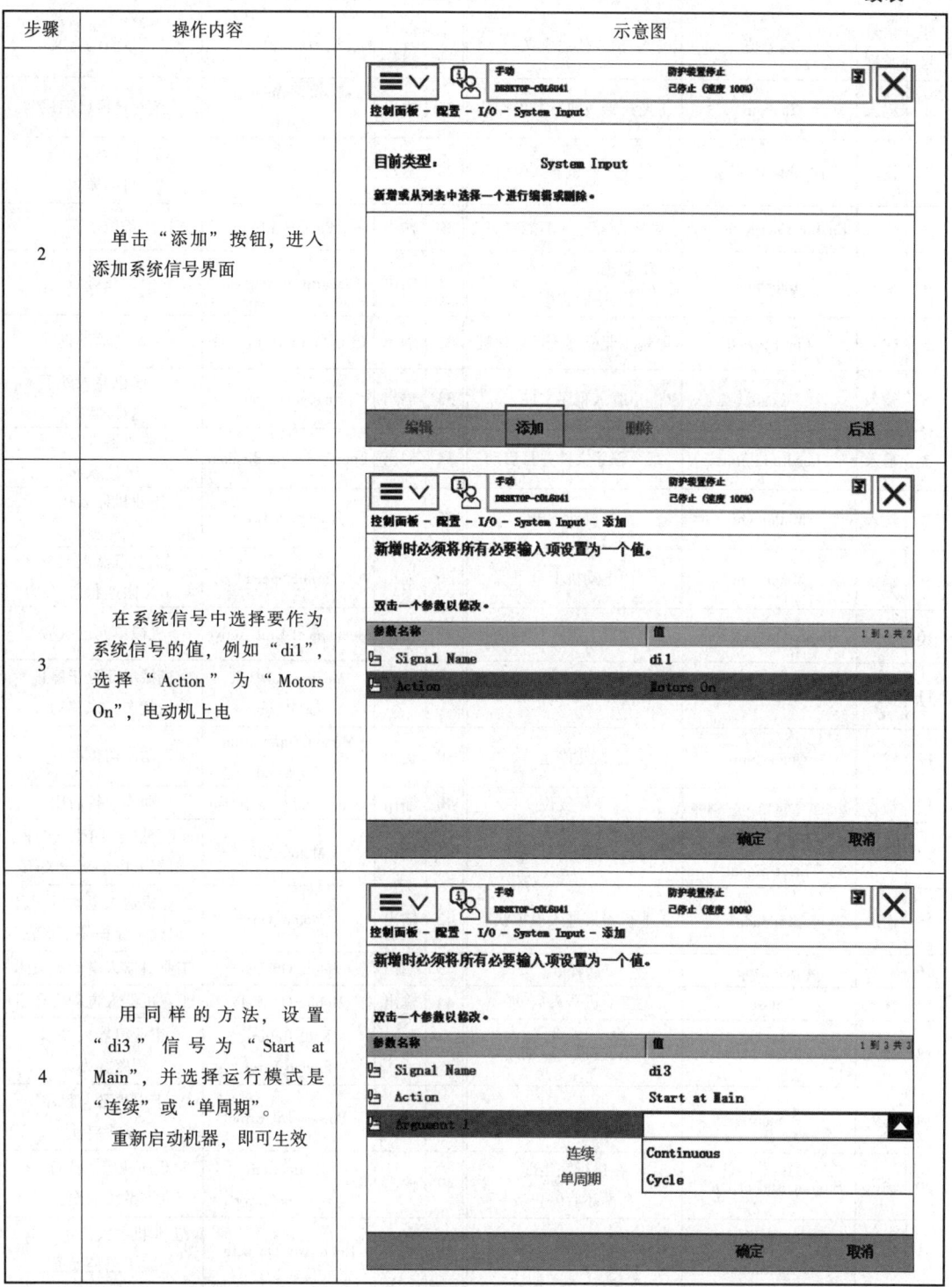

  ABB 工业机器人的系统 I/O 信号值及其含义见表 4-1-2,具体使用什么信号可以根据现场的实际情况灵活配置。

209

表 4-1-2　ABB 工业机器人的系统 I/O 信号值及其含义

序号	信号类型	信号值	信号值的含义	序号	信号类型	信号值	信号值的含义
1	输入	Backup	工业机器人执行备份操作	28	输出	Absolute Accuracy Active	绝对精度已启用
2	输入	Disable Backup	禁止工业机器人备份	29	输出	Auto On	工业机器人处于自动模式
3	输入	Enable Energy Saving	使控制器进入节能状态	30	输出	Backup Error	备份错误
4	输入	Interrupt	工业机器人执行一次中断程序	31	输出	Backup in progress	正在备份
5	输入	Limit Speed	限制工业机器人运行速度	32	输出	CPU Fan not Running	风扇转动不正常
6	输入	Load	载入程序文件	33	输出	Emergency Stop	工业机器人处于急停状态
7	输入	Load and Start	载入程序文件并且启动	34	输出	Energy Saving Blocked	工业机器人正处于节能状态
8	输入	Motors Off	电机动下电	35	输出	Execution Error	工业机器人执行发生错误
9	输入	Motors On	电动机上电	36	输出	Limit Speed	工业机器人处于限速状态
10	输入	Motors On and Start	电动机上电并且启动	37	输出	Mechanical Unit Active	机械单元已激活
11	输入	PP to Main	程序指针移至主程序	38	输出	Mechanical Unit Not Moving	机械单元处于停止状态，未移动
12	输入	Quick Stop	快速停止	39	输出	Motion Supervision Triggered	动作监控触发
13	输入	Reset Emergency Stop	急停复位	40	输出	Motion Supervision On	动作监控启用
14	输入	Reset Execution Error Signal	执行错误信号复位	41	输出	Motors Off	安全链未关闭，工业机器人电动机未关闭
15	输入	SimMode	工业机器人进入模拟状态	42	输出	Motors On	工业机器人电动机开启但处于保护停止状态
16	输入	Soft Stop	缓停止	43	输出	Motors Off State	工业机器人电动机关闭
17	输入	Start	工业机器人启动	44	输出	Motors On State	工业机器人电动机开启
18	输入	Start at Main	从主程序启动	45	输出	Path Return Region Error	工业机器人离编程路径太远
19	输入	Stop	工业机器人停止	46	输出	Power Fail Error	上电失败，程序无法启动
20	输入	Stop at End of Cycle	在执行完当前循环后停止	47	输出	Production Execution Error	程序执行、碰撞、系统错误
21	输入	Stop at End of Instruction	在执行完当前指令后停止	48	输出	Robot Not On path	工业机器人停止后离编程路径太远
22	输入	System Restart	复位系统运行状态	49	输出	Run Chain OK	运行链正常
23	输入	Write Access	请求写权限	50	输出	SimMode	工业机器人已进入模拟状态

续表

序号	信号类型	信号值	信号值的含义	序号	信号类型	信号值	信号值的含义
24	输出	SMB Battery Charge Low	SMB 电池即将耗尽	51	输出	Simulated I/O	I/O 信号处于模拟状态
25	输出	System Input Busy	系统输入繁忙	52	输出	TCP Speed Reference	TCP 当前的编程速度
26	输出	Task Executing	任务正在执行	53	输出	Temperature Warning	温度报警
27	输出	TCP Speed	TCP 当前的实际速度	54	输出	Write Access	相关 I/O 客户端拥有写权限

涂胶工作站布局如图 4-1-1 所示。

布局完成后,通过查看工业机器人的工作区域,查看工业机器人的工作范围,若涂胶部件不在工业机器人的工作范围内,可调整工业机器人的位置,如图 4-1-2 和图 4-1-3 所示。

图 4-1-1 涂胶工作站布局

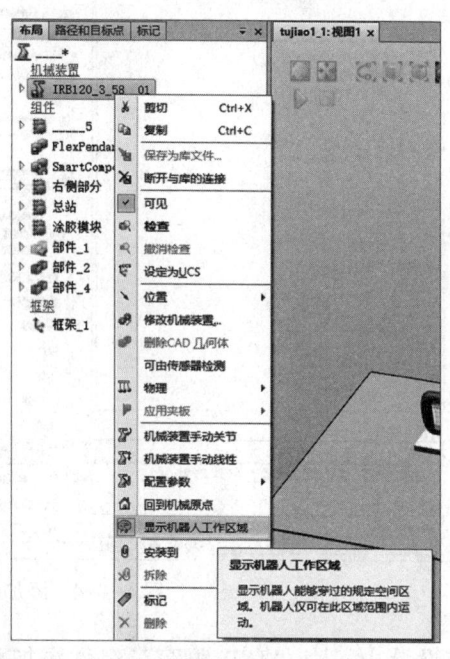

图 4-1-2 选择"显示机器人工作区域"选项

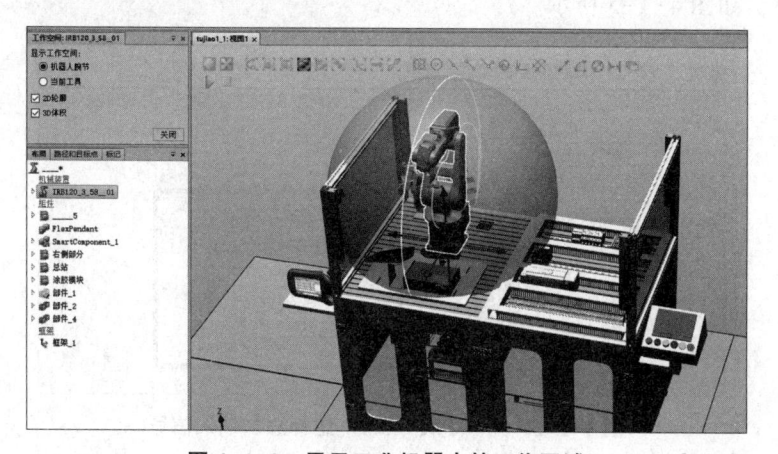

图 4-1-3 显示工业机器人的工作区域

二、涂胶 Smart 组件创建

在涂胶工作站中,实现涂胶动画效果的操作方法如下:选择"建模"→"Smart 组件"→"组成"→"添加组件"→"其他"→"TraceTCP"选项,添加"TCP 跟踪"组件,如图 4-1-4 所示。

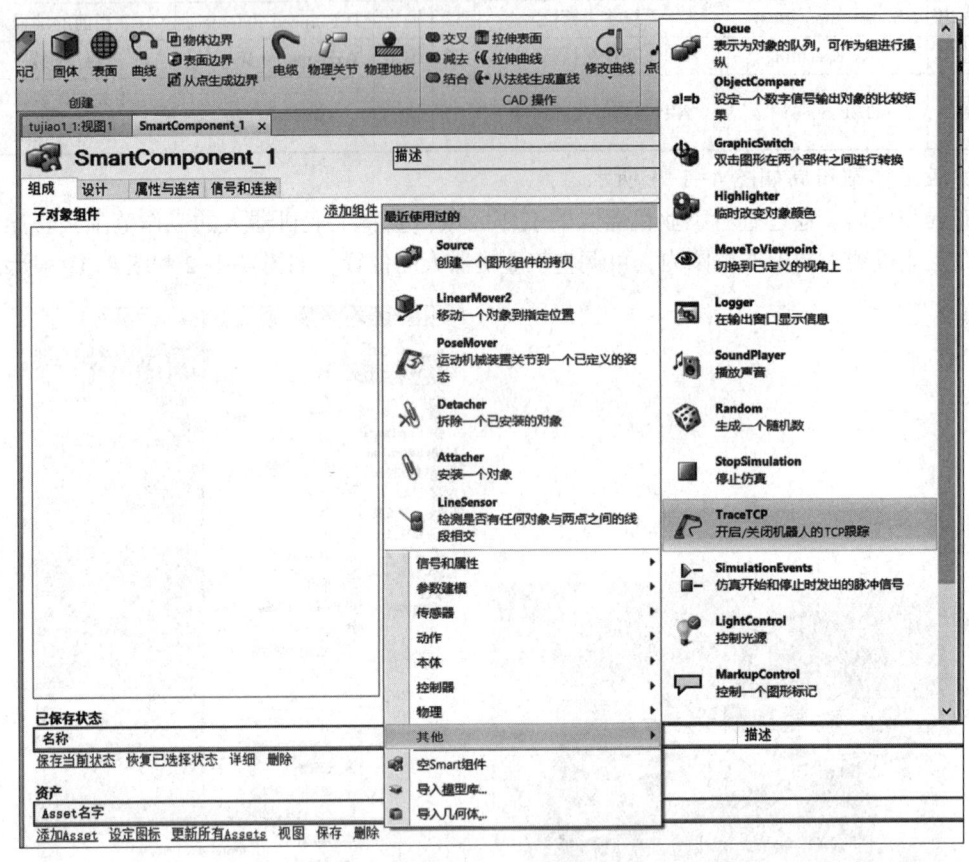

图 4-1-4 添加"TCP 跟踪"组件

在设计中,为"TCP 跟踪"组件添加两个输入信号,分别连接 Enabled(使能)和 Clear(清除),如图 4-1-5 所示。

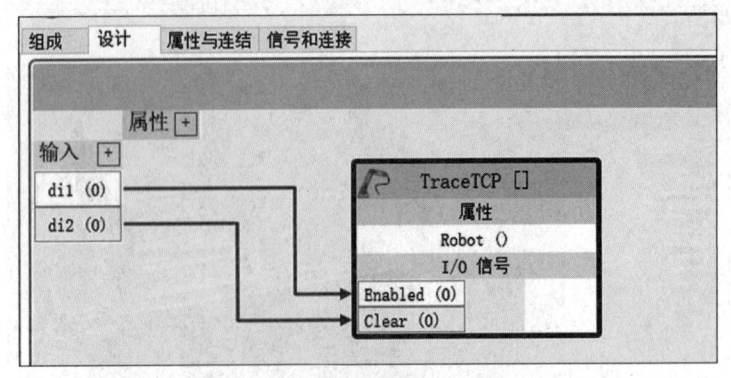

图 4-1-5 为"TCP 跟踪"组件添加输入信号

接下来设定工作站逻辑（图 4-1-6），将工业机器人的输出信号 GunSp、do7 与涂胶 Smart 组件的 Enable 和 Clear 相连。

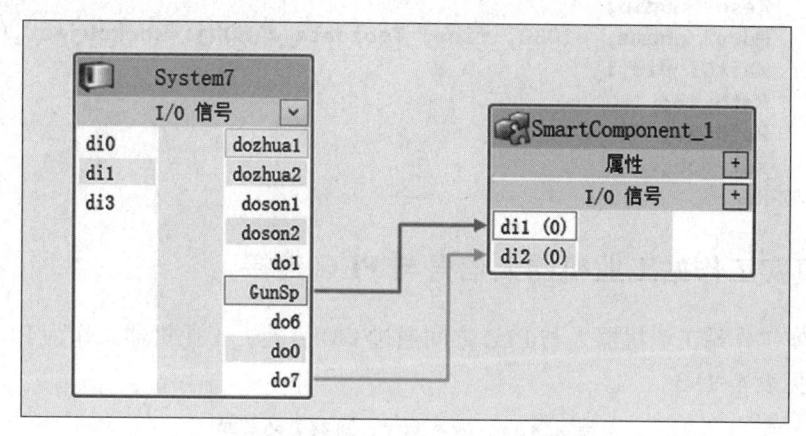

图 4-1-6　设定工作站逻辑

在工作站中，可设定"TCP 跟踪"组件的颜色，以便更好地查看涂胶仿真效果。勾选"仿真"→"TCP 跟踪"→"启用 TCP 跟踪"复选框，单击"基础色"右侧按钮，在弹出的"颜色"对话框中选择所需颜色，如图 4-1-7 所示。

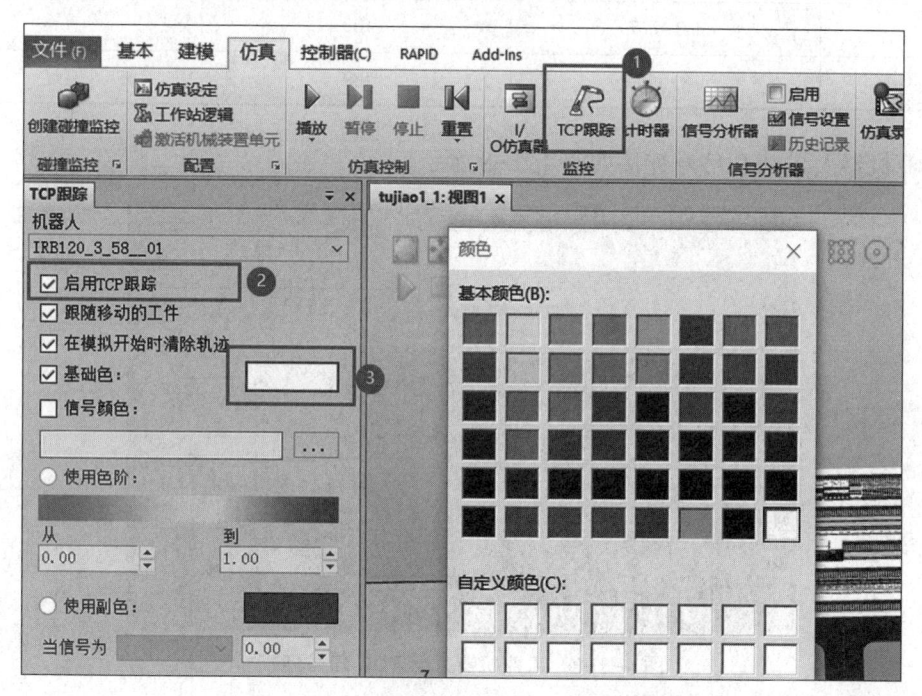

图 4-1-7　设定"TCP 跟踪"组件的颜色

三、工业机器人涂胶程序设计

依次对各点进行精准示教，涉及两段轨迹示教，并完成主程序设计。指令如下：

```
PROC main()
    Reset do6;
    Reset GunSp;
    MoveJ phome, v1000, fine, Tooldata_4\WObj:=Workobject_1;
    WaitDI di0,1;
    Path_10;
    Path_20;
    set do6;
ENDPROC
```

四、真实工作站工业机器人信号与 PLC 连接

现场真实工作站工业机器人与 PLC 之间通过 I/O 直连，工业机器人作为 PLC 扩展 I/O，其 I/O 分配见表 4-1-3。

表 4-1-3　PLC 与工业机器人的关联

序号	工业机器人的 I/O	PLC 的 I/O	备注
1	di0~di7	QB12	直连
2	di8~di15	QB13	直连
3	do0~do7	IB8	直连
4	do8~do15	IB9	直连

工业机器人与 PLC 信号连接如图 4-1-8 所示。

图 4-1-8　工业机器人与 PLC 信号连接

按下外接启动按钮，PLC 的 Q12.1、Q12.3 为 1（即工业机器人的 di1 和 di3 为 1），工业机器人从 main 开始自动运行，等待工业机器人的 di0 信号为 1（即 PLC 的 Q12.0 为 1）开启涂胶运行，完成涂胶后，工业机器人的 do6（即 PLC 的 I8.6）为 1，停止运行，如图 4-1-9 所示。

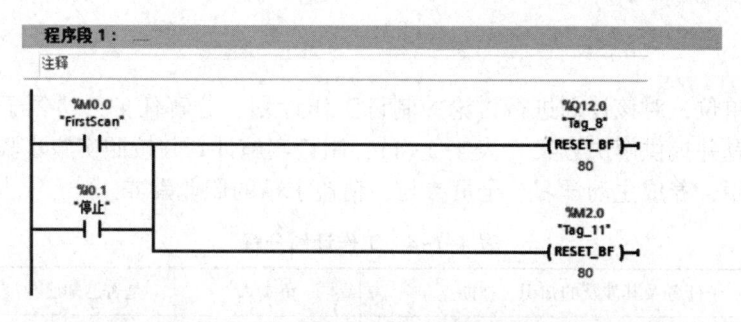

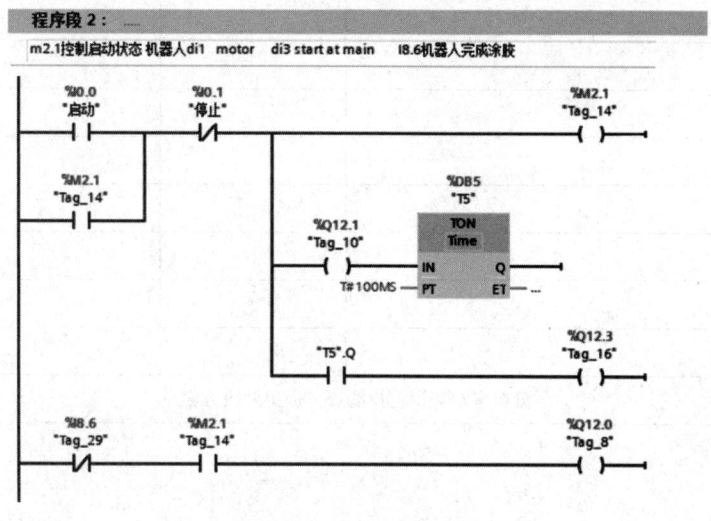

图 4-1-9　程序截图

【任务实施】

解包涂胶工作站"涂胶 0.rspag",按照【学习链接】在 RobotStudio 软件中完成涂胶仿真动态效果;调整工业机器人至 home 点,准备就绪,按下启动按钮,工业机器人开始自动运行,GunSp 控制涂胶,涂胶完成,工业机器人归位。

将调试好的虚拟工作站程序下载到真实的工业机器人工作站,并进行实际示教点的精确示教,真实工业机器人与 PLC 通信联调,实现工业机器人两段路径的涂胶工作。

一、计划

1. 知识回顾

结合真实工作站,阐述工业机器人与 PLC 是如何进行信号连接的。

2. 计划

以小组为单位,对该计划进行讨论并制订工作计划,分解任务,认领子任务,分析仿真中遇到的问题并提供解决方案(表4-1-4),制订实施计划并按照实施步骤进行自查,发挥团队协作作用,养成主动学习、全员参与、精益求精的职业素养。

表 4-1-4 工作计划分解

序号	子任务及其涉及的知识、技能点	负责人	是否已知已会	备注
1				
2				
3				
4				
5				
6				
7				
8				
分析未知知识、技能点,提出解决方案					

3. 反思

列举仿真过程中遇到的问题并提出解决方案(表4-1-5)。

表 4-1-5 解决方案

序号	问题	解决方案
1		
2		
3		
4		
5		

二、实施

1. 工作站硬件配置

(1)安装工作站套件准备。

准备涂胶控制套件、涂胶夹具、夹具与工业机器人的连接法兰、安装螺丝(若干)和内六角螺丝刀;选择合适型号的十字螺丝刀。

（2）工作站安装。

①首先选择合适的螺丝，把涂胶控制套件安装至工业机器人工作桌面的合适位置。其次进行夹具安装，把夹具与工业机器人的连接法兰安装至工业机器人六轴法兰盘上。最后把涂胶夹具安装至连接法兰上，正确安装涂胶系统。

②完成 PLC 与工业机器人、气动模块、涂胶等模块之间的 I/O 分配和 PLC 外围电路设计；进行电路接线；验证气路是否正常工作，工业机器人与 PLC 的 I/O 是否正常连接。

PLC 的 I/O 分配见表 4-1-6。

表 4-1-6　PLC 的 I/O 分配

序号	PLC 的 I/O 地址	工业机器人的 I/O 地址	注释	备注
1			启动按钮	
2			停止按钮	
3			工业机器人电动机上电	
4			工业机器人从 main 开始运行	
5			PLC 控制工业机器人开始运行	
6			工业机器人端控制涂胶	
7			涂胶完成	
8				

在表 4-1-7 中完成 PLC 的 I/O 分配及外围电路连接。

表 4-1-7　PLC 的 I/O 分配及外围电路连接

2. 工艺要求

（1）涂胶示教时，涂胶枪姿态尽量满足涂胶工艺要求。涂胶枪倾角与涂胶方向呈 0°~30°。

（2）工业机器人运行至涂胶转角处轨迹要求平缓流畅。

（3）涂胶枪与工件待涂胶边缘尽量贴近，且不能与工件接触，以免刮伤工件表面或撞坏涂胶针头。

3. 验证工件坐标系

将仿真工作站的工业机器人系统导入真实工业机器人系统，在真实工作站中创建工件坐标系并验证工件坐标系是否正确，见表 4-1-8。

表 4-1-8　验证真实工业机器人系统的工件坐标系

序号	验证内容		评价	结论
1	仿真工业机器人系统是否导入真实工业机器人系统			
2	真实工业机器人工具坐标系名	真实工业机器人工具坐标系验证	评价	结论
		X 方向运行是否正确		
		Y 方向运行是否正确		
		Z 方向运行是否正确		
3	工件坐标系名　　工具坐标系名	工件坐标系验证	评价	结论
		X 方向运行是否正确		
		Y 方向运行是否正确		
		Z 方向运行是否正确		

4. 目标点调整

在表 4-1-9 中完成工业机器人端目标点调整程序设计。

表 4-1-9　工业机器人端目标点调整程序设计

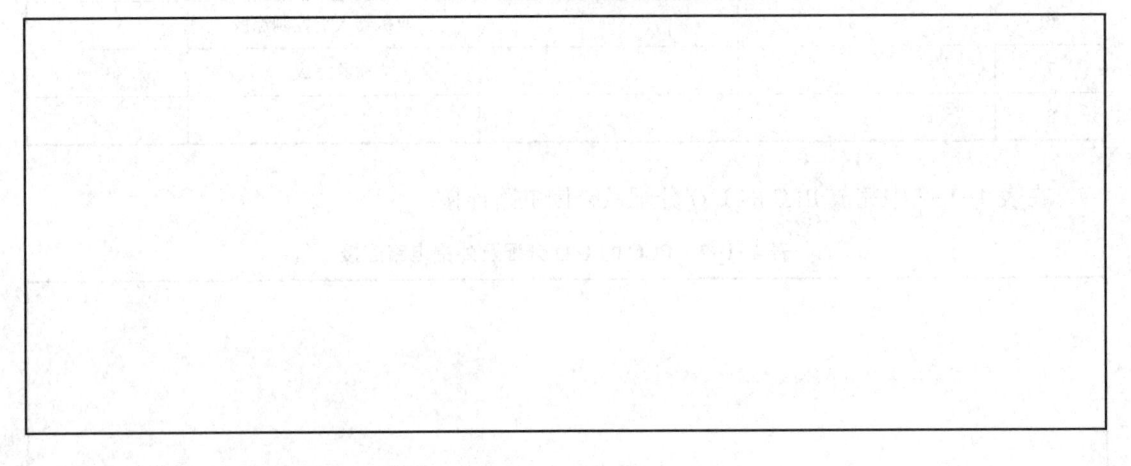

验证真实工业机器人涂胶功能，见表 4-1-10。

表 4-1-10　验证真实工业机器人涂胶功能

序号	验证内容	数值	评价	结论
1	气压			
2	涂胶流量控制			
3	轨迹 1 涂胶示教点是否精准			
4	轨迹 1 涂胶是否精准平缓流畅			
5	轨迹 2 涂胶示教点是否精准			
6	轨迹 2 涂胶是否精准平缓流畅			

5. PLC 程序设计与工业机器人联调

在表 4-1-11 中完成 PLC 程序设计。

表 4-1-11　PLC 程序设计

验证工业机器人作为扩展 I/O 是否与 PLC 通信成功,是否实现涂胶功能,验证内容见表 4-1-12。

表 4-1-12　真实工业机器人涂胶联调问题汇总

序号	验证内容	是否通过；若不通过，请描述问题及阐述解决方案
1	验证工业机器人作为扩展 I/O 是否与 PLC 通信成功	
2	验证 PLC 涂胶控制程序运行是否正常	
3	验证工业机器人涂胶轨迹是否精准和流畅	
4	验证工业机器人和 PLC 是否实现联调	

三、检查

完成检查表，见表 4-1-13。

表 4-1-13　检查表

序号	考核要点	考核要求	配分	评分标准	得分	得分小计
1	涂胶虚拟工作站布局及仿真运行（40分）	按要求进行布局	2	布局正确得 2 分		
		I/O 配置	6	创建 I/O 板，选择 D652 板得 1 分；创建工业机器人并开始运行、等待涂胶完成、自动运行电动机上电、从 main 开始自动运行、涂胶 5 个信号各得 1 分，共 5 分		
		创建涂胶 Smart 组件	7	会添加涂胶 Smart 组件的子组件及完成设计得 3 分；会设定工作站逻辑得 2 分；会进行轨迹跟踪、属性修改得 2 分		
		涂胶工作站程序设计与调试运行	25	在每段轨迹中精准示教所需目标点得 5 分；控制涂胶输出得 1 分；运行平稳得 4 分；两段轨迹共计 20 分。会灵活配置工业机器人 I/O 出信号得 2 分；实现工业机器人 I/O 控制仿真得 3 分		

续表

序号	考核要点	考核要求	配分	评分标准	得分	得分小计
2	涂胶真实工作站布局及运行（50分）	将 RAPID 同步到实际工作站	2	连接控制器，设置权限，将工业机器人的 RAPID 同步到实际工作站得 2 分		
		真实工作站布局	11	安装涂胶工作站使之在工业机器人工作范围内得 2 分；完成 PLC 的 I/O 分配得 5 分；完成 PLC 及外围电路设计得 2 分；完成 PLC 与工业机器人等接线得 2 分		
		I/O 配置	5	创建工业机器人并开始运行、等待涂胶完成、自动运行电动机上电、从 main 开始自动运行、涂胶 5 个信号各得 1 分，共 5 分		
		创建坐标系	6	创建及验证工具坐标系得 3 分；创建及验证工件坐标系得 3 分		
		真实工业机器人两段轨迹涂胶运行	16	在真实工业机器人中选择的工件、工具坐标系下精准示教每段轨迹的示教点各得 5 分；过渡点示教及轨迹平稳得 3 分；两段轨迹共 16 分		
		PLC 和真实工业机器人联调	10	PLC 涂胶程序设计正确且调试通过得 3 分；真实工业机器人和 PLC 实现 I/O 信息交互得 2 分；实现 PLC 控制工业机器人自动涂胶运行得 5 分		
3	职业素养（10分）	遵守场室纪律，无安全事故	2	纪律和安全方面各占 1 分		
		工位保持清洁，物品整齐	2	工位和物品方面各占 1 分		
		着装规范整洁，佩戴安全帽	2	着装和安全帽方面各占 1 分		
		操作规范，爱护设备	2	操作规范和爱护设备各得 1 分		
		对工位进行 5S 管理	2	5S 管理执行到位得 2 分		
4	违规扣分	操作中发生安全问题		扣 50 分		
		明显操作不当		扣 10 分		
		总分				

四、反思

请下载工业机器人涂胶的相关标准并认真学习，列举相关要点。

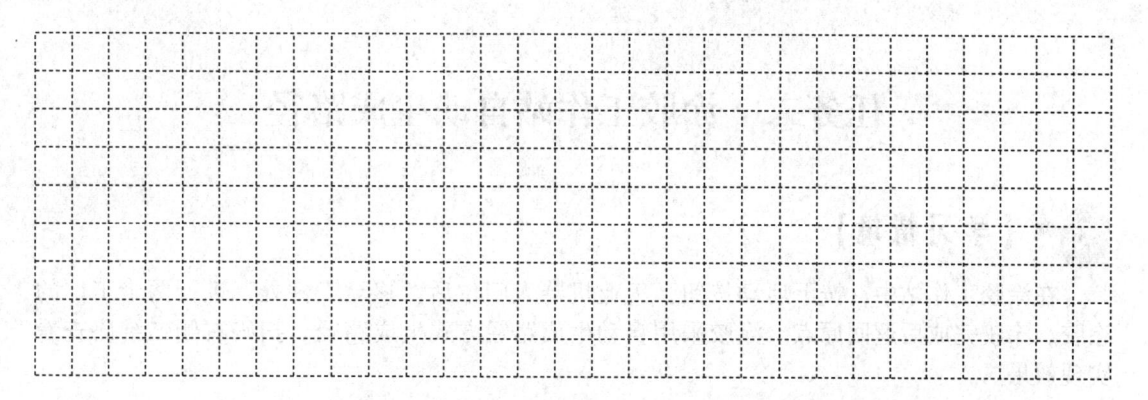

通过本任务的学习，将自己的总结向别的同学介绍，描述收获、问题和改进措施。在一些工作完成不尽意的地方，记录别人给自己的意见，帮助下面的工作。

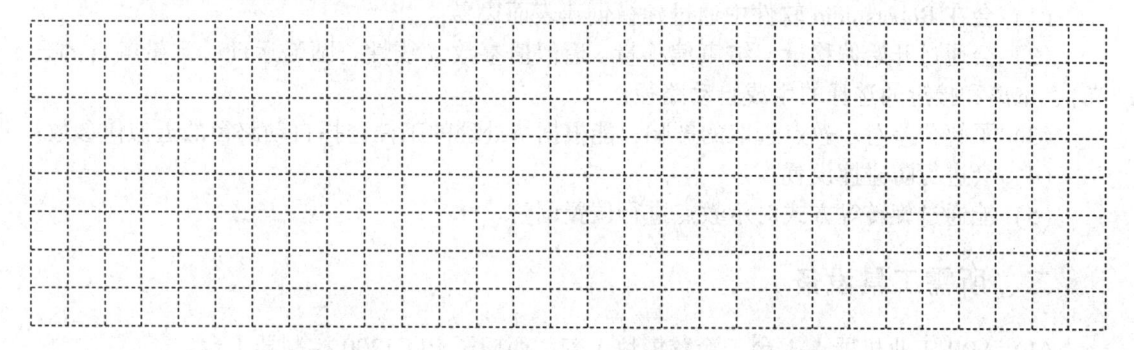

任务二　涂胶工作站自动生成路径

【学习情境】

在涂胶工作站中，按下启动按钮，工业机器人归位后，移至工件处，进行两个工件的涂胶。涂胶完成后返回原点。涂胶采用自动生成路径方式生成路径。扫码右侧二维码查看实现效果。

一、学习目标

（1）会在 Robotstudio 软件中通过建模创建表面边界；
（2）会通过开始偏移量、结束偏移量、近似值参数（线性、圆弧运动、常量各自的含义）、偏离和接近的选择的生成自动路径；
（3）了解公差对示教点选取的影响，能根据待处理的工件选择自动路径的近似值参数；
（4）会进行防碰撞设置；
（5）能通过旋转等方式对示教点进行位置调整。

二、所需工具设备

（1）ABB 工业机器人 1 台、涂胶模块 1 套、西门子 PLC1200 控制器 1 台。
（2）装有 RobtStudio 软件的计算机 1 台、虚拟涂胶工作站"涂胶 0.rspag"打包文件 1 个。
（3）内六角扳手、活动扳手、一字螺丝刀、十字螺丝刀、验电笔、万用表、尖嘴钳等电工工具各 1 套。

【学习链接】

【操作链接】

一、创建轨迹曲线和路径

1. 涂胶曲面创建

本任务从表面创建工业机器人轨迹曲线。操作如下：（1）在"建模"选项卡中单击"表面边界"按钮，选择"表面"工具，如图 4-2-1 所示；（2）在"在表面周围创建边界"面板中，单击"选择表面"输入框，如图 4-2-2 所示；（3）选中表面，单击"创建"按钮，即生成涂胶曲面，如图 4-2-3 所示。具体操作步骤可扫描右侧二维码学习。

创建表面边界

图 4-2-1　建模-表面边界

图 4-2-2 选择表面

图 4-2-3 生成涂胶表面

2. 涂胶路径创建

自动生成涂胶路径的操作步骤如下。

（1）选择"基本"→"路径和目标点"→"自动路径"选项，进入自动生成路径界面，如图 4-24 所示。

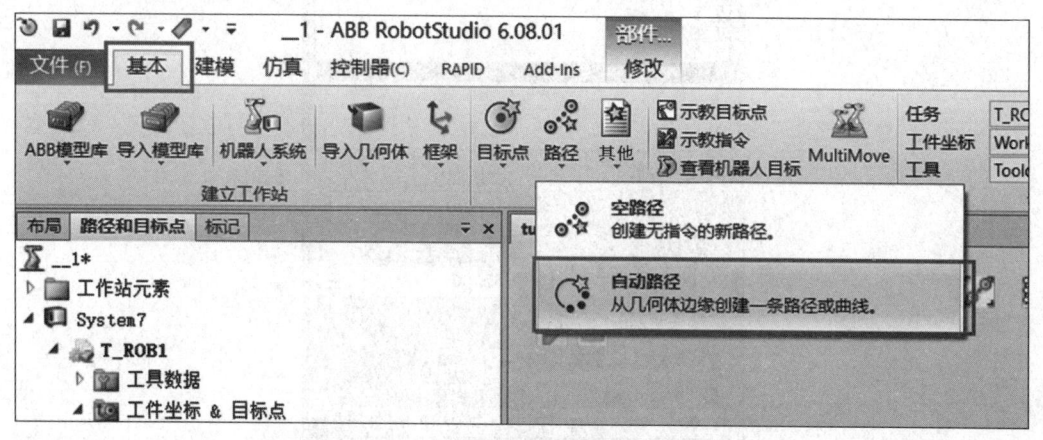

图 4-2-4 选择"自动路径"

（2）选择"表面"工具，单击"参照面"文本框，进入工作站，单击待涂胶的表面。法线方向一定要垂直涂胶表面，否则会选择错误，如图 4-2-5 所示。在此情况下，工业机器人是按照顺时针方向运行的，若要改变工业机器人轨迹运行的方向，则勾选"反转"复选框，如图 4-2-6 所示。在图 4-2-6 中，"开始偏移量"指的是工业机器人涂胶的起始位置，一般选择在比较平滑的直线段，此处选择在曲面起始点的 80 mm 处，可根据实际情况进行调整。在"结束偏移量（mm）"框中输入"-85"，轨迹运动一周后有交叉冗余，这样确保每个位置都能涂胶到，如图 4-2-7 所示。"线性""圆弧运动"

"常量"三个选项的用途说明见表4-2-1。在选择"线性"运动时，圆弧作为分段线性处理；在选择"圆弧运动"时，线性特征处生成线性指令；"常量"则生成具有恒定间隔距离的点，一般用在打磨情景下。"公差"和"最小距离"选得越小，生成的示教点越多。"偏离"指的是距离第一个示教点的偏移值，"接近"指的是距离最后一个示教点的偏移值，此处"偏离"与"接近"均设为50 mm。

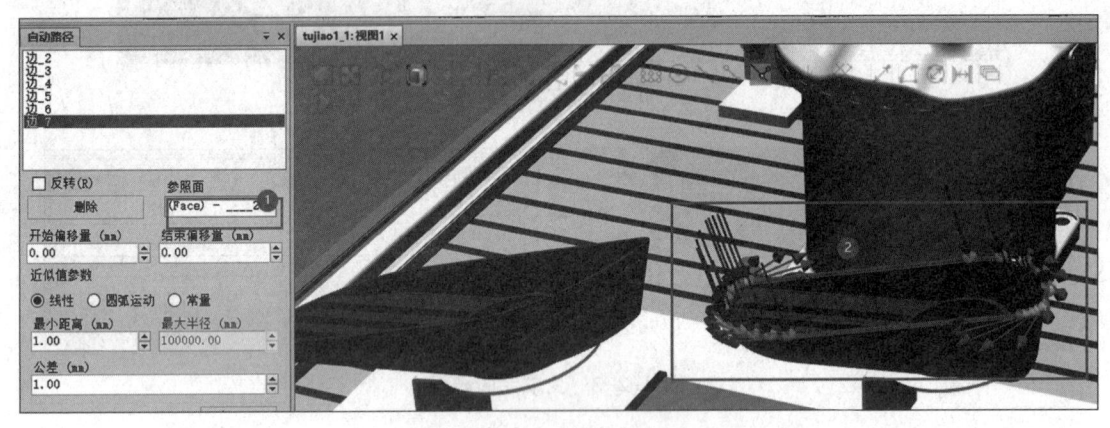

图4-2-5 选择涂胶表面

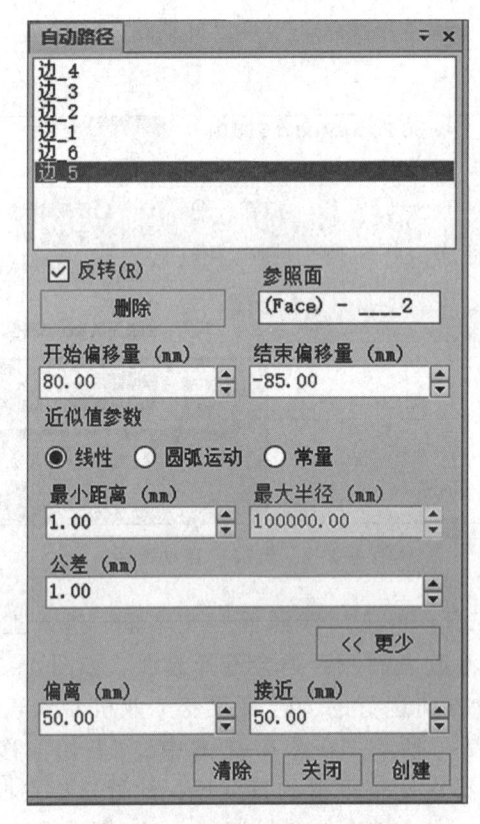

图4-2-6 勾选"反转"复选框

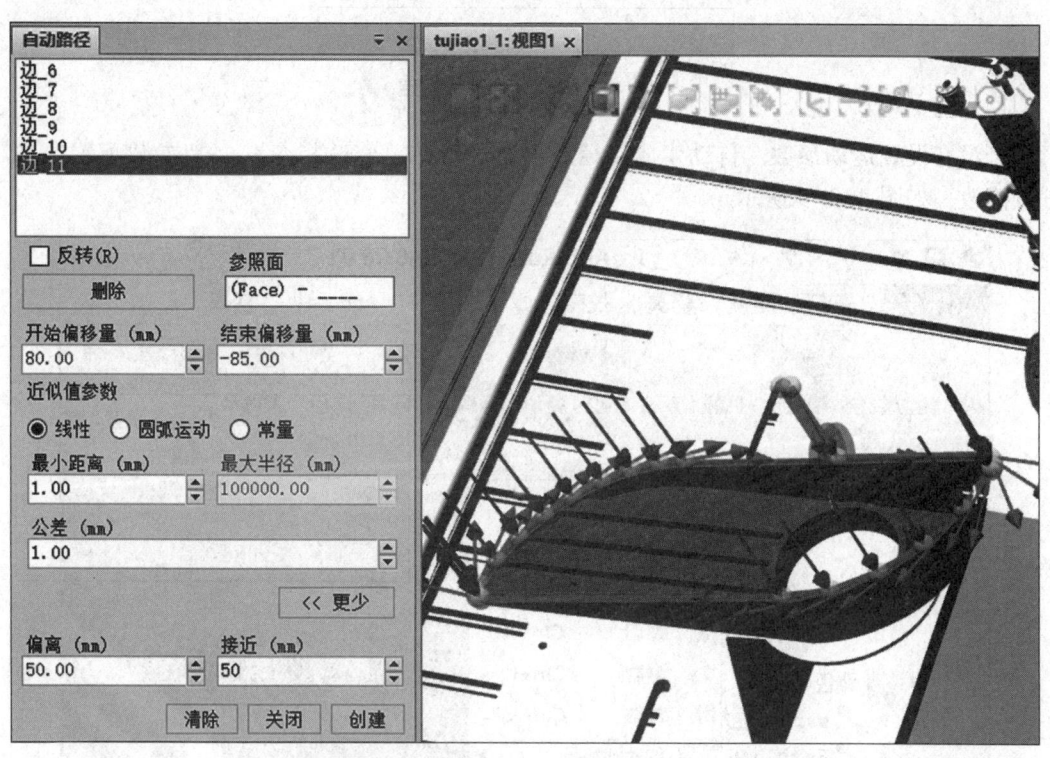

图 4-2-7 设置开始偏移量、结束偏移量

表 4-2-1 选项用途说明

选项	用途说明	备注
线性	为每个目标生成线性指令，圆弧作为分段线性处理	
圆弧运动	在圆弧特征处生成圆弧指令，在线性特征处生成线性指令	
常量	生成具有恒定间隔距离的点	
属性值	用途说明	
最小距离/mm	设置生成两点之间的最小距离，即小于该最小距离的点将被过滤掉	
最大半径/mm	在将圆弧视为直线前确定圆的半径大小，将直线视为半径无限大的圆	
公差/mm	生成的点所允许的最大偏差	

（3）在创建路径之前，先对工业机器人运动参数进行设置，在窗口最下方将参数设置为"线性运动，速度 v200，转角 fine"，选定工件及工具坐标系，如图 4-2-8 所示。完成后单击"创建"按钮，则自动生成路径。可扫描右侧二维码学习。

自动生成路径

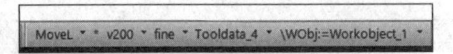

MoveL * * v200 * fine * Tooldata_4 * \WObj:=Workobject_1 *

图 4-2-8　运动参数设定

若没有设置运动参数，自动生成路径后可通过选择"修改指令"→"参数配置"选项进行修改，如图 4-2-9 所示。

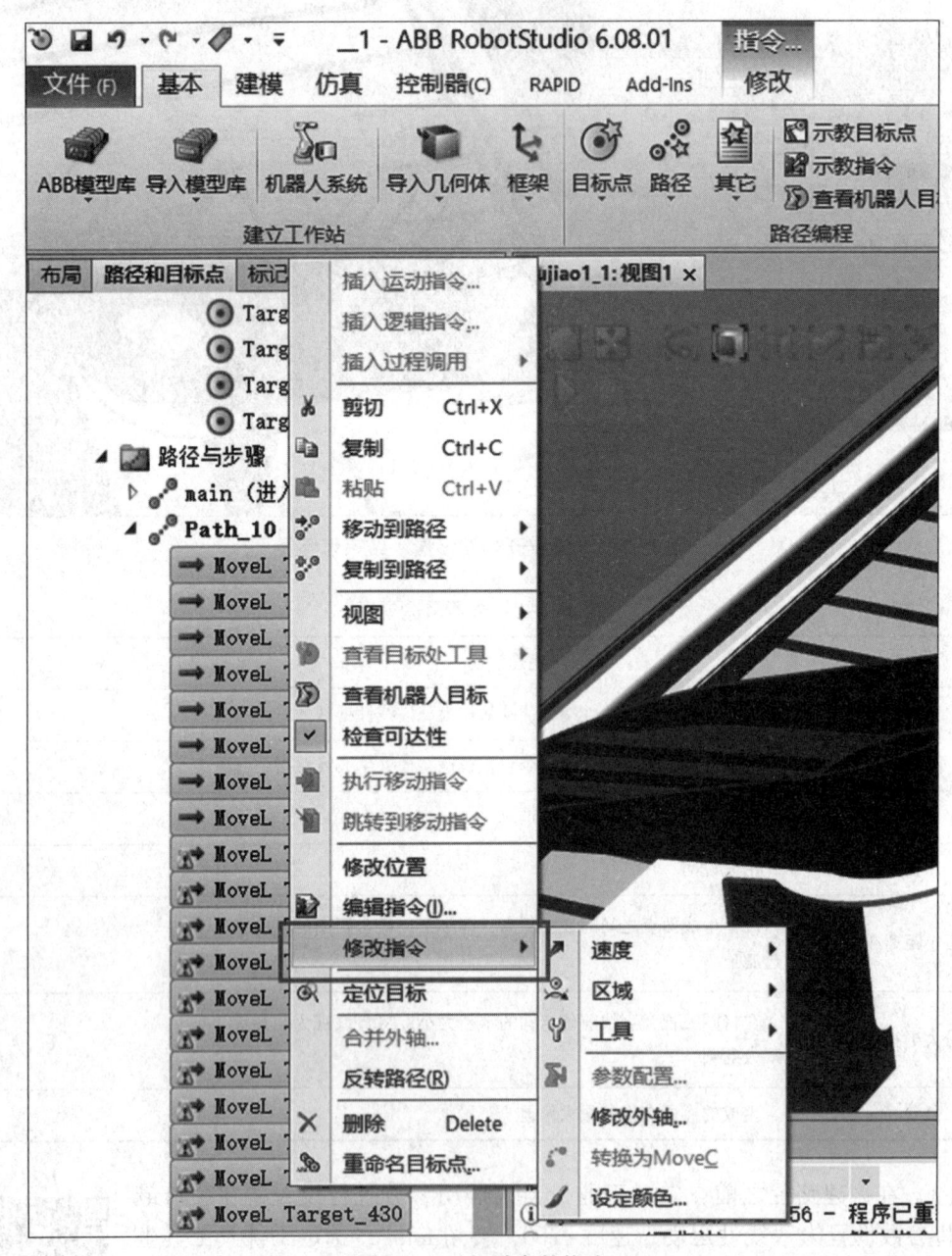

图 4-2-9　运动参数修改

二、调整目标点

目标点调整的方法有很多，在实际应用中，只使用一种调整方法难以将目标点一次性调整到位，尤其是对工具姿态要求比较高的工艺需求场合，通常需要综合运用多种方法进行多次调整。以下按照参考点进行调整，其过程可扫描右侧二维码学习。

调整点的位置和自动配置路径

（1）通过查看工业机器人目标，查看工业机器人各个示教点的状态，选择其中一个较好的姿态，如图4-2-10所示。其他的示教点可以参考这个点的姿态进行修改。

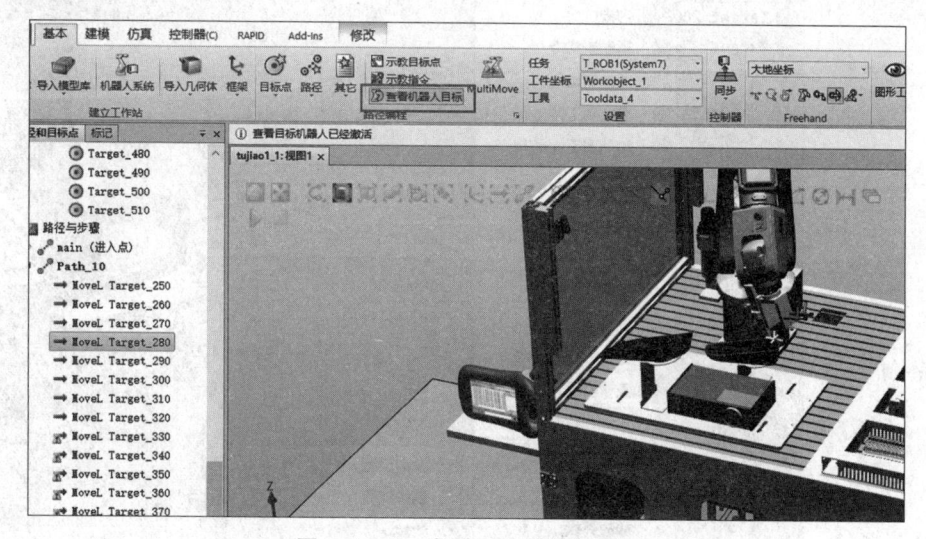

图 4-2-10　查看工业机器人目标

（2）选中待修改的示教点，单击鼠标右键，选择"修改目标"→"对准目标点方向"选项，如图4-2-11所示，按照目标点的状态调整其他点的姿态。选择对准的目标点，此处为"Target_260"，如图4-2-12所示，对准轴为 X 轴，锁定轴为 Z 轴。至此，完成了示教点的调整。

（3）若有些示教点的位置调整得不合适，比如与设备发生碰撞或位置处于奇点等，可通过"旋转"方式调整示教点。选中待修改的示教点，单击鼠标右键，选择"修改目标"→"旋转"选项，进行调整，如图4-2-13所示。

根据坐标轴的情况，选定朝哪个轴旋转，图4-2-14所示为沿着 Y 轴旋转，旋转角度为 $-10°$，直到不碰撞为止。对其他要修改的示教点依此进行修改，即可完成旋转修改位置操作。

三、轴配置

工业机器人到达目标点，可能存在多种关节组合的情况，即多种轴配置参数，需要为自动生成的目标点调整轴配置参数。选择路径，选择"自动配置"选项，如图4-2-15所示。配置完成后，选择"沿着路径运动"选项，查看运动情况，如图4-2-16所示。若有碰撞或者超出关节等情况发生，则调整该示教点的工业机器人配置。

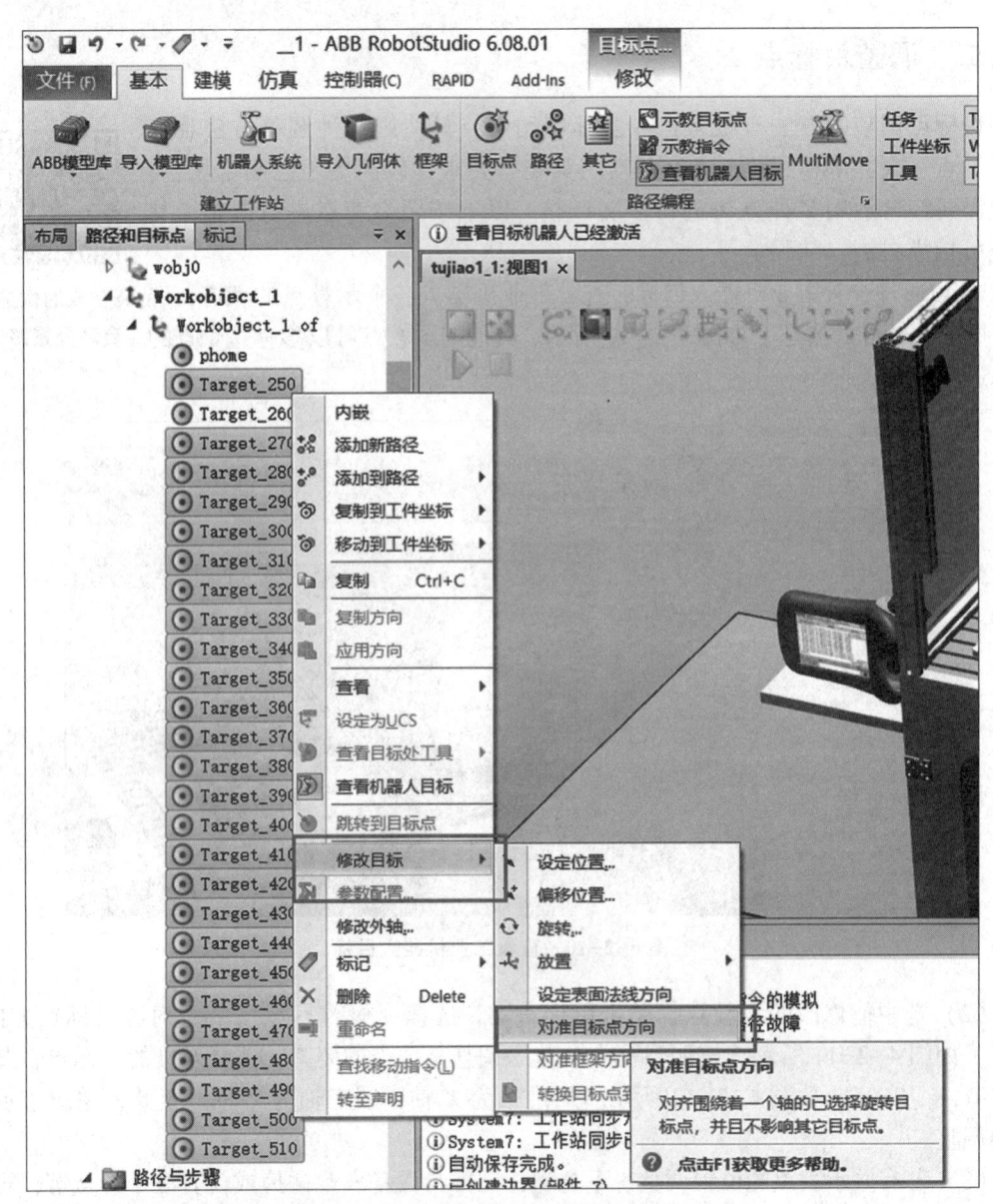

图 4-2-11 选择"对准目标点方向"选项

图 4-2-12 按照参考点调整其他点

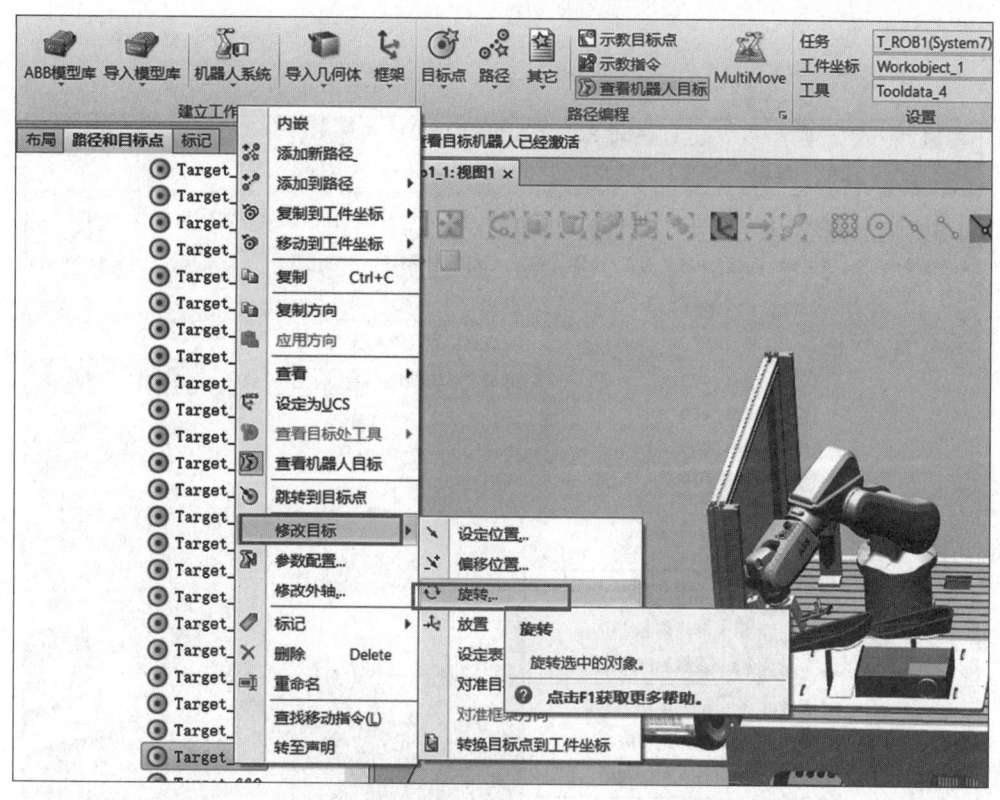

图 4-2-13 通过"旋转"方式调整示教点

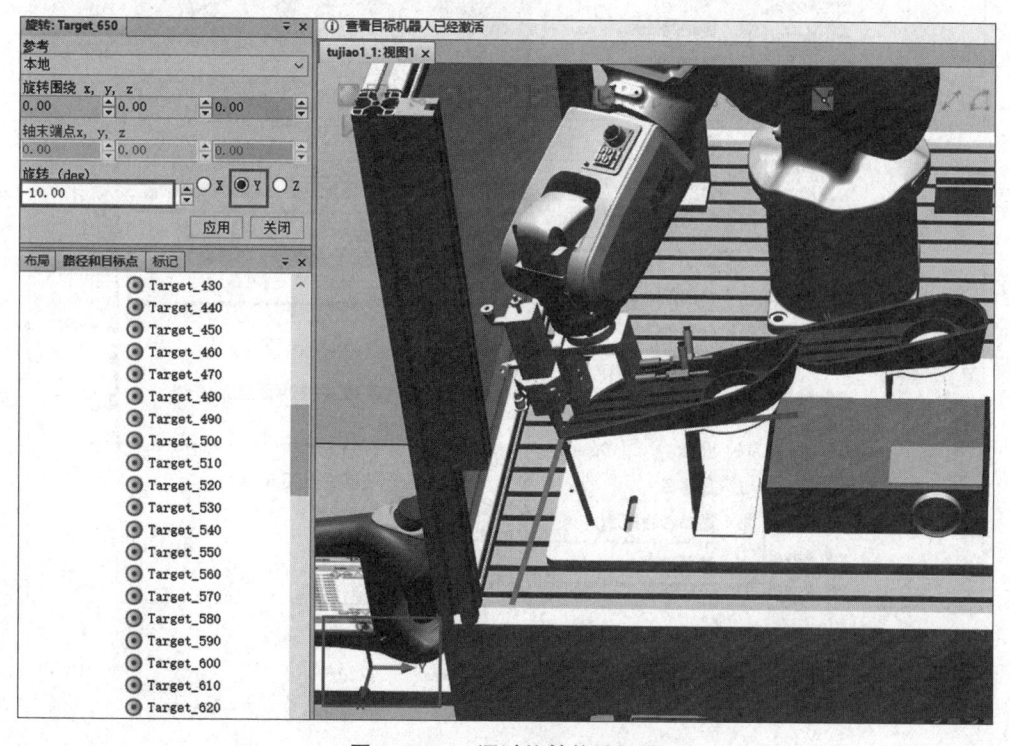

图 4-2-14 通过旋转修改位置

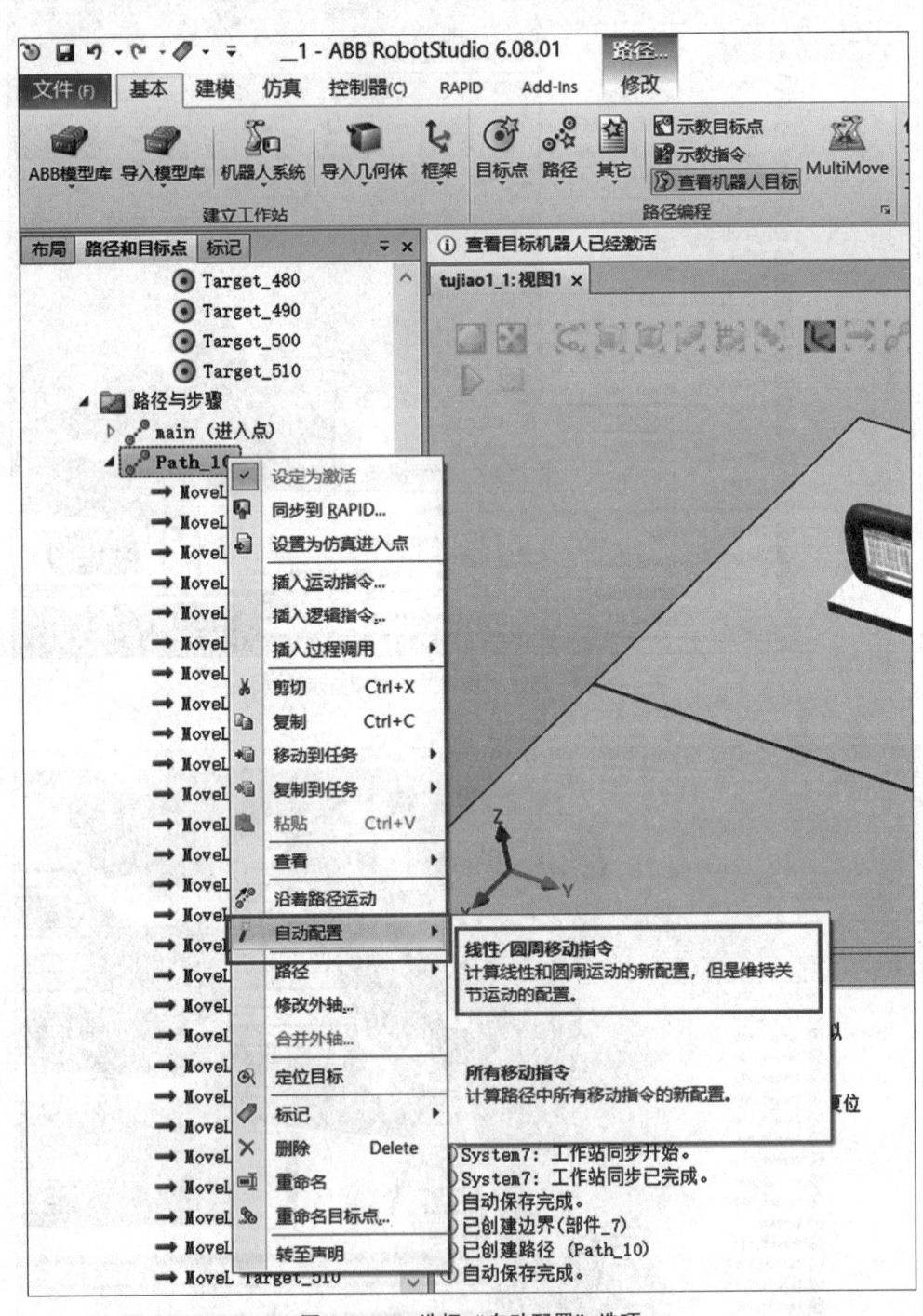

图 4-2-15 选择"自动配置"选项

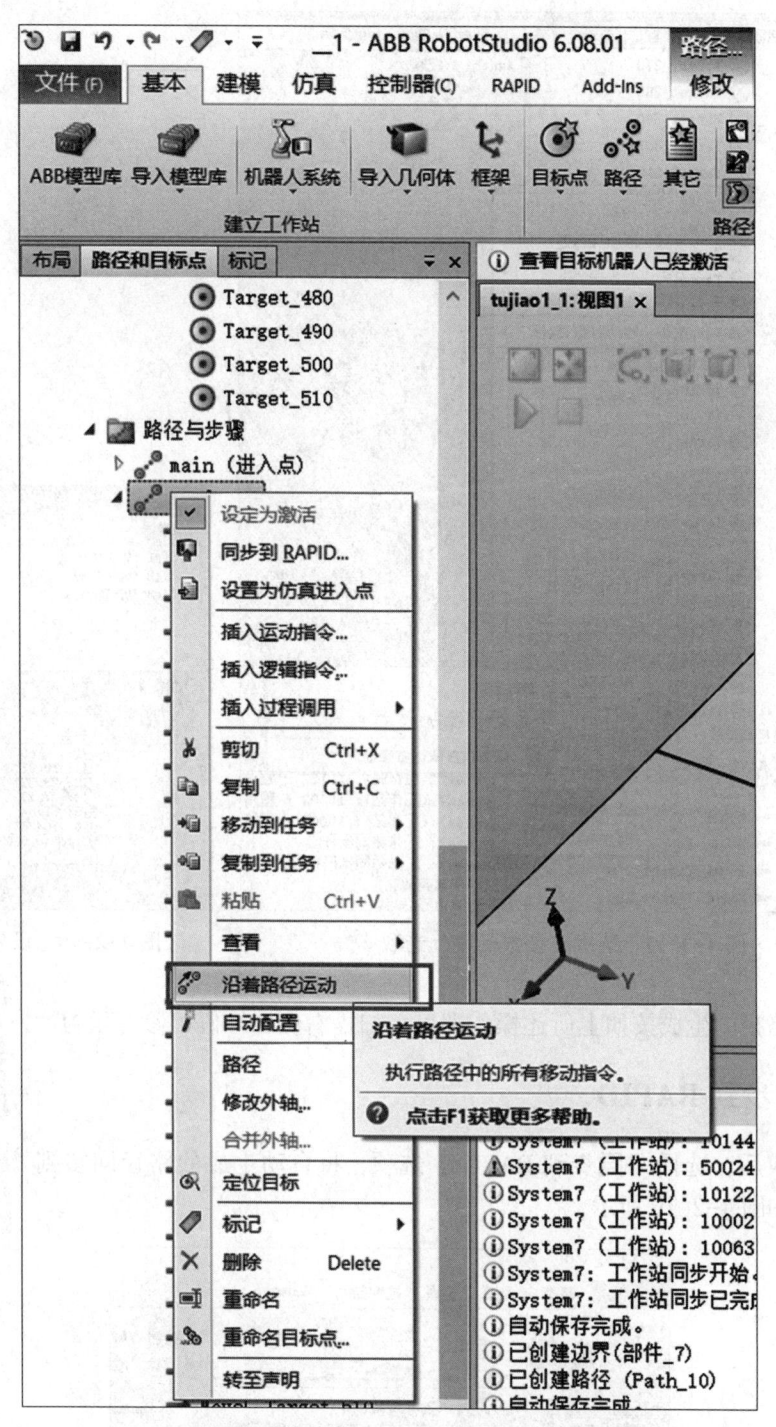

图 4-2-16 选择"沿着路径运动"选项

选中待修改的示教点"Farget_320",选择"参数配置"选项,为工业机器人选中一种姿态,如图 4-2-17 所示。弹出"配置参数:Target_320"对话框,进行参数设置,修改完成后,单击"应用"按钮,如图 4-2-18 所示。

231

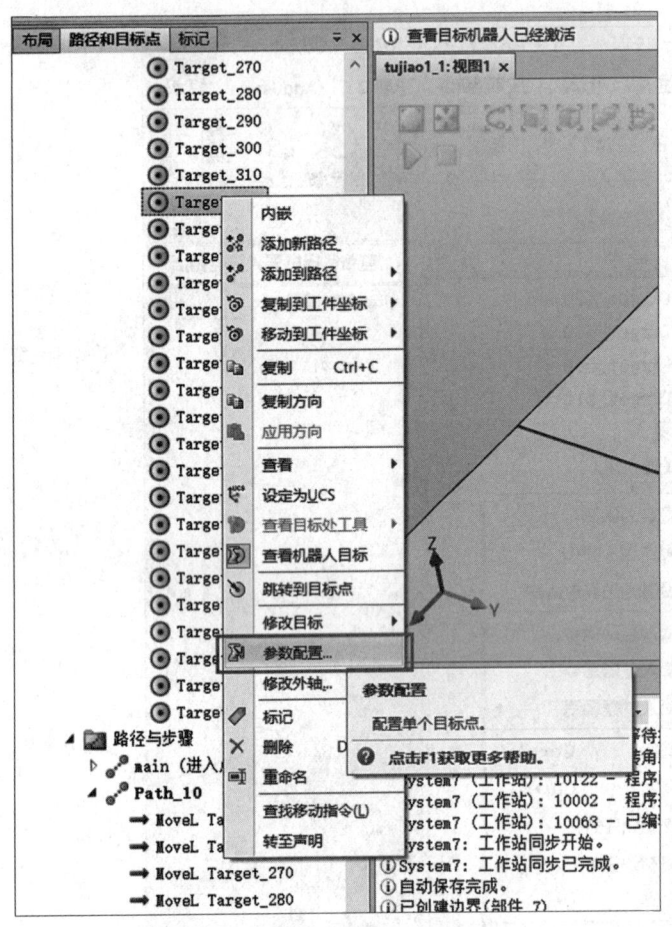

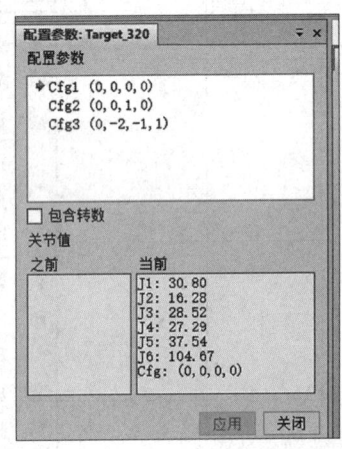

图 4-2-17　选择"参数配置"选项

图 4-2-18　设置参数

第二段路径的生成按如上所述操作即可。扫描右侧二维码可参考学习。

四、同步到 RAPID

程序完成后，选择"同步到 RAPID"选项，将自动生成的路径同步到 RAPID 中，如图 4-2-19 所示。

第二段涂胶自动生成路径

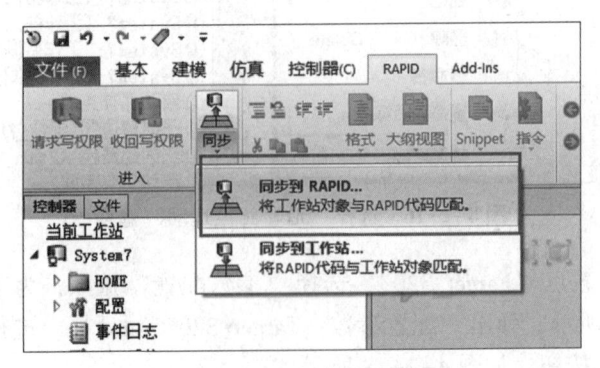

图 4-2-19　同步到 RAPID

其程序如下：

```
PROC Path_10()
    MoveL Target_250,v200,fine,Tooldata_4\WObj:=Workobject_1;
    set GunSp;
    MoveL Target_260,v200,fine,Tooldata_4\WObj:=Workobject_1;
    MoveL Target_270,v200,fine,Tooldata_4\WObj:=Workobject_1;
    MoveL Target_280,v200,fine,Tooldata_4\WObj:=Workobject_1;
    MoveL Target_290,v200,fine,Tooldata_4\WObj:=Workobject_1;
    MoveL Target_300,v200,fine,Tooldata_4\WObj:=Workobject_1;
    MoveL Target_310,v200,fine,Tooldata_4\WObj:=Workobject_1;
    MoveL Target_320,v200,fine,Tooldata_4\WObj:=Workobject_1;
    MoveL Target_330,v200,fine,Tooldata_4\WObj:=Workobject_1;
    MoveL Target_340,v200,fine,Tooldata_4\WObj:=Workobject_1;
    MoveL Target_350,v200,fine,Tooldata_4\WObj:=Workobject_1;
    MoveL Target_360,v200,fine,Tooldata_4\WObj:=Workobject_1;
    MoveL Target_370,v200,fine,Tooldata_4\WObj:=Workobject_1;
    MoveL Target_380,v200,fine,Tooldata_4\WObj:=Workobject_1;
    MoveL Target_390,v200,fine,Tooldata_4\WObj:=Workobject_1;
    MoveL Target_400,v200,fine,Tooldata_4\WObj:=Workobject_1;
    MoveL Target_410,v200,fine,Tooldata_4\WObj:=Workobject_1;
    MoveL Target_420,v200,fine,Tooldata_4\WObj:=Workobject_1;
    MoveL Target_430,v200,fine,Tooldata_4\WObj:=Workobject_1;
    MoveL Target_440,v200,fine,Tooldata_4\WObj:=Workobject_1;
    MoveL Target_450,v200,fine,Tooldata_4\WObj:=Workobject_1;
    MoveL Target_460,v200,fine,Tooldata_4\WObj:=Workobject_1;
    MoveL Target_470,v200,fine,Tooldata_4\WObj:=Workobject_1;
    MoveL Target_480,v200,fine,Tooldata_4\WObj:=Workobject_1;
    MoveL Target_490,v200,fine,Tooldata_4\WObj:=Workobject_1;
    MoveL Target_500,v200,fine,Tooldata_4\WObj:=Workobject_1;
    reset GunSp;
    MoveL Target_510,v200,fine,Tooldata_4\WObj:=Workobject_1;
ENDPROC
```

用同样的方法，完成第二段涂胶的自动生成路径。所有程序完成后导入真实工业机器人系统，并进行工件及工具坐标系的重新示教和示教点的微调，完成 PLC 程序设计，实现系统功能。

【任务实施】

解包涂胶工作站"涂胶 0. rspag"，按照【学习链接】在 RobotStudio 软件中自动生成两段涂胶路径，调整工业机器人至 home 点，准备就绪，按下启动按钮，工业机器人开始自动运行，GunSp 控制涂胶，涂胶完成，工业机器人归位。

将调试好的虚拟工作站程序下载到真实的工业机器人工作站，并进行实际示教点的精确示教，真实工业机器人与 PLC 通信联调，实现工业机器人两段路径的涂胶工作。

一、计划

1. 知识回顾

列举在 RobotStudio 软件中自动生成路径的步骤，并阐述关键点。

2. 计划

以小组为单位，对该计划进行讨论并制订工作计划，分解任务，认领子任务，分析仿真中遇到的问题并提供解决方案（表4-2-2），制订实施计划并按照实施步骤进行自查，发挥团队协作作用，养成主动学习、全员参与、精益求精的职业素养。

表4-2-2 工作计划分解

序号	子任务及其涉及的知识、技能点	负责人	是否已知已会	备注
1				
2				
3				
4				
5				
6				
7				
8				
分析未知知识、技能点，提出解决方案				

3. 反思

列举仿真过程中遇到的问题并提出解决方案（表4-2-3）。

表4-2-3 解决方案

序号	问题	解决方案
1		
2		
3		
4		
5		

二、实施

1. 工作站硬件配置

（1）安装工作站套件准备。

准备涂胶控制套件、涂胶夹具、夹具与工业机器人的连接法兰、安装螺丝（若干）、内六角螺丝刀；选择合适型号的十字螺丝刀。

（2）安装工作站。

①首先选择合适的螺丝，把涂胶控制套件安装至工业机器人工作桌面的合理位置。其次进行夹具安装，把夹具与工业机器人的连接法兰安装至工业机器人六轴法兰盘上。最后把涂胶夹具安装至连接法兰上，正确安装涂胶系统。

②完成 PLC 与工业机器人、气动模块、涂胶等模块之间的 I/O 分配和 PLC 外围电路设计；进行电路接线；验证气路是否正常工作，工业机器人与 PLC 输入信号是否正常连接，PLC 输出信号与工业机器人、阀是否正常连接。

PLC 的 I/O 分配见表 4-2-4。

表 4-2-4　PLC 的 I/O 分配

序号	PLC 的 I/O 地址	工业机器人的 I/O 地址	注释	备注
1			启动按钮	
2			停止按钮	
3			工业机器人电动机上电	
4			工业机器人从 main 开始运行	
5			PLC 控制工业机器人开始运行	
6			工业机器人端控制涂胶	
7			涂胶完成	
8				

在表 4-2-5 中完成 PLC 的 I/O 分配及外围电路连接。

表 4-2-5　PLC 的 I/O 分配及外围电路连接

2. 工艺要求

（1）涂胶示教时，涂胶枪姿态尽量满足涂胶工艺要求，涂胶枪倾角与涂胶方向呈 0°~30°；

（2）工业机器人运行至涂胶转角处轨迹要求平缓流畅；

（3）涂胶枪与工件待涂胶边缘尽量贴近，且不能与工件接触，以免刮伤工件表面或撞坏涂胶枪头。

3. 验证工件坐标系

将仿真工作站的工业机器人系统导入真实工业机器人系统，在真实工作站中创建工件坐标系并验证工件坐标系是否正确，见表 4-2-6。

表 4-2-6　验证真实工业机器人系统的工件坐标系

序号	验证内容			评价	结论
1	仿真工业机器人系统是否导入真实工业机器人系统				
2	真实工业机器人工具坐标系名		真实工业机器人工具坐标系验证	评价	结论
			X 方向运行是否正确		
			Y 方向运行是否正确		
			Z 方向运行是否正确		
3	工件坐标系名	工具坐标系名	工件坐标系验证	评价	结论
			X 方向运行是否正确		
			Y 方向运行是否正确		
			Z 方向运行是否正确		

4. 目标点调整

在表 4-2-7 中完成工业机器人端目标点调整程序设计。

表 4-2-7　工业机器人端目标点调整程序设计

验证真实工业机器人涂胶功能，见表 4-2-8。

表 4-2-8 验证真实工业机器人涂胶功能

序号	验证内容	数值	评价	结论
1	气压			
2	涂胶流量控制			
3	轨迹 1 涂胶示教点是否精准			
4	轨迹 1 涂胶是否精准平缓流畅			
5	轨迹 2 涂胶示教点是否精准			
6	轨迹 2 涂胶是否精准平缓流畅			

5. PLC 程序设计与工业机器人联调

在表 4-2-9 中完成 PLC 程序设计。

表 4-2-9 PLC 程序设计

验证工业机器人作为扩展 I/O 是否与 PLC 通信成功，是否实现涂胶功能，验证内容见表 4-2-10。

表 4-2-10 真实工业机器人涂胶联调问题汇总

序号	验证内容	是否通过；若不通过，请描述问题及阐述解决方案
1	验证工业机器人作为扩展 I/O 是否与 PLC 通信成功	
2	验证 PLC 涂胶控制程序运行是否正常	
3	验证工业机器人涂胶轨迹是否精准和流畅	
4	验证工业机器人和 PLC 是否实现联调	

三、检查

配合教师完成检查表，见表 4-2-11。

表 4-2-11 检查表

序号	考核要点	考核要求	配分	评分标准	得分	得分小计
1	涂胶虚拟工作站布局及仿真运行（45分）	按要求进行布局	2	布局正确得2分		
		I/O 配置	6	创建 I/O 板，选择 D652 板得1分；创建工业机器人并开始运行、等待涂胶完成、自动运行电动机上电、从 main 开始自动运行、涂胶5个信号各得1分，共5分		
		自动生成路径	13	会通过建模创建涂胶曲面得2分；会正确选择曲面选取示教点得3分；对自动生成路径的参数进行设置得5分；会设置速度、坐标等运动参数得3分		
		调整目标点	6	会用"修改目标"→"对准目标点方向"选项调整目标点得3分；会用"修改目标"→"旋转"选项调整目标点得3分		
		涂胶工作站程序设计与调试运行	18	会进行工业机器人轴配置得2分；通过调整目标点和轴配置使运行平稳得5分；两段轨迹共计14分。会在主程序中调用自动生成路径的两段子程序得2分；会将工作站中的内容同步到 RAPID 得2分		
2	涂胶真实工作站布局及运行（45分）	将 RAPID 同步到实际工作站	2	连接控制器，设置权限，将工业机器人的 RAPID 同步到实际工作站得2分		
		真实工作站布局	10	安装涂胶工作站使之在工业机器人工作范围内得2分；完成 PLC 的 I/O 分配得4分；完成 PLC 及外围电路设计得2分；完成 PLC 与工业机器人等接线得2分		
		I/O 配置	5	创建工业机器人并开始运行、等待涂胶完成、自动运行电动机上电、从 main 开始自动运行、涂胶5个信号各得1分，共5分		
		创建坐标系	6	创建及验证工具坐标系得3分；创建及验证工件坐标系得3分		
		真实工业机器人两段轨迹涂胶运行	12	在真实工业机器人中选择的工件、工具坐标系下微调每段轨迹的示教点，使示教更精准各得3分；过渡点示教及轨迹平稳得3分。两段轨迹共12分		
		PLC 和真实工业机器人联调	10	PLC 涂胶程序设计正确且调试通过得3分；真实工业机器人和 PLC 实现 I/O 信息交互得2分；实现 PLC 控制工业机器人自动涂胶运行得5分		

续表

序号	考核要点	考核要求	配分	评分标准	得分	得分小计
3	职业素养（10分）	遵守场室纪律，无安全事故	2	纪律和安全方面各占1分		
		工位保持清洁，物品整齐	2	工位和物品方面各占1分		
		着装规范整洁，佩戴安全帽	2	着装和安全帽方面各占1分		
		操作规范，爱护设备	2	操作规范和爱护设备各得1分		
		对工位进行5S管理	2	5S管理执行到位得2分		
4	违规扣分	操作中发生安全问题		扣50分		
		明显操作不当		扣10分		
		总分				

四、反思

将自己的总结向别的同学介绍，描述收获、问题和改进措施。在一些工作完成不尽意的地方，记录别人给自己的意见，帮助下面的工作。

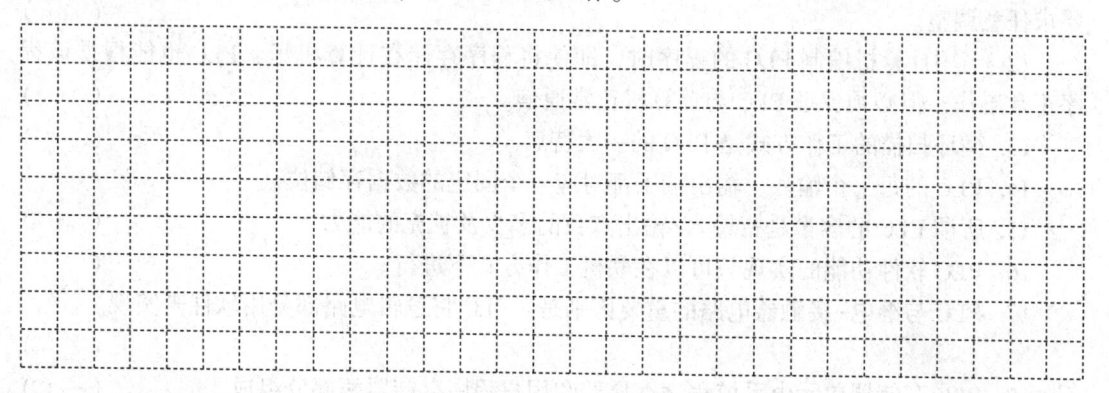

请搜索学习传统制胶工艺视频，观摩传统技艺。请结合汽车制造行业相关案例，阐述如何体现绿色智造。

习 题

一、判断题

1. 工业机器人端与 PLC 的通信程序不可以在后台任务中运行。（　）
2. 工业机器人解包数据时，要严格按照工业机器人与 PLC 共同约定的收发数据变量的类型和长度。（　）
3. 在示教盒上 T_ROB1 任务中新建工业机器人与 PLC 通信模块 Communicate，模块的类型可以自由选择。（　）
4. 以太网通信采用载波多路访问和冲突检测机制的通信方式。（　）
5. 多任务程序不可作为一个简单的 PLC 进行逻辑运算。（　）
6. PLC 的输入电路通常有三种类型：直流输入、交流输入和交直流输入。（　）
7. PLC 的工作方式是循环扫描工作方式。（　）
8. PLC 是专门用来完成逻辑运算的控制器。（　）
9. PLC 的输出继电器的线圈不能由程序驱动，只能由外部信号驱动。（　）
10. PLC 的输出线圈可以放在梯形图逻辑行的中间任意位置。（　）
11. 在设计 PLC 的梯形图时，在每一逻辑行中，串联或并联触点的位置可以根据控制要求任意调整。（　）
12. 当用计算机编制 PLC 的程序时，即使将程序存储在计算机里，PLC 也能根据该程序正常工作，但必须保证 PLC 与计算机正常通信。（　）
13. 循环扫描的工作方式是 PLC 的一大特点。（　）
14. PLC 的每一个输入、输出端子都对应一个固定的数据存储位。（　）
15. 所谓 PLC 的容量是指输入/输出点数的多少及扩充的能力。（　）
16. PLC 软件功能的实现只可以在联机工作方式下进行。（　）
17. PLC 与继电-接触器电路的重要区别是：PLC 将逻辑电路部分用软件来实现。（　）
18. PLC 存储器单元由系统程序存储器和用户程序存储器两部分组成。（　）
19. 将所编写的梯形图写入 PLC，应在 PLC 的停止状态下完成。（　）
20. 将编程器内编写好的程序写入 PLC 时，PLC 必须处在停止模式。（　）
21. PLC 扫描用户梯形图程序时先上后下，先左后右依次读取梯形图指令。（　）
22. PLC 采取集中采样、集中输出的工作方式可减少外界干扰的影响，不会丢失和错漏高频输入信号。（　）

二、选择题（单选）

1. 触摸屏通过（　）方式与 PLC 交流信息。
   A. 通信　　　　B. I/O 信号控制　　　　C. 继电器连接　　　　D. 电气连接
2. PLC 采用了一系列可靠性设计，如（　）、掉电保护、故障诊断和信息保护及恢复等。
   A. 简单设计　　　B. 简化设计　　　C. 冗余设计　　　D. 功能设计

3. 关于工业机器人与 PLC 的 I/O 通信,以下正确的说法有（　　）。
   A. PLC 的输入是工业机器人的输入　　　B. PLC 的输出是工业机器人的输入
   C. 工业机器人的输出是 PLC 的输出　　　D. 以上都不正确
4. 继电器电路图可用转换法向 PLC 梯形图转换,它们存在一一对应的关系。以下能用 PLC 的输出继电器取代的是（　　）。
   A. 交流接触器或电磁阀　　　B. 热继电器
   C. 按钮开关　　　D. 限位开关
5. PLC 的三种输出形式中,只能带直流负载是（　　）。
   A. 继电器输出　　　B. 晶体管输出　　　C. 晶闸管输出　　　D. 其他
6. 选用直流电源供电的 PLC,原则上应选用稳压电源供电,至少应通过三相桥式整流、（　　）后供电。
   A. 滤波　　　B. 逆变　　　C. 抗干扰　　　D. 放大
7. 如果 PLC 共有 1 000 个存储单元,每个单元能存储 1 个字的信息,其容量可表示为（　　）。
   A. 1 000×16 位　　　B. 1 024W　　　C. 1 024B　　　D. 1 000W
8. 以下不属于 PLC 系统外部故障的是（　　）。
   A. 连接的传感器故障　　　B. 连接的网络通信设备故障
   C. 连接的检测开关故障　　　D. 程序存储卡故障
9. 以下不属于 PLC 硬件系统组成的是（　　）。
   A. 中央处理单元　　　B. I/O 接口　　　C. 用户程序　　　D. I/O 扩展接口
10. 以下不属于 PLC 的模拟量控制的是（　　）。
    A. 温度　　　B. 液位　　　C. 压力　　　D. 灯亮灭
11. 以下不属于 PLC 通信连网时用到的设备是（　　）。
    A. RS-232 或 RS-422 接口　　　B. PLC 专用通信模块
    C. 普通电线　　　D. 光缆双绞线、同轴电缆
12. PLC 的输出方式为晶体管型时,它适用于以下哪种负载?（　　）
    A. 感性　　　B. 交流　　　C. 直流　　　D. 交直流
13. PLC 系统中的指令根据功能划分可分为（　　）。
    A. 常用指令和特殊指令　　　B. 基本指令和特殊功能指令
    C. 逻辑指令和算术指令　　　D. 顺序指令和逻辑功能指令
14. PLC 在输入采样阶段执行的程序是（　　）。
    A. 用户程序　　　B. 系统程序　　　C. 初始化程序　　　D. 其他
15. 以下不属于 PLC 的数据处理功能应用场合的是（　　）。
    A. 大、中型控制系统　　　B. 柔性制造系统
    C. 工业机器人控制系统　　　D. 普通机床电气系统

项目五

工业机器人压铸工作站仿真与实现

曾侯乙编钟为战国早期文物，编钟是由六十五件青铜编钟组成的庞大乐器，其音域跨五个半八度，十二个半音齐备。它良好的音乐性能取决于高超的铸造技术，被中外专家、学者称之为"稀世珍宝"。中国铸造悠久历史，约公元前1 700—前1 000年，我国已进入青铜铸件的全盛期。压铸是压力铸造的一种。1838年，为了制造活字印刷的模具，我们的古人发明了压铸设备。第一个与压铸有关的专利颁布于1849年，它是一种小型的，用来生产印刷机铅字的手动机器。随着制造业的发展，对压铸提出更多需求，目前国内小型压铸企业劳动强度大，环境污染严重（粉尘、噪声），压铸过程中高温、气液体污染，安全系数低，单调、重复且技术含量低，导致招工难，压铸企业劳动生产率低。用机器人替代人，降低了员工劳动强度，提高了生产安全系数，还提升了产品质量。工业机器人压铸应用如图5-0-1所示。

图5-0-1 工业机器人压铸应用

【工作站简介】

本项目的工作站由压铸机构对物料进行压铸，完成压铸后工业机器人对工件进行吸取并摆放至平台。压铸机构主要由两个气缸组成，由PLC控制气缸运动；PLC与工业机器人之间通过通信实现压铸和工业机器人搬运的统一。PLC通过扩展I/O口、Profinet或以太网Socket实现与工业机器人的通信。

技术要求如下。

（1）工业机器人在进行上下料控制轨迹示教时，吸盘夹具姿态保持与工件表面平行；

项目五　工业机器人压铸工作站仿真与实现

（2）工业机器人运行轨迹要求平缓流畅，放置工件时平缓准确；

（3）下料时工件要求物料整齐，无明显缝隙、位置偏差等；

（4）工业机器人上下料和压铸能够协调控制，工件压铸完成后，工业机器人开始搬运，注意两者的节拍。

压铸工作站如图 5-0-2 所示。

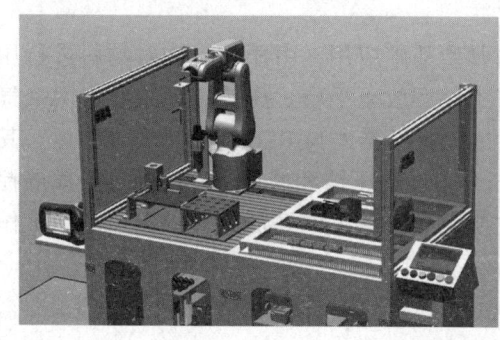

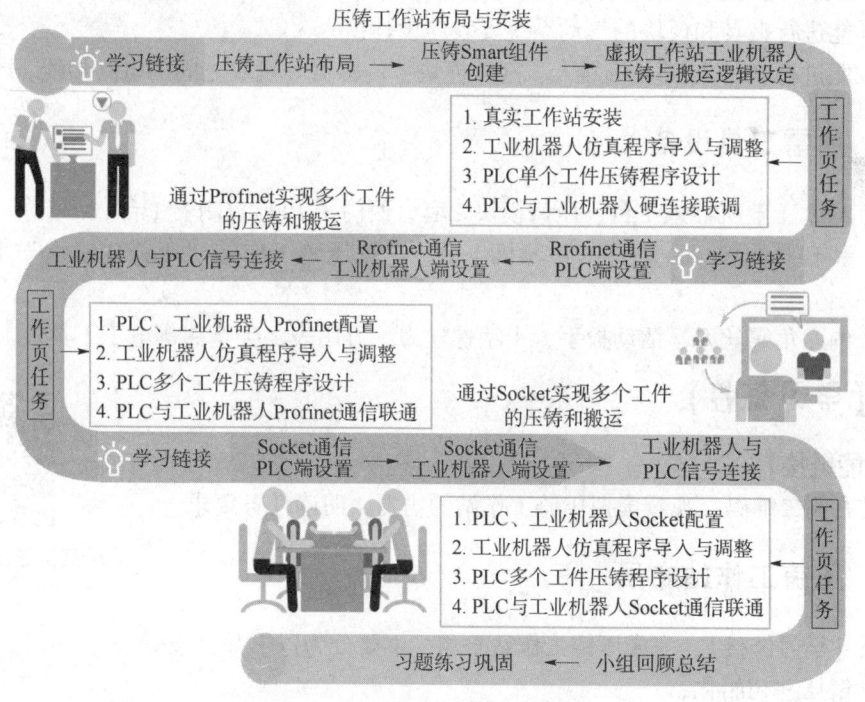

图 5-0-2　压铸工作站

【学习地图】

压铸工作站学习地图如图 5-0-3 所示。

图 5-0-3　压铸工作站学习地图

243

任务一 压铸工作站布局与安装

【学习情境】

在工业生产中,上下料控制是工业机器人的典型基础应用,由压铸机构对物料进行压铸,完成压铸后工业机器人对工件进行吸取并将工件摆放至平台。压铸单元主要由两个气缸组成,模拟实现对工件的压铸,压铸完成后通过工业机器人与 PLC 通信,实现搬运。其可实现一个工件的压铸和搬运,也可实现连续 16 个工件的压铸和搬运,并可通过触摸屏控制系统运行并显示当前搬运工件信息。本任务主要完成压铸工作站的布局,包括虚拟工作站的布局和真实工作站的安装。

一、学习目标

(1) 会在 RobotStudio 软件中进行压铸工作站布局;
(2) 了解压铸工艺,能在 RobtotStudio 软件中实现压铸动画效果;
(3) 会选择对应的吸盘夹具、夹具与工业机器人的连接法兰盘、安装螺丝、螺丝刀等工具,并按照要求进行压铸工作站的安装;
(4) 能进行夹具和模块的气动系统安装与设计;
(5) 能进行 PLC 与工业机器人、气动模块、传感器等模块之间的电路接线。

二、所需工具设备

(1) ABB 工业机器人 1 台、压铸模块 1 套、西门子 PLC 控制器 1 台。
(2) 装有 RobotStudio 软件的计算机 1 台、虚拟压铸工作站 "压铸 0.rspag" 打包文件 1 个。
(3) 内六角螺丝刀、活动扳手、十字螺丝刀、万用表、尖嘴钳等电工工具各 1 套。

【学习链接】

【技能链接】
扫描右侧二维码,观看虚拟压铸工作站的仿真,明确任务要求。

展示压铸动态效果

一、压铸工作站布局

按照【学习链接】,完成压铸工作站布局,主要分为以下几个步骤。
(1) 解压并初始化;
(2) 创建工业机器人系统;
(3) 进行 I/O 信号配置。

在工业机器人系统中创建 I/O 板,I/O 板选择 DSQC652;然后配置 I/O 信号,见表 5-1-1。

项目五　工业机器人压铸工作站仿真与实现

表 5-1-1　I/O 信号配置

信号名称	信号类型	所在 I/O 板	信号地址	备注
xi	Digital output	D652	13	抓取
fang	Digital output	D652	14	放置
do0	Digital output	D652	0	工业机器人准备就绪
di0	Digitalinput	D652	0	压铸完成
di1	Digitalinput	D652	1	自动运行电动机上电
di3	Digitalinput	D652	3	从 main 开始自动运行

压铸工作站布局如图 5-1-1 所示。

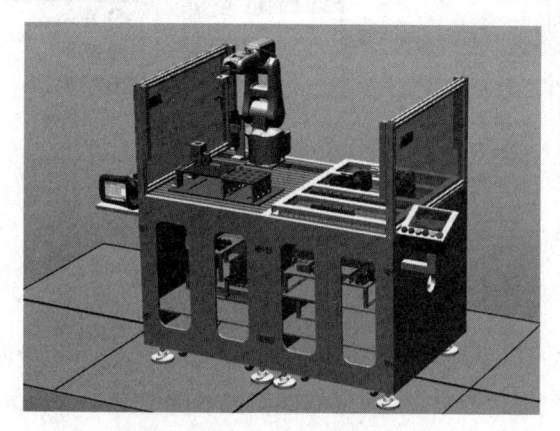

图 5-1-1　压铸工作站布局图

二、压铸 Smart 组件创建

在压铸工作站中，实现工件压铸动画效果与工具夹取和释放工件的动画效果。工具夹取和释放工件的动画效果已实现，以下介绍工件压铸动画效果。实现工件压铸动画效果要先创建机械装置，机械装置用来实现气缸的往复运动。机械装置创建完成后再创建 Smart 组件，包括 LinearMover2、PoseMover 和 Source。LinearMover2 实现机械装置的关节移向给定姿态；PoseMover 实现物体向指定的位置移动；Source 实现对源对象的复制。

推料气缸 A 机械装置

1. 机械装置创建

以推料气缸 A 为例，完成机械装置创建，其过程可扫描右侧二维码观看。
在"建模"选项卡中单击"创建机械装置"按钮，如图 5-1-2 所示。

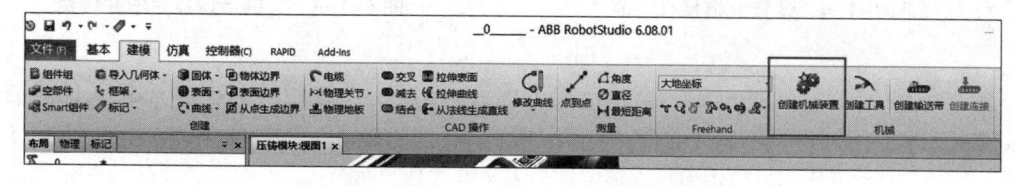

图 5-1-2　单击"创建机械装置"按钮

在"创建 机械装置"面板中,在"机械装置模型名称"框中输入名称"推料气缸 A",在"机械装置类型"下拉列表中选择"设备"选项。选择"链接"选项,进入链接设置界面,如图 5-1-3 所示。

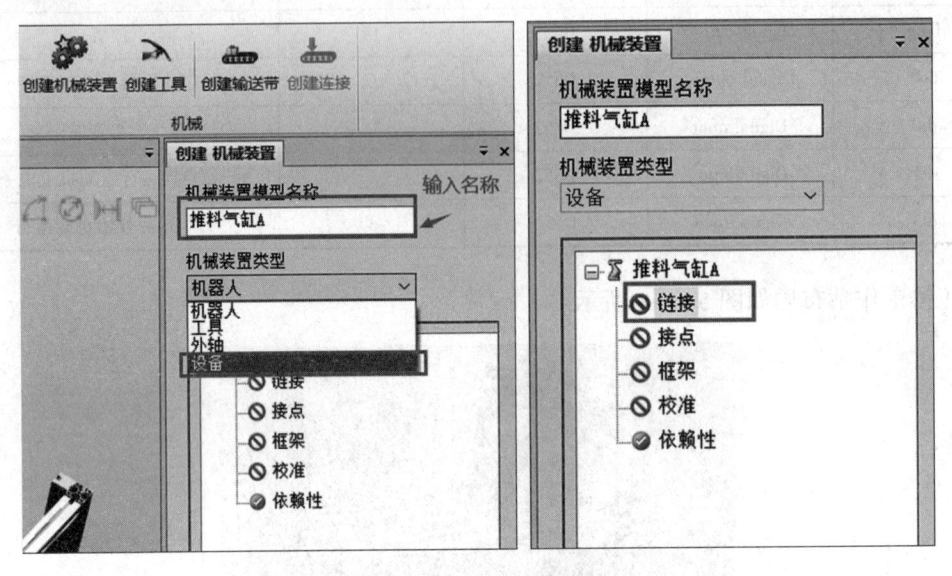

图 5-1-3 设置机械装置名称和类型

在"创建 链接"对话框中,勾选"设置为 BaseLink"复选框设置父链接,如图 5-1-4 所示,所选组件为"推料气缸 A"的固定部件,在本例中为"推料气缸 1",通过向右箭头移至右侧。单击"应用"按钮,设置生效,如图 5-1-5 所示。

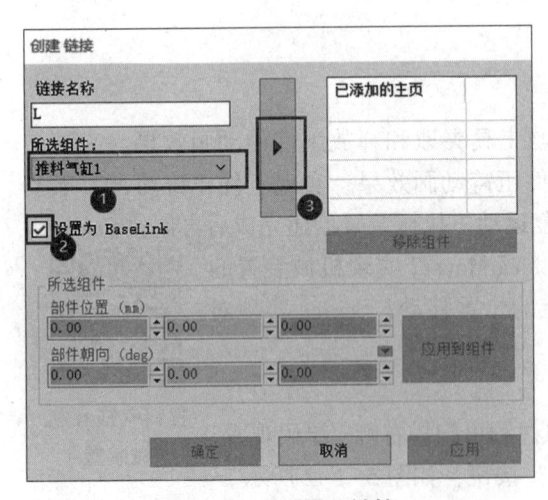

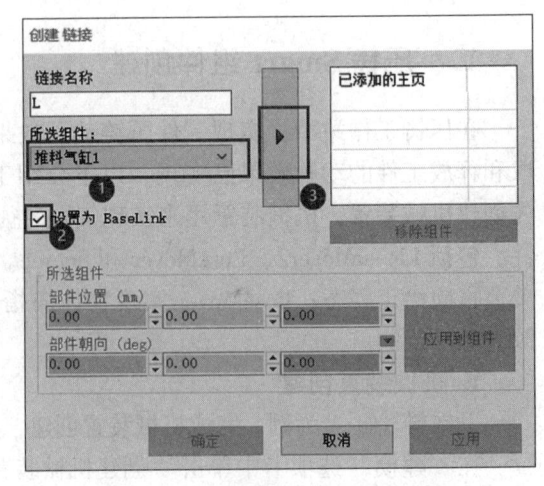

图 5-1-4 设置父链接　　　　图 5-1-5 父链接设置完毕并应用

在"创建 链接"对话框中,新建链接名称为"L1",所选组件为推料气缸 A 的可移动关节部件,在本例中为"推料气缸 1-1",移动完成后单击"确定"按钮,如图 5-1-6 所示。

接下来在"创建机械装置"面板中选择"接点"选项,如图 5-1-7 所示。在"创建接点"对话框中,"关节类型"选择"往复的"。在"关节轴"区域,选择"捕捉中点"工具,确定第一个位置,同理确定第二个位置,以此确定关节轴的方向,如图 5-1-8 所示。通过操纵轴,确定轴移动的范围,将"关节限值"最小限值设为 0 mm,最大限值设为 55 mm,如图 5-1-9 所示。

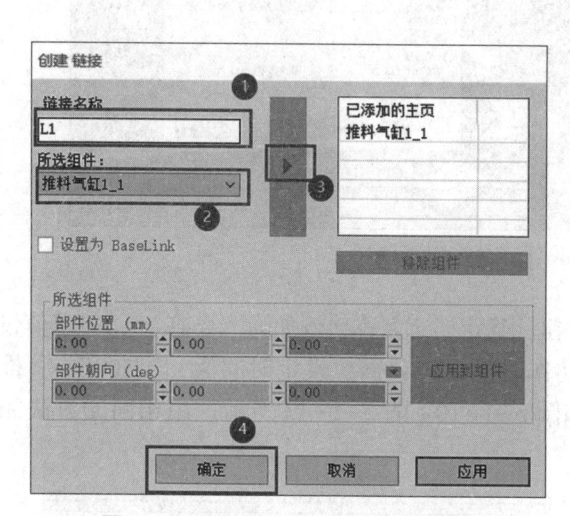

图 5-1-6　设置可移动关节的子链接

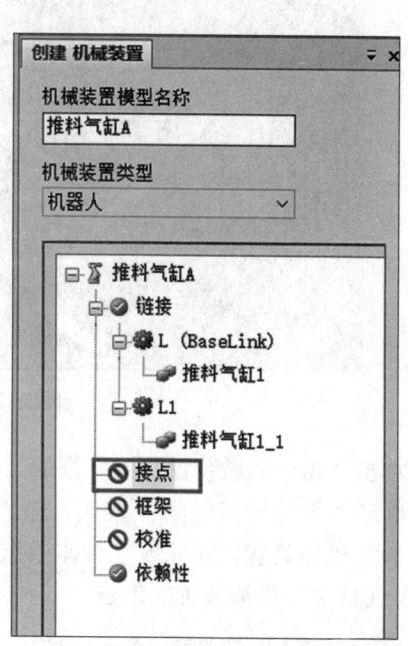

图 5-1-7　在"创建 机械装置"面板中选择"接点"选项

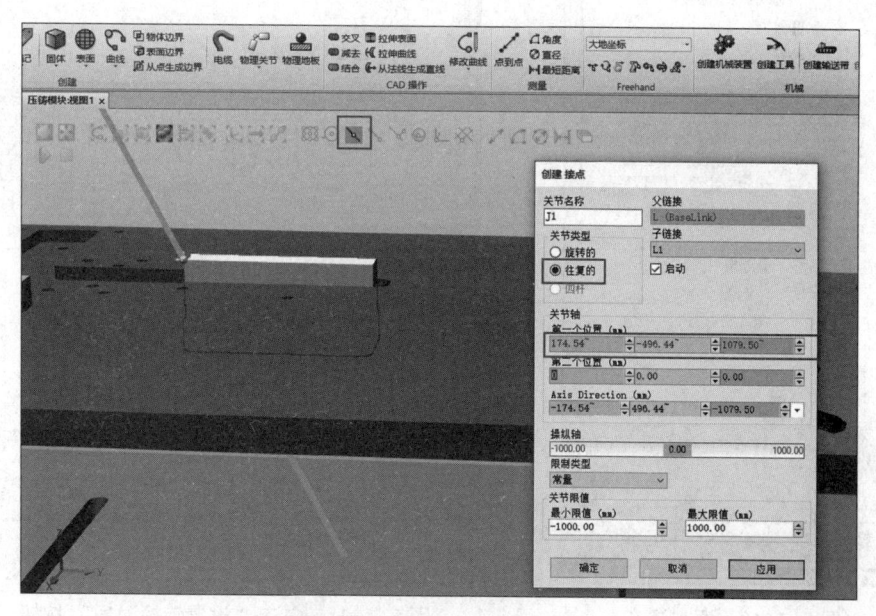

图 5-1-8　设定关节轴的位置

247

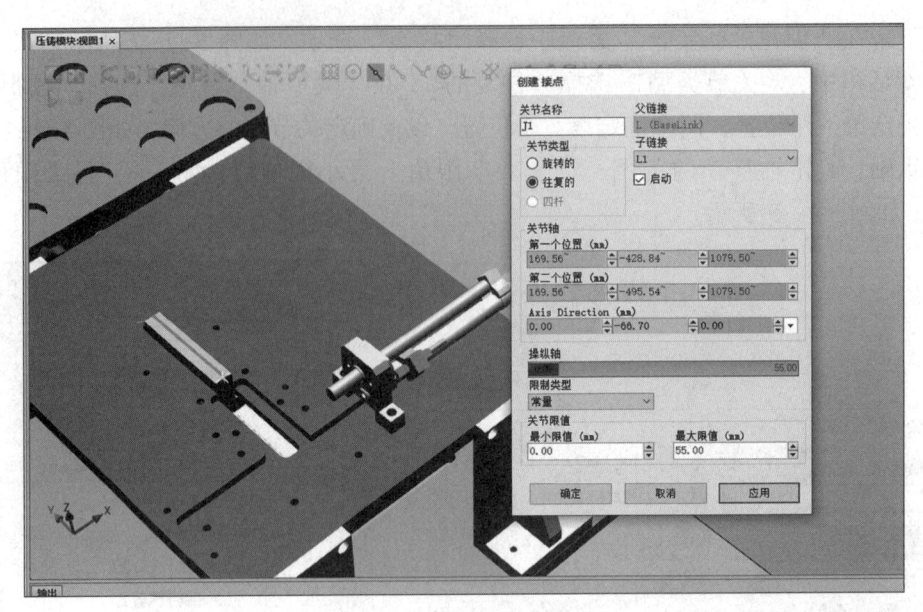

图 5-1-9　确定轴移动范围

单击"编译机械装置"→"添加"按钮，确定姿态名称，例如为"姿态1"，关节值设为55。单击"设置转换时间"按钮，进入动作时间设定界面，设定时间为"0.500"。"推料气缸 A"机械装置创建完成。具体操作如图 5-1-10~图 5-1-13 所示。用相同的方法完成"推料气缸 B"机械装置的创建。

图 5-1-10　添加姿态

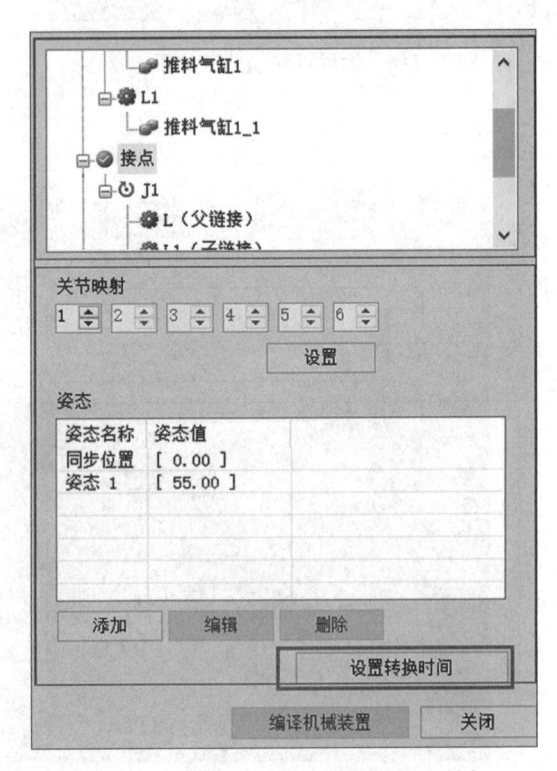

图 5-1-11　单击"设置转换时间"按钮

图 5-1-12　设置关节值

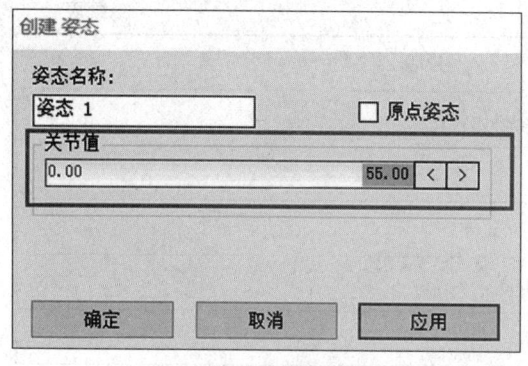

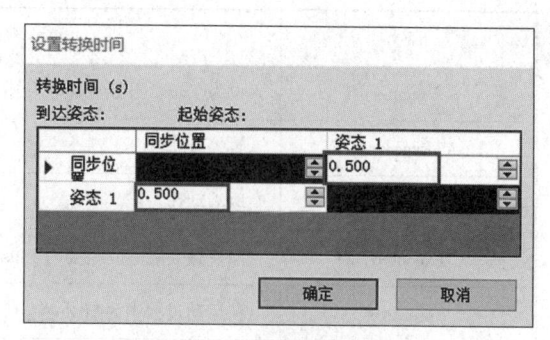

图 5-1-13　设置转换时间

2. 压铸动态属性创建

压铸组件中包括 LinearMover2、PoseMover 和 Source。LinearMover2 实现物体向指定的位置移动，其属性及信号说明见表 5-1-2。

表 5-1-2　LinearMover2 属性及信号说明

属性	说明
Object	指定要移动的对象
Direction	指定要移动对象的方向
Distance	指定移动距离
Duration	指定移动时间
Reference	指定参考坐标系，可以是 Global、Local 或 Object
ReferenceObject	如果将 Reference 设置为 Object，指定参考对象
信号	说明
Execute	将该信号设为 True 时开始旋转对象，将该信号设为 False 时停止旋转对象
Executed	移动完成后输出脉冲信号
Executing	在移动执行过程中输出执行信号

PoseMover 实现机械装置的关节移向给定姿态。其包含 Mechanism、Pose 和 Duration 等属性。设置 Execute 输入信号时，机械装置的关节值移向给定姿态。达到给定姿态时，设置 Executed 输出信号。PoseMover 属性及信号说明见表 5-1-3。

表 5-1-3　PoseMover 属性及信号说明

属性	说明
Mechanism	指定要进行移动的机械装置
Pose	指定要移动到的姿势的编号
Duration	指定机械装置移动到指定姿态的时间

续表

信号	说明
Execute	设为 True，开始或重新开始移动机械装置
Pause	暂停动作
Cancel	取消动作
Executed	当机械装置达到位姿时 Pulses high
Executing	在运动过程中为 High
Paused	暂停时为 High

Source 实现对源对象的复制。源组件的 Source 属性表示在收到 Execute 输入信号时应复制的对象。所复制对象的父对象由 Parent 属性定义，而 Copy 属性则指定对所复制对象的参考。输出信号 Executed 表示复制已完成。Source 属性及信号说明见表 5-1-4。

表 5-1-4　Source 属性及信号说明

属性	说明
Source	指定要复制的对象
Copy	指定复制
Parent	指定要复制的父对象。如果未指定，则将复制与源对象相同的父对象
Position	指定复制相对于其父对象的位置
Orientation	指定复制相对于其父对象的方向
Transient	如果在仿真时创建了复制，将其标志为瞬时的。这样的复制不会被添加至撤销队列中，且在仿真停止时自动被删除。这样可以避免在仿真过程中过分消耗内存
信号	说明
Execute	设该信号为 True，创建对象的复制
Executed	当完成时发出脉冲

压铸动态效果创建过程可扫描右侧二维码学习。

在压铸 Smart 组件中添加 1 个 Source，用来复制产生一个工件；2 个 LinearMover2，使工件分别随两个气缸活塞方向线性运动；4 个 PoseMover，2 个用作推料气缸 A 的往复运动，2 个用作推料气缸 B 的往复运动，如图 5-1-14 所示。

压铸动态效果

Source 属性设置如下。选取工件，此处为"白盖"；选取"捕捉圆心"工具，在位置中设定复制后放置的中心位置，单击"应用"按钮完成属性设定。完成后，可单击"Execute"按钮查看复制功能效果，如图 5-1-15 所示。

图 5-1-14 添加 Smart 组件

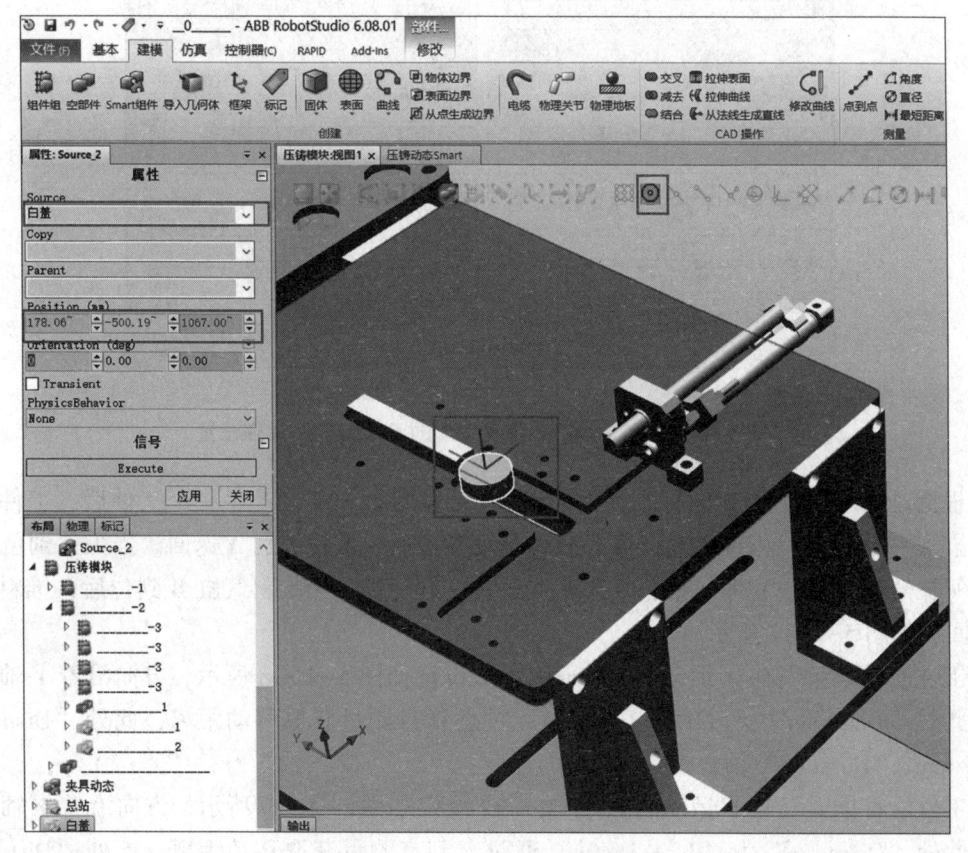

图 5-1-15 Source 属性设置

推料气缸 A 往复运动的 2 个 PoseMover 属性设置如图 5-1-16（a）所示。推料气缸 B 的往复运动的 2 个 PoseMover 属性设置如图 5-1-16（b）所示。

（a）

（b）

图 5-1-16　气缸 A、B 往复运动的 PoseMover 属性设置

根据动作顺序，完成组件设计。当有信号触发 Source 复制产生一个工件后，工件和推料气缸 A 一起运动，当推料气缸 A 和工件运动到位后，推料气缸 A 返回。当工件到位（或推料气缸 A 返回到位）时，推料气缸 B 和工件一起运动，当推料气缸 B 到位后，推料气缸 B 返回，如图 5-1-17 所示。

工件沿着推料气缸 A 运动的 LinearMover2 设定如图 5-1-18 所示，方向沿着 Y 轴负方向，此处"Direction"为（0，-1，0），通过点到点测量获取移动距离，此处"Distance"为 55 mm，"Duration"为 0.5 s。

工件沿着推料气缸 B 运动的 LinearMover2 设定如图 5-1-19 所示，方向沿着 Y 轴负方向，此处"Direction"为（0，-1，0），通过点到点测量获取移动距离，此处"Distance"为 55 mm，"Duration"为 0.5 s。

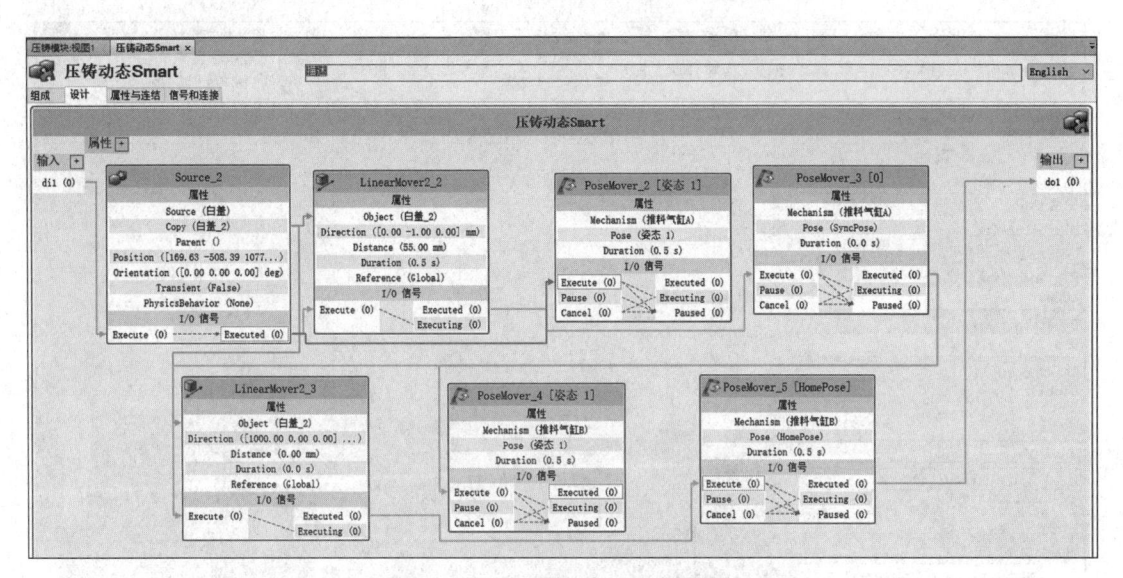

图 5-1-17 压铸 Smart 组件设计

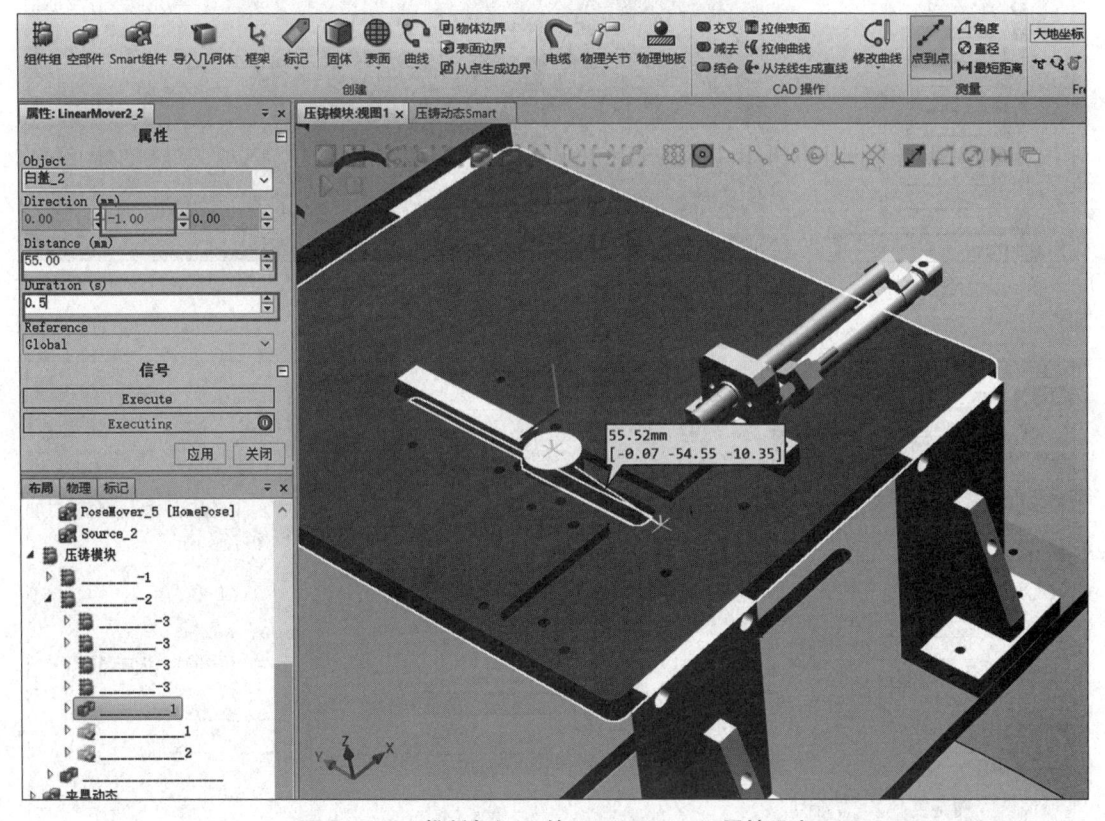

图 5-1-18 推料气缸 A 的 LinearMover2 属性设定

压铸 Smart 组件创建完成后,通过仿真设定查看 Smart 组件动态效果,如图 5-1-20 所示。

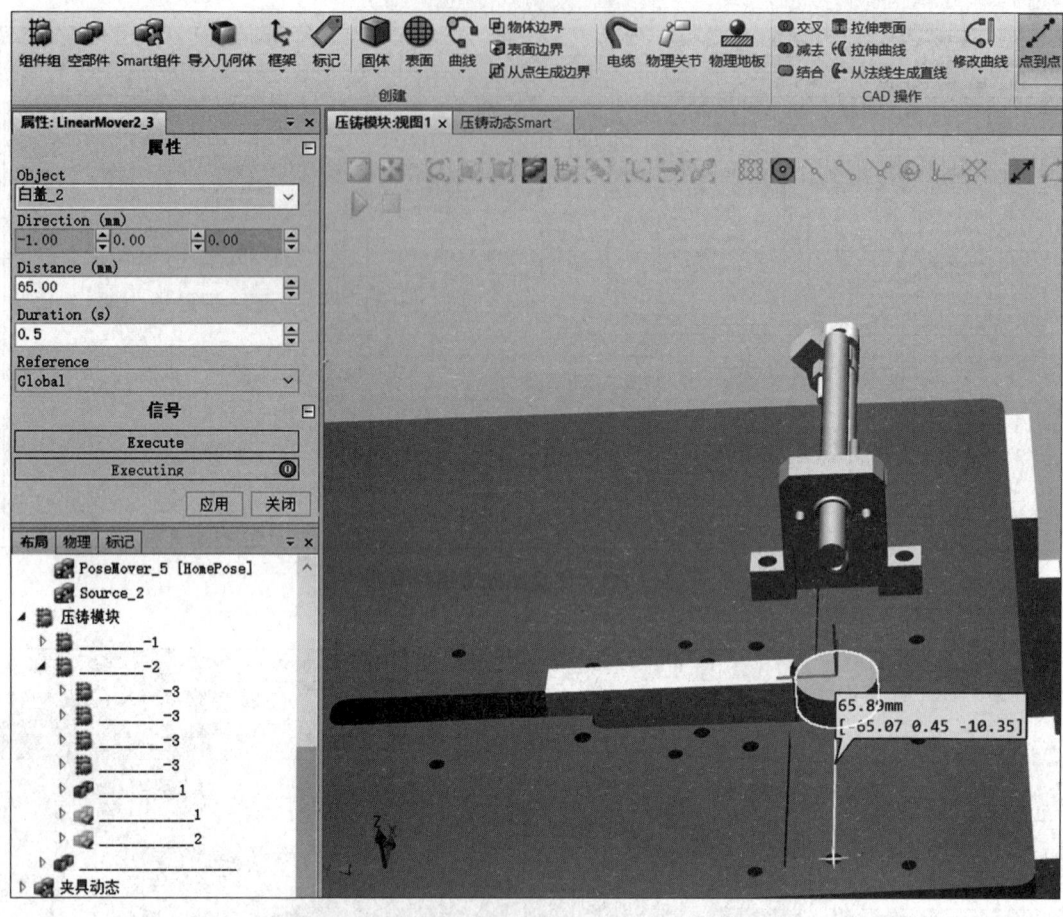

图 5-1-19 推料气缸 B 的 LinearMover2 属性设定

图 5-1-20 仿真设定工业机器人压铸 Smart 组件

单击"仿真"按钮，使压铸 Smart 组件 di1 为 1，查看压铸动态效果，如图 5-1-21 所示。

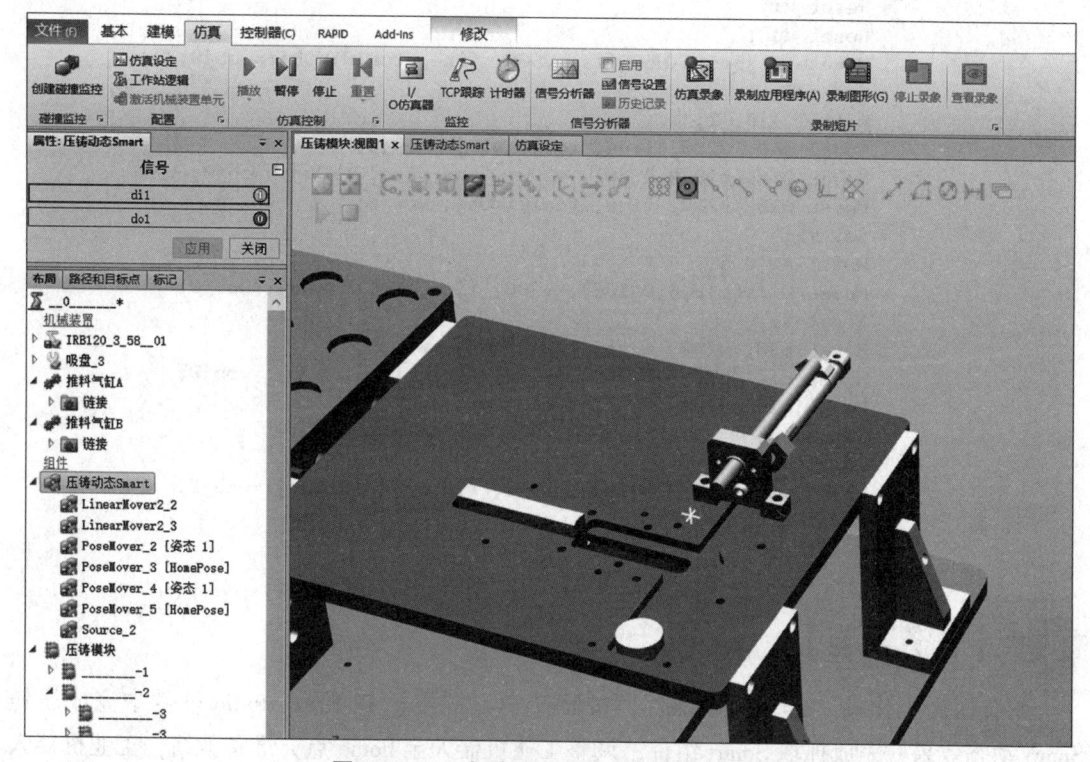

图 5-1-21 查看压铸 Smart 组件仿真效果

三、虚拟工作站工业机器人压铸与搬运逻辑设定

工业机器人 I/O 信号配置见表 5-1-1。选择"仿真"→"工作站逻辑"选项，将工业机器人的 I/O 信号与抓取和压铸动画效果的 Smart 组件关联。工业机器人 do0 信号控制压铸 Smart 组件，实现动画效果。压铸完成，连接工业机器人 di0 信号，即等待工业机器人 di0 信号为 1 时，工业机器人开始搬运。工作站逻辑设定如图 5-1-22 所示。

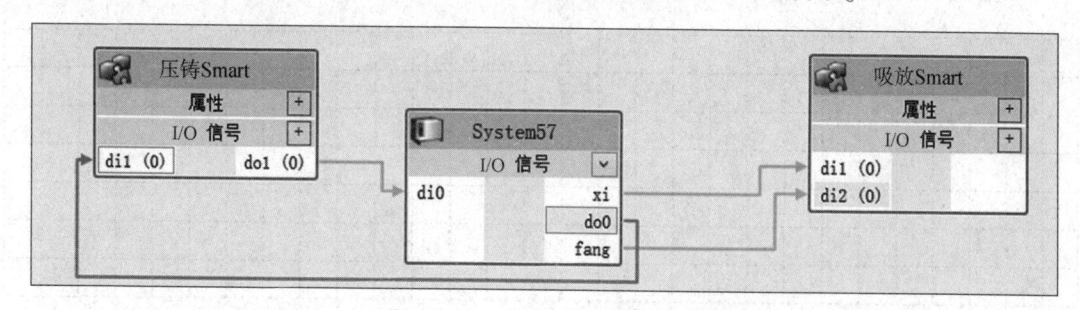

图 5-1-22 工作站逻辑设计定

调整工业机器人至 home 点，准备就绪，工业机器人 do0 信号控制压铸，压铸完成，工业机器人开始搬运。程序如下：

```
PROC main()
    Reset fang;
    Reset xi;
    Reset do0;
    MoveAbsJ jpos10\NoEOffs, v500, fine, tool0\WObj:=wobj0;
    Set do0;
    WaitDI di0, 1;
    MoveJ p40, v200, fine, tool0\WObj:=wobj0;
    MoveL Offs(p10,0,0,50), v200, fine, tool0\WObj:=wobj0;
    MoveL p10, v200, fine, tool0\WObj:=wobj0;
    Set xi;
    WaitTime 0.5;
    MoveL Offs(p10,0,0,100), v200, fine, tool0\WObj:=wobj0;
    Reset xi;
    MoveL p30, v200, fine, tool0\WObj:=wobj0;
    MoveL Offs(p20,0,0,100), v200, fine, tool0\WObj:=wobj0;
    MoveL p20, v200, fine, tool0\WObj:=wobj0;
    Set fang;
    WaitTime 0.5;
    MoveL Offs(p20,0,0,100), v200, fine, tool0\WObj:=wobj0;
    Reset fang;
    Reset do0;
ENDPROC
```

【任务实施】

解包压铸工作站"压铸0.rspag",按照【学习链接】在RobotStudio软件中完成压铸Smart动态效果,完成抓取Smart组件;调整工业机器人至home点,准备就绪,工业机器人do0信号控制压铸,压铸完成,工业机器人开始搬运。

将调试好的虚拟工作站程序下载到真实工业机器人工作站,并进行实际示教点的精确示教,真实工业机器人与PLC通信联调,完成PLC控制压铸,实现工业机器人搬运单个工件。

一、计划

1. 知识回顾

工业机器人压铸和抓取工件动态效果如何实现?创建机械装置的目标是什么?

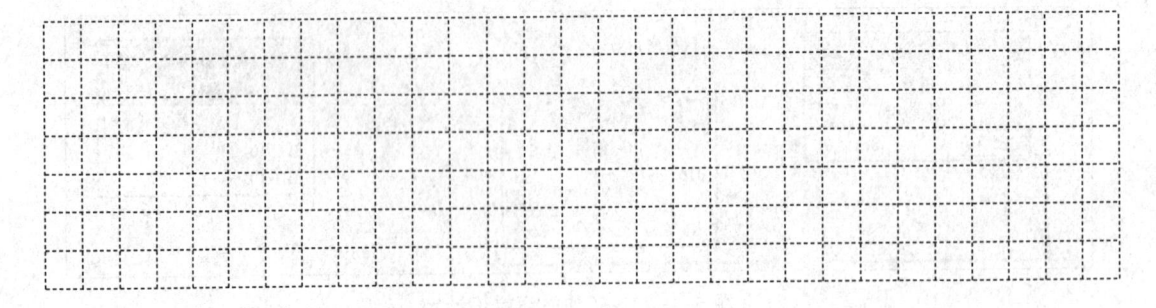

2. 计划

以小组为单位,对该计划进行讨论并制订工作计划,分解任务,认领子任务,分析仿真中遇到的问题并提供解决方案(表5-1-5),制订实施计划并按照实施步骤进行自查,发挥团队协作作用，养成主动学习、全员参与、精益求精的职业素养。

表 5-1-5　工作计划分解

序号	子任务及其涉及的知识、技能点	负责人	是否已知已会	备注
1				
2				
3				
4				
5				
6				
7				
8				
分析未知知识、技能点，提出解决方案				

3. 反思

（1）在 RobotStudio 仿真中，无法实现单个工件压铸和搬运联调动态效果，如何解决？

（2）列举仿真过程中遇到的问题并提出解决方案（表 5-1-6）。

表 5-1-6　解决方案

序号	问题	解决方案
1		
2		
3		
4		
5		

二、实施

1. 工作站硬件配置

(1) 安装工作站套件准备。

准备压铸控制套件、对应的单吸盘夹具、夹具与工业机器人的连接法兰、安装螺丝（若干）、内六角螺丝刀；选择合适型号的十字螺丝刀。

(2) 工作站安装。

①首先选择合适的螺丝，把压铸控制套件安装至工业机器人工作桌面的合理位置（可任意选择安装位置、方向，但确保在工业机器人工作范围内）。其次进行夹具安装，将单吸盘夹具与工业机器人的连接法兰安装至工业机器人六轴法兰盘上。最后把单吸盘夹具安装至连接法兰上。

②完成 PLC 与工业机器人、气动模块、传感器等模块之间的 I/O 分配和 PLC 外围电路设计；进行电路接线；验证气路是否工作正常，传感器、工业机器人与 PLC 输入信号是否连接正常，PLC 输出信号与工业机器人、阀是否连接正常。

PLC 的 I/O 分配见表 5-1-7。

表 5-1-7　PLC 的 I/O 分配

序号	PLC 的 I/O 地址	注释	备注	序号	PLC 的 I/O 地址	注释	备注
1		启动按钮		8		推料气缸 B 伸出到位	
2		停止按钮		9		推料气缸 B 缩回到位	
3		推料气缸 A 运行		10		压铸压到位	
4		推料气缸 B 运行		11		压铸缩回到位	
5		压铸		12		工业机器人准备就绪	工业机器人 do0
6		推料气缸 A 伸出到位		13		压铸完成	工业机器人 di0
7		推料气缸 A 缩回到位					

在表 5-1-8 中完成 PLC 的 I/O 分配及外围电路连接。

表 5-1-8　PLC 的 I/O 分配及外围电路连接

2. 工艺要求

（1）在进行上下料轨迹示教时，吸盘夹具姿态保持与工件表面平行。

（2）根据 GB/T 19400—2003 标准，工业机器人运行轨迹要求平缓流畅，放置工件时平缓准确，不得触碰周边设备，放置位置精准。

（3）将仿真工作站的工业机器人系统导入真实工业机器人系统，在真实工作站中创建工件坐标系并验证工件坐标系是否正确，见表 5-1-9。

表 5-1-9 验证真实工业机器人系统的工件坐标系

序号	验证内容			评价	结论
1	仿真工业机器人系统是否导入真实工业机器人系统				
2	真实工业机器人工具坐标系名		真实工业机器人工具坐标系验证	评价	结论
			X 方向运行是否正确		
			Y 方向运行是否正确		
			Z 方向运行是否正确		
3	工件坐标系名	工具坐标系名	工作坐标系验证	评价	结论
			X 方向运行是否正确		
			Y 方向运行是否正确		
			Z 方向运行是否正确		

4. 目标点调整

在表 5-1-10 中完成工业机器人端目标点调整程序设计。

表 5-1-10 工业机器人端目标点调整程序设计

验证真实工业机器人系统单个工件搬运功能，见表 5-1-11。

表 5-1-11　验证真实工业机器人系统单个工件搬运功能

序号	验证内容	数值	评价	结论
1	气压			
2	（吸）I/O 分配			
3	（放）I/O 分配			
4	抓取示教点（6 个轴参数）			
5	放置示教点（6 个轴参数）			
6	单个工件搬运是否精准			
7	单个工件运行轨迹是否平缓流畅			

5. PLC 程序设计与工业机器人联调

在表 5-1-12 中完成 PLC 程序设计。

表 5-1-12　PLC 程序设计

验证工业机器人作为扩展 I/O 是否与 PLC 通信成功，是否实现单个工件的压铸和搬运功能，验证内容见表 5-1-13。

表 5-1-13　真实工业机器人单个工件压铸和搬运联调问题汇总

序号	验证内容	是否通过；若不通过，请描述问题及阐述解决方案
1	验证工业机器人作为扩展 I/O 是否与 PLC 通信成功	
2	验证 PLC 压铸控制程序运行是否正常	
3	验证工业机器人搬运单个工件是否精准	
4	验证工业机器人和 PLC 是否实现压铸和搬运联调	

三、检查

配合教师完成检查表，见表 5-1-14。

表 5-1-14 检查表

序号	考核要点	考核要求	配分	评分标准	得分	得分小计
1	压铸虚拟工作站布局及仿真运行（45分）	按要求进行布局	2	布局正确得2分		
		I/O 配置	4	创建 I/O 板，选择 D652 板得1分；创建工业机器人吸住、释放工作，工业机器人准备就绪，等待压铸完成，自动运行电动机上电，从 main 开始自动运行 6 个信号各得0.5 分，共3 分		
		创建压铸 Smart 组件	16	会创建机械装置得5分；会添加压铸 Smart 组件的各子组件及完成设计得5分；实现压铸动画效果得6分		
		创建吸放 Smart 组件	3	实现吸放动画效果得3分		
		压铸工作站程序设计与调试运行	20	完成工作站仿真逻辑设计得5分；精准示教单个工件的抓取和放置目标点各得2分，共4分；实现轨迹规划且搬运平稳得4分；会灵活配置工业机器人 I/O 信号得2分；实现单个工作压铸和搬运连续运行得5分		
2	压铸真实工作站布局及运行（45分）	将 RAPID 同步到实际工作站	2	连接控制器，设置权限，将工业机器人的 RAPID 同步到实际工作站得2分		
		真实工作站布局	13	安装压铸工作站使之在工业机器人工作范围内得2分；完成 PLC 的 I/O 分配得3分；完成 PLC 及外围电路设计得5分；完成 PLC 与工业机器人等接线得3分		
		I/O 配置	3	创建工业机器人吸住工件、工业机器人释放工件、工业机器人准备就绪3个输出信号等待压铸完成、自动运行电动机上电，从 main 开始自动运行3个信号，每个信号各得0.5 分，共3 分		
		创建坐标系	6	创建及验证工具坐标系得3分；创建及验证工件坐标系得3分		
		真实工业机器人单个工件搬运	7	在真实工业机器人中选择的工件、工具坐标系下精准示教单个工件的抓取点和放置点各得2分，共4分；过渡点示教及轨迹平稳得3分		
		PLC 压铸和真实工业机器人搬运联调	14	PLC 压铸程序设计正确且调试通过得5分；真实工业机器人和 PLC 实现 I/O 信息交互4分；实现单个工作压铸和搬运连续运行得5分		

续表

序号	考核要点	考核要求	配分	评分标准	得分	得分小计
3	职业素养（10分）	遵守场室纪律，无安全事故	2	纪律和安全方面各占1分		
		工位保持清洁，物品整齐	2	工位和物品方面各占1分		
		着装规范整洁，佩戴安全帽	2	着装和安全帽方面各占1分		
		操作规范，爱护设备	2	操作规范和爱护设备各得1分		
		对工位进行5S管理	2	5S管理执行到位得2分		
4	违规扣分	操作中发生安全问题		扣50分		
		明显操作不当		扣10分		
		总分				

四、反思

请下载工业机器人与其他设备通信的相关标准并认真学习，列举相关要点。

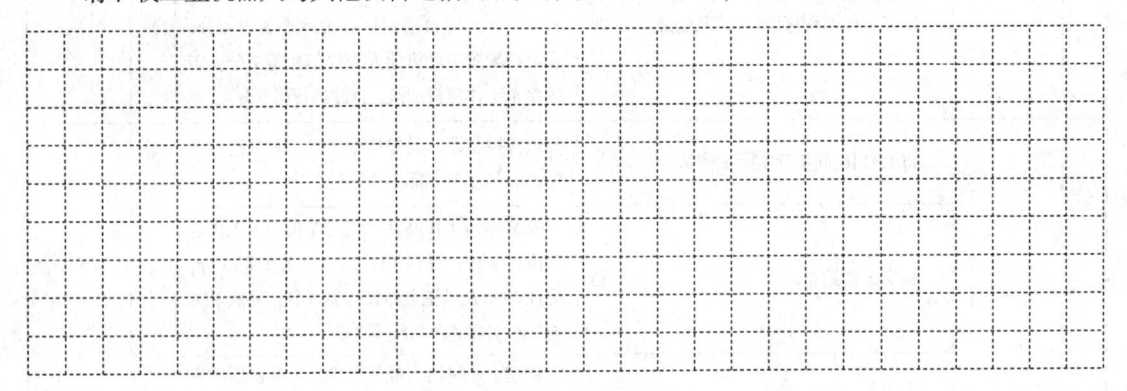

通过本任务的学习，将自己的总结向别的同学介绍，描述收获、问题和改进措施。在一些工作完成不尽意的地方，记录别人给自己的意见，帮助下面的工作。

任务二 通过 Profinet 实现多个工件的压铸和搬运

【学习情境】

在压铸工作站中，按下启动按钮，工业机器人归位后，PLC 控制气缸运动实现压铸，压铸完成后，工业机器人将工件搬运至相应的位置；工件被工业机器人搬运走后，同时实现下一个工件的压铸，等待工业机器人搬运；工业机器人根据工件数，进行放置位置规划，将工件搬运至不同的位置；工业机器人和 PLC 采用 Profinet 通信方式。扫描右侧二维码，查看实现效果。

实物实现效果

一、学习目标

（1）会在工业机器人端进行 Profinet 通信设置的相关配置；
（2）会在 PLC 端进行 Profinet 通信设置的相关配置；
（3）能进行 PLC 和工业机器人 Profinet 通信交互的发送和接收数据包设置，并根据控制要求，灵活选定交互的位和字节；
（4）能进行工业机器人搬运程序设计，并与 PLC 控制的压铸进行系统联调；
（5）能从系统出发，放眼全局，培养思考问题的全局观。

二、所需工具设备

（1）ABB 工业机器人 1 台、压铸模块 1 套、西门子 PLC1200 控制器 1 台。
（2）装有 RobtStudio 软件的计算机 1 台、虚拟压铸工作站 "压铸 1.rspag" 打包文件 1 个。
（3）内六角扳手、活动扳手、一字螺丝刀、十字螺丝刀、验电笔、万用表、尖嘴钳等电工工具各 1 套。

【学习链接】

【操作链接】

一、Profinet 通信下 PLC 端设置

Profinet 通信下 PLC 端设置可分为以下几个步骤，其操作过程可扫描右侧二维码学习。

Profinet 通信下
PLC 端设置

1. 安装 GSD 文件

先下载 GSD 文件，可在西门子官网下载；也可在 ABB 工业机器人示教器上复制，在 ABB 工业机器人示教器 "FlexPendant 资源管理器" 链接下即可找到 "GSDML" 文件夹，如图 5-2-1 所示。

打开博图软件，在博图软件中选择 "选项" → "管理通用站描述文件（GSD）" 选

项，如图 5-2-2 所示。

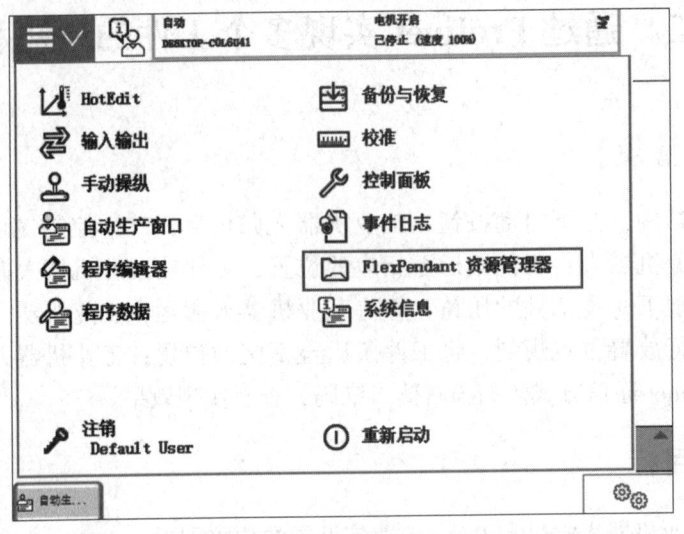

图 5-2-1 在工业机器人端寻找"GSDML"文件夹

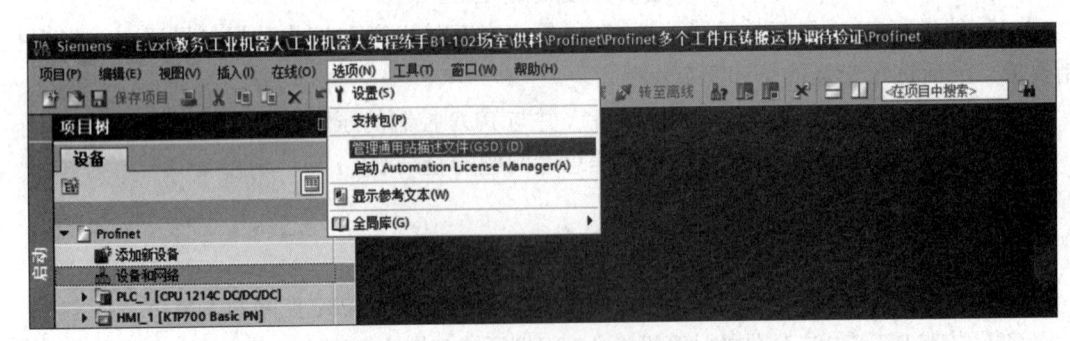

图 5-2-2 在博图软件中找到 GSD 文件

找到 GSD 文件存放路径，选择 GSD 文件，单击"安装"按钮，如图 5-2-3 所示。

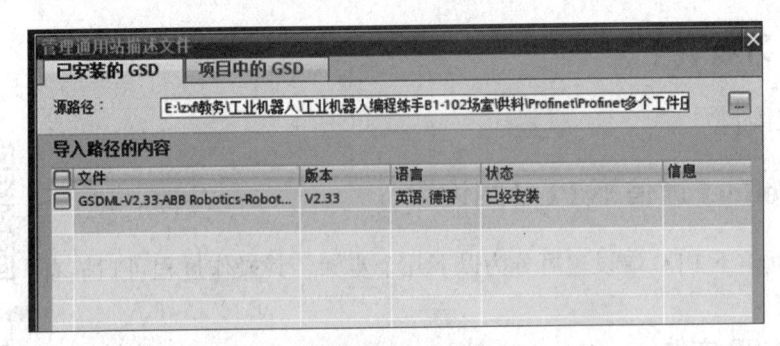

图 5-2-3 在博图软件中安装 GSD 文件

2. 在博图软件中完成设备组态

在博图软件中完成设备组态。在硬件目录中选择"其他现场设备"→"PROFINET IO"→"I/O"选项，可找到 ABB 硬件，在这里选择"BASIC V1.2"，操作如图 5-2-4 和图 5-2-5

所示。通过 Profinet，连接 PLC 和工业机器人。

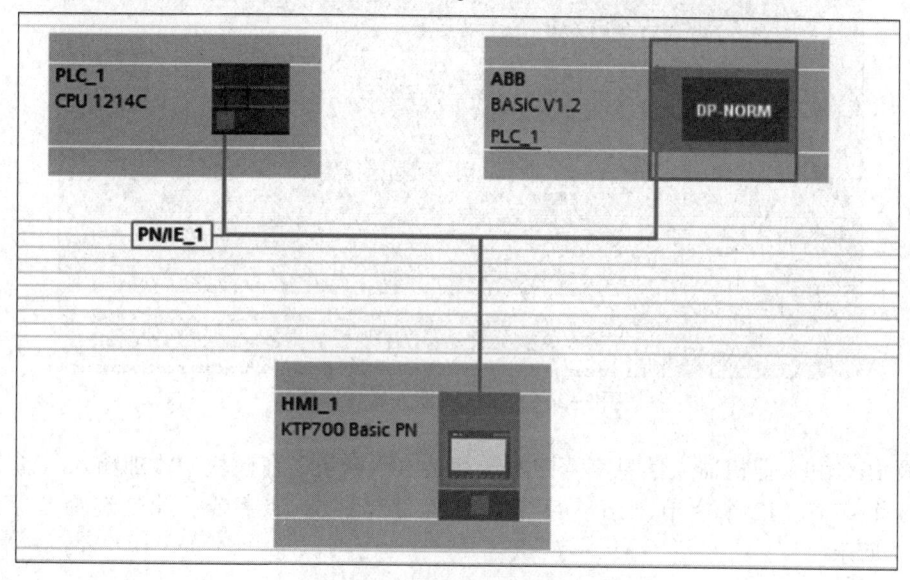

图 5-2-4 查找工业机器人硬件

图 5-2-5 设备组态

用鼠标右键单击工业机器人 I/O 设备，设置工业机器人属性，按照图 5-2-6 所示设置工业机器人 IP 地址为 192.168.0.100；设置工业机器人 I/O 设备名称为"abb"。分别设置 PLC 和触摸屏的 IP 地址。

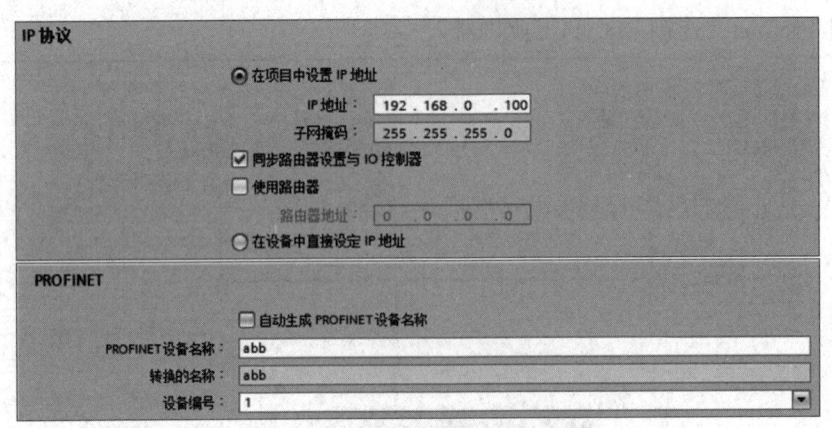

图 5-2-6 工业机器人属性设置

设置 PLC 和工业机器人信息交互的发送和接收数据包，在模块中添加输入、输出模块，可选择 8 个字节、12 个字节、16 个字节、32 个字节、64 个字节，此处选择 8 字节，如图 5-2-7 所示。

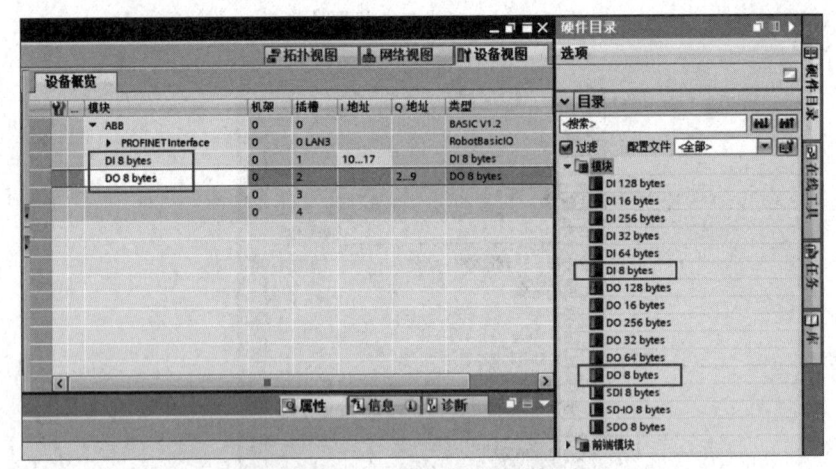

图 5-2-7 添加发送接收包

修改发送接收地址，例如 IB20-IB27，QB20-QB27，如图 5-2-8 所示。

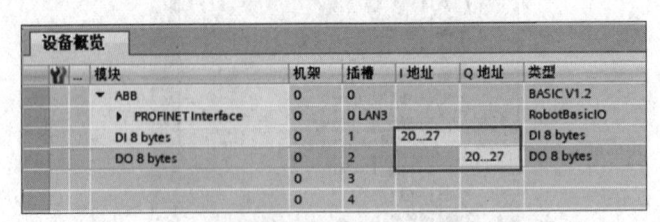

图 5-2-8 PLC 和工业机器人发送和接收数据包

二、Profinet 通信下工业机器人端设置

Profinet 总线是目前工业机器人比较主流的一种通信方式，在自动化设备中，工业机器

人往往作为 **PLC** 系统的一个从站，所以 ABB 提供了一种方便、快捷、经济的方式实现工业机器人与 PLC 之间的通信，可通过硬件或者软件实现通信。控制器系统属性中的"840-3 Profinet AnybusDevice"选项支持工业机器人作为 Device（设备），工业机器人需要增加额外的 AnybusDevice 硬件。若控制器系统属性中增加"888-2"或者"888-3"选项，则不需要任何额外的硬件支持即可实现通信。区别是 888-2 既可以做主站也可以做从站，而 888-3 只能做从站。本例中采用的是 888-2。Profinet 通信下工业机器人端的设置如下，可扫描右侧二维码学习。

Profinet 通信机器人端设定

1. 安装 Profinet 协议

查看工业机器人是否安装 Profinet 选项，若没有，则需要安装，如图 5-2-9 所示。

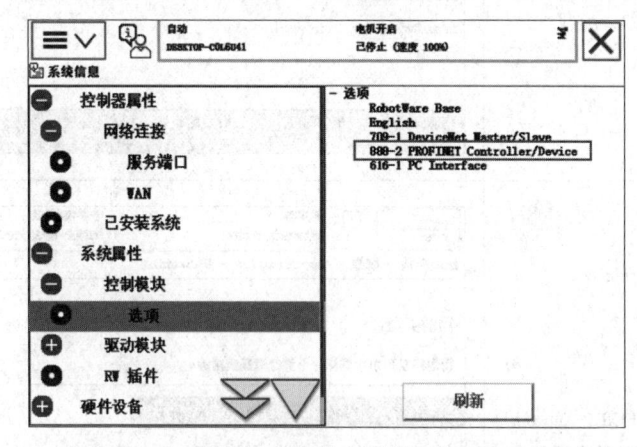

图 5-2-9　查看工业机器人是否安装 888-2 协议

2. 设置 IP 地址

设置工业机器人的 IP 地址，与 PLC 中工业机器人的 IP 地址相同，与 PLC 等其他设备在同一个网段，此处为 192.168.0.100。具体操作步骤如下。

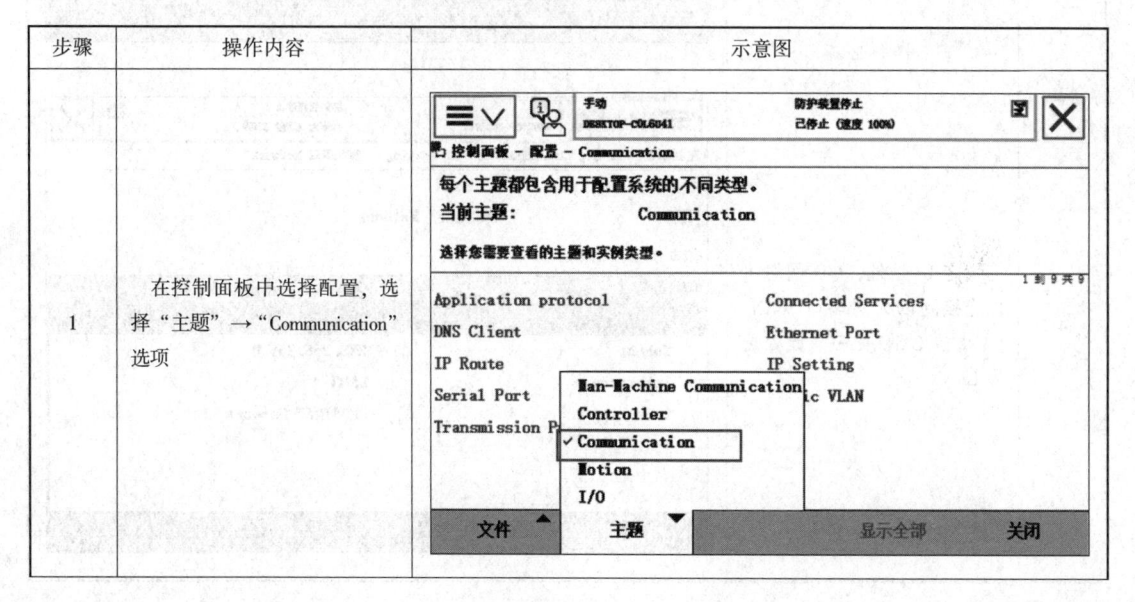

步骤	操作内容	示意图
1	在控制面板中选择配置，选择"主题"→"Communication"选项	

续表

步骤	操作内容	示意图
2	选择"IP Setting"选项	(控制面板 - 配置 - Communication 界面，列出 Application protocol、DNS Client、IP Route、Serial Port、Transmission Protocol、Connected Services、Ethernet Port、IP Setting、Static VLAN)
3	双击"PROFINET Network"选项，进行 IP 地址设定	(控制面板 - 配置 - Communication - IP Setting 界面，显示 PROFINET Network)
4	设定 IP 地址，I/O 网络可以连接到以太网端口 WAN、LAN2 或 LAN3 之一。此处选择 LAN3	(PROFINET Network 参数设置界面：IP 192.168.0.100；Subnet 255.255.255.0；Interface LAN3；Label PROFINET Network)

3. 建立通信板卡，添加 PN 从站

与 PLC 端设置一致，发送接收包设置为 8 个字节，工业机器人 "Profinet Station Name" 为 "abb"。具体操作步骤如下。

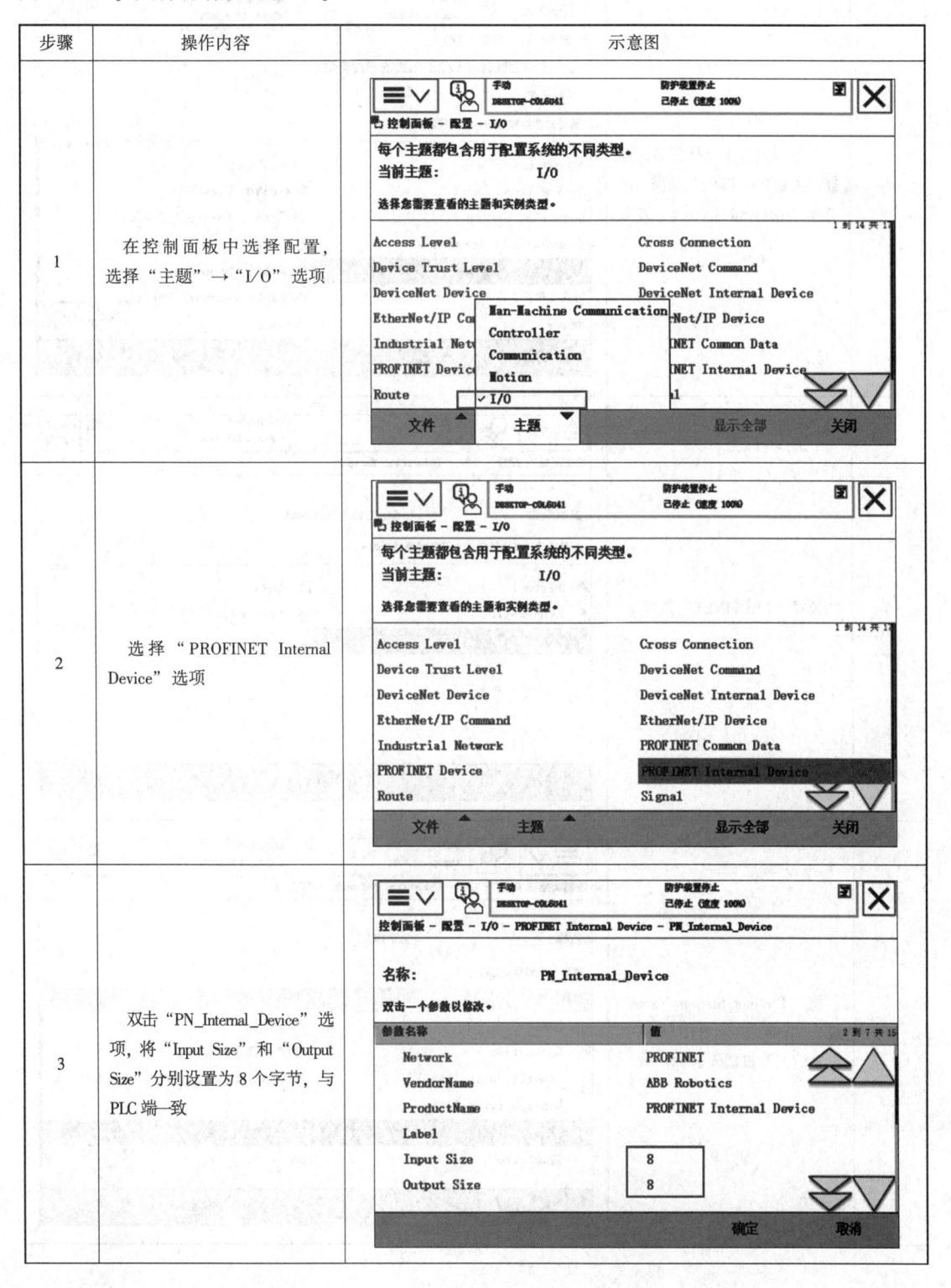

步骤	操作内容	示意图
1	在控制面板中选择配置，选择 "主题" → "I/O" 选项	
2	选择 "PROFINET Internal Device" 选项	
3	双击 "PN_Internal_Device" 选项，将 "Input Size" 和 "Output Size" 分别设置为 8 个字节，与 PLC 端一致	

续表

步骤	操作内容	示意图
4	在控制面板中选择配置，选择"主题"→"I/O"选项，再选择"Industrial Network"选项	
5	选择"PROFINET"选项	
6	将"Profinet Station Name"设为"abb"，与博图软件中设置的工业机器人名称一致	

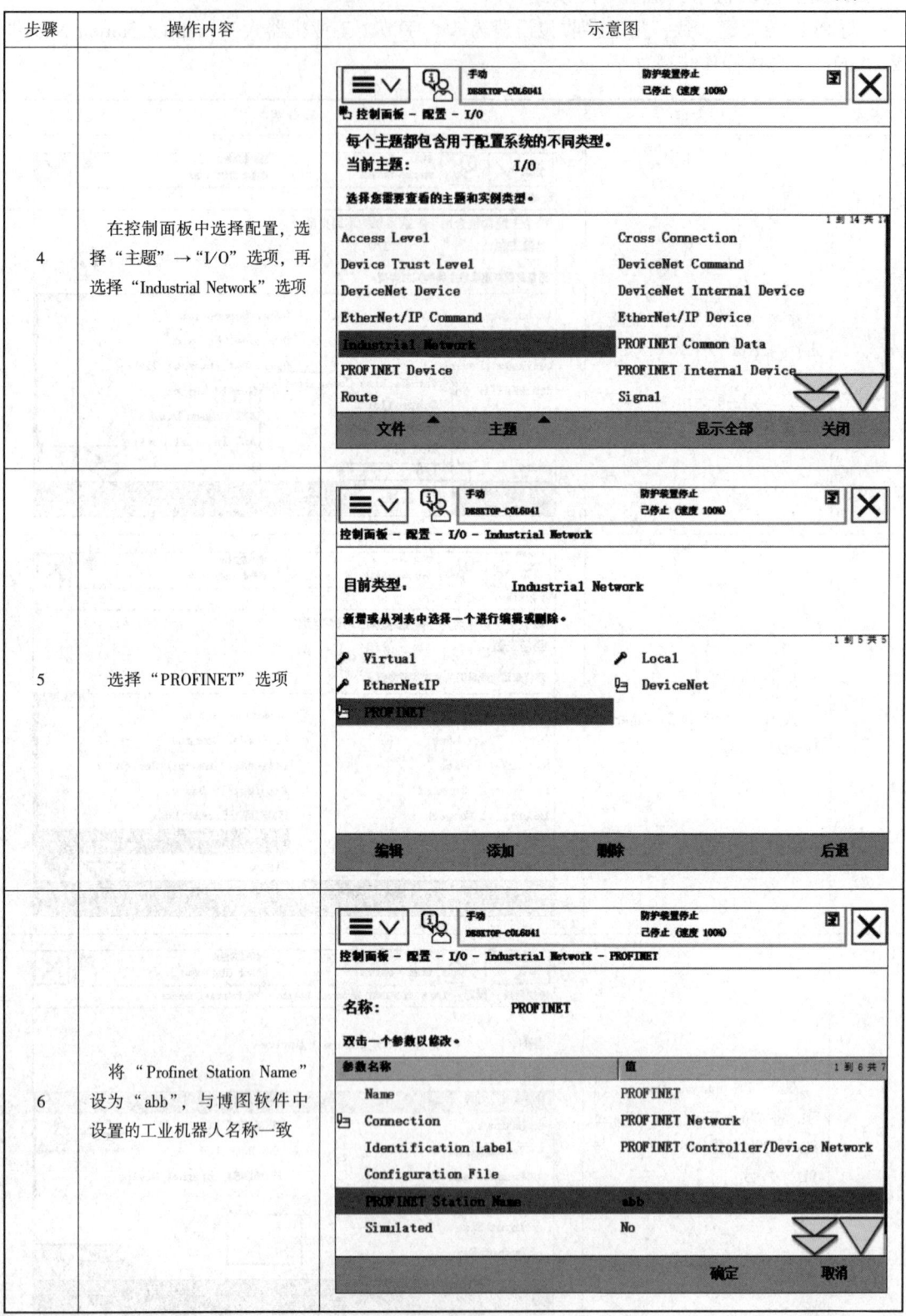

4. 设置组输入、组输出

选择"控制面板"→"配置"→"主题"→"I/O"→"Signal"选项,添加组输入和组输出地址 0-7、8-15,与 PLC 端 IW20、QW20 相对应。具体操作步骤如下。

步骤	操作内容	示意图
1	在控制面板中选择配置,选择"主题"→"I/O"选项,再选择"Signal"选项	
2	单击"添加"按钮	
3	设置工业机器人组输入,名称为"pnGinum",类型为"Group Input",设备选择为"PN_Internal_Device";地址为"8-15"	

续表

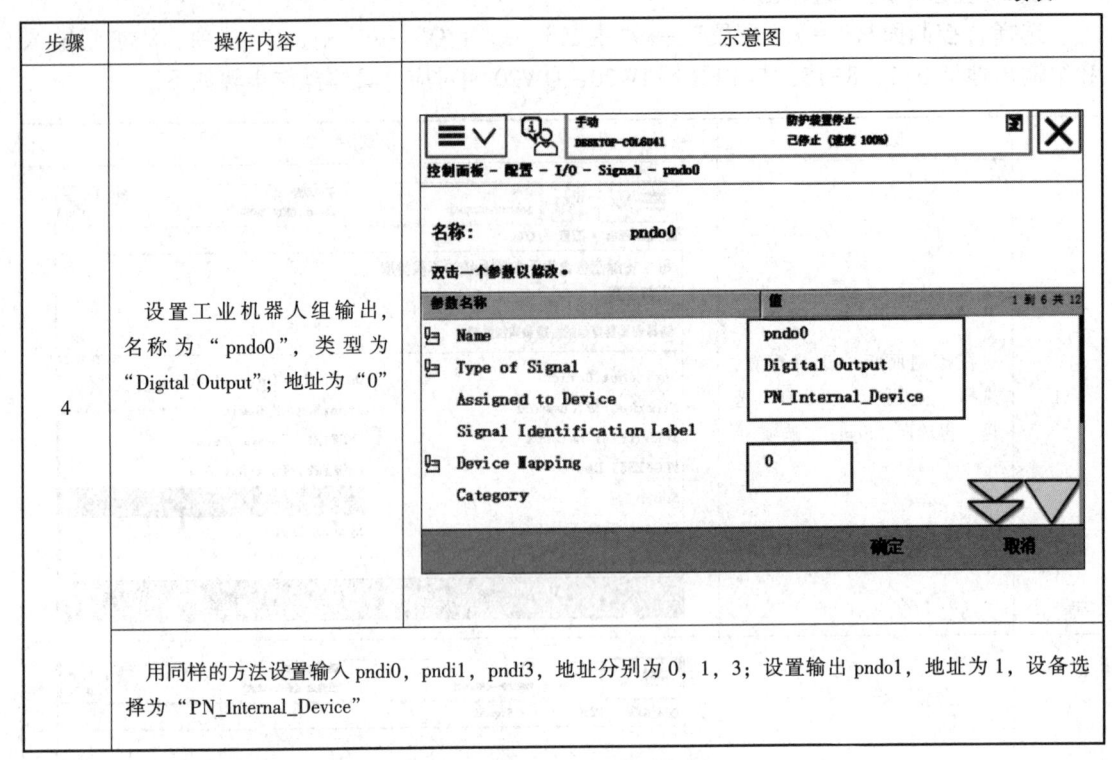

步骤	操作内容	示意图
4	设置工业机器人组输出，名称为"pndo0"，类型为"Digital Output"；地址为"0"	（控制面板 - 配置 - I/O - Signal - pndo0 界面，名称：pndo0，Type of Signal：Digital Output，Assigned to Device：PN_Internal_Device，Device Mapping：0）
	用同样的方法设置输入 pndi0，pndi1，pndi3，地址分别为 0，1，3；设置输出 pndo1，地址为 1，设备选择为"PN_Internal_Device"	

三、工业机器人与 PLC 信号连接

现场压铸为 PLC 控制，真实工业机器人与 PLC 之间通过 Profinet 连接，工业机器人与 PLC 的 Profinet 连接情况见表 5-2-1。

表 5-2-1 工业机器人与 PLC 的 Profinet 连接情况

序号	工业机器人的 I/O	PLC 的 I/O	备注
1	pndi0	Q20.0	PLC 压铸完成
2	pndi1	Q20.1	工业机器人电动机上电
3	pndi3	Q20.3	工业机器人从 main 开始运行
4	pndo0	I20.0	工业机器人准备就绪
5	pndo1	I20.1	工业机器人将工件搬走
6	pnGinum	QB21	压铸完成工件个数

设置工业机器人 pndi1、pndi3 系统输入信号，使工业机器人可从 main 开始自动运行。可参考项目四任务一中的系统信号设置方法。

在 PLC 端设计压铸子程序。在主程序中调用压铸子程序，如图 5-2-10 所示。

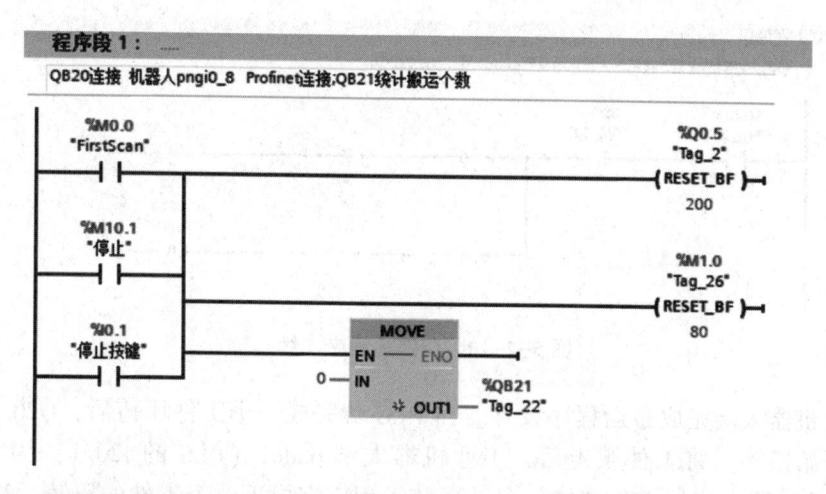

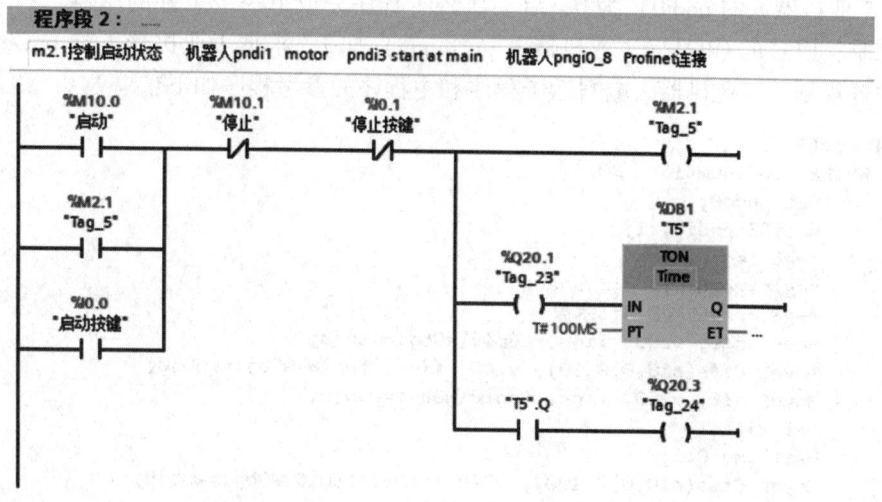

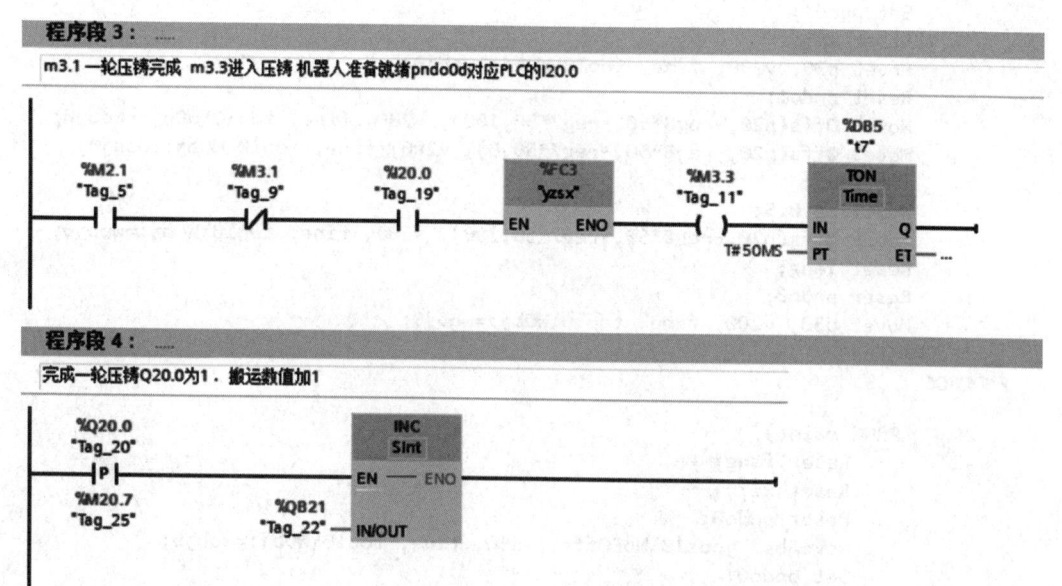

图 5-2-10 压铸主程序

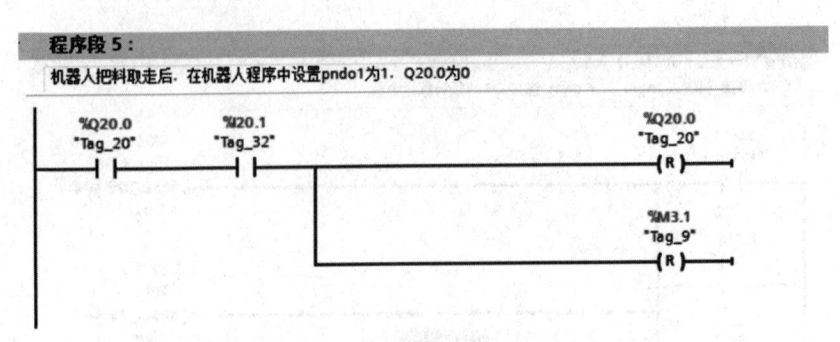

```
程序段 5:
机器人把料取走后. 在机器人程序中设置pndo1为1, Q20.0为0

    %Q20.0      %I20.1                                      %Q20.0
    "Tag_20"    "Tag_32"                                    "Tag_20"
    ——| |————————| |———————————————————————————————————————( R )

                                                            %M3.1
                                                            "Tag_9"
                                                            ( R )
```

图 5-2-10 压铸主程序（续）

在工业机器人端完成搬运程序设计。当 PLC 端完成一个工件压铸后，Q20.0 为 1，工业机器人开始搬运，将工件搬走后，工业机器人端 pndo1（PLC 的 I20.1）为 1，PLC 的 Q20.0（工业机器人的 pndi0）为 0，启动压铸子程序完成下一个工件的压铸。当 Q20.0 的上升沿来临，PLC 的 QB21（工业机器人 pnGinum）加 1，根据工业机器人端 pnGinum 的数值进行轨迹规划。工业机器人端搬运子程序和主程序的参考程序如下：

```
PROC mov()
    WHILE pnGinum<16 DO
        Set pndo0;
        WaitDI pndi0, 1;
        reg6 :=pnGinum-1 ;
        reg7:=reg6 DIV 4;! shang
        reg8:=reg6 MOD 4;!余数
        MoveJ p40, v200, fine, tool0\WObj:=wobj0;
        MoveL Offs(p10,0,0,50), v200, fine, tool0\WObj:=wobj0;
        MoveL p10, v200, fine, tool0\WObj:=wobj0;
        Set xi;
        WaitTime 0.5;
        MoveL Offs(p10,0,0,100), v200, fine, tool0\WObj:=wobj0;
        Set pndo1;
        Reset xi;
        MoveL p30, v200, fine, tool0\WObj:=wobj0;
        Reset pndo1;
        MoveJ Offs(p20,-reg8*50,-reg7*50,100), v200, fine, tool0\WObj:=wobj0;
        MoveJ Offs(p20,-reg8*50,-reg7*50,0), v200, fine, tool0\WObj:=wobj0;
        Set fang;
        WaitTime 0.5;
        MoveL Offs(p20,-reg8*50,-reg7*50,100), v200, fine, tool0\WObj:=wobj0;
        Reset fang;
        Reset pndo0;
        MoveL p30, v200, fine, tool0\WObj:=wobj0;
    ENDWHILE
ENDPROC

PROC main()
    Reset fang;
    Reset xi;
    Reset pndo0;
    MoveAbsJ jpos10\NoEOffs, v500, fine, tool0\WObj:=wobj0;
    Set pndo0;
    mov;
ENDPROC
```

【任务实施】

解包压铸工作站"压铸 1.rspag",按照【学习链接】在 RobotStudio 软件中完成 Profinet 通信下工业机器人端设置和工业机器人端程序设计,调整工业机器人至 home 点,准备就绪,工业机器人 pndo0 控制压铸,压铸完成,工业机器人开始搬运。

将调试好的虚拟工作站程序下载到真实工业机器人工作站,并进行实际示教点的精确示教,完成真实工业机器人与 PLC 的 Profinet 通信设置,通过通信联调,完成 PLC 控制压铸,实现工业机器人搬运 16 个工件至规定工位。

一、计划

1. 知识回顾

Profinet 通信下工业机器人端是如何设置的?请列举步骤。

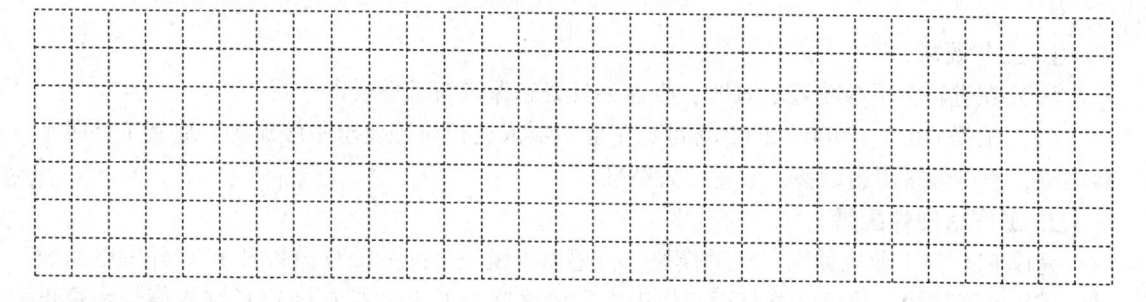

2. 计划

以小组为单位,对该计划进行讨论并制订工作计划,分解任务,认领子任务,分析仿真中遇到的问题并提供解决方案(表 5-2-2),制订实施计划并按照实施步骤进行自查,发挥团队协作作用,养成主动学习、全员参与、精益求精的职业素养。

表 5-2-2 工作计划分解

序号	子任务及其涉及的知识、技能点	负责人	是否已知已会	备注
1				
2				
3				
4				
5				
6				
7				
8				
分析未知知识、技能点,提出解决方案				

3. 反思

列举仿真过程中遇到的问题并提出解决方案，完成表 5-2-3。

表 5-2-3　解决方案

序号	问题	解决方案
1		
2		
3		
4		
5		

二、实施

1. 工艺要求

（1）在进行上下料轨迹示教时，吸盘夹具姿态保持与工件表面平行。

（2）根据 GB/T 19400—2003 标准，工业机器人运行轨迹要求平缓流畅，放置工件时平缓准确，不得触碰周边设备，放置位置精准。

2. 工作站硬件配置

完成 PLC 与工业机器人、气动模块、传感器等模块之间的 I/O 分配和 PLC 外围电路设计；进行电路接线；验证气路是否工作正常，传感器、工业机器人与 PLC 输入信号是否正常连接，PLC 输出信号与工业机器人、阀是否正常连接，完成表 5-2-4。

表 5-2-4　PLC 的 I/O 分配

序号	PLC 的 I/O 地址	注释	备注	序号	PLC 的 I/O 地址	注释	备注
1		启动按钮		10		推料气缸 B 伸出到位	
2		停止按钮		11		推料气缸 B 缩回到位	
3		推料气缸 A 运行		12		压铸压到位	
4		推料气缸 B 运行		13		压铸缩回到位	
5		压铸		14		工业机器人准备就绪	工业机器人 pndo0
6		推料气缸 A 伸出到位		15		压铸完成	工业机器人 pndi0
7		推料气缸 A 缩回到位		16		工业机器人电动机上电	工业机器人 pndi1
8		工业机器人搬走工件	工业机器人 pndo1	17		工业机器人从 main 开始运行	工业机器人 pndi3
9		压铸完成个数	工业机器人 pnGinum				

在表 5-2-5 中完成 PLC 的 I/O 分配及外围电路连接。

表 5-2-5　PLC 的 I/O 分配及外围电路连接

3. 验证工件坐标系

将仿真工作站的工业机器人系统导入真实工业机器人系统，在真实工作站中创建工件坐标系并验证工件坐标系是否正确，见表 5-2-6。

表 5-2-6　验证真实工业机器人系统的工件坐标系

序号	验证内容			评价	结论
1	仿真工业机器人系统是否导入真实工业机器人系统				
2	真实工业机器人工具坐标系名	真实工业机器人工具坐标系验证		评价	结论
		X 方向运行是否正确			
		Y 方向运行是否正确			
		Z 方向运行是否正确			
3	工件坐标系名	工具坐标系名	工件坐标系验证	评价	结论
			X 方向运行是否正确		
			Y 方向运行是否正确		
			Z 方向运行是否正确		

4. 目标点调整

设计工业机器人端目标点调整程序，完成表 5-2-7。

表 5-2-7　工业机器人端目标点调整程序设计

验证真实工业机器人系统搬运功能，完成表 5-2-8。

表 5-2-8　验证真实工业机器人系统搬运功能

序号	验证内容	数值	评价	结论
1	气压			
2	（吸）I/O 分配			
3	（放）I/O 分配			
4	抓取示教点（6 个轴参数）			
5	放置示教点（6 个轴参数）			
6	各工件与放置示教点 X 方向偏移量数值			
7	各工件与放置示教点 Y 方向偏移量数值			
8	16 个工件搬运是否精准			
9	16 个工件运行轨迹是否平缓流畅			

5. PLC 程序设计与工业机器人联调

设计 PLC 压铸子程序，完成表 5-2-9。

表 5-2-9　PLC 压铸子程序设计

设计 PLC 主程序，完成表 5-2-10。

表 5-2-10　PLC 主程序设计

验证工业机器人与 PLC 的 Profinet 通信是否成功，是否实现多个工作的压铸和搬运功能，验证内容见表 5-2-11。

表 5-2-11　真实工业机器人 16 个工件压铸搬运联调系统功能问题汇总

序号	验证内容	是否通过；若不通过，请描述问题及阐述解决方案
1	验证工业机器人与 PLC 的 Profinet 通信是否成功	
2	验证 PLC 压铸控制程序运行是否正常	
3	验证工业机器人搬运单个工件是否精准	
4	验证工业机器人和 PLC 是否实现单个工件压铸和搬运联调	
5	验证工业机器人和 PLC 是否实现 16 个工件压铸和搬运联调	

三、检查

配合教师完成检查表，见表 5-2-12。

表 5-2-12　检查表

序号	考核要点	考核要求	配分	评分标准	得分	得分小计
1	压铸虚拟工作站布局及仿真运行（40 分）	Profinet 设置	4	在工业机器人端会选择 888-2 选型得 2 分；会设置 Profinet 的 IP 地址得 2 分		
		I/O 配置	4	创建工业机器吸住、释放工件，工业机器人准备就绪，等待压铸完成，自动运行电动机上电，从 main 开始自动运行，压铸完成个数，压铸完成等 8 个信号各得 0.5 分，共 4 分		
		创建压铸 Smart 组件	5	实现压铸动画效果得 5 分		
		创建吸放 Smart 组件	3	实现吸放动画效果得 3 分		
		实现单个工件的压铸搬运效果	12	精准示教单个工件的抓取和放置目标点各得 2 分，共 4 分；实现轨迹规划且搬运平稳得 2 分；实现单个工作压铸和搬运连续运行得 2 分		
		实现多个工件的压铸搬运效果	12	会根据搬运个数规划轨迹得 5 分；搬运采用子程序得 2 分；实现多个工作压铸和搬运连续运行得 5 分		

续表

序号	考核要点	考核要求	配分	评分标准	得分	得分小计
2	压铸真实工作站布局及运行（50分）	将 RAPID 同步到实际工作站	2	连接控制器，设置权限，将工业机器人的 RAPID 同步到实际工作站得2分		
		真实工作站布局	13	完成 PLC 的 I/O 分配得 5 分；完成 PLC 及外围电路设计得 5 分；完成 PLC 与工业机器人等接线得 3 分		
		I/O 配置	4	创建工业机器人吸住、释放工件，工业机器人准备就绪，等待压铸完成，自动运行电动机上电，从 main 开始自动运行，压铸完成个数、压铸完成等 8 个信号各得 0.5 分，共 4 分		
		创建坐标系	6	创建及验证工具坐标系得 3 分；创建及验证工件坐标系得 3 分		
		真实工业机器人单个工件搬运示教	4	在真实工业机器人中选择的工件、工具坐标系下精准示教单个工件的抓取点和放置点各得 2 分，共 4 分		
		Profinet 设置	7	在 PLC 端会安装 GSDML 得 2 分；会进行 Profinet 设置和组态得 5 分		
		PLC 压铸和真实工业机器人搬运联调	14	PLC 压铸程序设计正确且调试通过得 3 分；实现单个工件压铸和搬运连续运行得 5 分；实现多个工件压铸和搬运联调得 6 分		
3	职业素养（10分）	遵守场室纪律，无安全事故	2	纪律和安全方面各占 1 分		
		工位保持清洁，物品整齐	2	工位和物品方面各占 1 分		
		着装规范整洁，佩戴安全帽	2	着装和安全帽方面各占 1 分		
		操作规范，爱护设备	2	操作规范和爱护设备各得 1 分		
		对工位进行 5S 管理	2	5S 管理执行到位得 2 分		
4	违规扣分	操作中发生安全问题		扣 50 分		
		明显操作不当		扣 10 分		
		总分				

四、反思

二十大指出，坚持交流互鉴，推动建设一个开放包容的世界。在硬件设备方面也是如此，只有互联才能完成更多、更复杂的工作。通过搜索列举机器人和其他设备的通讯方式。

281

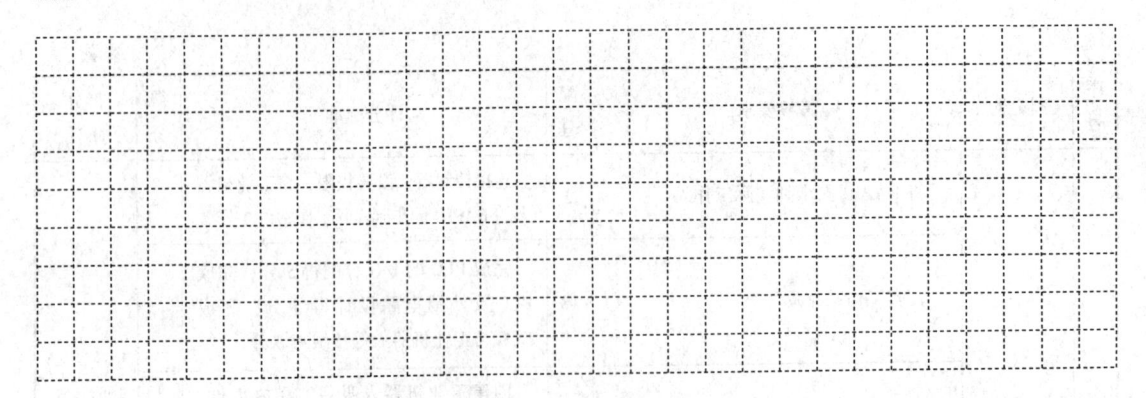

通过本任务的学习，将自己的总结向别的同学介绍，描述收获、问题和改进措施。在一些工作完成不尽意的地方，记录别人给自己的意见，帮助下面的工作。

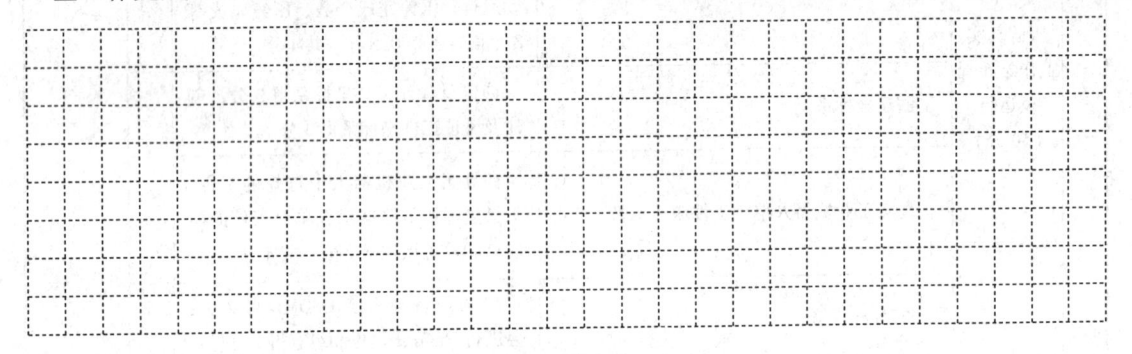

任务三　通过 Socket 实现多个工件的压铸和搬运

【学习情境】

在压铸工作站中，按下启动按钮，工业机器人归位后，PLC 控制气缸运动实现压铸，压铸完成后，工业机器人将工件搬运至相应的位置；工件被工业机器人搬运走后，同时实现下一个工件的压铸，等待工业机器人搬运；工业机器人根据工件数，进行放置位置规划，将工件搬运至不同的位置；工业机器人和 PLC 采用 Socket 通信方式。

一、学习目标

（1）会在工业机器人端进行 Socket 通信设置的相关配置；
（2）会在 PLC 端进行 Socket 通信设置的相关配置；
（3）能进行 PLC 和工业机器人 Socket 通信交互的发送和接收数据包设置，并根据控制要求，灵活选定交互的位和字节；
（4）能进行工业机器人搬运程序设计，并与 PLC 控制的压铸进行系统联调；
（5）能从系统出发，放眼全局，培养思考问题的全局观。

二、所需工具设备

（1）ABB 工业机器人 1 台、压铸模块 1 套、西门子 PLC1200 控制器 1 台。
（2）装有 RobtStudio 软件的计算机 1 台、压铸虚拟工作站"压铸 1.rspag"打包文件 1 个。
（3）内六角扳手、活动扳手、一字螺丝刀、十字螺丝刀、验电笔、万用表、尖嘴钳等电工工具 1 套。

【学习链接】

【操作链接】

一、Socket 通信下 PLC 端设置

使用 Socket 通信时，在双方建立起连接后就可以直接进行数据的传输，在连接时可实现信息的主动推送，不需要每次由客户端向服务器端发送请求。Socket 又称套接字，在程序内部提供与外界通信的端口，即进行端口通信。通过建立 Socket 连接，可为通信双方的数据传输提供通道。Socket 通信的主要特点有数据丢失率低、使用简单且易于移植。一般设备只需要网线就可进行 Socket 通信，不需要额外的硬件和软件协议。Socket 通信下 PLC 端设置如下，可扫描右侧二维码学习。

1. 在博图软件中完成设备组态

PLC 和工业机器人通过 TCP/IP 进行通信，在开放式用户通信中选择"TCON"，如图 5-3-1 所示。

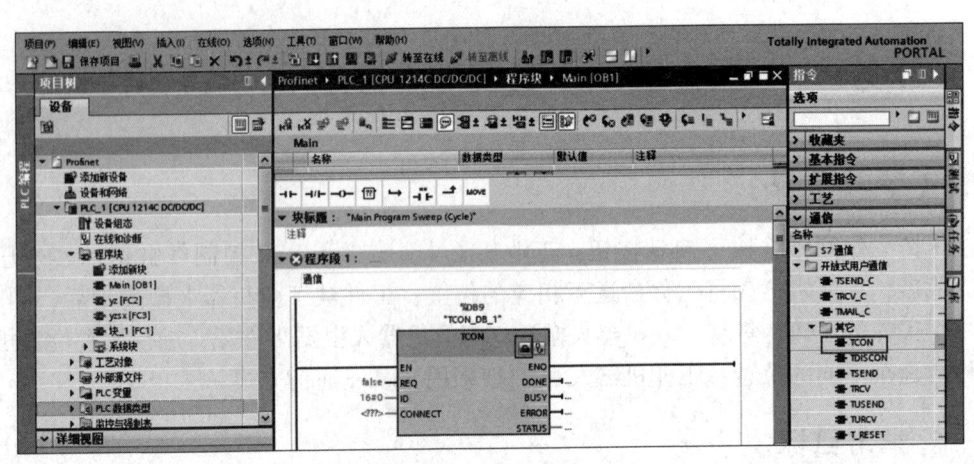

图 5-3-1 选择"TCON"

单击 TCON 的小锁标志，进入组态属性设定界面。先单击"连接数据"下拉列表框，进入后选择"新建"选项，会自动生成连接；在"伙伴"下拉列表中选择"未指定"选项，输入工业机器人的 IP 地址，此处为 192.168.0.20，在工业机器人端设定时一定要保持一致；单击"主动建立连接"单选按钮；在"本地端口"框中可输入"2001"，在工业机器人端设定时要保持一致，如图 5-3-2 所示。

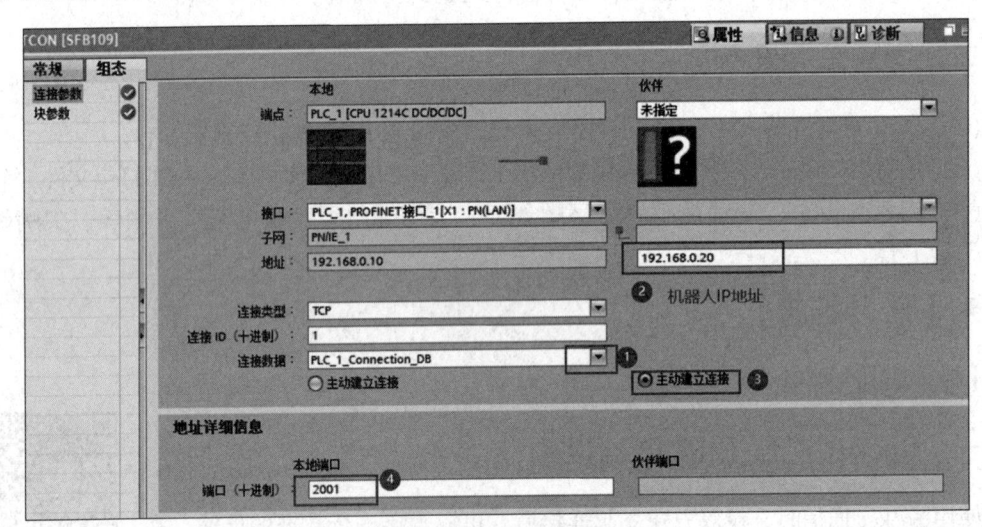

图 5-3-2 组态设置

返回程序设计界面，TCON 的"REQ"可选任意频率，此处选择 5 Hz，表示 1 s 中通信 5 次，如图 5-3-3 所示。

2. 添加发送和接收程序块

选择"添加新块"选项，在弹出的对话框中选择"数据块"选项，将数据块命名为"Send_Robt"，如图 5-3-4 所示。选中数据块，单击鼠标右键，在弹出的对话框中选择"属性"选项，取消勾选"优化的块访问"复选框，如图 5-3-5 所示。用同样的方法新建数据块"Receive_Rob"。

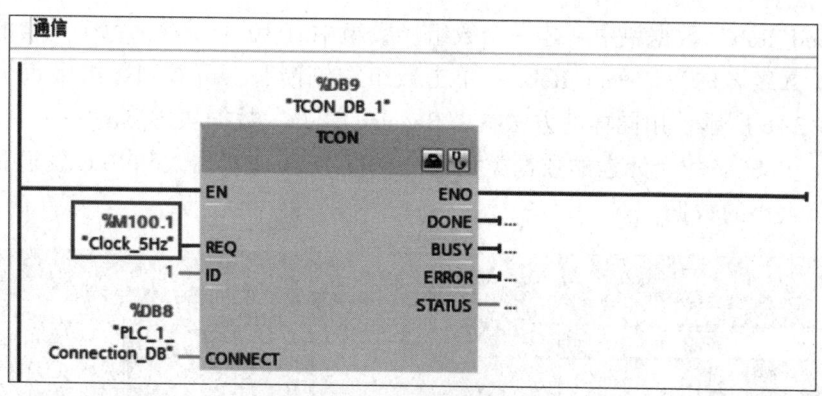

图 5-3-3　TCON 程序块设计

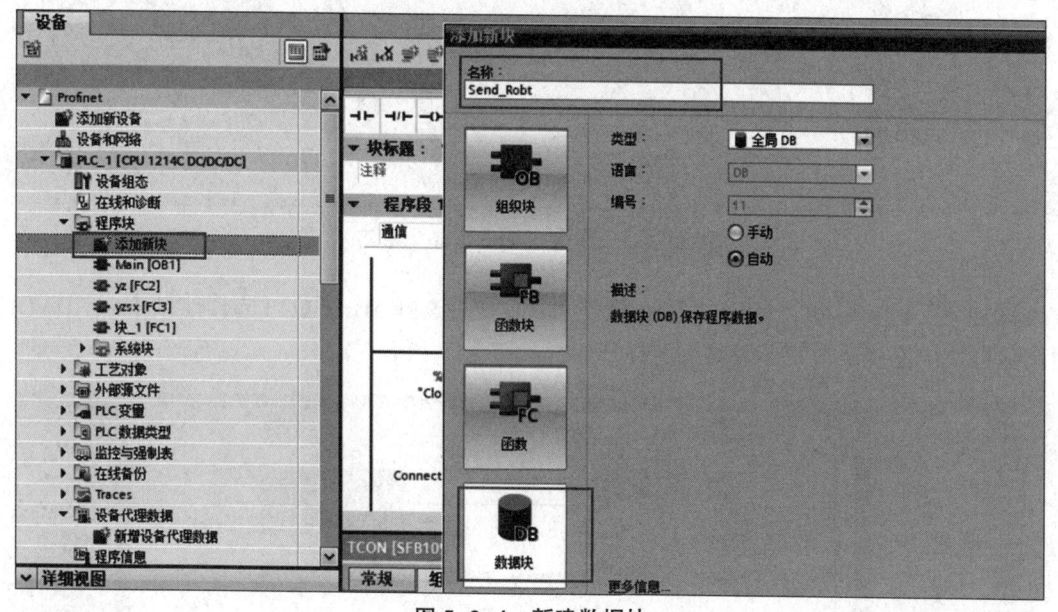

图 5-3-4　新建数据块

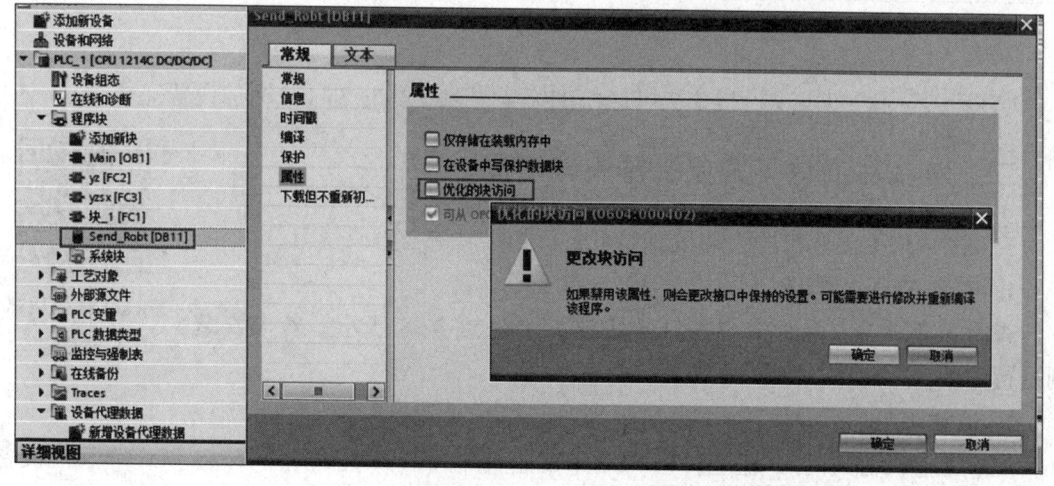

图 5-3-5　取消勾选"优化的块访问"复选框

在"Send_Rob"数据块中新建一个数组,数组中有 10 个元素,每个元素的数据类型为"Byte",数组名称为"send_Rob";单击数组左侧箭头,可看到数组中每个元素的情况,如图 5-3-6 所示。用同样的方法在"Receive_Robt"数据块中新建一个有 10 个元素的数组"rec_Rob",每个元素的数据类型为"Byte"。工业机器人和 PLC 发送和接收包各含 10 个字节大小的数据。

图 5-3-6 新建"send_Rob"数组

添加"TSEND"和"TRCV"指令块,"REQ"可选择 5Hz,也可选其他频率,"DATA"可由数据块中拖拽至程序,如图 5-3-7 所示。

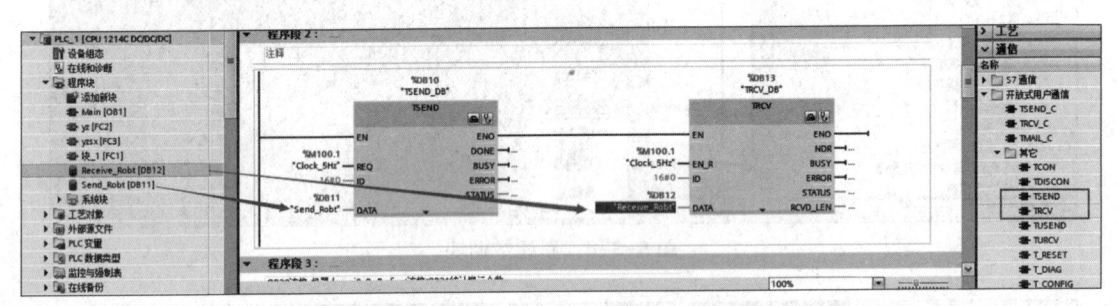

图 5-3-7 添加"TSEND"和"TRCV"指令块

"TSEND"和"TRCV"指令块已经添加完毕,PLC 端的 Socket 通信设置完成。

二、Socket 通信下工业机器人端设置

Socket 通信下工业机器人端设置如下,可扫描右侧二维码学习。

Socket 通信机器人端设定

1. 安装 Socket 协议

查看工业机器人是否安装 Socket 协议,如图 5-3-8 所示,若未安装,则进行安装。

2. 设置 IP 地址

设置工业机器人的 IP 地址,与 PLC 中工业机器人的 IP 地址相同,与 PLC 等其他设备在同一个网段中,此处为 192.168.0.20。具体方法如下。

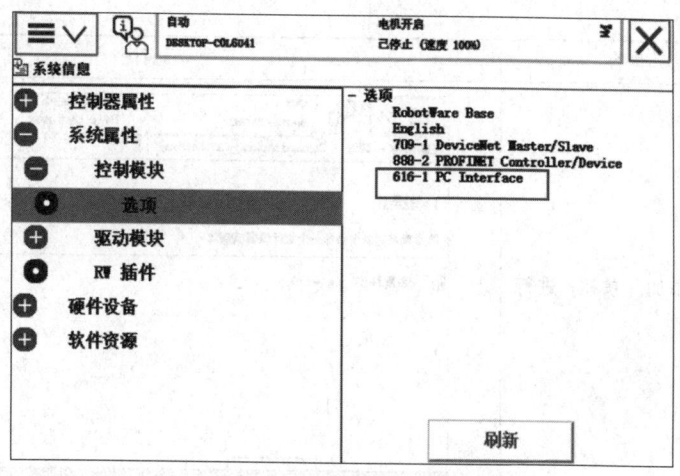

图 5-3-8 查看工业机器人是否安装 Socket 协议

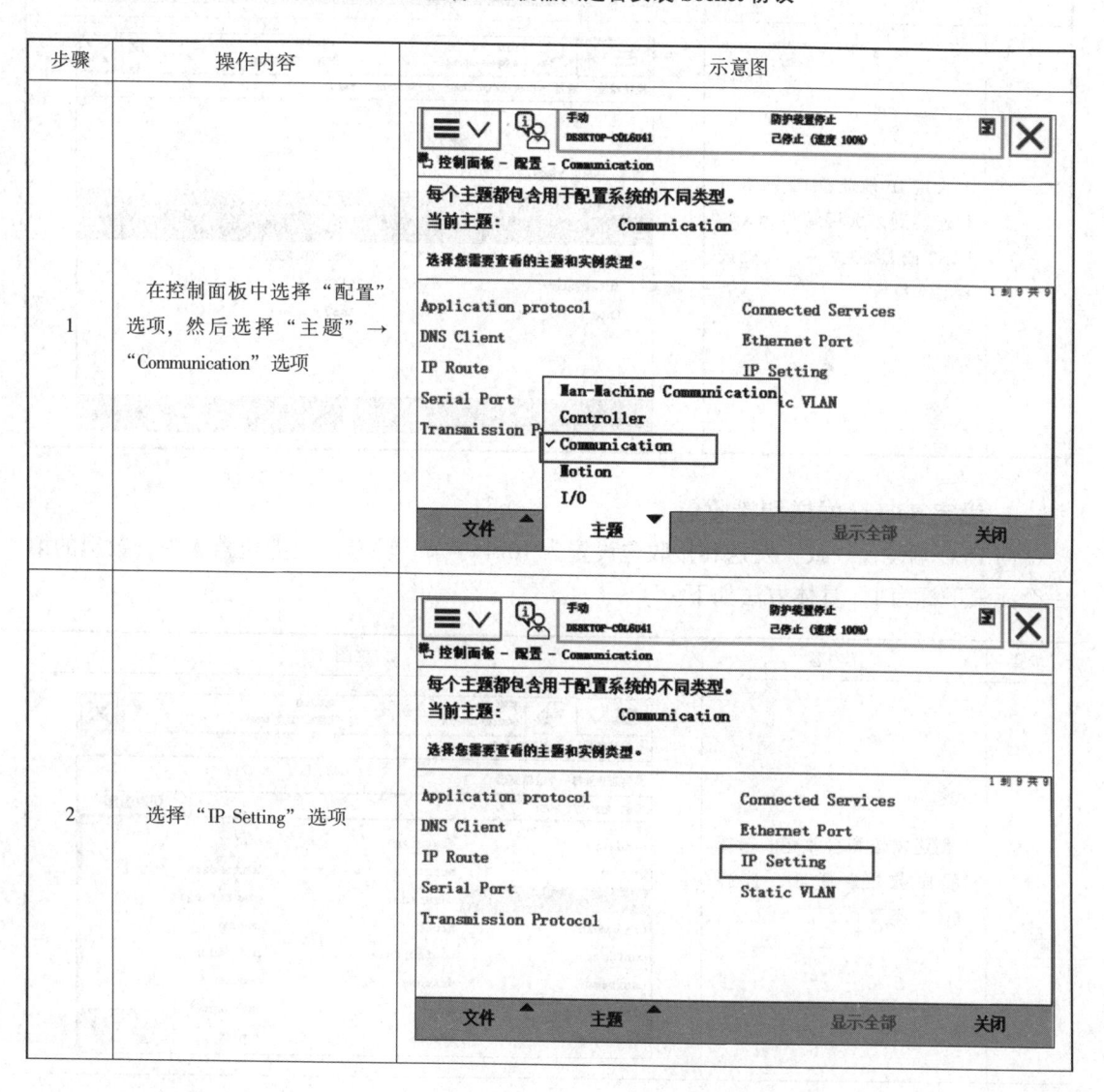

步骤	操作内容	示意图
1	在控制面板中选择"配置"选项,然后选择"主题"→"Communication"选项	
2	选择"IP Setting"选项	

287

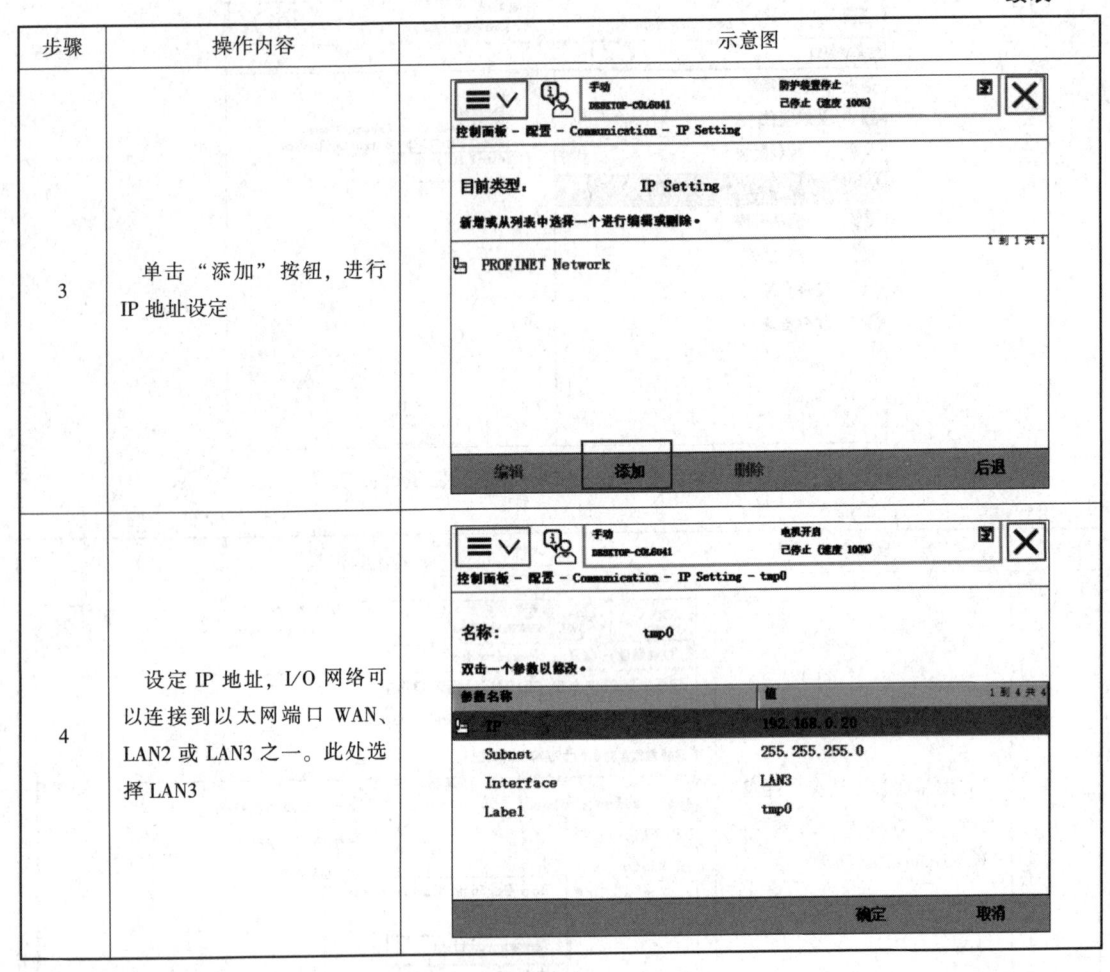

步骤	操作内容	示意图
3	单击"添加"按钮，进行 IP 地址设定	
4	设定 IP 地址，I/O 网络可以连接到以太网端口 WAN、LAN2 或 LAN3 之一。此处选择 LAN3	

3. 设定 Socket 发送和接收包

与 PLC 端设置一致，发送和接收包设置为 10 个字节。注意在工业机器人中，数组的第一个元素下标为 1。具体方法如下。

步骤	操作内容	示意图
1	创建发送和接收包。选择"程序数据"选项，选择"byte"类型	

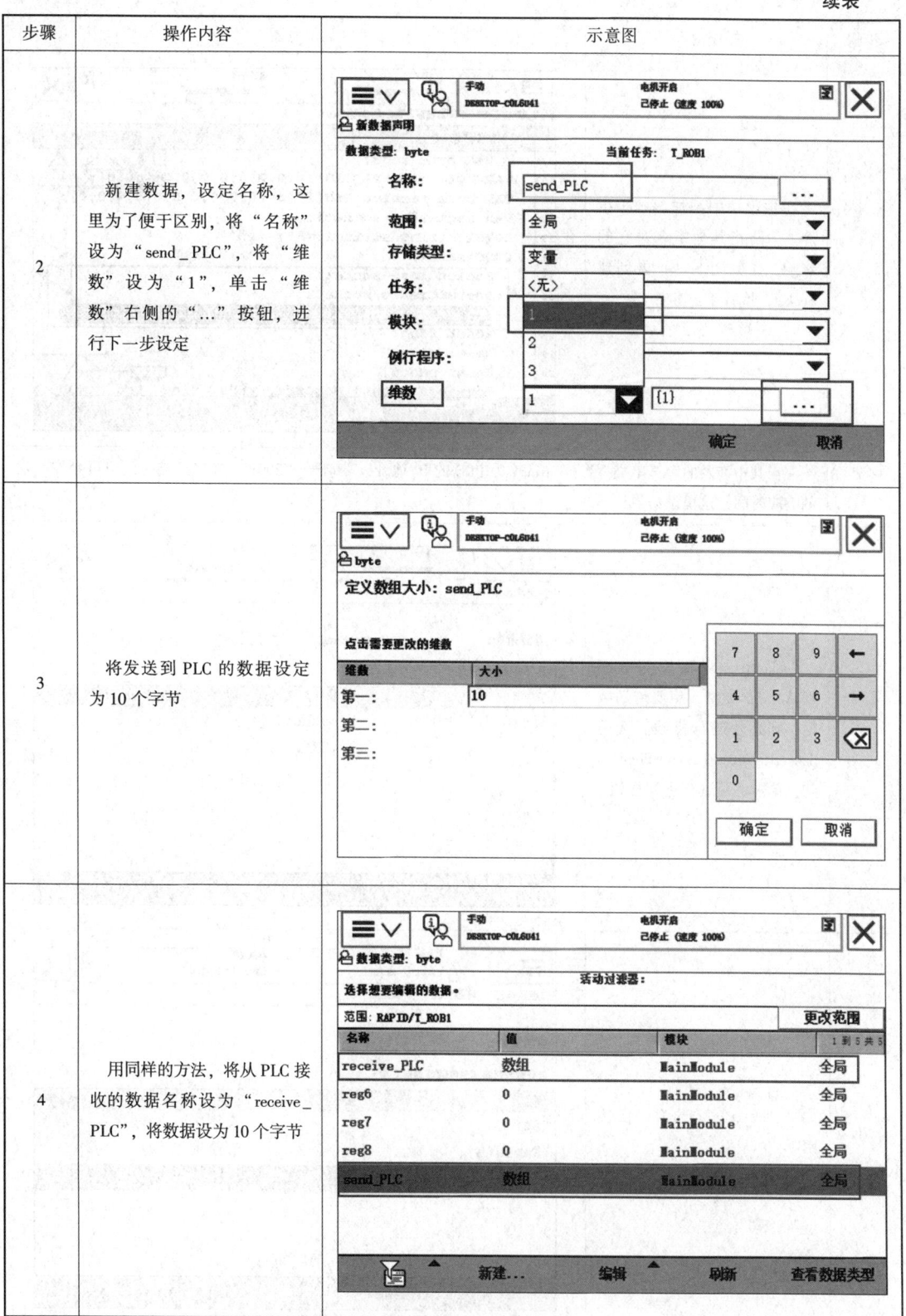

续表

步骤	操作内容	示意图
2	新建数据，设定名称，这里为了便于区别，将"名称"设为"send_PLC"，将"维数"设为"1"，单击"维数"右侧的"…"按钮，进行下一步设定	
3	将发送到PLC的数据设定为10个字节	
4	用同样的方法，将从PLC接收的数据名称设为"receive_PLC"，将数据设为10个字节	

续表

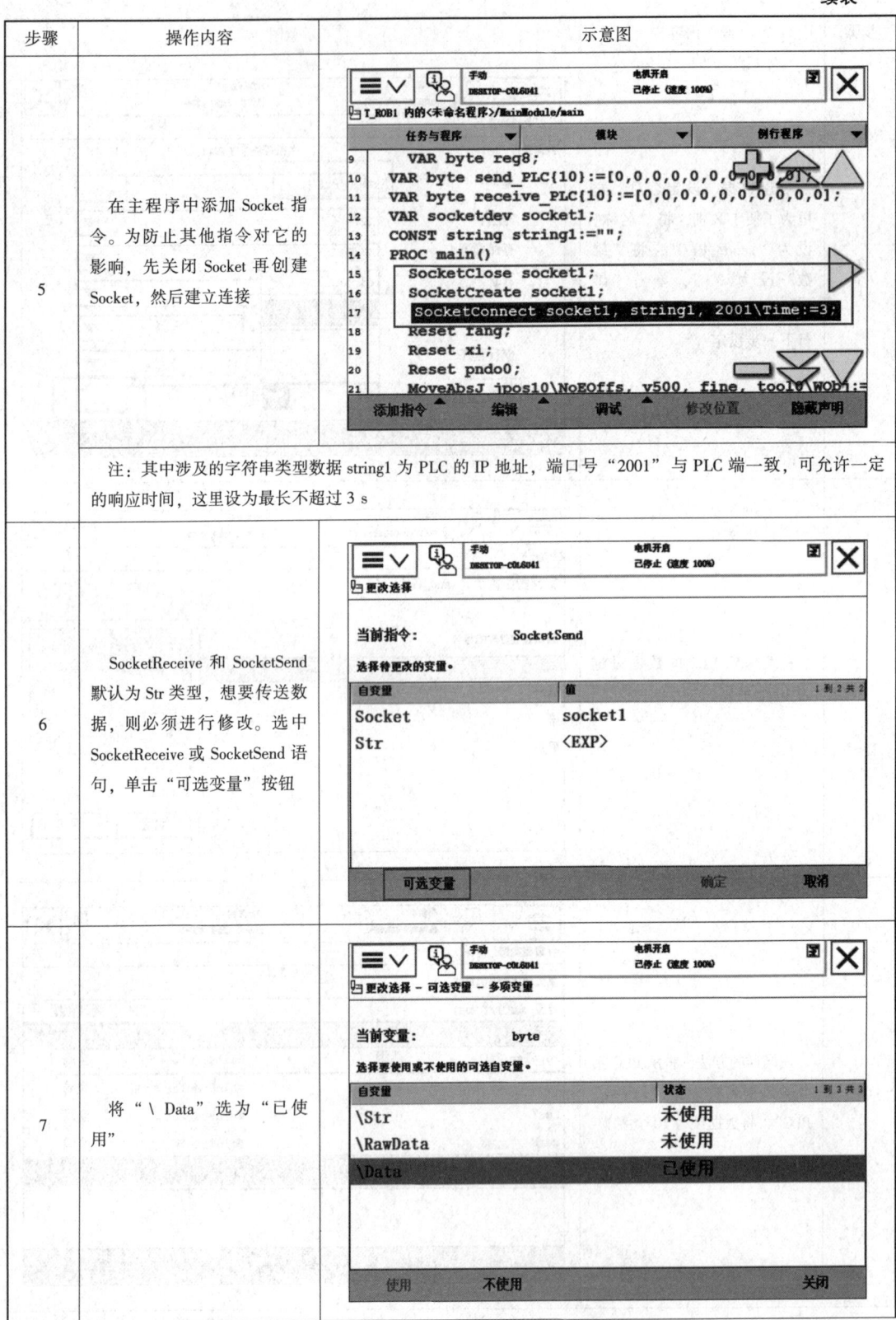

步骤	操作内容	示意图
| 5 | 在主程序中添加 Socket 指令。为防止其他指令对它的影响，先关闭 Socket 再创建 Socket，然后建立连接 | ```
9    VAR byte reg8;
10   VAR byte send_PLC{10}:=[0,0,0,0,0,0,0,0,0,0];
11   VAR byte receive_PLC{10}:=[0,0,0,0,0,0,0,0,0,0];
12   VAR socketdev socket1;
13   CONST string string1:="";
14   PROC main()
15       SocketClose socket1;
16       SocketCreate socket1;
17       SocketConnect socket1, string1, 2001\Time:=3;
18       Reset rang;
19       Reset xi;
20       Reset pndo0;
21       MoveAbsJ jpos10\NoEOffs, v500, fine, tool0\WObj:=
``` |
	注：其中涉及的字符串类型数据 string1 为 PLC 的 IP 地址，端口号"2001"与 PLC 端一致，可允许一定的响应时间，这里设为最长不超过 3 s	
6	SocketReceive 和 SocketSend 默认为 Str 类型，想要传送数据，则必须进行修改。选中 SocketReceive 或 SocketSend 语句，单击"可选变量"按钮	更改选择 当前指令：　　SocketSend 选择待更改的变量。 自变量　　　　　　值 Socket　　　　　　socket1 Str　　　　　　　　\<EXP\>
7	将"\Data"选为"已使用"	更改选择 - 可选变量 - 多项变量 当前变量：　　byte 选择要使用或不使用的可选自变量。 自变量　　　　　　状态 \Str　　　　　　　未使用 \RawData　　　　　未使用 \Data　　　　　　　已使用
```

续表

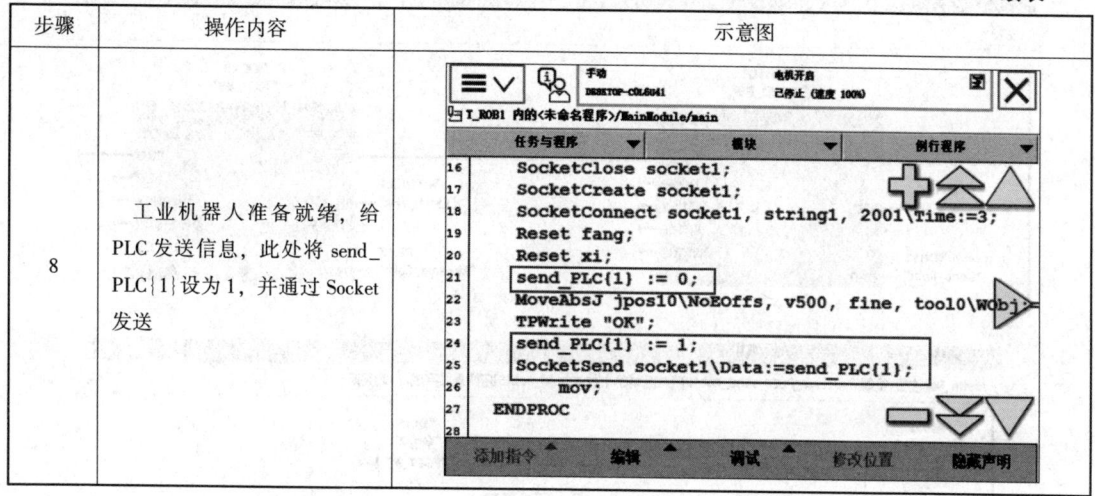

步骤	操作内容	示意图
8	工业机器人准备就绪，给 PLC 发送信息，此处将 send_PLC{1} 设为 1，并通过 Socket 发送	（示意图：示教器界面显示程序代码，包含 SocketClose socket1; SocketCreate socket1; SocketConnect socket1, string1, 2001\Time:=3; Reset fang; Reset xi; send_PLC{1} := 0; MoveAbsJ jpos10\NoEOffs, v500, fine, tool0\WObj; TPWrite "OK"; send_PLC{1} := 1; SocketSend socket1\Data:=send_PLC{1}; mov; ENDPROC）

三、工业机器人与 PLC 信号连接

现场压铸为 PLC 控制，真实工业机器人与 PLC 之间通过网线连接，采用 Socket 通信方式。工业机器人与 PLC 的 Socket 连接情况见表 5-3-1。

表 5-3-1　工业机器人与 PLC 的 Socket 连接情况

序号	工业机器人	PLC	连接方式	备注
1	receive_PLC{5}	send_Rob[5]	Socket	PLC 压铸完成
2	di1	Q20.1	硬件直连	工业机器人电动机上电
3	di3	Q20.3	硬件直连	工业机器人从 main 开始运行
4	send_PLC{1}	rec_Rob[1]	Socket	工业机器人准备就绪
5	send_PLC{2}	rec_Rob[2]	Socket	工业机器人将工件搬走
6	Receive_PLC{6}	send_Rob[6]	Socket	压铸完成工件个数

设置工业机器人 di1、di3 系统输入信号，使工业机器人可从 main 开始自动运行。设置方法见任务二【学习链接】。

在 PLC 端设计压铸子程序。在主程序中调用压铸子程序，参考程序如图 5-3-9 所示。

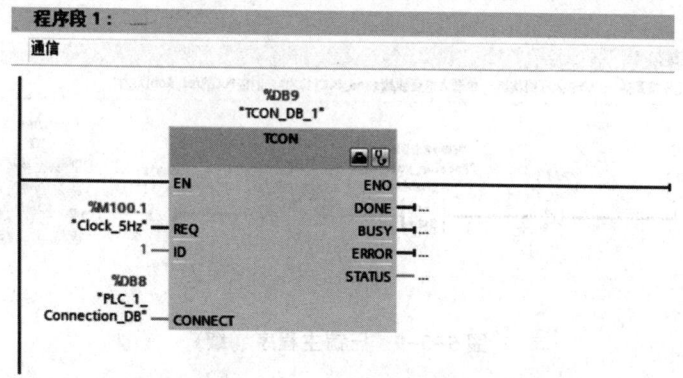

图 5-3-9　压铸主程序

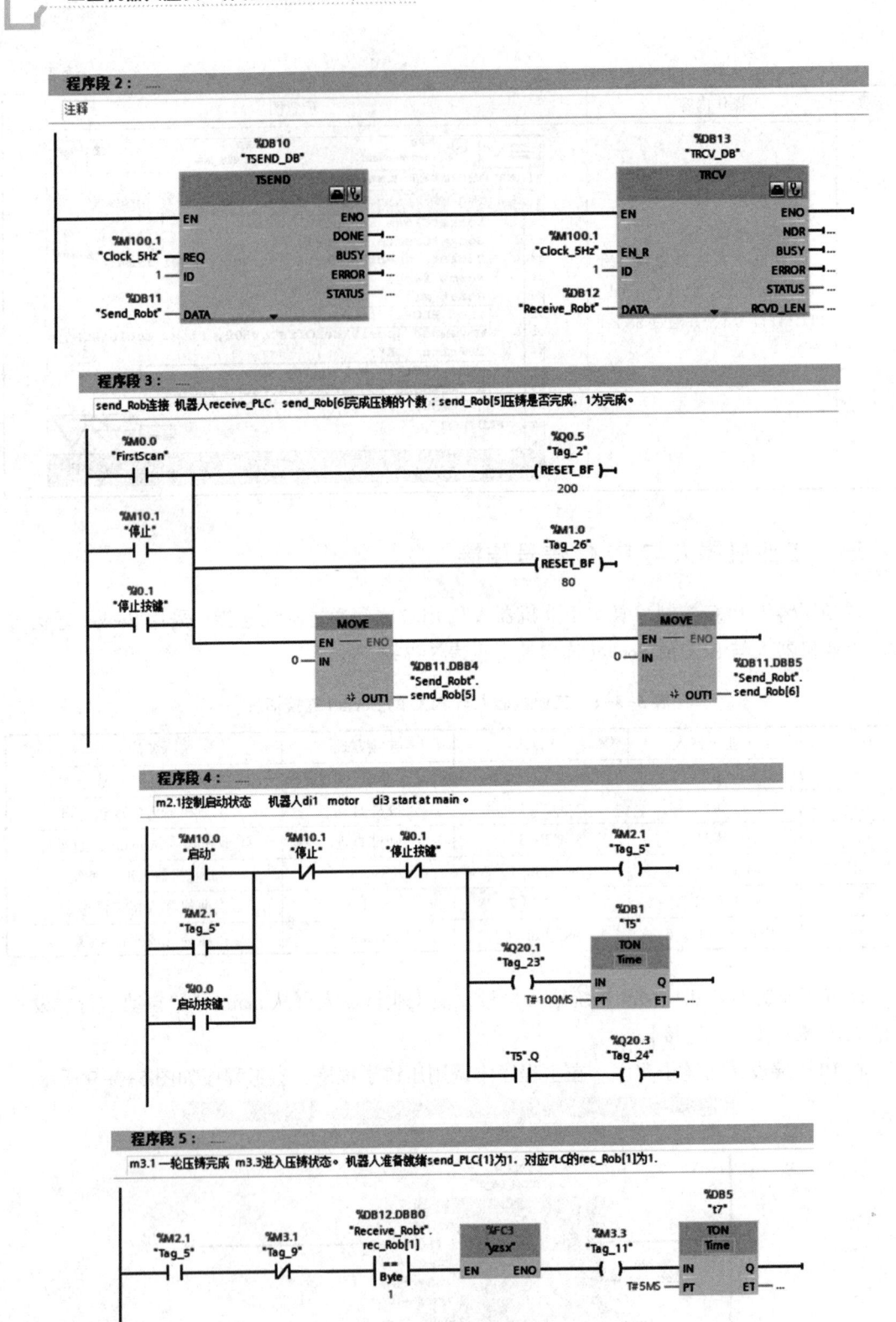

图 5-3-9 压铸主程序（续）

图 5-3-9 压铸主程序（续）

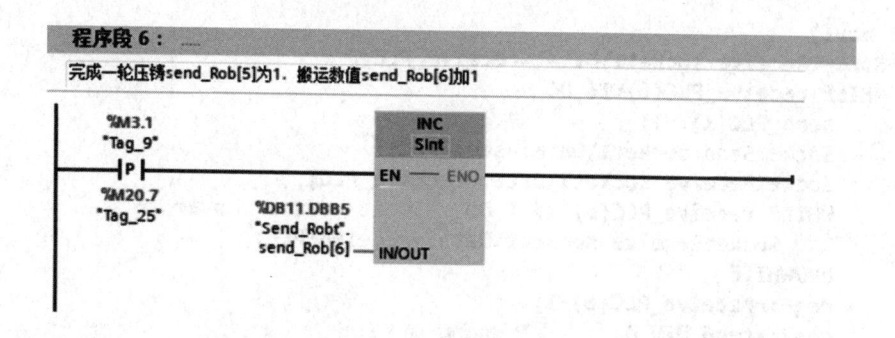

在工业机器人端完成搬运程序设计。当 PLC 端完成一个工件压铸后，send_Rob[5]为1，即工业机器人端receive_PLC{5}为1，工业机器人开始搬运，将工件搬走后，工业机器人端 send_PLC{2}（PLC 的 rec_Rob[2]）为 1，PLC 的 send_Rob[5]（工业机器人的 receive_PLC{5}）为 0，启动压铸子程序完成下一个工件的压铸。当压铸完成的上升沿来临，PLC 的 send_Rob[6]（工业机器人的 receive_PLC{6}）加 1，根据工业机器人端 receive_PLC{6}的数值进行轨迹规划。工业机器人端搬运子程序和主程序的参考程序如下：

```
PROC main()
    SocketClose socket1;
    SocketCreate socket1;
    SocketConnect socket1,string1,2001\Time:=3;
    Reset fang;
    Reset xi;
    send_PLC{1}:=0;
    SocketSend socket1\Data:=send_PLC;
    MoveAbsJ jpos10\NoEOffs,v500,fine,tool0\WObj:=wobj0;
    TPWrite "OK";
    send_PLC{1}:=1;
    SocketSend socket1\Data:=send_PLC;
    mov;
ENDPROC
```

```
PROC mov()
    SocketReceive socket1\Data:=receive_PLC;
    WHILE receive_PLC{6}<16 DO
        send_PLC{1}:=1;
        SocketSend socket1\Data:=send_PLC;
        SocketReceive socket1\Data:=receive_PLC;
        WHILE receive_PLC{5} <> 1 DO   !Wait yazhu over
            SocketReceive socket1\Data:=receive_PLC;
        ENDWHILE
        reg6:=receive_PLC{6}-1;
        reg7:=reg6 DIV 4;        ! shang
        reg8:=reg6 MOD 4;        !yushu
        MoveJ p40,v200,fine,tool0\WObj:=wobj0;
        MoveL Offs(p10,0,0,50),v200,fine,tool0\WObj:=wobj0;
        MoveL p10,v200,fine,tool0\WObj:=wobj0;
        Set xi;
        WaitTime 0.5;
        MoveL Offs(p10,0,0,100),v200,fine,tool0\WObj:=wobj0;
        MoveL Offs(p10,0,100,100),v200,fine,tool0\WObj:=wobj0;
        send_PLC{2}:=1;
        SocketSend socket1\Data:=send_PLC;   !    motor   mov
        WHILE receive_PLC{5} <> 0 DO   !yazhu over, wait fuwei
            SocketReceive socket1\Data:=receive_PLC;
        ENDWHILE
        Reset xi;
        MoveL p30,v200,fine,tool0\WObj:=wobj0;
        send_PLC{2}:=0;
        SocketSend socket1\Data:=send_PLC;
        MoveJ Offs(p20,-reg8*50,-reg7*50,100),v200,fine,tool0\WObj:=wobj0;
        MoveJ Offs(p20,-reg8*50,-reg7*50,0),v200,fine,tool0\WObj:=wobj0;
        Set fang;
        WaitTime 0.5;
        MoveL Offs(p20,-reg8*50,-reg7*50,100),v200,fine,tool0\WObj:=wobj0;
        Reset fang;
        MoveL p30,v200,fine,tool0\WObj:=wobj0;
    ENDWHILE
    send_PLC{1}:=0;
    SocketSend socket1\Data:=send_PLC;
ENDPROC
```

完成后工业机器人端、PLC 端程序设计后，可查看其通信情况。扫描右侧二维码，可学习验证通信是否成功的方法。

PLC 和机器人 Socket 通信验证

【任务实施】

解包压铸工作站"压铸 1. rspag"，按照【学习链接】在 RobotStudio 软件中完成 Socket 通信下工业机器人端设置和工业机器人端程序设计，调整工业机器人至 home 点，准备就绪，工业机器人的 send_PLC {1} 控制压铸，压铸完成，工业机器人开始搬运。

将调试好的虚拟工作站程序下载到真实工业机器人工作站，并进行实际示教点的精确示教，完成真实工业机器人与 PLC 的 Socket 通信设置，通过通信联调，完成 PLC 控制压铸，实现工业机器人搬运 16 个工件至规定工位。

一、计划

1. 知识回顾

Socket 通信下工业机器人端是如何设置的?请列举步骤。

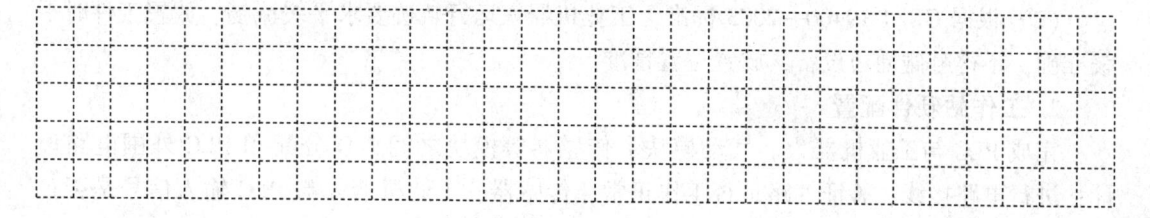

2. 计划

以小组为单位,对该计划进行讨论并制订工作计划,分解任务,认领子任务,分析仿真中遇到的问题并提供解决方案(表 5-3-2),制订实施计划并按照实施步骤进行自查,发挥团队协作作用,养成主动学习、全员参与、精益求精的职业素养。

表 5-3-2 工作计划分解

序号	子任务及其涉及的知识、技能点	负责人	是否已知已会	备注
1				
2				
3				
4				
5				
6				
7				
8				
分析未知知识、技能点,提出你的解决方案				

3. 解决方案

列举仿真过程中遇到的问题并提出解决方案,完成表 5-3-3。

表 5-3-3 解决方案

序号	问题	解决方案
1		
2		
3		
4		

二、实施

1. 工艺要求

（1）在进行上下料轨迹示教时，吸盘夹具姿态保持与工件表面平行。

（2）根据 GB/T 19400—2003 标准，工业机器人运行轨迹要求平缓流畅，放置工件时平缓准确，不得触碰周边设备，放置位置精准。

2. 工作站硬件配置

完成 PLC 与工业机器人、气动模块、传感器等模块之间 I/O 分配和 PLC 外围电路设计；进行电路接线；验证气路是否工作正常，传感器、工业机器人与 PLC 输入信号是否正常连接；PLC 输出信号与工业机器人、阀是否正常连接，完成表 5-3-4。

表 5-3-4　PLC 的 I/O 分配

序号	PLC 的 I/O 地址	注释	备注	序号	PLC 的 I/O 地址	注释	备注
1		启动按钮		10		推料气缸 B 伸出到位	
2		停止按钮		11		推料气缸 B 缩回到位	
3		推料气缸 A 运行		12		压铸压到位	
4		推料气缸 B 运行		13		压铸缩回到位	
5		压铸		14		工业机器人准备就绪	工业机器人 send_PLC{1}
6		推料气缸 A 伸出到位		15		压铸完成	工业机器人 receive_PLC{5}
7		推料气缸 A 缩回到位		16		工业机器人电动机上电	工业机器人 di1
8		工业机器人搬走工件	工业机器人 send_PLC{2}	17		工业机器人从 main 开始运行	工业机器人 di3
9		压铸完成个数	工业机器人 receive_PLC{6}				

绘制 PLC 的 I/O 分配及外围电路连接，完成表 5-3-5。

表 5-3-5　PLC 的 I/O 分配及外围电路连接

3. 验证工件坐标

将仿真工作站的工业机器人系统导入真实工业机器人系统,在真实工作站中创建工件坐标系并验证工件坐标系是否正确,见表 5-3-6。

表 5-3-6　验证真实工业机器人系统的工件坐标系

序号	验证内容		评价	结论
1	仿真工业机器人系统是否导入真实工业机器人系统			
2	真实工业机器人工具坐标系名	真实工业机器人工具坐标系验证	评价	结论
		X 方向运行是否正确		
		Y 方向运行是否正确		
		Z 方向运行是否正确		
3	工件坐标系名　　工具坐标系名	工件坐标系验证	评价	结论
		X 方向运行是否正确		
		Y 方向运行是否正确		
		Z 方向运行是否正确		

4. 目标点调整

设计工业机器人端目标点调整程序,完成表 5-3-7。

表 5-3-7　工业机器人端目标点调整程序设计

验证真实工业机器人系统搬运功能,完成表 5-3-8。

表 5-3-8　验证真实工业机器人系统搬运功能

序号	验证内容	数值	评价	结论
1	气压			
2	(吸)I/O 分配			
3	(放)I/O 分配			
4	抓取示教点(6 个轴参数)			
5	放置示教点(6 个轴参数)			
6	各工件与放置示教点 X 方向偏移量数值			
7	各工件与放置示教点 Y 方向偏移量数值			
8	16 个工件搬运是否精准			
9	16 个工件运行轨迹是否平缓流畅			

5. PLC 程序设计与工业机器人联调

设计 PLC 压铸子程序，完成表 5-3-9。

表 5-3-9　PLC 压铸子程序设计

设计 PLC 压铸主程序，完成表 5-3-10。

表 5-3-10　PLC 压铸主程序设计

验证工业机器人与 PLC 的 Socket 通信是否成功，是否实现多个工作的压铸和搬运功能，验证内容见表 5-3-11。

表 5-3-11　真实工业机器人 16 个工件压铸搬运联调系统问题汇总

序号	验证内容	是否通过；若不通过，请描述问题及阐述解决方案
1	验证工业机器人与 PLC 的 Socket 通信是否成功	
2	验证 PLC 压铸控制程序运行是否正常	
3	验证工业机器人搬运单个工件是否精准	
4	验证工业机器人和 PLC 是否实现单个工件压铸和搬运联调	
5	验证工业机器人和 PLC 是否实现 16 个工件压铸和搬运联调	

三、检查

配合教师完成检查表，见表 5-3-12。

表 5-3-12 检查表

序号	考核要点	考核要求	配分	评分标准	得分	得分小计
1	压铸虚拟工作站布局及仿真运行（40分）	Socket 设置	6	在工业机器人端会选择616-1选项得2分；会设置Socket的IP地址得2分；会设置发送/接收数据包得2分		
		I/O 配置	4	创建工业机器人吸住、释放工件，工业机器人准备就绪，等待压铸完成，自动运行电动机上电，从main开始自动运行，压铸完成个数，压铸完成等8个信号各得0.5分，共4分		
		创建压铸Smart组件	3	实现压铸动画效果得3分		
		创建吸放Smart组件	3	实现吸放动画效果得3分		
		实现单个工件的压铸搬运效果	12	精准示教单个工件的抓取和放置目标点各得2分，共4分；实现轨迹规划且搬运平稳得2分；实现单个工件压铸和搬运连续运行得2分		
		实现多个工件的压铸搬运效果	12	会根据搬运个数规划轨迹得5分；搬运采用子程序得2分；实现多个工件压铸和搬运连续运行得5分		
2	压铸真实工作站布局及运行（50分）	将RAPID同步到实际工作站	2	连接控制器，设置权限，将工业机器人的RAPID同步到实际工作站得2分		
		真实工作站布局	13	完成PLC的I/O分配得5分；完成PLC及外围电路设计得5分；完成PLC与工业机器人等接线得3分		
		I/O 配置	4	创建工业机器人吸住、释放工件，工业机器人准备就绪，等待压铸完成，自动运行电动机上电，从main开始自动运行，压铸完成个数，压铸完成等8个信号各得0.5分，共4分		
		创建坐标系	6	创建及验证工具坐标系得3分；创建及验证工件坐标系得3分		
		真实工业机器人单个工件搬运示教	4	在真实工业机器人中选择的工件、工具坐标系下精准示教单个工件的抓取点和放置点各得2分，共4分		
		Socket 设置	7	会进行Socket组态得3分；会创建发送和接收数据包各得2分，共4分		
		PLC压铸和真实工业机器人搬运联调	14	PLC压铸程序设计正确且调试通过得3分；实现单个工件压铸和搬运连续运行得5分；实现多个工件压铸和搬运联调得6分		

续表

序号	考核要点	考核要求	配分	评分标准	得分	得分小计
3	职业素养（10分）	遵守场室纪律，无安全事故	2	纪律和安全方面各占1分		
		工位保持清洁，物品整齐	2	工位和物品方面各占1分		
		着装规范整洁，佩戴安全帽	2	着装和安全帽方面各占1分		
		操作规范，爱护设备	2	操作规范和爱护设备各得1分		
		对工位进行5S管理	2	5S管理执行到位得2分		
4	违规扣分	操作中发生安全问题		扣50分		
		明显操作不当		扣10分		
		总分				

四、反思

选用一种通信方式，实现压铸和搬运，并采用中英文结合方式录制通信设置和联通相关视频。本着互联互通思路，为国际班学生分享你们团队的视频。

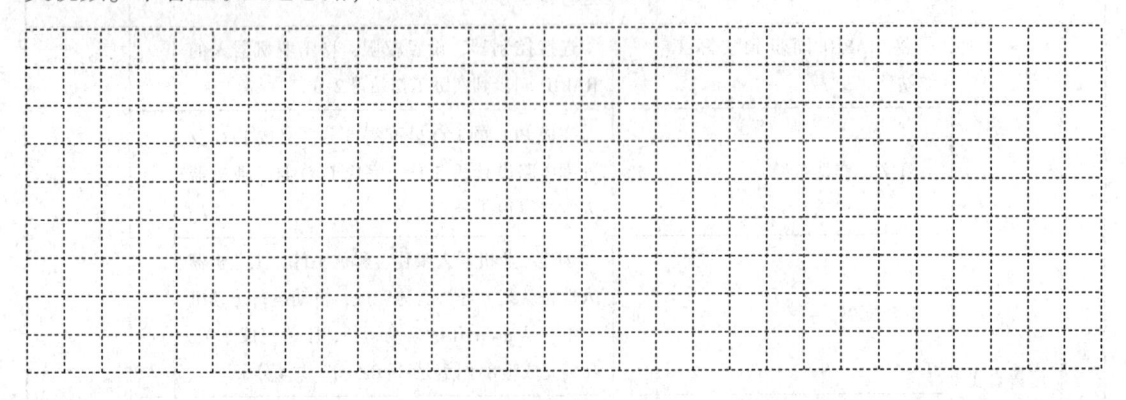

将自己的总结向别的同学介绍，描述收获、问题和改进措施。在一些工作完成不尽意的地方，记录别人给自己的意见，帮助下面的工作。

习 题

一、判断题

1. Socket 位于应用层和传输层之间。（　　）
2. 在 Socket 通信中，传输的数据类型有 sting 字符串、byte 数组及自定义的各种 Object 等。（　　）
3. Socket 有流式 Socket、数据包 Socket 和原始 Socket 三种类型。（　　）
4. RawBytes 是一种通用且非数值的数据类型，可用 num、byte、string 来填充 RawBytes 数据。（　　）
5. 工业机器人端通信数据变量定义完成后，通信数据变量可以直接使用，无需初始化。（　　）
6. 工业机器人后台通信编程包括工业机器人后台任务创建、自定义数据类型及通信数据变量定义等内容。（　　）
7. FTP 不属于 TCP/IP。（　　）
8. DeviceNet 和 ProfibusDP 都是 ABB 工业机器人常用的现场总线通信标准。（　　）
9. TPWrite 指令在示教盒屏上显示的字符串最长为 80 个字节，屏幕每行可显示 40 个字节。（　　）
10. 将工业机器人系统导出数据备份，可以使用 RobotStudio 在线功能和 WiFi 无线传输功能。（　　）
11. 使用以太网通信模块前，需要使用通信参数配置软件配置其 IP 地址及端口号。（　　）
12. 对于物联网，网关就是工作在网络层的网络互连设备。（　　）
13. 静电最严重的危害是引起火灾和爆炸，因此，静电安全防护主要是对火灾和爆炸的防护。（　　）
14. 工作时，不能随意移走他人的安全锁具/安全牌。（　　）
15. 为防止混乱导致撞伤他人，安全疏散门是向内开启的。（　　）
16. 创伤急救的原则是先抢救，后固定，再搬运，并注意采取措施，防止伤情加重或污染。（　　）
17. 在工服及防静电工服外禁止佩戴任何金属或塑胶制品。（　　）
18. 6S 管理太耽误时间，在工业机器人调试阶段可以不执行，随意取放更方便、省时。（　　）
19. 突然停电后，要赶在来电之前预先关闭工业机器人的主电源开关，并及时取下夹具上的工件。（　　）
20. 编程时工业机器人系统中所有急停装置都应保持有效。（　　）
21. 在不影响生产或者操作的情况下，工业机器人周围区域可以存在油污、水渍及杂质等。（　　）

22. 在启动工业机器人系统进行自动操作前，示教人员应将暂停使用的安全防护装置功效恢复。（   ）

23. 程序编写完可直接自动运行。（   ）

24. 控制柜、操作台等不要设置在看不见工业机器人主体动作之处，以防异常发生时无法及时发现。（   ）

二、选择题（单选）

1. 声明 RawBytes 变量时，将 RawBytes 中的所有字节设置为（   ）。
A. 1　　　　　B. 0　　　　　C. 2　　　　　D. 4

2. 工业机器人端与 PLC 的通信一般是在（   ）任务中进行的。
A. TASK　　　B. T_ROB1　　C. Com　　　D. Main

3. 配置 ABB 工业机器人的组输入信号时，最多可配置（   ）个点。
A. 16　　　　B. 32　　　　C. 64　　　　D. 8

4. 清除 RawBytes 数据类型变量内容的指令是（   ）。
A. ClsRawBytes　　B. ClearRawBytes　　C. DelRawBytes　　D. VarRawBytes

5. 将工业机器人示教盒屏幕上所有显示清除的指令是（   ）。
A. TPReadFK　　B. ErrWrite　　C. TPWrite　　D. TPErase

6. 用于接受输入连接请求的指令是（   ）。
A. SocketBind　　B. SocketConnect　　C. SocketAccept　　D. SocketCreat

参 考 文 献

［1］叶晖、管小清. 工业机器人实操与应用技巧［M］. 北京：机械工业出版社，2021.

［2］张春芝、钟柱培、许妍妩. 工业机器人操作与编程［M］. 北京：高等教育出版社，2018.

［3］王志强等. 工业机器人应用编程（ABB）初级［M］. 北京：高等教育出版社，2021.

［4］王志强等. 工业机器人应用编程（ABB）中级［M］. 北京：高等教育出版社，2021.

［5］双元教育，工业机器人离线编程与仿真［M］. 北京：高等教育出版社，2018.